뇌,
생각의 출현

개정판

뇌

생각의 출현

박문호 지음

대칭, 대칭의 붕괴에서
의식까지

Humanist

개정판을 내며

《뇌, 생각의 출현》은 2008년 출간 이후 뇌과학 공부의 새바람을 일으킨 책으로 각광을 받았습니다. 뇌과학을 중심으로 우주와 생명 진화를 공부하면서 제가 느낀 놀라움을 스토리 방식으로 표현한 이 책에 많은 독자가 큰 관심과 사랑을 보여주셔서 과분할 따름입니다.

시나 소설이 주는 느낌 이상으로 과학도 우리에게 오랫동안 남을 감동을 줍니다. 과학 공부는 사회 속 인간에서 자연 속 인간으로 돌아가는 훈련입니다. 그리고 그 자연만이 우리의 본래 자리이지요. 출간 후 17년, 공부가 꽤 깊어진 지금 보아도, 이 책에는 새로운 지식에 대한 열정이 여전히 가득합니다. 그때의 감동과 열정이 새로운 세대의 독자들에게도 가닿으면 더 바랄 것이 없겠다는 생각에 책의 판형을 키우고 새로운 독자들에게 맞춤한 디자인으로 다시 선보입니다.

이 책은 제가 불교TV에서 28회 강의하며 가슴에 남는 과학의 큰 줄기를 대화 형식으로 풀어낸 것입니다. 이 책으로 뇌과학 공부에 열정을 품었던 수많은 독자들처럼 새로운 독자들에게도 과학 공부의 즐거움이 오롯이 전달되기를 바랍니다.

  개정판을 내면서 많은 도움을 준 김우현 선생님과 초판 지은이의 말에서 인사하지 못한 아내에게 감사를 전합니다.

2025년 8월
박문호

초판 지은이의 말

　오랫동안 자연과학의 세계관을 통합적으로 이해하고 싶었습니다. 전자공학을 전공했기 때문에 그러한 세계관을 갖기 위해서는 여러 다른 자연과학 지식이 필요했습니다. 대학 시절부터 30년간 자연과학 분야의 책을 꾸준히 찾아 읽으면서 뇌 과학, 천체물리학, 양자역학에 대한 지식을 쌓았습니다. 불교철학과 역사 관련 책들도 즐겨 읽었습니다. 자연과학과 인문학의 '두 문화'를 가로지르는 강연을 하기도 했습니다.

　공부하는 과정에서 얻은 자연과학적 깨달음은 철학이나 종교와 마찬가지로 감동을 주었습니다. 특히 뇌 공부는 많은 질문이 생기고 해소되는 과정의 연속이었습니다. 감각-운동, 의식과 범주화 등 뇌 작용의 기본 구조를 하나둘 이해하면서 공부가 진척되었습니다.

　우리는 과학을 통해 우주적인 시야를 확보합니다. 태양에너지의 기원을 알고, 그 에너지와 지구 생명과의 관계도 이해하며, 행성으로서의 지구를 인지합니다. 이 모든 과정을 통해 인간과 지구, 나아가 우주의 미래까지 예측하기도 하죠. 우주적인 관점은 종교나 철학보다는 과학에서 더 구체적입니다. 종교와 철학은 인류 출현 이후의 현상이죠. 자연과학적 사실들을 바탕으로 하여 철학을 사유하고 종교를 성찰할 때 새로운 세계의 가능성이 더 현실화되겠죠.

자연과학적 세계관이 철학이나 종교와 마찬가지로 감동을 주고 삶의 방향을 바꿀 수 있음을 백북스 학습독서공동체(www.100books.kr) 활동을 통해 확인할 수 있었습니다. 세계를 바라보는 관점이 달라지면서 삶이 새롭게 재구성되기 때문이죠. 이 책의 근간이 된 불교TV 〈뇌와 생각의 출현〉 강의를 들은 사람들에게서 생각이 바뀌었다는 이야기를 꽤 많이 들었습니다.

1. 지구를 넘어

우리는 상상과 다양성이 융합된 새로운 미래를 꿈꾸고 설계해야 합니다. 인류가 지구 표면을 벗어나서 다른 행성에 진출할 날도 멀지 않았습니다. 그런 시대적 상황에 맞는 대중의 과학화가 절실히 필요합니다. 과학적 세계관이 확고해질수록 많은 사람의 미래 예측 가능성이 높아지겠죠.

이제 과학적 사고와 논의가 사회의 주류 문화가 되어야 합니다. 일반 대중에게 뇌 과학의 새로운 발견과 그것이 의미하는 내용을 널리, 신속하게 알려야 합니다. 뇌 과학의 발견들을 종합하고 이를 바탕으로 새로운 세계관을 가져 아무도 시도해보지 않는 문화의 새 지평을 열어야 합니다.

통합적 사고와 다양한 과학적 지식을 연결하면 자연 현상을 관찰하는 방식이 달라집니다. 초등학생에서 중학생 시절에 별에 관심을 갖죠. 별자리와 주요 별들의 이름을 기억하면서 밤하늘과 친해집니다. 고등학교에 가면 지구과학과 뉴턴 역학 등으로 별의 움직임과 별의 물리에 대한 기초적인 사실들을 공부합니다. 대학에서도 자연과학을 계속 공부한다면, 어린 시절 친해진 별과 행성에 대한 관심을 학문적으로 더욱 심화시킬 수 있죠.

이렇게 20년 이상 꾸준한 학습으로 갖게 된 별과 우주를 보는 안목은 확고한 우주관을 형성하게 해줍니다. 우주에 대한 관심을 계속 키워가면, 최종적으로 상대성이론을 만나게 됩니다. 상대성이론을 철저하게 학습하고 나면, 우주의 에너지와 4차원 시공간 구조와의 관계를 이해하게 되죠. 마침내 초등학생 시절 가졌던 별에 대한 관심이 어른이 되어서 과학적이고 철학적인 우주관으로 발전하게 되는 겁니다.

20년 이상 요구되는 집요한 학습만이 새로운 세계관을 열어줄 수 있습니다. 이런 '발전적 융합 학습'을 실행하는 사람은 극히 소수입니다. 사람들은 대부분 초등학생 시절에 보았던 별이 빛나는 밤하늘을 가슴속 흔적으로만 간직하고, 문학적 우주관에 만족하면서 평생을 지내죠. 문학적 밤하늘은 아름답기는 하지만 우주의 실체의 일부분이죠. 우리는 한 발 더 나아가야 합니다. '핵융합하는 별'은 '어린 왕자의 별'보다 더 오래 어둠을 밝힐 수 있죠.

비행기를 타고 태평양을 건너본 경험이 있으십니까? 로키산맥 부근에 이르면 설선雪線이 보이죠. 비행기 안에서 보면 거의 일직선입니다. 하지만 그 설선 부근의 등산객에게 이 직선은 엄청난 굴곡일 겁니다.

멀리서 보면 하나의 직선인데 말이죠. 이것이 바로 대동소이大同小異 아닐까요.

이것과 관련해 자연과학을 공부하면서 느끼는 것 중에 함께 기억하고 싶은 것이 하나 있습니다. '우리 인간의 감각으로 형성된 스케일과 우주 전체 스케일의 차이점을 잊지 말아야 한다'는 것입니다.

우주의 대부분을 차지하는 별과 별 사이의 텅 빈 공간의 온도가 몇 도나 될까요? 절대온도로 2.75K입니다. 대략 −270℃죠. 이 정도면 공기는 모두 액체가 되고 말아요.

여기에 매우 중요한 메시지 하나가 담겨 있습니다. 지구가 우주 전체에 미치는 영향이 거의 제로에 가깝다는 것입니다. 눈앞에 저 이글거리는 태양이 떡 하니 버티고 있는데, 별과 별 사이 공간은 온도가 엄청 낮죠. 온도의 변화, 물질 농도의 변화량에 있어서 상상을 초월하는 것이 우주의 모습입니다. 지구 표면 생명에 적절한 환경에서 형성된 감각으로는 우주의 실상을 추론하기 어렵죠. 지구는 우주에서 한 점에도 못 미칩니다. 이렇게 넓고 크게 보면, 작은 차이는 파묻히게 됩니다.

자연과학은 현미경과 망원경과 인공위성을 통해 인간의 감각을 무한히 확장해온 역사입니다. 감각의 확장으로 비로소 인간은 우주를 이해할 수 있게 되었죠. 지금 우리의 우주관은 지난 500년간 인류가 감각기관을 넘어선 세계를 탐험한 결과로 만들어진 겁니다. 자연과학을 공부하거나 자연과학을 사유한다는 것은 무엇일까요? 자연의 본래 가능한 모든 에너지 영역을 탐색하는 것! 바로 그것입니다.

어느 날 아침 현관 앞에서 내뿜은 입김을 보면서 의문을 갖습니다. 입김, 즉 수증기의 원자들은 어디서 와서 어디로 가는 것일까? 수소 원자는 빅뱅 후 40만 년 후쯤 생성된 거라고 하는데, 어떤 관계가 있지는 않을까?

우주에 존재하는 모든 수소 원자는 동일합니다. 우리 앞에 전개된 자연의 다양성은 무수한 원자 결합의 산물이죠. 결합의 산물, 즉 화합물을 구성하는 원자들 각각도 동일합니다. 수증기를 구성하는 수소와 산소 원자도 성간물질을 구성하는 수소 원자, 산소 원자와 각각 동일합니다. 한마디로 정리하면, 우리 몸을 구성하는 원자들은 각각의 시공간상에서 서로 다른 사건들의 연쇄로 발생하는 한바탕 '원자의 춤'일 뿐입니다.

여기서 사건은 시공간의 곡률曲率이 규정한 양상을 따라 전개되며, 시공의 곡률은 존재하는 총체적 에너지에 의해 결정됩니다. 이렇게 상호 되먹임이 끝없이 자발적으로 일어나는 율동이 바로 '시공의 춤'입니다.

다시 현관 앞으로 돌아가 볼까요. '나'라는 생명체가 내뿜은 입김을 보며 의문을 갖기까지 '시공의 춤'과 '원자의 춤', 하나 더해 '세포의 춤'이 일어나고 있습니다. 물론 의문이 생기고 의문을 푸는 동안에도 끊임없이 일어나고 있죠. '세포의 춤'은 생체막의 출현, 원핵세포의 등장, 세포 공생, 진핵세포와 다세포생물의 출현으로 이어지는 생명 진화의 주인공입니다. 생명의 진화는 다양한 원자로 구성된 분자들, 특히 생체 고분자에 의한 것이죠.

이 책을 통해 여러분은 이러한 '시공의 춤', '원자의 춤' 그리고 '세포의 춤'이 만들어내는 자연현상 속에서 인간의 생각을 이해하게 될 것입니다.

2. 인간을 넘어

우주, 천문 현상으로서 '생명'을 이야기하면서 이 책의 첫발을 내디뎠습니다. 생명 시초에서 의식의 출현까지를 다루고 싶었습니다. 생각의 출현을 어떤 맥락에서 볼 것인가? 이 설정은 공부의 방향을 정하는 중요한 것이었습니다.

생각의 출현을 우주 현상이라고 보았습니다. 그래서 출발점은 우주입니다. 우주 속에 있는 그 어떤 것도 자연현상이기 때문입니다. 그리고 척추동물이 등장하는 최소 3억 년 정도의 진화 흐름을 들여다보고 싶었습니다. 더 나아가 대략 38억 년 전 원핵세포의 출현으로 출발한 생명의 역사는 22억 년 전 진핵세포 그리고 대기의 산소 농도가 20%에 도달한 6억 년 전에야 비로소 다세포 생명체로 진화하지요. 생명 진화의 전 단계를 추적해보려 합니다. 생명도 우주적 현상이라고 생각했기 때문이죠. 세포를 구성하는 생체 분자가 우주 공간에서 발견되고, 지구를 태양계의 한 행성으로 보는 관점에서 이어진 것입니다.

그래서 이 책에서는 생각의 출현에 앞서 우주의 관점에서 본 시공에 관한 문제들, 우주를 구성하고 있는 물질세계에 대한 이야기들을 먼저 합니다. 대칭의 세계가 있었고, 대칭이 자발적으로 붕괴하면서 우주의 네 가지 힘이 상호작용하여 일어남의 세계가 출현한 것을 살펴보는 거죠. 여기서 대칭이 자발적으로 붕괴했다는 게 중요합니다.

이런 관점에서 이 책은 의식이라는 놀라운 생명현상의 근원을 향해 추적해 들어갑니다. 호모사피엔스, 영장류, 척추동물, 다세포동물, 진핵세포, 원핵세포, 광합성 세균, DNA, ATP 합성효소, 성간물질, 분자의 세계, 원자의 세계, 쿼크, 우주의 네 가지 힘, 대칭성의 자발적 붕괴, 그리고 마침내 이 모든 것을 출현시킨 아무것도 구별되지 않는 비존재 같은 '대칭'을 마주합니다.

3. 우주 현상으로서 생명의 출현과 생각의 출현

이 책으로 여러분과 함께 뇌를 공부하려 합니다. 뇌 공부를 하면서 깨달은 생명의 긴 여정, 물고기에서부터 쌓여온 환경 변화에 적응하는 척추동물 진화의 역사 등을 담아내려 애썼습니다. 척추를 통해 '내 안의 물고기'를 느낍니다.

뇌의 본질적 기능은 환경에 적응하는 운동의 생성입니다. 그 운동을 통해 매순간 새로운 시간과 공간 감각이 생겨나죠. 그 시공간 정보로 분류된 기억들이 행동을 계획하고 적절히 표출하여 우리는 환경에 적응하게 됩니다. 이는 또한 아인슈타인의 상대성이론과 결합되기도 합니다. 시공간의 곡률로서 규정되는 우주라는 무대와 무대 위 배우로서 규정되는 주체가 서로 다른 존재가 아니라 하나라는 이론이죠.

과학과 인문학이라는 두 문화의 심연을 메워줄 희망을 뇌 과학에서 찾았습니다. 뇌 과학이 던지는 메시지는 '이러면 이렇게 되고 저러면 저렇게 된다'입니다. 뇌의 시스템이 어떻게 패턴을 짓느냐에 따라 우리의 행동이 결정된다고 생각합니다. 상식 같은 이 사실을 꾸준히 확인하여 습관화하는 것이 우리의 사고를 변화시키죠.

뇌를 공부하는 데는 세 가지 요소가 필요합니다. 하나하나 짚어보겠습니다.

첫째, 뇌를 알려면 상상력이 필요합니다. 시간의 상상력입니다. 우리가 지금까지 경험하지 못한 시간 속으로 들어가야 합니다. 지금으로부터 5억 4천만 년 전으로 돌아가는 시간 여행을 해야 합니다. 선캄브리아기 생명의 대폭발이 있었던 그 시절부터 추적해야 합니다. 이때의 기록은 화석밖에 없어요. 이때 등장한 동물이 있어요. 뭘까요? 바로 척추동물입니다. 어류, 양서류, 파충류, 조류, 포유류 등은 비슷한 생존 메커니즘을 갖고 있습니다. 좌우대칭이며, 목표를 향해 나아가는 자동적 동작을 합니다.

둘째, 범주화입니다. 신경과학자 에덜먼 모델이 등장합니다. 이 책에서 여러 차례 반복될 터이니 자연스레 익힐 수 있을 겁니다.

범주화로는 지각의 범주화, 개념의 범주화가 있는데, 기억과 본질적으로 연관되어 있어요. 범주화가 가능하려면 기억이 필요합니다. 기억 중 가장 오래된 기억이 뭘까요? 생명현상으로서 기억입니다. 생명체가 생명체로 존재하기 위해서는 외부 환경과 접속을 해야 합니다. 지구상 생명체의 생존에 필요한 모든 자원은 생명체 바깥에 있기 때문이죠. 어떤 생명체도 예외는 없습니다. 단세포든 다세포든 식물이든 인간이든……. 이렇게 본다면 기억의 시간은 35억 년이나 될 겁니다. 생명의 기억과 뇌의 의식 사이는 35억 년 정도 됩니다.

외부의 자극이 우리 몸으로 입력되면 우리 몸에서 생성된 항상성 요구에 의해 지각이 범주화됩니다. 환경 자극과 내부 욕구가 결합된 신경 신호와 오랫동안 해마에서 형성된 기억이 전두엽, 두정엽, 측두엽과 연결되어 '개념의 범주화'가 일어나죠.

여기서 중요한 점은 신경 회로의 전체 작용에서 언어가 배제되어 있다는 겁니다. 아직 언어가 출현하지 않은 상태죠. 언어가 출현하기 이전에 감각-운동 이미지에 의한 개념이 먼저 생깁니다. 이 전체 과정을 가리켜 '동물들의 1차 의식 생성'이라고 하죠. 인간에서는 1차 의식에 언어가 추가됩니다. 그 결과 순간적 장면이 시간의 연속성을 갖게 되어 과거 기억과 미래 예측이 가능한 고차 의식이 생성되죠.

셋째, 뇌를 공부하기 위해서는 대칭을 알아야 합니다. 입자물리학의 가장 근본적인 현상은 대칭입니다. 1강에 우주의 네 가지 힘에 대한 이야기가 나오는데, 그 힘이 분화되어 나온 것 중 하나인 전자기 상호작용이 결국 생명현상의 기반을 이루게 됩니다.

물리학에서 대칭은 보존법칙입니다. 물리 실험이 시간에 무관하게 동일한 결과를 얻어야 법칙이 성립되죠. 즉 시간에 대한 대칭의 요구로 에너지 보존법칙이 존재하며, 공간의 균일성에서 선운동량 보존법칙이, 공간 방위의 균등성에서 각운동량 보존법칙이 생기죠.

자연현상을 이러한 관점에서 본다면, 역시 가장 근본에 대칭성이 존재합니다. 그 대칭성의 자발적 붕괴로 우주의 입자들이 질량을 획득하게 되었죠. 그다음에 우주의 네 가지 힘이 분화되었고, 그중 전자기 상호작용에 의해서 화학적 현상과 생명현상이 출현했습니다. 생명현상에서는 단세포로부터 시작된 기억과 감각-운동의 작용들이 척추동물에 이르러 중추신경계의 머리 신경절에 집중되었죠. 포유류에서 구체화되기 시작한 1차 의식과 우리 인간에 와서 가능해진 언어로 촉발된 고차 의식으로 우리는 과거를 기억하고 미래를 계획하게 되었습니다. 그리고 우리 인간은 그런 예측의 중심인 자아를 인식할 수 있는 존재가 된 거죠.

4. 인간의 뇌

우리의 뇌는 크게 세 영역으로 나눌 수 있습니다. 앞은 운동, 뒤는 감각, 가운데 기억! 감각, 운동, 기억 이것이야말로 생명현상을 떠받치는 세 개의 받침대입니다. 우리에게 익숙한 용어는 좌뇌 우뇌인데, 이보다 더 중요한 것은 우리 뇌의 앞쪽은 운동, 뒤쪽은 감각, 가운데는 기억이라는 점입니다.

생명체의 생존을 위해 필요한 모든 것은 존재 바깥에 있다고 했습니다. 모든 생명체가 피해 갈 수 없는 공통점이죠. 결국 생명현상이 지속되려면 밖에 있는 것을 내 안으로 가져와야 합니다. 외부의 것을 내 안으로 가져오는 메커니즘은 두 가지입니다. 감각 메커니즘, 운동 메커니즘.

바깥에 먹이가 있다, 저기에 성 파트너가 있다. 그러면 일단 내가 그쪽으로 가야 하죠. 그곳을 향해야 합니다. 집중하고, 의도적으로 그쪽으로 기울어야 하지요. 정신적으로 지향하든, 물리적으로 손을 뻗든 그것을 가져와야 합니다. 이것이 바로 동물 행동의 공통점인 목적 지향성이죠.

뇌는 신체 내부와 주위 세계를 연결하고 중계합니다. 외부 세계는 신체가 필요로 하는 모든 것의 근원이지만 그런 욕구에 냉담하죠. 뇌는 밖에 있는 것을 나에게로 가지고 오게 하는 것입니다. 뇌의 세 영역인 감각, 운동, 기억. 이것을 아우르는 낱말이 하나 있습니다. 그렇죠. 지향성입니다. 지향성이란 인식 작용은 항상 '무엇에 대한' 작용이라는 거죠. 지향성이 바로 의식입니다.

지향성은 세 가지 속성이 있습니다. 통일성, 전체성, 목적성이죠. 이것이 의식의 정의일 수도 있습니다.

먼저 통일성. 감각의 개별화된 모듈은 통일이 되는데, 워낙 순간적으로 이루어져서 우리는 깨닫지 못합니다. 빨간 사과가 굴러갑니다. 그러면 우리는 색깔, 모양, 움직임을 순간적으로 통합하여 하나의 현상을 지각하죠.

둘째, 전체성입니다. 우리의 모든 행위는 지금까지의 모든 기억을 바탕으로 형성된 것이죠. 생명현상이 역사성을 갖게 됩니다.

마지막으로 목적성입니다. '무엇'에 대한 것이죠. 목적성은 척추동물의 척추와 긴밀하게 관련되어 있습니다. 땅 위에서 먹잇감이 있는 곳으로 가는 것, 모든 감각기관이 앞쪽에 있는 것, 모든 척추동물의 입이 앞쪽에 있는 것 등이 목적성을 보여줍니다. 그러면 어떻게 척추동물의 행동이 목적 지향적일까요? 척추 그 자체가 방향을 결정해주기 때문이죠. 앞은 가야 할 방향이죠. 에너지, 먹이를 가장 먼저 만나도록 합니다.

이러한 통일성, 전체적, 목적성이 지향성의 본질이고, 이 지향성이 의식인 것입니다.

마음, 의식, 생각, 언어. 우리가 흔히 쓰는 말이죠. 잠시 정리하고 가야 할 것 같습니다. 먼저 마음입니다. 마음은 엄밀히 말해서 과학 용어는 아닙니다. 마음은 과학 용어로 의식이죠. 의식에 감정, 느낌, 상징, 언어가 포함되어 있습니다. 그렇다면 생각은 뭘까요? 의식이 언어보다 크다고 했죠. 생각은 대부분 언어에 의해 진행되는 것입니다. 그러니까 생각이 주로 언어라는 상징체계로 구성되지요.

의식은 언어를 포함하고 있다고 했는데, 뇌의 작용에서 언어 아닌 부분도 있겠죠. 무의식이죠. 무의식이 뭘까요? 지금 의식화되지 않은 뇌의 작용입니다. 뇌의 활동 중 5%만이 의식화됩니다. 나머지 95%는 의식화되지 않는 뇌의 프로세스죠.

낮 동안 하는 대부분의 일들은 습관화된 자동적 무의식 행동입니다. 의식은 언제 출현할까요? 동일한 자극이 계속되면 우리는 그 자극을 의식하지 않습니다. 자극이 바뀌는 순간은 의식하죠. 그래서 움직임은 순간적으로 의식됩니다. 많은 사람 속에서 친구를 어떻게 찾아요? 친구가 손 흔들면서 나 여기 있어 하잖아요. 많은 사람 속에서 금방 찾게 하는 건 움직임, 즉 운동입니다.

이렇게 뇌를 알게 되면 인간 정신 활동의 대부분을 스스로 모니터링할 수 있게 됩니다. 뇌 공부가 우리에게 주는 가장 유익한 것은 '생각을 생각할 수 있다'는 것입니다.

《뇌, 생각의 출현》, 이 책을 읽는 방법이 몇 가지 있습니다. 큰 흐름을 잡는 독서는 1강부터 차근차근 시작하면 되고, 뇌의 그림을 먼저 그리고 싶은 독자는 13강부터 20강까지 읽으신 후 처음으로 돌아가서 다시 읽기 시작하셔도 괜찮습니다.

2008년 10월
대전에서 박문호

차례

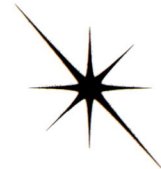

개정판을 내며 4

초판 지은이의 말 6

1부| 우주와 생명, 생각은 어디에서 오는가

1강 우주의 대칭이 깨어지다   27
서서히 밝혀지는 우주의 비밀 27 | 초신성, 생명 탄생의 순간 34 | 지구로 간 초신성 잔류물 39 | 우주의 완전한 대칭이 깨어질 때 41 | 대칭의 깨어짐에서 생각은 시작된다 44

2강 생명의 탄생   49
우주적인 시각으로 49 | 세포의 탄생 53 | 다세포들, 공생을 시작하다 55 | 다세포생물을 움직이는 신경세포의 출현 59 | 세포들의 움직임이 하모니를 만들다

61 | 움직임이 가져온 것들 64

3강   35억 년 전의 지구 생명체   68

도메인의 진화 69 | 지구 생명체의 본질, 산소 72 | 원핵세포는 어떻게 진핵세포로 진화했는가 78 | 생명은 DNA에서 시작된 다양한 변주곡 85

4강   운동하는 신경세포   88

식물은 녹말로, 동물은 신경 전압 펄스로 89 | 신경세포 + 시냅스 + 신경세포 = ? 91 | 습관화, 민감화, 학습의 시냅스 94 | 축삭의 수초화로 움직임을 즐기다 96 | 신경세포, 감각에서 운동까지 102

5강   의식으로 가는 길   105

1차 의식에서 고차 의식까지 105 | 감각 정보, 루프를 따라 돌다 111 | 비교, 예측, 판단으로 범주화되는 정보들 114 | 인식하다, 그리고 행동하다 117

6강   신경전달물질의 대이동   122

신경세포 내 골격의 기원 122 | 신경세포 내 골격을 이루는 단백질 사슬 세 가지 124 | 신경전달물질, 미세소관을 타고 이동하다 128 | 글리아세포, 신경전달물질의 원활한 이동을 위하여 130

7강   시냅스 막, 생각이 시작되다   136

생존의 기본 조건 137 | ATP 합성효소, 생체 에너지를 만들다 139 | ATP가 돌고 DNA의 강이 흐르고 147 | ATP, 미토콘드리아를 움직이다 149 | 젠체하는 태도를 버리고 다시 세포로 돌아가서 153

2부 | 인간의 뇌, 생각은 어떻게 만들어지는가

8강   뇌의 발생과 뇌의 구조   159
뇌의 전면적 지도화 161 | 우리 뇌의 생김새 165 | 뇌는 어떻게 생겨나는가 171 | 관을 중심으로 발생되는 뇌 174

9강   뇌, 상상하는 기계가 되다   180
머리뼈 안에 갇힌 가상 머신 181 | 다섯 개의 부위 185 | 운동 프로그래머, 전두엽 189 | 운동 출력을 선택하는 대뇌기저핵 191 | 감각 신호의 전달자, 시상 194 | 뇌의 진화, 어류·양서류·파충류·조류·포유류 196

10강   척수, 세밀한 감각에서 정교한 운동까지   201
운동 시스템의 진화 202 | 척수의 구조 204 | 감각을 더욱더 세밀하게, 후섬유단 207 | 발생으로 척수 보기 209 | 상행이냐 하행이냐 214

11강   각성과 수면의 뇌간 시스템   217
감각하는 것은 곧 존재하는 것 218 | '잘' 운동하게 되기까지 220 | 의식의 상태를 결정하는 뇌간 그물형성체 222 | 뇌간 그물형성체에서 척수 추체로로 225

12강   소뇌, 운동 계획에서 실행까지   230
소뇌의 세 가지 역할 230 | 소뇌 시스템의 핵심은 푸르키녜세포 235 | 내부 회로로 운동을 컨트롤하다 240

3부 | 뇌와 감각, 생각이 인간을 움직이다

13강 보다, 시각과 뇌   249
'본다'는 현상 249 | 망막, 빛을 받아들이다 254 | 빛의 수용 영역 257 | 시각 정보는 어떻게 처리되는가 260 | 중심와에 맺히다 264 | 바늘구멍눈에서 카메라 눈으로 266

14강 듣다, 청각과 뇌   272
청각의 진화 272 | 내이의 구조 273 | 유모세포들의 협연 280 | 우리가 소리를 느끼기까지 284 | 진동, 전정척수반사 그리고 생각의 출현 287

15강 느끼다, 감정의 뇌 1   292
감각이 섬세하다는 것 293 | 느낌과 감정의 프로세스 294 | 촉각의 3차 신경로 296 | 환각, 환청, 환시 그리고 인식 불능 298 | 시각의 착각 300

16강 예측하다, 감정의 뇌 2   305
존재를 위한 정보 수용기, 생명을 위한 정보 처리기 306 | 통증과 쾌락, 동기와 충동 그리고 자각 309 | 기본 반사를 바탕으로 예측하다 312 | 요동하는 복잡계에서 목적 지향적 복합계로 314 | 예측의 경로 317 | 예측으로 고통을 극복하다 319

17강 움직인다는 것, 뇌와 운동   322
운동은 곧 의식이다 323 | 근육과 신경이 만났을 때 325 | 근육세포의 운동이 어떻게 생각으로 연결되는가 329 | 근육을 움직이는 ATP 합성 머신 332

18강 의식한다는 것, 뇌와 의식 338

의식을 둘러싼 여러 접근 339 | 생각의 기본 조건 343 | 생각의 1단계: 시상-피질계의 진화 345 | 생각의 2단계: 가치-범주 기억의 발달 347 | 생각의 3단계: 시상-피질계와 뇌간-변연계의 진화적 연결 348

19강 꿈꾸다, 뇌와 꿈 353

꿈의 상행 활성화 시스템 354 | 꿈의 억제 시스템 359 | 신경조절물질들이 만드는 꿈 362 | 꿈의 진화사 364 | 꿈이 꿈일 수밖에 없는 이유 366

20강 현실 너머를 깨닫다, 뇌와 초월의식 371

뇌 시스템에도 위계가 있다 371 | 인간 뇌 시스템의 위계 373 | 억제 회로가 돌면 자아가 사라진다 377 | 앤드류 뉴버그의 명상하는 뇌 383

21강 창조적으로 생각하다, 뇌와 창의성 388

창의적인 사람들은 뭐가 다를까 388 | 창의성은 어디서 오는가 391 | 창의성의 세계 = 느낌의 세계 396 | 정보의 양이 창의성의 질을 바꾼다 403

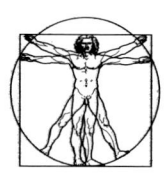

4부 | 창조하는 뇌, 대칭이 깨어지고 생각이 확장되다

22강   대칭이 깨어진 세계에서   409
빅뱅 이후 410 | 대칭의 깨어짐에서 생명이 만들어지다 418 | 지구 생명의 조물주, 미토콘드리아 421 | 생명의 에너지원 ATP 합성 머신 427 | 죽음의 발명 430

23강   뷰티풀 마이크로코스모스   435
우주 구성 입자들은 어떻게 우주의 힘들과 연계되는가 436 | 우주 구성 입자의 세계 442 | 물리 세계를 이해하는 다섯 가지 방정식 450 | 입자물리학의 대칭성 456 | 빛의 세계, $E=mc^2$ 464

24강   자발적 대칭 파괴로 생각이 진화하다   472
학습, 기억 그리고 생각을 바꾸다 472 | 뇌의 대칭, 생각의 대칭을 깰 것 475

참고문헌 480

사진·도표 목록 485

찾아보기 494

1부

우주의 완전한 대칭이 깨어지고, 우주의 네 가지 힘이 나오고,

초신성이 폭발하고, 그 잔류물이 지구에 이른 날 시작된 지구의 생명.

원핵세포, 진핵세포, 다세포생물 그리고 인간.

감각세포, 운동세포, 신경세포 그리고 생각.

우주적인 시각, 시간의 상상력으로 무장하고

우리는 한 번도 경험하지 못했던 거대한 시간 속으로 들어간다.

우주와 생명, 생각은 어디에서 오는가

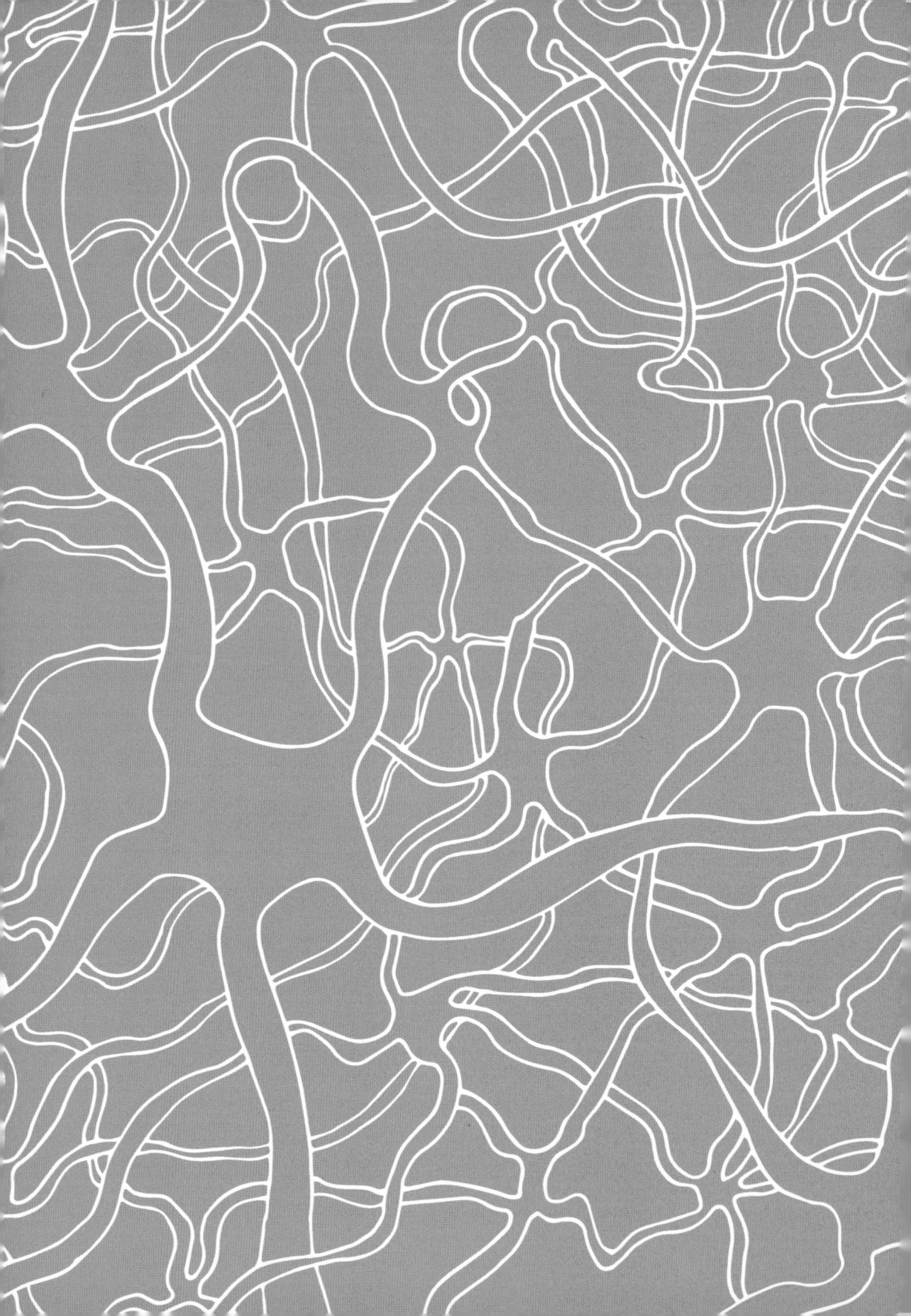

1강 우주의 대칭이 깨어지다

의식의 출현, 생각의 출현을 이해하기 위해서는 부분이 아니라 전체를 봐야 하고, 생명이란 현상 속에서 뇌를 이해해야 하며, 그 생명을 가능케 한 우주 차원으로 시야를 넓혀야 합니다. 결국 뇌도 자연의 일부이기 때문입니다.

서서히 밝혀지는 우주의 비밀

2003년 말, 우주의 나이가 137억 년이라는 사실이 밝혀졌습니다. 최근의 우주론에서 도약적인 발전으로 꼽히는 일대 사건이었죠. WMAP 관측위성이 관찰하여 측정한 그 결과가 미국의 과학 전문지 《사이언스 Science》에 발표되기도 했습니다.

허블 상수의 값을 구해서 우주의 나이를 산정하는데(지구에서 은하

1-1 우주배경복사 관측의 역사

들까지의 거리 r과 적색편이로 그 은하들이 지구에서 멀어지는 속도 V를 측정한 관계식 $V=Hr$에서 비례상수 H가 허블 상수이며, 공간에서의 우주 팽창률을 뜻한다. 우주의 나이는 허블 상수의 역수 값이므로 우주 나이를 정확히 알려면 은하의 거리를 정확히 측정해야 한다), 2003년 이전에는 우주의 나이를 대략 150억 년으로 이야기했습니다. 그러다가 WMAP 관측위성의 관측 결과 137억 년으로 정확해진 겁니다.

지금까지 우주 연구에 있어 큰 도약을 이룬 중요한 사건으로, 1965년에 우주 탄생 시의 빅뱅파를 지상에서 측정한 일을 꼽습니다. 전파천문학자 윌슨Robert Wilson, 1936~과 펜지어스Arno Penzias, 1933~2024가 전파망원경으로 관측했죠. 그 온도를 절대온도로 환산하면 2.75K가 됩니다. 하지만 지상에서 찍었기 때문에 대기에 의한 감소 등 여러 요인으로 인해서 정밀도가 떨어지죠. 그래서 1992년에 우주배경복사 탐사선

1-2
우주배경복사 스펙트럼

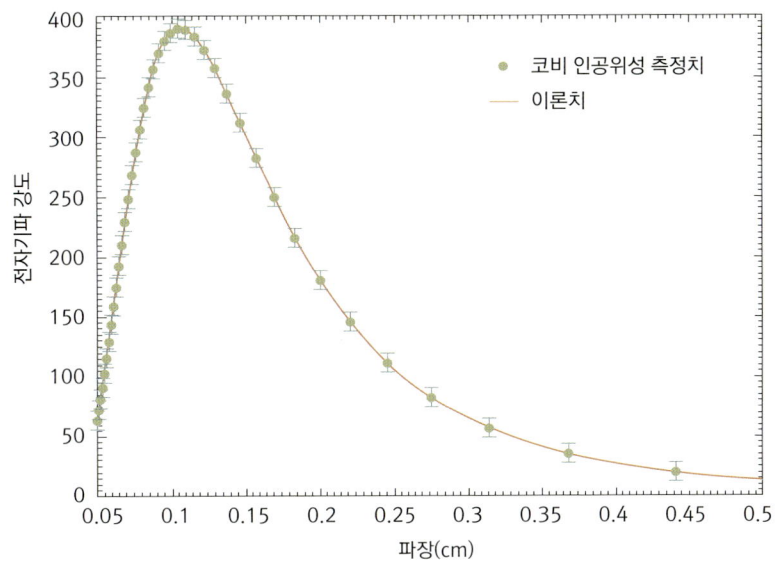

Cosmic Background Explorer 코비COBE라는 인공위성을 우주 공간에 띄워 더 정밀하게 우주의 온도를 쟀던 겁니다. 코비 탐사위성의 우주배경복사 관측으로 2006년 노벨 물리학상을 수상한 조지 스무트George Fitzgerald Smoot, 1945- 를 중심으로 한 코비 팀의 집요한 연구 과정을 사이먼 싱 Simon Singh 의 《빅뱅Big Bang: The Origin of the Universe》에서 이렇게 표현하죠.

검출기는 60도 떨어져 있는 하늘의 두 지점에서 오는 우주배경복사를 측정하면서 동시에 그 값을 비교했다. 그러나 전 하늘의 복사선을 조사하기 위해서는 위성이 지구를 100회나 돌아야 했다.
차별 마이크로파 검출기는 1990년 4월에 처음으로 전 하늘에 대한 기초적인 조사를 마쳤다. 첫 번째 분석에서는 3천분의 1 정도 수준에서 아무런 우주배경복사의 변화가 드러나지 않았다. 두 번째 조사에서는 1만분의 1 수준에서도 아무런 변화가 보이지 않았다. 과학

저술가 마커스 차운은 이 측정을 "기록적인 지루함"이라고 말했다.

코비의 차별 마이크로파 검출기는 1990년에서 1991년 사이에 지속적으로 더 많은 자료를 수집해서 1991년 12월에 처음으로 전 하늘의 지도를 작성했다. 이 지도를 작성하기 위해서 7천만 번의 측정을 수행했다.

마침내 10만분의 1 수준에서 변화가 나타나기 시작했다. 다시 말해 우주배경복사의 최고점 파장은 코비가 어느 방향을 보고 있느냐에 따라 0.001% 차이를 보이고 있었던 것이다. 이것은 초기 우주에 밀도의 파동이 있었다는 것을 증명하기에 충분했고 그후에 우주에서 일어났던 은하계의 생성을 위한 씨앗이 되기에 충분했다. 펜지어스와 윌슨이 우주배경복사를 처음으로 검출한 이후 50년이 지나서야 기다렸던 변화를 찾아낸 것이다.

코비위성은 좁은 영역에서만 측정했죠. 전 우주 영역에서 우주의 온도를 측정한 것이 바로 WMAP 관측위성입니다. WMAP는 윌킨슨 극초단파비등방성 탐사선 Wilkinson Microwave Anisotropy Probe 이죠. 그 결과 놀랍게도 초기 우주 전역에 걸친, 137억 년 전 우주의 전체 온도 분포를 얻게 되었습니다. 사실 최초 우주의 모습은 빅뱅이 터지고 대략 40만 년이 지났을 때야 비로소 찍을 수 있습니다. 그렇게 관측하기 어려운 갓 태어난 베이비 우주의 모습을 2003년에 WMAP 관측위성이 포착해낸 것이죠.

WMAP가 측정한 우주 전체의 온도 분포를 보면, 그 차가 10만분의 1도 이내였습니다. 우주의 초기 온도가 얼마나 균일한지 참 놀라울 뿐이죠. 지구의 북극이나 적도만 떠올려보아도 온도 차가 80℃ 정도 생길 수 있거든요. 그런데 우주 초기 온도는 10만분의 1도 내로 균일하다는 겁니다.

여기서 10만분의 1도의 미세한 온도 불균일이 중요합니다. 아주 작은 차이지만 조금 더 차가우냐, 조금 더 온도가 높으냐 하는 온도 불균일에 따라 물질들의 응집이 달라지죠. 우주 내에서도 물질이 많이 모인 곳과 성긴 곳이 생기는 겁니다. 많이 모인 곳이 중력 수축에 의해서 137억 년이 지난 지금 우리가 보는 우주의 모습으로 나타나게 되는 거죠. 실제로 WMAP 관측위성 관측 결과를 시뮬레이션하면 현재 은하의 분포 양상이나 형태들을 연구할 수 있습니다. 지금 국내에서도 그런 연구를 하고 있죠.

2003년 WMAP 관측위성과 최근 천문학의 발전이 우리 인류에게 가져다준 것은 크게 두 가지입니다. 첫째, 우주의 나이가 137억 년임이 정확하게 확정되었다는 거죠. 둘째, 우주 전체를 구성하고 있는 에너지의 73%가 암흑에너지dark energy이고, 23%가 암흑물질dark matter로 되어 있음을 발견한 겁니다. 에너지와 물질은 같은 것이죠. 다시 말하면 우주 전체 에너지에서 96%가 지금까지도 인류가 알지 못하는 것입니다. 그동안 인류가 우주 전체라고 알았던 것은 사실 4%밖에 안 된다는 거죠. 수천 년 동안 인류가 보아왔던 우주, 그 많은 은하와 별, 그리고 지구……. 이 모든 것이 우주 전체의 4%밖에 차지하고 있지 않다는 것이 2003년에야 비로소 거의 명확해진 겁니다.

이런 의문이 들 수도 있습니다. 암흑에너지, 암흑물질이 사실은 알 수 없는 것인데 어떻게 알게 되었느냐. 우선 이것이 지금 우주를 구성하고 있는 주기율표에 나오는 92가지 원소로 이루어져 있지 않음은 천문학자들이 오래전부터 추측하고 있었습니다. 암흑에너지와 암흑

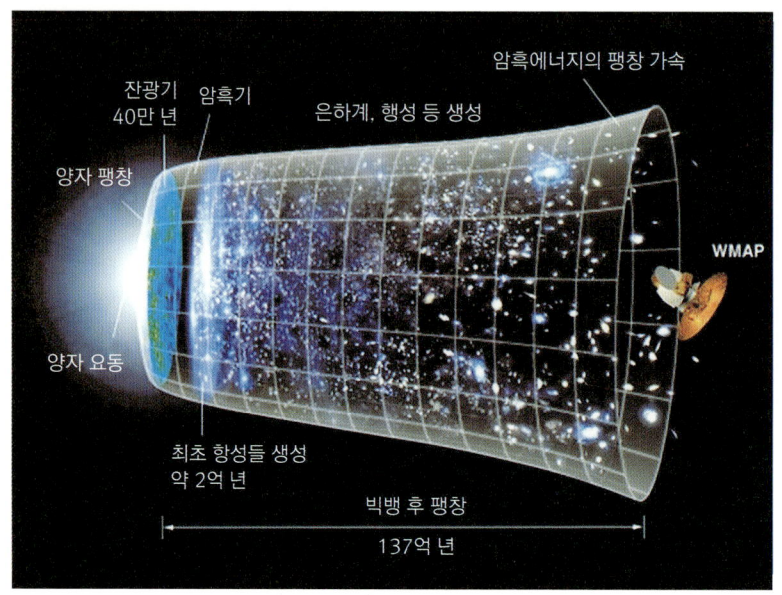

1-3
빅뱅의 팽창과 WMAP 관측위성

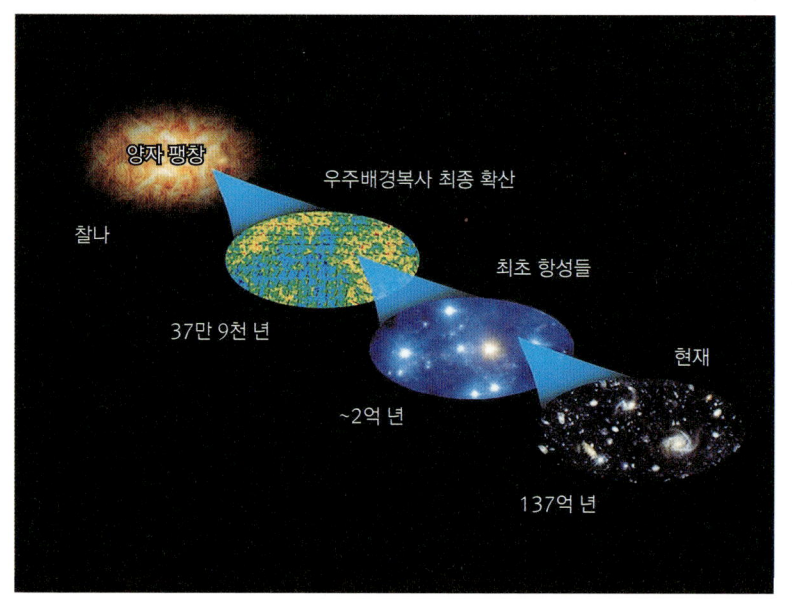

1-4
빅뱅 후 137억 년 우주 역사

물질이 주기율표의 원소로 구성되어 있었다면 분명히 전자기 상호작용을 했을 것이고 인류의 과학 기술에 의해서 충분히 검출되었겠죠. 암흑물질의 존재를 확인한 것은 바로 이것들과 중력과의 상호작용을 측정한 결과입니다.

빅뱅 후 38만 년 지난 초기 우주를 관측할 수 있었던 것은 이 시점에서야 비로소 초기 우주 온도에 의해 맹렬히 운동하던 전자가 양성자의 플러스 전하에 의해 양성자에 포획되었기 때문입니다. 38만 년보다 더 이른 시기에는 열운동하는 전자에 의해 빛 입자인 광자가 산란해서 우주가 광자에 대해 불투명하여 초기 우주를 빛으로 관측할 수 없죠.

우주의 온도는 우주가 팽창하면서 식어갑니다. 초기에는 아주 급격하게 식죠. 계속 식어감에 따라 물질을 구성하고 있는 요소들이 중력 수축하게 됩니다. 그래서 대규모 은하들이 형성되고 우주의 불균일도가 계속 증가하기 시작합니다.

초기의 허블망원경이나 WMAP 같은 관측위성의 관측 이전부터 꽤 오랫동안 천문학자들이 우주 전체의 은하 분포를 측정해왔는데, 최근에 그 결과들을 집대성하게 되었습니다. 은하는 1천억 개 정도의 별로 된 하나의 소우주죠. 가시광선으로 측정한 100만 개의 은하를 3차원 좌표상에 나열하여 분포시켜서 본 결론 역시 우주의 물질 분포는 균일하다는 겁니다.

입자물리학에서 대칭은 보존법칙과 같은 의미입니다. 이 대칭이라는 개념은 인간 의식의 출현으로까지 가는 데 지도원리가 될 수 있는 가장 근본적인 밑그림이죠. 대칭과 의식의 출현을 직접 연결하기가 쉽지는 않습니다. 우리가 137억 년이란 엄청난 시간을 상상하기 힘들

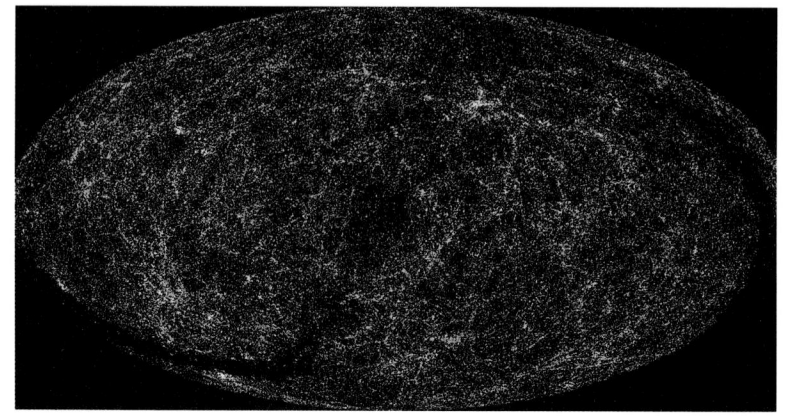

1-5
관측된 100만 개의 근적외선 은하들

기 때문이죠.

지리학을 예로 들어보죠. 지구 표면에서 온도가 균일하다면 기후나 기상학 같은 것들이 존재하기 힘들 겁니다. 지구 표면에 모든 인구가 균일하게 분포했다면 인구지리학 같은 학문도 존재하지 않겠죠. 불균일이 생기면서 농도 차에 따른 에너지 흐름이 생기는 겁니다. 그래서 빅뱅 이후 137억 년이 지난 지금 다양한 양상으로 분화된 우주를 볼 수 있는 거죠. 은하Galuxy, 성단cluster, 성운nebulae 등이 담긴 110개의 메시에 목록Messier catalog을 보면 대부분 다양한 형태를 띠고 있음을 알 수 있습니다.

초신성, 생명 탄생의 순간

그럼에도 불구하고 인류는 우주를 구성하고 있는 96%(암흑물질 23%, 암흑에너지 73%)에 해당하는 부분에 대해 여전히 모릅니다. 지금까지 우리 인류가 알고 있었던 우주라는 것은 최근에 알고 보니 단지 4%에 불과했던 거죠. 그 4% 중에 지구를 만들고 대륙과 암석을 만든 중원소heavy elements (산소, 네온, 마그네슘, 황, 규소, 철 같은 수소나 헬륨보다 무거운 원소)가 0.03%에 해당하고, 중성미자neutrino (전하가 없고 질량도 거의 없는 소립자의 하나)가 0.3%, 우주라 했을 때 금방 떠오르는 별은 전체의 0.5%밖에 안 되는 겁니다. 그나마 그 4%의 90%는 수소와 헬륨입니다. 많다고 해도 전체의 4%도 안 되죠.

그러니 우주 전체를 이렇게 보면 됩니다. 96%는 모르고 지금은 4%만 알고 있는데 그 4%의 대부분이 수소와 헬륨 원자핵이다. 나머지 별들이나 태양계, 인간은 우주 전체로 봤을 때 수소가 타고 남은 재에 불과한 거죠. 수소가 타고 남은 찌꺼기에서 생긴 그 무엇들인 겁니다.

그러면 별은 우주에서 어떤 일을 겪느냐. 별의 일생을 좌우하는 가장 중요한 요소는 별이 형성되었을 때의 초기 질량입니다. 1-6 도표는 김형진 박사의 《빛과 우주》라는 책에서 인용한 원시별의 질량에 따른 별의 일생에 대한 분류입니다. 초기 질량이 지금 태양 질량의 1.4배에서 30배 정도의 별들은 마지막에 초신성supernova 상태가 되고, 초신성 상태에서 폭발하여 그 중심이 중성자성neutron star이 됩니다. 초기 질량이 지금 태양 질량의 30배 이상에서 수십 배가 되는 별들은 청색거성blue supergiant을 거치며 폭발하면서 코어(핵심) 부분이 블랙홀이 되죠. 블랙홀도 별의 일생에 있어 마지막 단계 중 하나입니다.

여기서 태양 질량의 1.4라는 상수는 천체물리학자인 찬드라세카르 Subrahmanyan Chandrasekhar, 1910-95가 20대 젊은 나이에 발견했죠. 1983년에 이 상수를 발견한 공로로 노벨 물리학상도 받습니다. 그후 찬드라세카르 상수는 천체물리학의 중요한 기준점이 됩니다.

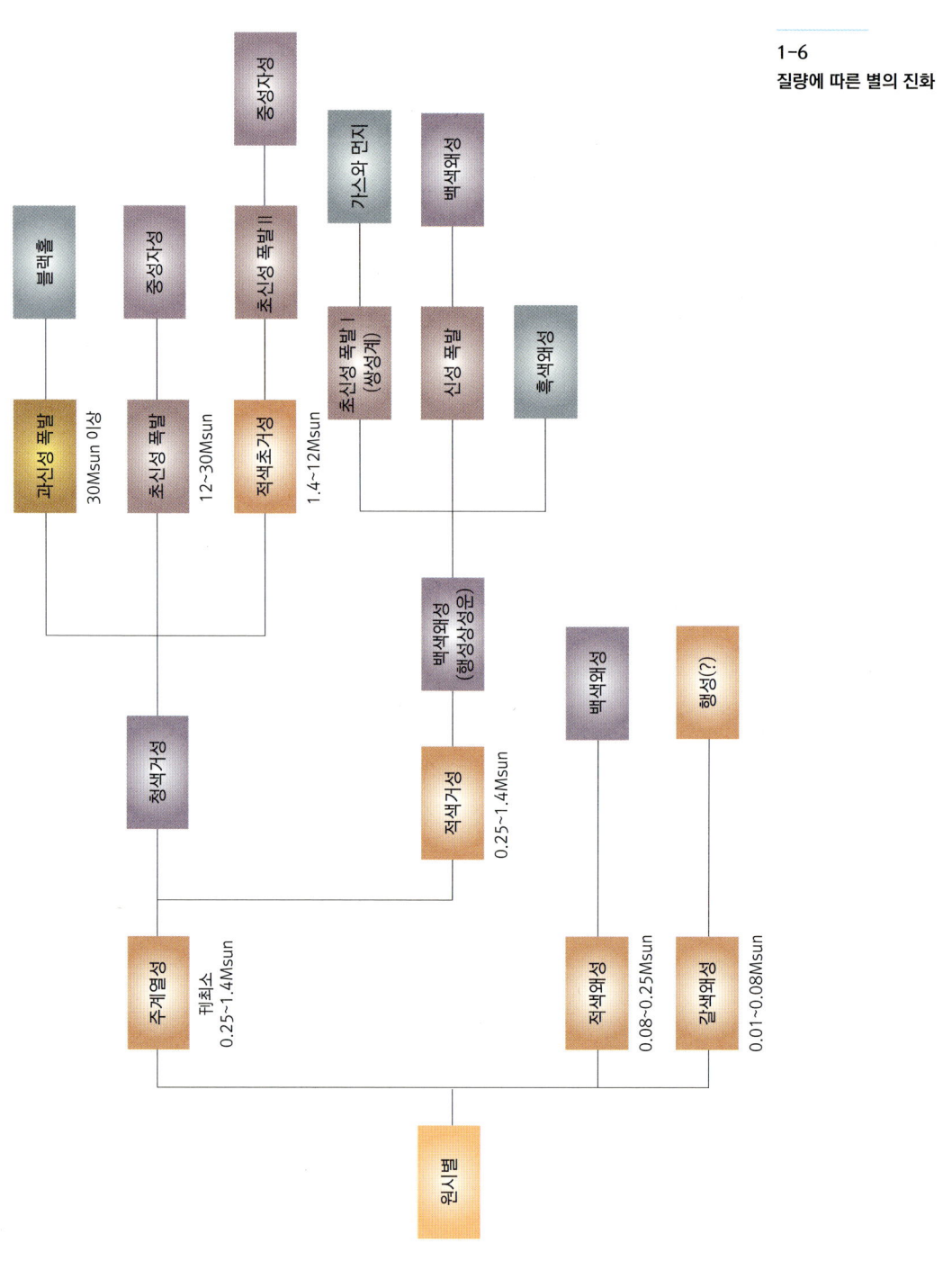

1-6
질량에 따른 별의 진화

1-7
초신성 1987A

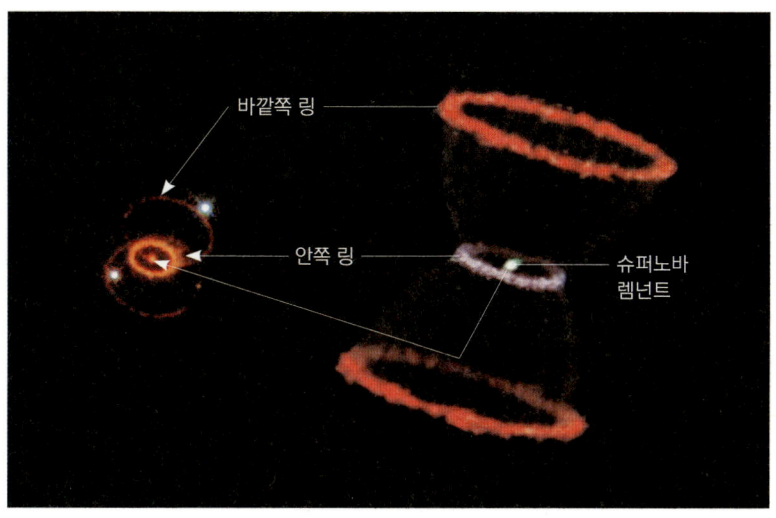

지금 태양의 1.4배 이하가 되는 질량의 별들, 그런 별들은 마지막 단계에 가서는 대부분 백색왜성white dwarf star이 됩니다. 초신성은 적색거성red giant 상태를 거쳐 어느 순간에 별을 구성하는 물질이 별의 중심점을 향해 자유낙하하면서 붕괴되는 과정입니다. 별의 수명은 초기 질량에 따라 수천만 년에서 100억 년까지도 가능한데, 초신성의 폭발은 수초 내에 일어나죠.

1-8은 허블우주망원경이 성간 거대분자구름Giant Molecula Cloud: GMC에서 원시별이 형성되는 과정을 자세히 관찰한 사진입니다. 맨 위는 지상에서 저배율 망원경으로 본 독수리자리 성운 부근의 밤하늘이고, 그 왼쪽 사진의 구름 기둥을 허블망원경이 관측한 것이 아래 사진들이죠.

이렇게 생성된 원시별들은 초기 질량에 따라 수십억 년 후에 적색거성, 초거성Supergiant 상태를 거칩니다. 태양도 약 40억 년 후에 적색

1-8
허블우주망원경이 관측한 독수리자리의 거대분자구름에서 별이 생성되는 영역

거성 상태를 거치는데, 그때가 되면 지구도 그 속에 들어가게 되죠. 적색거성 다음 단계인 초거성이 터지면 초거성의 잔류물들이 우주 공간으로 다시 흩뿌려집니다. 이렇게 흩뿌려진 우주 공간의 물질들이 초신성 잔류물supernova remnent, 그러니까 성간물질이 되는 거죠. 성간물질들이 다시 중력 수축하고 그 가운데서 수소 가스가 핵융합을 일으켜 원시 항성의 양극 방향으로 강력한 가스 분출이 일어납니다. 이것이 안정되면 흔히 말하는 스타 탄생, 별의 탄생이 이루어지는 겁니다. 이런 과정으로 항성과 행성 그리고 위성으로 이루어진 태양계가 생기는 거죠.

여기서 성간물질들이 고농도로 농축된 지역들은 아마추어용 망원경으로도 충분히 볼 수 있습니다. 오리온 성운Orion Nebula의 거대분자 구름이 대표적이죠.

초신성은 생명현상의 역사에 있어 물질적 바탕을 만드는 사건입니다. 초신성이 폭발하면서 나온 중원소와 강력한 방사선에서 우주의 구성 요소들, 지구, 생명 탄생과 진화, 생각의 출현에 이르는 긴 여정이 시작되죠.

지구로 간 초신성 잔류물

초신성이 터지는 것은 순간입니다. 불과 1, 2초 사이에 폭발하죠. 그래서 아직 천문학에서는 어떤 별이 어느 순간에 초신성이 될 것인지 예측할 수 없습니다.

별의 일생에서 마지막 단계는 분명히 무거운 질량의 별들이 폭발하는 것으로 장식됩니다. 눈을 감았다 뜨면 1, 2초 남짓한 그 폭발이 벌써 끝나 있는 거죠. 이것이 바로 초신성, 초신성의 탄생입니다. 그 짧은 순간에 주기율표 반 이상에 해당되는 원소들이 합성되죠. 하지만 생성과 동시에 폭발하기 때문에 그 원소들은 우주에 흩뿌려지게 됩니다. 말 그대로 씨를 뿌리듯이 그 물질들을 우주 공간에 뿌리는 겁니다. 주로 중원소들을요. 죽 흩어지면서 이 초신성 잔류물들이 천문학에서 가장 아름다운 그림을 만들어내죠.

초신성 잔류물의 대표적인 예로 초신성 1987A가 있습니다. 지구에서 17만 광년 거리에 있는 마젤란 대성운에서 폭발했죠. 17만 년 동안 우주 공간으로 퍼져 나온 초신성 폭발을 1987년에 관측한 겁니다. 결국에는 이렇게 흩어져 있는 물질들이 다시 모여서 별을 형성하게 되죠.

1-7을 살펴보면, 초신성 1987A의 폭발 시 나온 충격파가 주위의 성간물질과 부딪혀서 생성된 링 구조가 보입니다.

초신성은 원소 주기율표의 절반 이상을 형성해냈다고 했습니다. 거기에서부터 태양계, 지구, 호모사피엔스가 만들어지게 된 거죠. 우리 몸을 구성하고 있는 중원소들 역시 초신성에서 온 것입니다. 우리 주변의 많은 물질이 초신성의 폭발 시 생성된 중원소에서 합성되죠.

1-9의 주기율표를 보시죠. 초신성에서 빅뱅이 터지고 나서 생긴, 우주를 구성하는 92가지 원소에 대한 생성 기원을 표시한 것이죠. 여기서 점으로 표시된 원소들이 대략 50%가 넘는데, 바로 초신성에서 생성된 겁니다.

우주의 완전한 대칭이 깨어질 때

빅뱅 당시에 하나로 통일되어 있던 힘이 우주 팽창과 더불어 순식간에 네 가지 힘으로 분화되었습니다. 동일한 성격을 띠고 완벽한 대칭을 이루다가 우주가 팽창하고 서서히 식어가면서 다른 특성의 힘이 출현하게 된 것이죠. 이때의 네 가지 힘이 중력, 강한 상호작용(강력), 약한 상호작용(약력), 전자기 상호작용(전자기력)입니다. 이 현상을 입자물리학에서는 자발적 대칭 파괴spontaneous symmetry broken라고 하죠. 파키스탄의 살람Abdus Salam, 1926-96 교수가 이를 주장하여 1979년에 노벨 물리학상을 받았습니다.

초기 우주의 네 가지 힘 가운데 플랑크 타임Planck time(빛 알갱이 포톤photon이 존재 가능한 최소 공간 플랑크 길이를 빛의 속도로 지나간 물리적으로 의미 있는 측정 가능한 최소 시간 단위) 경과 후, 즉 10^{-43}초의 찰나적 순간이 지나고 나서 맨 처음에 분리되어 나온 힘이 중력입니다. 10^{-35}초의 순간에 분리되어 나온 힘은 강한 상호작용이죠. 흔히 이야기하는 원자력입니다. 그리고 10^{-12}초 지난 후에 약한 상호작용과 전자기 상호작용이 분리되어 나옵니다. 10^{-6}초, 즉 100만분의 1초 지난 후 쿼크가 결합하여 양성자와 중성자 같은 하드론 입자들이 형성되죠. 빅뱅에서부터 3분쯤 지나면 헬륨 알파 입자α particle의 합성이 완료되죠. 빅뱅에서부터 3분이 지난 후 우주의 가장 중요한 구성 요소인 수소와 헬륨 원자핵이 합성될 때까지의 우주를 물리학적으로 설명한 책이 와인버그Steven Weinberg, 1933-2021의 《태초의 3분: 우주의 기원에 관한 현대적 견해The First Three Minutes》입니다.

초신성 잔류물, 즉 성간물질의 90%는 가스죠. 그 가스의 70%가 수

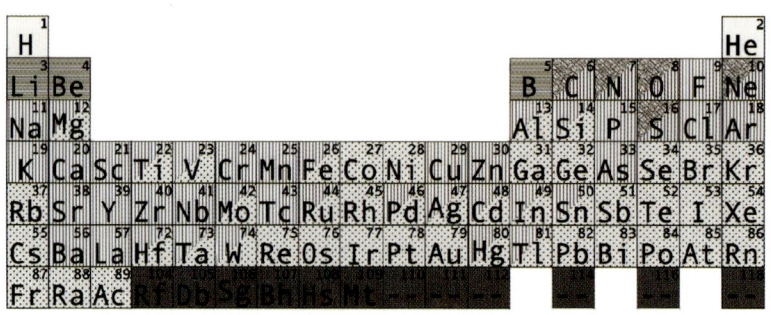

1-9
원소의 기원

 빅뱅
 우주선
 작은 질량의 별
 큰 질량의 별
 초신성
 인공 합성된 원소

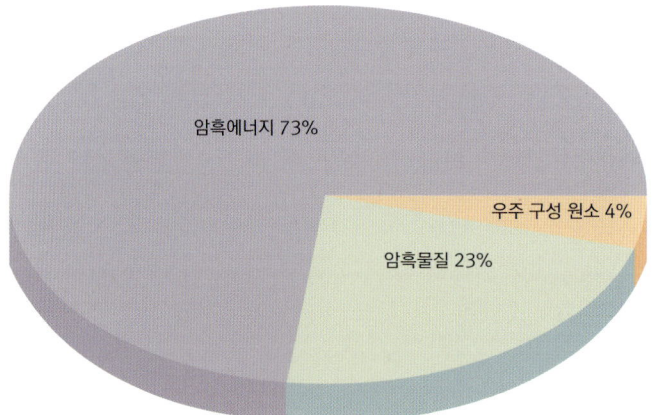

1-10
우주 구성 요소

소이고 헬륨이 20%입니다. 1-9 주기율표에 나오는 92가지 원소 중에서 수소(H)와 헬륨(He)이 빅뱅 초기에 생겼습니다. 빅뱅 후 초기 물질 덩어리에서 별이 형성되고, 별 속에서 합성되는 헬륨보다 무거운 모든 원소는 별의 진화 과정을 통해서 만들어진 겁니다. 그중에서도 특히 초신성이 폭발할 때 원자핵에 속박되지 않은 자유 중성자가 대규모로 생성됩니다.

그리고 이 중성자(수소를 제외한 모든 원자핵을 이루는 구성입자로, 전하가 없으며 전자보다 1,840배 크다) 다발이 초신성을 구성하는 원자들 속에서 베타 붕괴를 합니다. 즉 중성자가 양성자(양의 전하를 띤 원자핵의 구성성분이며 수소 원자의 원자핵)와 전자, 그리고 반중성미자로 바뀌는 것이죠. 이 베타 붕괴의 결과로 원자핵 내에 양성자가 계속 증가하여 우라늄까지의 원소가 만들어지는 것입니다. 초신성이 폭발하는 그 찰나에 말이죠.

빅뱅이론에 따르면 현재 우주에서 볼 수 있는, 그러니까 빅뱅에서 137억 년이 지난 현재 우주에서 볼 수 있는 가장 많은 입자는 중성미자와 광양자光量子(광자), 즉 포톤입니다. 그리고 우리 별이나 행성 시스템 또는 생명체를 구성하고 있는 강입자인 하드론hadron 들은 우주 전체에서 봤을 때 극히 일부에 해당되는 것입니다. 하드론에 속하는 양성자만 봐도, 양성자 한 개에 광자 10억 개 비율이죠.

지금 우주를 구성하고 있는 두 가지 기본 입자는 페르미온fermion 과 보존boson 입니다. 보존은 페르미온을 서로 붙여서 하나의 별, 태양계와 같은 행성 시스템, 인간 등 모든 것을 만들어내는 데 아교 역할을 하는 것이죠. 보존의 대표적인 예가 바로 전자기 상호작용을 매개해주는 빛 알갱이, 즉 광자죠.

이 보존 입자에 의해 페르미온이 결합하는 양상들이 결국 중력, 약한 상호작용, 강한 상호작용, 전자기 상호작용 등 우주의 네 가지 힘으로 드러납니다. 지구 표면에서의 생명 탄생을 가져오고 생각의 출현을 가능하게 한 것은 주로 전자기 상호작용이죠.

대칭의 깨어짐에서 생각은 시작된다

그렇다면 왜 뇌에 관한 책에서 천문학 이야기를 하느냐. 지금까지 이야기한 우주의 대칭 그리고 대칭의 깨어짐과 관계가 있습니다.

물리학에서 본 대칭 관계. 이것을 은유적으로 표현하면 '그것이 바로 그것이다'라고 할 수 있죠. 크게 다음의 세 가지로 말할 수 있습니다.

- 전기와 자기는 동일한 현상이다. (맥스웰 방정식)
- 물질과 에너지는 같다. (특수상대성원리)
- 우주 전체의 에너지와 우주 전체 시공의 휘어짐, 즉 4차원의 휘어짐이 서로 연계되어 있다. (일반상대성원리)

첫 번째, 맥스웰 방정식은 전자공학, 전파, 통신의 기본이 되는 물리법칙이죠. 1905년 아인슈타인 Albert Einstein, 1879-1955 이 발표한 특수상대성이론에 의해서 성립된 물질과 에너지의 등가관계가 두 번째입니다. 이것이 바로 잘 알려진 공식 $E=mc^2$ 입니다. 우리나라 전체 사용 전력의 약 40%가 원자력 에너지로 만들어지는데, 이것 역시 $E=mc^2$ 에서 기원하죠.

그리고 세 번째. 1916년에 발표된 아인슈타인 일반상대성이론의 중요한 결론 중 하나가 우주의 시공 구조가 물질 에너지에 의해 규정된다는 겁니다. 우주의 에너지와 그 에너지로 생긴 곡률 구조, 4차원 시공의 곡률 반경(곡률 텐서)의 관계는 아래 아인슈타인의 중력장 방정식에 의해서 규명되었죠.

$$R^{\mu\nu} - \frac{1}{2}g^{\mu\nu}R = \frac{8\pi \cdot G}{C^4}T^{\mu\nu}$$

일반상대성이론이 나오기 전까지는 시간과 공간을 두 개로 분리된 실체라고 보았습니다. 그러나 이 중력장 방정식은 물질 에너지 총량과 시공간이 서로를 규정한다고 말하죠. 시간과 공간이 분리된 속성을 띠는 게 아니라 '시공'이 결합된 하나의 것으로만 존재한다는 것입니다. 결국 무대장치로서의 시공과 배우인 물질이 분리된 존재가 아니라 서로가 서로의 존재를 생성하는 동일한 현상의 다른 측면이었다는 거지요.

상대성이론이 보여주는 세계관은 크게 이렇게 요약할 수 있습니다. 소광섭 교수가《물리학과 대승기신론》에서 이 부분을 자세하게 설명했죠.

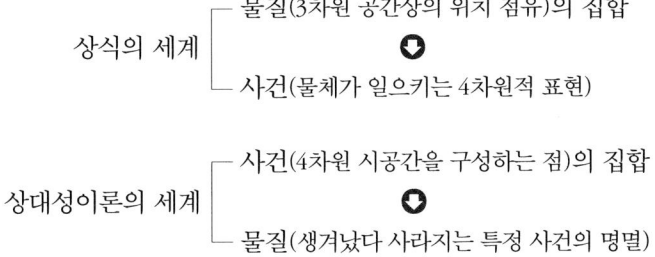

세계는 물질과 사건, 즉 thing과 event의 두 가지로 볼 수 있는데 지금까지는 세계를 물질 중심으로 보아왔죠. 그런데 상대성이론은 우주에 존재하는, 어쩌면 유일한 것은 물질이 아니라 사건이라고 합니다. 그렇다면 물질이 무엇인가요? 4차원 시공에서의 사건의 명멸, 사건이 생겼다 사라지는 것입니다. 그래서 《일반인을 위한 파인만의 QED 강의Quantum Electrodynamics》라는 책을 통해 파인만Richard Feynman, 1918-88은 중력이나 원자핵력을 제외하고 우주에 존재하는 것들 대부분은 다음 세 가지 사건으로 설명할 수 있다고 했죠.

- 광자가 여기에서 저기로 움직인다.
- 전자가 여기에서 저기로 움직인다.
- 전자가 광자를 흡수하거나 방출할 수 있다.

우리가 보는 대부분의 자연 현상은 이 세 가지 기본 사건의 무한 중첩일 뿐입니다. 또 이 세 가지 현상은 전자기 상호작용의 핵심이죠. 생명현상이란 간략하게 말하면 이 세 가지 요소가 무한히 중첩하여 생겨난 어떤 사건의 다발인 것입니다. 그 사건의 다발에서 태양계가 나오고 지구가 나오고 생명을 가진 세포가 등장하고 생명체들이 폭발적으로 탄생하고 진화하여 우리 인간이 출현하고 신경반사, 감정, 생각이 나온 거죠.

대칭이 깨어질 때만, 화학 작용이 일어날 때만, 크고 안정된 분자들이 나타날 때만, 환경에 영향을 받지 않는 사건이 선택적으로 일어날 때만 기억은 마음이 출현하게 이끈다.

1-11
〈해방Liberation〉, 모리스 에셔, 1955

대칭이 깨어져서 물질과 에너지의 흐름이 생겨 분화로 나아가는 양상과 일어남이 없는 본래의 대칭으로 돌아가는 두 가지 흐름이 이 그림에 담겨 있다.

신경과학자 에덜먼Gerald M. Edelman, 1929~2014은 마음의 출현에 대해 이렇게 말합니다. 대칭관계가 깨지면서 일어나는 건 생각, 의식, 마음뿐만이 아니라 운동도 그렇죠.

그러나 사실 우주의 대칭이 깨어지고 시간의 흐름에 따라 네 가지 힘이 분화되고 원자가 형성되면서 생명이 출현하는 방향과 정반대로 우주가 분화되기 이전의 상태, 즉 빅뱅의 초기로 돌아가서 대칭이 회복되는 본원적 흐름도 있습니다. 1-11에서 Maurits Escher, 1898~1972의 그림을 보면 대칭과 대칭 붕괴로 생명이 만들어지는 모습이 직관적으로 잘 표현되어 있습니다.

정리해보죠. 우주의 네 가지 힘이 우주 초기의 완벽한 대칭, 완전한 대칭에서 분화되어 나왔고, 그중에서 우리 생명현상과 관련된 것은 전자기 상호작용이라고 했습니다. 분화되어 나온 힘들 간의 상호관계는 20세기 물리학이 충분히 밝혀놓았죠. 그 힘들로 인해 태양계와 지구의 시스템이 생겨났고 생명의 출현, 의식의 출현으로까지 이어졌습니다.

여기서 사실 생명과 최초로 연계되는 것은 초신성 폭발이라는 현상입니다. 초신성 폭발의 충격파로 성간물질이 응축되면서 별의 생성이 시작되죠.

그리고 현대 천문학은 초신성이 터졌을 때 형성된 많은 중금속이 지구가 만들어지고 지구상에 생명이 출현하는 데 직접적인 관련이 있다고 봅니다. 한마디로 요약하면, 천문학자 골드스미스Donald Goldsmith가 《슈퍼노바Supernova》라는 책에서 언급했듯이 "Supernova do it all." 초신성이 다 했다는 겁니다. 초신성이 우리 태양계를 만들었고, 우리 지구를 만들었고, 어쩌면 지구상의 생명체가 진화해서 초신성이 무엇인지를 밝혀내려는 의식의 출현까지 가져왔다는 겁니다.

2강 생명의 탄생

생명의 기본 단위가 뭐죠? 그렇죠. 세포입니다. 세포 없이는 생명체가 구성될 수도 없고 살아 움직일 수도 없는 겁니다. 물론 생각하는 것도 불가능하죠. 이제 인간의 뇌도 단지 세포의 집합이라는 사실을 잊지 말고, 생명의 근원인 최초의 세포로 거슬러 가봅시다.

우주적인 시각으로

세포의 출현을 이야기하기 전에 우주 공간으로 잠깐 시선을 옮겨봅시다. 코페르니쿠스Nicolaus Copernicus, 1473-1543의 원리 아시지요? 지동설. 태양이 지구 주위를 도는 게 아니라 지구가 태양의 주위를 돈다. 맞습니다. 코페르니쿠스의 원리를 한마디로 정리하면 이거죠.

우주를 우리의 관점에서 보지 말라!

즉, 인류의 관점이 아니라 우주 전체의 긴 드라마 속에서 우주를 보라는 겁니다. 또 우리에 견주어서 우주를 측정하지 말라는 거죠. 이것이 시사하는 바는 굉장히 큽니다. 생물학에서 다윈의 진화론을 받아들여야 하는 것과 마찬가지로 지구상에서의 생명현상을 설명하면서 우리 인류가 특출하다고 주장하는 것은 코페르니쿠스 원리에 위배되는 겁니다. 더 우주적인 관점에서, 즉 인간 중심적 시각에 물들지 않은 상태에서 우주를 마주해야 합니다.

코페르니쿠스의 원리는 인간을 중심으로 무언가를 설명하려는 것에 강하게 제동을 겁니다. 이것이 바로 과학의 길입니다. 인간이 그냥 보고 느낀 대로 행하는 게 과학의 길이 아닙니다. 자연에 대하여 인간이 보고 느낀 대로 판단하는 건 과학적 관점에서 여러 차례 틀려왔죠. 왜냐하면 인간의 감각기관이 받아들이는 시각 에너지 영역이 빛의 전체 스펙트럼에서 극히 일부이기 때문입니다.

그 예로 2-3의 최근 나사NASA에서 공개한 우주에서 본 지구 사진을 봅시다. 태양이 떠 있는 낮 동안에 우주 공간에서 지구를 찍은 겁니다. 이 사진에서 중요한 것은, 지구에서 보이는 구름들의 위를 보면 캄캄하게 검다는 겁니다. 왜냐? 공기가 없기 때문이죠. 지구에서 낮이 환한 이유는 공기, 즉 대기가 있어서 공기 속의 질소나 산소 원자들 또는 분자들과 태양에서 온 빛 알갱이 광자들이 산란을 하기 때문입니다. 하늘이 파랗게 보이는 이유가 뭡니까? 짧은 파장의 청색이 우리 눈에 주로 들어오기 때문이죠. 대낮인데도 지구에 대기가 없다면 태양을 보는 시선의 방향으로만 빛이 보이고 다른 쪽은 캄캄할 겁니다.

2-1
태양과 지구 크기 비교

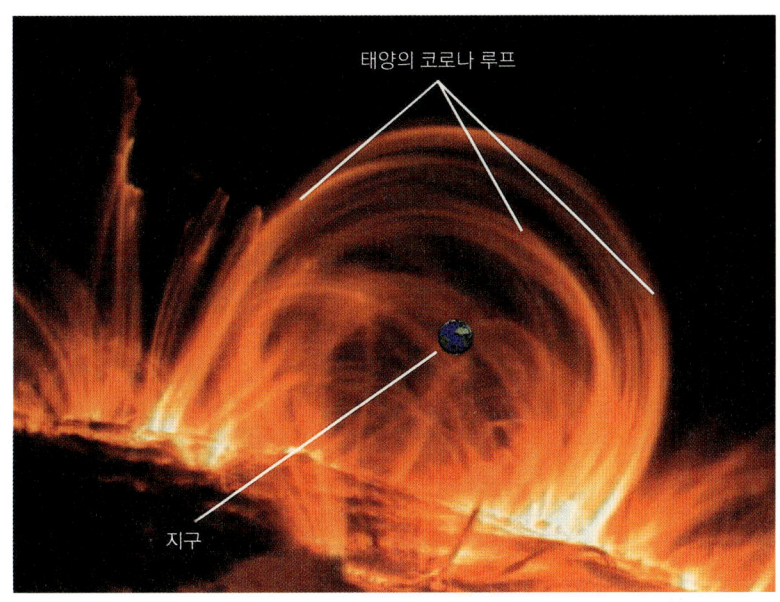

2-2
허블우주망원경이 관측한 오리온자리의 적색거성 베텔게우스 실제 크기

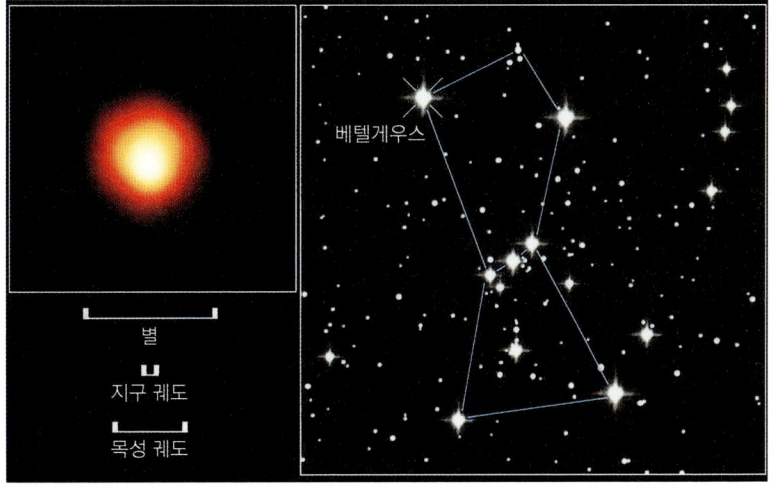

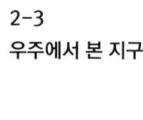
2-3
우주에서 본 지구

 이게 바로 코페르니쿠스 원리가 강력하다는 한 증거입니다. 낮에는 태양이 있어서 환하다고 생각하는 것도 지구 대기에 의한 작용일 뿐이죠. 단지 시선을 태양 쪽으로 향할 때만 빛이 보이고 시선 밖은 캄캄하다는 것을 이 인공위성 사진이 보여주는 겁니다.

 실제로 우주에서 지구를 보면 지구만 환하고 하늘 위는 캄캄하죠. 비행기를 타고 태평양을 건너면서 고공으로 높이 날 때 하늘을 한번 보십시오. 높은 산에서 찍은 하늘 사진을 보는 것도 좋습니다. 굉장히 높은 곳에 올라가면 하늘이 검푸르다고 합니다. 검푸른 그 위로 올라가면 낮인데도 컴컴합니다. 왜냐? 공기가 희박하기 때문이죠. 우리가 환하게 보이는 것도 대기가 있기 때문에 일어나는 현상인 겁니다.

 천문학은 행성 지구 표면에서 형성된 시간과 공간에 대한 우리의 인식 작용의 스케일을 크게 바꾸어줍니다. 예를 들어 그림 2-1에서 나타낸 것처럼 지구의 크기는 태양 코로나 크기의 10분의 1정도입니다. 질량이 지구의 30만 배나 큰 태양도 오리온자리의 적색거성인 베텔게우스에 비하면 반지름이 아주 작지요. 큰 별인 경우 태양 크기의 10만 배나 되는 별도 있습니다. 2-2는 허블망원경이 베텔게우스를 관측한 것입니다. 만약 베텔게우스가 태양 위치에 온다면 지구는 물론이고 목성까지도 베텔게우스 속에 파묻혀버리겠죠.

세포의 탄생

최근 화성에도 물이 있는지 탐색하는 등 태양계에서 생명을 찾는 연구들이 활발합니다. 화성은 생명체의 존재 가능성이 예상되는 강력한 후보지죠. 대기도 있고 언젠가 물도 있었을 거라는 간접적인 증거도 있습니다. 목성의 위성인 유로파Europa의 얼음 층 밑에 다량의 물이 있을 거라 추정하기도 합니다. 유로파가 바로 화성에 이어 생명체가 존재할 것 같은 두 번째 후보입니다.

세 번째 후보로 토성의 가장 큰 위성인 타이탄Titan이 있죠. 거기에는 대기가 있습니다. 그런데 그 대기는 지구처럼 산소, 질소가 아니고 대부분 메탄가스로 이루어져 있습니다. 최근에 인공위성이 타이탄에 착륙해 찍은 사진이 지구로 전송되고 있는데, 그곳에서 연못 구조로 추정되는 것들이 발견되었습니다. 물이 아니라 에탄올처럼 낮은 온도에서도 액체 상태를 유지하는 물질이라고 추정되고 있죠. 유로파 표면 사진을 보면 얼음에 금이 간 모습이 많이 보입니다. 이것을 크랙crack 상태라고 하죠. 얼음 층 밑의 대양에서 일어나는 기계적인 운동에 의해 얼음 층이 깨어졌다가 다시 얼어붙고 해서 생긴 크랙들이 아주 명확하게 보입니다.

어쨌거나 생명현상에서 중요한 건 우주에서 생명체가 있다고 확정된 곳은 우리가 살고 있는 지구밖에 없다는 것입니다. 지구의 역사가 46억 년이라면, 생명의 역사는 35억 년 정도 되죠.

생명의 역사에서 가장 놀라운 사건은 바로 세포가 생겨난 것입니다. 게다가 세포는 독립된 하나의 생명체입니다. 세포는 어떻게 생겨났죠? 태초, 즉 원시대양에서 코아세르베이트$_{coacervate}$(여러 유기물이 모인 액체 상태의 무생물로, 생물 발생의 최초 단계로 여겨진다)가 생긴 후 박테리아 같은 독립된 단세포가 나타났고, 그 뒤로 20억 년쯤 전에 이 박테리아 같은 운동성 단세포들이 자기 몸집보다 더 큰 아메바성 세포에게 잡아먹히죠. 그리고 박테리아성 세포는 아메바성 세포 안에서 소화되지 않고 숙주 상태로 공생 관계를 이룹니다. 즉 세포 내 공생이 시작된 거죠.

그렇다면 독립된 생명체라는 증거는 무엇이냐? 미토콘드리아를 예로 들어보죠. 큰 아메바성 세포에 잡아먹혀서 소화가 안 되고 공생 관계로 있는 대표적인 세포 내 소기관이 미토콘드리아입니다. 미토콘드리아는 세균의 유전물질과 같은 독자적인 유전자를 가지고 있죠. 독립된 생명체인 겁니다. 미토콘드리아뿐만 아니라 식물의 엽록체와 몇몇 세포 내 소기관도 형성 과정이 비슷하다고 추측하죠.

진핵세포를 좀 더 들여다봅시다. 진핵세포는 핵막으로 싸인 핵을 가진 세포로, 염색체를 가지고 있고 유사분열을 합니다. 고세균과 진정세균 이외의 모든 동물 및 식물 세포가 이에 속하죠. 원핵세포에서 진핵세포가 출현한 시기를 약 22억 년 전쯤으로 봅니다. 그리고 하나의 진핵세포에서 다음 단계로 크게 도약합니다. 두 개의 진핵세포가 만나게 되는 거죠. 그러면서 무수히 많은 세포가 모이게 되는 겁니다.

뉴욕대 의대 생리학 및 신경학과의 이니스Rodolfo R. Llinás, 1934~는 《꿈꾸는 기계의 진화: 뇌과학으로 보는 철학 명제 I of the Vortex: From Neurons to Self》에서 이렇게 주장합니다. 단세포에서 다세포 생명체로 가는 데 20억 년이 걸렸다고. 그렇죠. 그 20억 년 동안 단세포에서 다세포 생명체로 진화해가며 동물, 식물, 균류가 출현한 겁니다.

다세포들, 공생을 시작하다

다세포 생명체로 가는 양상은 두 가지로 말할 수 있습니다. 군체와 다세포 동식물. 군체는 볼복스와 해파리를 생각하면 됩니다. 바다 수온이 달라져 생존 조건이 어려워지면 이 해파리들이 서로 달라붙죠. 꼭 접시처럼 생긴 해파리들이 죽 붙는데 길이가 엄청납니다. 어떤 것은 30미터 정도 되죠. 그래서 지구상에서 가장 긴 생명체가 군체라고 하는 겁니다.

이때 해파리 군체 앞쪽에 붙은 것이 머리가 됩니다. 뒤쪽이 꼬리 역할을 하고요. 가운데 있는 것이 생식기 역할을 합니다. 중요한 것은 이렇게 많은 해파리가 모여서 긴 해파리 군체를 만들어 하나의 생명체처럼 대양 속을 계속 헤엄쳐 다니면서 먹이를 잡고 생식 활동을 하며 살아간다는 겁니다. 그런데 수온이 올라가서 적당히 살 만하면 다 해체하여 각자 독립된 생활을 합니다. 각각의 해파리는 유전적으로 독립된 생명체니까요.

군체와 달리 다세포 생명체들의 세포는 유전적으로 모두 동일합니다. 우리 몸을 구성하고 있는 60조 개의 체세포도 유전적으로 다 동일하죠. 그렇기 때문에 체세포 하나를 떼어내어 사람을 만들어낼 수 있다는 복제 이야기가 원리상으로 가능한 겁니다.

다세포로 모였을 때 핵심은 모인 세포 덩어리들이 먹이나 성性 파트너를 찾아서 함께 한 방향으로 운동을 해야 한다는 것입니다. 움직인다는 것은 방향성이 있다는 거죠. 그러면 이쪽 세포는 이쪽에서 자극을 받고 저쪽 세포는 저쪽에서 자극을 받는데, 이 세포 덩어리는 어느 쪽으로 움직여야 하느냐? 먹이가 있는 쪽으로, 성 파트너가 있는 방향으로 움직여야겠죠. 그러려면 각각의 세포들 모두 통신을 하여 한쪽 방향으로 움직여야 됩니다. 그래서 세포들 사이의 커뮤니케이션을 위해서, 즉 세포들이 통일된 행동을 하기 위해서 특별한 세포가 진화되어 온 겁니다. 그것이 바로 신경세포neuron죠.

다세포 동식물, 특히 다세포동물의 중요 전략은 이 중추신경의 진화입니다. 다세포동물이 되면서 각각의 단세포들은 자율성을 포기해야 합니다. 포기해야만 하나의 동물 시스템이 되는 거죠. 예를 들어 심장의 세포가 원래 가지고 있던 유전정보를 자유롭게 다 발현한다면 심장에도 털이 날 수가 있고 간 세포를 만들어버릴 수도 있습니다. 그러면 하나의 독립된 생명체가 될 수 없는 거죠. 그래서 각각이 모여 전체가 되면서 전체를 위해 각 세포의 자유, 자율성을 포기하여 그 결과 다세포 생명체가 생겨나게 된 겁니다. 그렇게 해서 궁극적으로 이 나스의 표현대로 '함께 죽는 메커니즘'이 개발된 것입니다.

심장이 잘못되었든 뇌 세포 덩어리가 잘못되었든 간에 어떤 동물이든 죽을 때는 살아 있는 근육 세포까지 몇 분, 길어도 몇 시간 내에 다

같이 죽습니다. 세포 각각이 자율적 분화 가능성을 포기하고 자신이 속한 세포 집단에 자신의 운명을 맡긴 것이죠. 이것이 다세포 생명체가 군체와 근본적으로 다른 점입니다.

단세포 생명체인 세균들은 죽음이 없고 무한 증식이 가능한 존재죠. 그러나 다세포동물들을 구성하는 세포 각각은 단세포가 가지고 있는 자율성을 포기하고, 큰 전체인 하나의 개체를 위하여 허용된 역할만 수행합니다. 또한 어떤 다세포동물이든 단세포 상태인 수정란에서 시작하죠. 그리고 무수히 분화된 체세포들 모두가 함께 죽습니다. 이니스에 따르면, 동물은 구성 세포 모두가 함께 죽는 메커니즘을 발명해낸 생물입니다. 이것이 다세포동물을 이해하는 근본적인 현상인 것입니다.

다세포동물로 진화하고 신경세포가 출현하는 일련의 과정에서 매우 중요한 현상이 좌우대칭 생명체가 나타난 것이죠. 이로 인해 생명이 한 단계 도약합니다. 동물계에서의 대칭은 방사대칭과 좌우대칭이 있습니다. 방사대칭의 대표적인 것으로 해파리, 말미잘, 불가사리가 있죠. 방사대칭의 경우에는 어디로 간다는 목적지가 없습니다. 움직이기는 합니다. 해파리 같은 경우도 너울거리면서 어디로 가기는 갑니다. 그러나 특정한 목적지가 있는 운동이 아니라 너울거리며 바닷물을 휘저어서 플랑크톤 같은 먹이를 자기 쪽으로 더 많이 끌어 모으는 행동일 뿐이죠. 방향성이 없는 겁니다. 하지만 좌우대칭으로 진화하면서 근본적인 생명현상인 방향성이 생깁니다.

방향성이라는 것은 앞과 뒤가 생기는 겁니다. 앞으로 나아갈 때를 생각해보십시오. 시각이나 청각적 자극이라든지 화학 물질이라든지 여러 자극이 앞쪽에서 먼저 부딪히죠. 그래서 앞쪽으로 감각기관이 모이게 되는 겁니다. 거의 모든 동물의 입은 앞쪽에 있습니다. 먹이를 앞쪽에서 먼저 만나고 내장에서 소화시킨 후 뒤쪽으로 분비하는 겁니다. 왜 뒤쪽으로 분비할까요? 이유는 간단합니다. 뒤쪽의 분비물은 에너지를 다 섭취하고 난 후의 것이므로 다시 만날 필요가 없습니다. 그래서 신경해부학에서 먼저 배우는 것이 앞쪽anterior과 뒤쪽posterior의 구분인 거죠.

앞쪽, 뒤쪽을 정해주는 축에 해당하는 것이 척추동물에서는 척추가 됩니다. 여기서 잠깐 생물 분류 단계를 봅시다.

도메인Dominium - 계界 - 문門 - (아문亞門) - (상강上綱) - 강綱 - (아강亞綱, 하강下綱, 소강小綱) - (상목上目) - 목目 - (아목亞目, 하목下目, 소목小目) - (상과上科) - 과科 - (아과亞科) - (족族, 아족亞族) - 속屬 - (아속亞屬) - 종種 - (아종亞種)

우리가 속해 있는 척추동물은 하나의 문을 형성하지 못하고 아문이 됩니다. 그러니까 척삭동물 문의 척추동물 아문이 되는 거죠. 우리 인간의 태아도 발생할 때 보면 척삭notochord이 가로 방향으로 지지대처럼 먼저 생깁니다. 이어서 척삭 위로 척추가 생기죠. 그리고 척삭은 발생 중에 사라지고 흔적기관으로 남습니다.

이나스에 의하면, 원핵세포가 생겨나서 진핵세포로 가기까지 6억 년, 진핵세포에서 다세포 생명체로 가는 데까지 20억 년 정도 걸렸다고 합니다. 그 결과 세포 안에서 박테리아들이 공생하고, 그 세포 모두가 하나의 큰 생명체에서 함께 살고 함께 죽는 경이로운 생명체를 볼 수 있게 된 거죠.

이 세포공생설을 미생물학자 린 마굴리스Lynn Margulis, 1938-2011가 지난 30년 동안 강력하게 주장했죠. 초기에는 우여곡절이 있었지만 지금은 과학계에서도 수용되고 있고, 대부분의 대학 생물학 교과서에서 받아들이고 있습니다. 게다가 최근 생물학에서 중요한 학설 중 하나이고 이를 뒷받침하는 증거들이 많이 쌓여가고 있습니다.

다세포생물을 움직이는 신경세포의 출현

다세포생물로 가는 생명의 흐름에 있어 세포 내 공생 관계에서 비롯된 진핵세포 출현, 그리고 세포와 세포를 연결하는 신경 시스템의 진화는 매우 중요합니다.

원핵세포와 진핵세포의 분류는 간단합니다. 유전정보 DNA가 세포질 속에 자유롭게 떠 있는 상태가 박테리아 같은 원핵세포, 유전정보 DNA를 핵막으로 보호하고 있는 것이 진핵세포에 해당됩니다. 동물, 식물의 분류보다 더욱 근본적인 분류가 원핵세포냐 진핵세포냐, 원핵생물이냐 진핵생물이냐죠.

진핵세포들이 모여 다세포동물로 가는 과정에서 신경 시스템이 나타납니다. 매우 중요한 현상이죠. 해면동물 등 초기 동물들의 신경계는 하나의 세포가 감각 자극을 받아들이고 움츠러들거나 하면서 곧바로 반응합니다. 감각 수용과 운동 출력을 하나의 세포가 담당하는 거죠. 그런데 히드라 같은 강장동물에서는 들어온 감각세포에서 자극을 전달받아 전문적으로 움직임을 만드는 운동세포가 출현합니다. 감각만 전담하는 감각세포와 받아들인 감각을 운동으로 표현하는 운동세

2-4
감각세포에서 운동세포,
신경세포가 분화하기까지

감각세포
운동세포

신경세포

포로 분화되는 거죠. 거기서 더 나아가 생명체가 진화하면서 감각세포와 운동세포, 이 두 세포 사이를 연결해주는 신경세포가 출현하게 됩니다. 감각세포들이 피부나 내장기관에 평면 형태로 배열되어 감각판이 형성되는데, 신경세포들이 이 감각판에 들어간 자극을 근육섬유와 효과기effector(근육이나 내분비세포같이 외부에 대해 능동적으로 활동할 수 있도록 하는 것)로 연결해주는 겁니다.

해면동물로부터 진화한 운동성 세포는 직접적인 자극에 반응하여 수축하고 파동을 일으킵니다. 더 진화된 원시 유기체에서는 처음에 있던 세포가 감각과 수축 기능의 두 가지 성분으로 분리되죠. 감각세포는 자극에 반응해서 근육세포의 수축을 유발합니다. 그리고 감각세포와 근육세포 사이에 운동성을 지닌 신경세포가 끼어드는데, 근육섬유(효과기)를 활성화하는 역할을 하면서도 감각세포의 자극에만 반응하죠. 그다음, 중추신경계의 진화가 진행되면서 이러한 신경세포들이 많은 가지를 내어 중추신경계 안의 운동세포나 다른 세포로 감각 정보를 전달하는 역할을 합니다. 이렇게 감각세포와 운동세포 사이의 세포들, 즉 신경세포들이 하나로 모이는 과정에서 척추동물이 출현하게 되는 겁니다. 척추 안의 척수라는 것이 결국 감각신경과 운동신경을 연결해주는 연결신경이 됩니다.

척추spine는 등뼈고, 척추 안에 있는 척수spinal cord는 신경세포입니다. 이제 척수와 근육세포의 관계를 생각해보죠. 근육 역시 세포인데, 이 근육의 세포성 운동이 척수에서 내려오는 신경에 의해서 통제되기 시작합니다. 근육세포 관점에서 보면 이 운동성이 안으로 내면화되어 대뇌로 올라가는 거죠. 그래서 척수의 끝에는 이른바 고등동물의 대뇌가 있는 겁니다. 정리해보면, 감각세포와 운동세포를 연결해준 신경세포들의 조절 작용이 통합되어서 척수신경이 발달하고 그것이 위로 집중화되어 올라간 것이 대뇌 즉, 중추신경 시스템이죠.

세포들의 움직임이 하모니를 만들다

'단세포성 운동성의 집합된 동조'라는 현상이 있습니다. 척추동물의 심장 세포 하나를 분리하여 배양할 수 있죠. 배양액 속에서 그 심장 세포 하나가 일종의 율동, 바이브레이션을 합니다. 하나의 세포(단세포)가 지닌 세포 운동성은 자발적이며 바이브레이션한다는 특징이 있습니다. 또한 하나의 세포 안에는 미오신과 액틴이라는 단백질 사

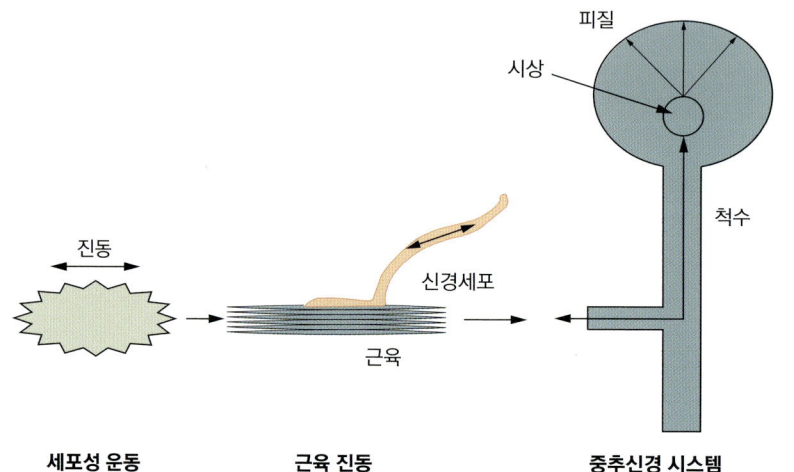

2-5
세포의 운동성이 내면화되어 생각이 생성되는 과정

슬이 있죠. 모든 진핵세포가 가지고 있습니다. 단백질 사슬의 상호작용에 의해서 세포들이 끊임없이 움직입니다. 율동을 하는 거죠. 이러한 세포들이 많이 모였을 때, 즉 다세포가 되면서 각각의 세포가 가지고 있던 운동성들이 하모니를 만듭니다. 동일한 맥박을 가지게 되고 조화로운 운동을 하게 되는 거죠.

각각의 세포성 운동을 이나스는 근원적myogenic 운동성이라고 합니다. 세포 기질 내에서 미오신, 액틴 같은 단백질 분자 사슬은 운동성을 지니는데, 이 운동성이 척수를 통한 신경 작용에 의해 '전기적 운동성'으로 통합됩니다. 그 과정이 척추동물의 진화와 함께 진행된 거죠. 이렇게 통합된 신경 활동이 머리 신경절에 집중되면서 인간에 이르러 의식의 출현으로 이어지게 됩니다.

이나스에 따르면, 의식의 출현은 이런 단세포성 세포들이 지니고 있던 운동성이 진화 과정에서 중추신경계를 통하여 내면화된 것입니다. 모든 세포가 지닌 바이브레이션, 자발적 움직임, 미오닉한 세포성 운동 등이 전기적 척수신경 시스템에 의해서, 내부적으로는 대뇌와 연계되면서 의식의 출현까지 연결되는 거라고 주장하죠.

이나스의 학설은 국내에 단편적으로 소개되어 있습니다. 주로 소뇌의 입출력에 관해 오랫동안 연구했죠. 이나스는 의식에 대해 이렇게 설명합니다. 각각의 세포가 갖는 운동성이 척수를 통해 전기적으로 제어되다가 궁극적으로 대뇌 활동으로 통합되고, 중추신경계의 시상과 대뇌피질 사이에서 40Hz의 전기적 신호의 주고받음, 즉 신경 펄스의 하모니가 일어나게 되죠. 이러한 시상과 대뇌피질 사이 신경세포들의 40Hz 전기적 작용이 우리가 이야기하는 의식이라는 겁니다.

그렇다면 의식의 진화적 뿌리는 무엇이냐? 단세포성 생명체가 가지고 있는 운동성이죠. 이나스는 이를 한 문장으로 요약합니다.

생각은 진화적으로 내면화된 움직임이다.

생각은, 의식은 움직임이 내면화된 결과라는 것이죠. 결국 우리 의식의 다양한 형태인 사고, 감정, 느낌 같은 의식 작용들은 궁극적으로 운동이 내면화된 겁니다. 감정을 영어로 이모션emotion이라고 하죠. 앞의 e가 뭡니까? out의 의미죠. 즉 motion이 밖으로 나온 겁니다. 운동이 바깥으로 분출되는 겁니다. 결국 이 말은 감정이란 외부로 표시된 운동이라는 거죠.

운동과 의식을 뇌의 진화로 추적해보면, '그것이 바로 그것'이라는 많은 증거가 있습니다. 멍게 역시 한 예가 됩니다. 멍게는 우리 척추동물의 바로 앞에 해당되는 선조인 척삭동물에서 갈라져 나온 피낭동물입니다. 멍게가 유충일 때는 꼭 올챙이처럼 생겼죠. 올챙이처럼 척삭이 있고 척추신경절도 나 있습니다. 멍게 유충은 바다를 헤엄쳐 다녀야, 즉 운동을 해야 하니까요. 그런데 이 멍게 유충은 바위에 붙어 자라기 시작해 성체가 될 때 척삭과 척수를 삼켜 소화시켜버립니다. 움직일 필요가 없기 때문이죠. 움직일 필요가 없을 때 동물은 뇌가 필요 없습니다. 이것이 바로 운동과 척수 그리고 뇌의 진화가 아주 밀접하다는 명확한 증거입니다.

신경계의 진화 초기에 산만신경계가 있습니다. 신경세포가 균일하게 흩어져 있죠. 강장동물인 히드라는 촉수가 있고 촉수를 건드리면 움직입니다. 산만신경계가 작용한 결과죠. 원시적인 신경계의 모습입니다. 여기에서 집중신경계, 뇌 척수신경계로 진화하는 거죠.

이렇게 신경이나 뇌가 하는 역할을 한마디로 요약하면 '움직임을 만드는 기관'입니다. 식물은 움직이지 않죠. 따라서 신경이 없습니다. 반면 동물은 움직이죠. 동물이 움직이지 않을 때는 언제입니까? 동물이기를 그만둘 때, 즉 생의 마지막이겠죠. 살아 있는 동안에는 항상 움직입니다. 동물에게 생과 사의 기준이 무엇인가요? 바로 움직임이죠. 죽음은 움직일 수 없는 상태인 겁니다. 움직임이야말로 동물에만 존재하는 기능인 생각을 만든 것입니다.

움직임이 가져온 것들

1강에서 세 가지 '그것이 바로 그것이다'를 이야기했습니다. 첫째, 자기와 전기는 같은 것이다. 둘째, 물질과 에너지는 같은 것이다. 셋째, 우주의 에너지와 우주 시공의 휘어짐(곡률)은 같은 것이다. 여기에

한 가지 덧붙이겠습니다. '사고가 바로 운동이다.' 구체적으로 말하면, 사고 즉 생각은 신경세포와 신경세포 사이의 만남에서 일어나죠. 만나는 지점을 시냅스synapse라고 합니다.

좀 더 봅시다. 하나의 신경세포에서 축삭이 나옵니다. 축삭은 신경 출력부죠. 신경세포에서 전기적 펄스를 보내는 곳입니다. 그리고 많은 수상돌기dendrite가 있습니다. 신경세포에서 나뭇가지처럼 돌출된 부위죠. 이 수상돌기의 몸체가 바로 신경세포체, 즉 신경세포의 몸체입니다. 신경세포체의 크기는 대략 50μm(1μm는 100만분의 1m) 정도. 머리카락 단면을 몇 등분했을 때의 크기로, 육안으로 보이지 않죠.

수상돌기는 입력에 해당합니다. 모든 자극이 수상돌기로 와서 축삭을 통해 나가는 거죠. 여기서 중요한 것은, 신경세포들끼리 모여서 척수를 만들고 우리 뇌를 만들어 많은 연결망을 갖게 된다는 겁니다. 한 신경세포 말고 다른 신경세포에서도 수상돌기나 축삭 같은 가지가 나옵니다. 그러면 두 개의 가지가 만나는 부위, 연접 부위가 생기죠. 그 연접 부위가 얼마나 많냐 하면, 해마에 있는 하나의 신경세포가 많이 연결될 때는 수만 개에 이를 정도죠. 신생아의 경우에는 연접 부위가 더 많을 수 있습니다. 또 학습을 하면 연접 부위가 많아지죠.

연접 부위 사이의 간격은 수십 나노미터(nm, 1nm는 10억분의 1m로 인간 머리카락 굵기의 10만분의 1 정도)입니다. 이 시냅스 작용의 총화가 우리 뇌의 작용이죠. 즉 시냅스 연접 부위에서 신경전달물질이 분출되고 그것이 흡수되는 과정, 그 과정들이 모여서 만들어내는 것이 우리의 의식, 우리의 기억, 우리의 사고 작용이 됩니다.

신경 시스템이 하는 일은 시각, 청각, 체감각의 다양한 입력을 받아들여서 외부 환경 입력에 맞는 운동 출력을 내보내는 겁니다. 출력의

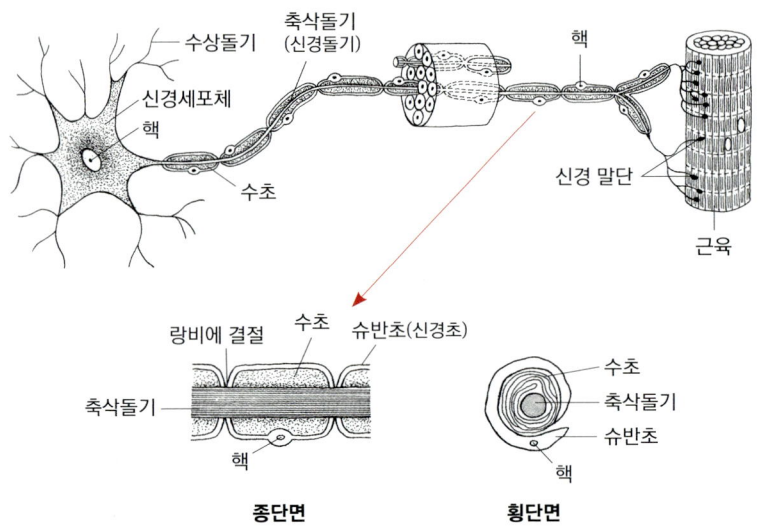

2-6
유수신경세포의 구조

양상은 다섯 가지로 나타나는데, 이 출력 중 가장 중요한 것은 율동이 죠. 우리에게 음악이 있기 전에 벌써 율동이 있었습니다. 언어가 있기 전에도 벌써 율동이 있었죠. 율동은 가장 원초적인 겁니다.

율동, 즉 리듬운동rhythmic movement 이전에는 무엇이 있었을까요? 자율신경계의 감지되지 않은 무의식적 자율운동이 있었죠. 그리고 리듬운동 위에 있는 것이 지향운동attention orienting movement이라고 해서 어떤 특정한 쪽으로 방향성이 있게끔 하는 운동입니다. 주의 집중하는 운동이 가능해진 거죠. 또 주의 집중하는 운동은 무엇을 바탕으로 하느냐? 거시자세운동gross motor pasture이라고 해서 팔다리, 손발, 몸뚱이 등 큰 몸체 덩어리가 안정된 자세를 취하도록 하는 운동이 있습니다.

앉아 있는 자세, 서 있는 자세, 걸어가는 자세, 팔다리를 움직이는 자세……. 이런 거친 운동이 전체적으로 균형 잡히고 안정된 다음 마지막으로 나오는 것이 미세운동fine motor movement입니다. 미세하게 잘

조절된 운동인 거죠. 미세하게 조절된 운동의 가장 중요한 부위는 손가락입니다. 인간의 수의髓意운동을 담당하는 추체로Pyramidal tract가 바로 손가락의 세밀한 움직임을 조절합니다. 수의운동이란 골격근 같은 근육을 이용해 자신의 의지대로 몸을 움직이는 운동이죠.

추체로는 뇌의 1차 운동에서 척수를 타고 내려오는 길입니다. 피질척수로라고도 하죠. 추체로야말로 진화상으로 영장류와 특히 호모사피엔스에서 굉장히 발달하게 된 것입니다. 체성운동신경계somatic motor nervous system의 중추 전도transmission의 하나로서 인간에 와서 가장 발달하게 된 운동 신경 시스템이죠.

초신성에서부터 세포의 탄생, 단세포에서 다세포로의 진화, 생명체의 움직임을 가능하게 하는 신경세포의 출현, 신경세포가 우리를 어떻게 움직이는지까지 살펴봤습니다. 그렇죠. 생명이란 우주적 현상이고, 단세포에서부터 의식의 출현에 이르기까지 가늠하기도 힘들 만큼 긴 시간 동안 끊임없이 일어난 변화의 결과입니다. 그리고 생명 탄생과 의식의 출현에 이르기까지 가장 큰 역할을 한 것이 바로 세포, 세포입니다.

언젠가 하버드 대학 자연사 박물관을 관람했었는데, 3시간 동안 쉬지 않고 수만 점의 생물 표본을 살펴보았습니다. 지친 몸에 확연히 다가오는 것은 그 무수한 생명들이 남긴 형태의 다양성과 환경 적응 능력이었습니다. 그 무한한 생물 형태가 모두 바로 세포의 놀라운 환경에 대한 적응 변화 능력에서 온 겁니다.

3강 35억 년 전의 지구 생명체

우리의 최종 목적지인 생각의 출현까지 가기 위해서는 많은 것을 알아야 하는데, 그중 중요한 것으로 대략 다음의 스물다섯 가지를 말할 수 있습니다.

1. 신경세포 2. 이온 채널 3. 신경계의 진화 4. 신경계의 발생 5. 감각 입력과 운동 출력 6. 유아기의 뇌 7. 기억과 학습 8. 신경전달물질 9. 감각기관의 진화 10. 운동 출력 11. 감정 12. 작업 기억 13. 주의 집중 14. 1차 의식 15. 호모사피엔스에서 가능하게 된 언어를 매개로 한 고차 의식 16. 언어의 출현 17. 자폐증 18. 감각질 19. 궁극적인 자아의식 20. 신념 기억과 학습 기억 21. 꿈의 진화 22. 감정과 느낌 23. 무의식적 자동 반응 24. 신경신학 25. 세계상의 출현(바깥세상이 어떻게 출현하게 되었으며, 우리가 그것을 어떻게 내면화하게 되었는가의 문제)

이 중에서도 특히 신경세포를 먼저 이해해야 합니다. 신경세포야말로 세포의 무한 변용 능력을 잘 드러내는 대표적인 진핵세포입니다. 그러니 신경세포를 알기 위해서 진핵세포가 무엇인지, 어떤 역할을 하는지 이해해야 합니다. 우선 진핵세포가 지구상에 어떻게 출현했는지 봅시다.

도메인의 진화

동물계, 식물계, 균류계 등 상위 도메인, 그러니까 영역이라는 것이 분류학자에 의해서 설정되었습니다. 생명 진화 초기에 존재했던 도메인은 크게 진정세균Bacteria, 고세균Archaea, 진핵생물Eukarya로 나뉩니다. 다시 말해서 생물, 지구상의 생명체는 크게 진정세균, 고세균, 진핵생물의 세 가지로 분류할 수 있죠.

대표적인 진정세균은 우리가 흔히 말하는 박테리아입니다. 박테리아는 단세포 생명체고, 그중 일부가 병원성 박테리아입니다. 말 그대로 진정한 세균이죠. 고세균은 거의 100℃ 가까운 해저화산 분출구 부근 같은 고온 고압의 환경에서 발견되는 세균의 한 종류입니다. 최근에 발견된 것이죠. 재미있는 것은 우리 조상이라 할 수 있는 이 고세균이 3-1의 생물 분류 도표에 나타난 것처럼 진정세균보다도 더 진핵생물에 가깝다는 겁니다.

진정세균을 진핵세포와 비교해보면 크기가 아주 작습니다. 수 마이크로미터의 영역에 있죠. 1㎛는 1천분의 1mm와 같으니 얼마나 작은 겁니까. 진핵세포는 이것의 대략 10배에서 100배 정도 크기입니다.

3-1
생물의 분류

동물계 / 균계

원생생물계 / 식물계

갈조류 / 홍조류 / 녹조류

고세균 진정세균

비광합성 원생생물 / 광합성 원생생물

엽록체

호열세균 / 호염세균 / 메탄생성세균 / 진핵세포 조상 / 미토콘드리아 / 자색세균 / 광합성세균 / 다른 세균류

시원세포

진정세균과 진핵세포는 크기만 다른 게 아니죠. 진정세균에는 진핵세포와 달리 세포 내 소기관이 없습니다. 유전정보를 가진 DNA가 세포질 속에 그대로 노출되어 있죠. 그러다가 진핵생물로 가면서 세포 안으로 많은 소기관이 공생 과정으로 유입됩니다. 진핵세포 안에는 핵이 있고, 세포체 골격(골지체), 소포체, 리보솜이 있고, 미토콘드리아가 있죠. 식물 세포의 경우에는 미토콘드리아와 엽록체가 함께 있고요. 그렇다면 유전정보를 가진 DNA는? 그렇죠. 세포 내 핵막 안에 갇혀 보호를 받게 됩니다.

진정세균과 진핵생물 사이의 더 근본적인 차이는 세포벽에 있습니다. 진정세균은 세포벽이 굉장히 단단하죠. 단단하기 때문에 세포 자체의 유동성이 떨어집니다. 변형이 어려운 거죠. 하지만 진핵생물로 오면서 엄청나게 다양한 변형이 가능하다는 큰 장점이 생깁니다. 다양한 변형을 가져온 것이 바로 진핵세포 안에 있는 세포 내 골격입니다. 세포 내 유사분열과 염색체 이동 그리고 태아 발생 동안 신경세포의 이동을 가능하게 만들죠. 이는 매우 중요합니다. 세포 이동이 단세포의 운동성을 가져오고, 세포들의 운동성이 모여서 척수를 통해 내면화되면 우리가 사고, 즉 생각하는 행위를 할 수 있게 되는 겁니다. 이것이 이나스가 주장하는 운동의 진화적 내면화인 거죠.

다시 세 가지 도메인의 진화를 봅시다. 박테리아에서 고세균 그리고 진핵생물로 진화하고, 유전물질이 핵막에 갇혀 있는 형태가 바로 진핵 생명체라고 했습니다. 생명의 진화에 있어서 중요한 것은 유전정보가 종과 종 사이에서 수평으로도 이동한다는 겁니다. 같은 종에서 세대 간 수직 이동을 할 뿐만 아니라 다른 종 사이에서도 수평으로 유전자 이동을 하는 거죠. 유연類緣관계가 없는 생명체들 간에 유전자가 이동하는 겁니다. 그래서 종의 다양성이 아주 폭발적으로 확대됩니다. 5억 4천만 년 전에 일어난 캄브리아기 생명의 대폭발이 그렇죠. 유전자의 세대 간 수직 전달과 더불어 종과 종 사이의 수평 이동으로 생명체의 다양성이 증가했죠.

지구 생명체의 본질, 산소

지구 생명의 역사에서 가장 중요한 세 가지를 꼽으라면 원핵생물의 등장, 지구 대기의 산소 농도 증가, 진핵 생명체의 출현을 들 수 있습니다. 그중에서도 산소는 생명현상의 진화를 가속시켰죠.

지구 대기의 산소 출현은 특이한 현상입니다. 태양계에는 많은 행성과 행성 주위를 공전하는 위성들이 있는데, 지구를 제외하고 이 태양계에서 대기 중에 산소가 있는 행성과 위성이 하나도 없기 때문이죠. 오직 지구만이 대기 중에 산소가 있습니다. 지구 대기 중 산소 농도 증가는 생명체의 탄소동화작용의 결과로써 대략 20억 년에 걸쳐 이루어진 것입니다.

태양계를 공전하는 많은 운석이 부딪쳐서 지구가 형성되었다고 보는데, 그때의 지구는 용융 상태였고 표면 온도가 굉장히 높았습니다. 용융 상태에서 천천히 식어가며 대기 중에 있던 강력한 수증기가 응축되면서 대양, 바다를 형성했죠. 3-2 도표는 알버츠의 《필수 세포생물학》에서 인용한 것으로, 대략 35억 년 전에 그 바다에서 시아노박테리아_cyanobacteria_ 같은 광합성 박테리아에 의한 탄소동화작용이 시작됩니다. 그 결과 산소가 바닷물 속으로 녹아들면서 산소 농도가 올라

3-2
생명의 출현과 지구 대기의 산소 변화

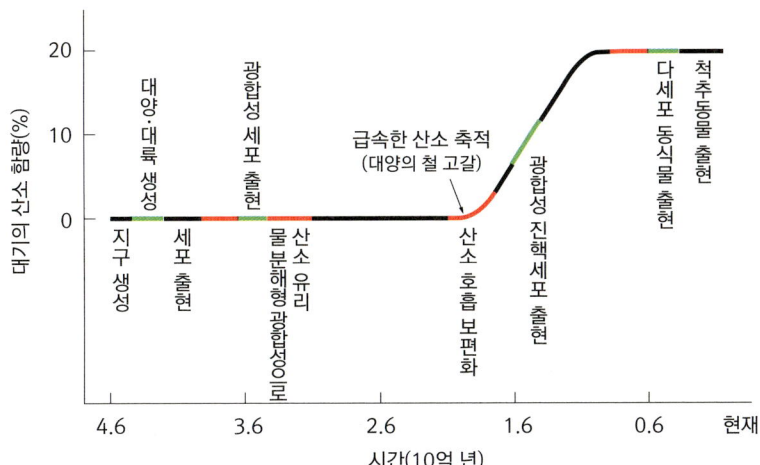

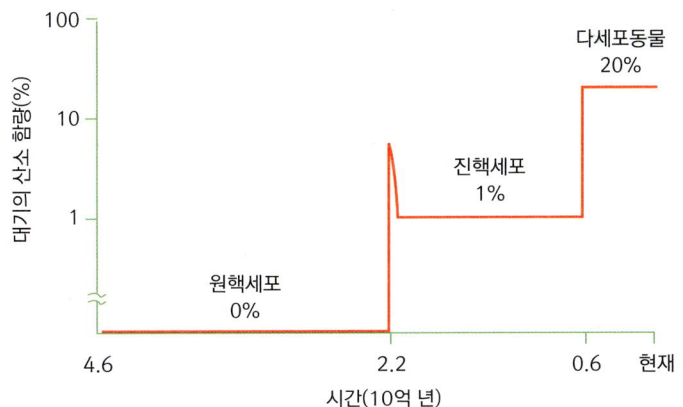

가고 바닷물 속 산소는 거의 포화 상태가 되죠. 그러면 해수에 포함된 산소와 지구 표면에서 씻겨 내려간 철 성분이 결합해 산화철이 형성되는데, 그 산화철이 대양 바닥에 층상으로 누적되면서 수억 년 동안 가라앉아 거대한 층상 구조가 만들어지기도 합니다. 바로 그 지역은 철광산지가 되죠. 바닷물 속에 있는 철 성분이 대부분 산화철이 되고

3-3
인공위성으로 본 호주 서해안

3-4
호주 서해안의 붉은 대지

3-5
원시 산소 생성 생물, 호주 샤크베이의 스트로마톨라이트

3-6
호주 샤크베이의 붉은 철 광산

난 후부터는 광합성 결과 생성된 산소가 바다에서 대기 중으로 올라갑니다. 그 결과로 대기 중에 산소 농도가 증가되는 겁니다.

그러한 35억 년 전 흔적이 호주 서해안의 샤크베이에 있습니다. 스트로마톨라이트stromatolite라고 하는 지금도 살아 있는 생명체의 군집체죠. 시아노박테리아와 다른 여러 박테리아 그리고 모래 등이 수천 년 동안 엉켜서 바위처럼 된 것입니다. 지구 최초로 탄소동화작용으로 산소 농도를 대기 중에 높인 것은 시아노박테리아와 여러 박테리아의 공동 역할이었다고 할 수 있습니다. 35억 년 전부터 지금까지 산소를 만들어내고 있는 생명의 융단인 스트로마톨라이트가 암석화된 것을 영월과 백령도에서도 볼 수 있습니다. 그곳에도 스트로마톨라이트 지층이 드러나 있죠.

스트로마톨라이트야말로 지구에 산소를 출현시킨 장본인입니다. 그래서 관련 학자들이 지대한 관심을 가지고 있죠. 빌 브라이슨Bill Bryson의 책 《거의 모든 것의 역사A Short History of Nearly Everything》를 보면 이런 대목이 나옵니다.

> 리처드 포티의 표현에 따르면, "이것[스트로마톨라이트]이야말로 진정한 시간여행이다. 사람들이 진정한 신비를 찾는다면 이것이야말로 이집트 기자의 피라미드만큼이나 잘 알려졌어야만 한다."

리처드 포티라는 고생물학자의 입장에서 이집트의 피라미드만큼 모든 인류가 알아줬으면 하는 것이 스트로마톨라이트라는 거죠. 지구 대기의 산소를 만들어준, 오늘의 우리를 있게 한 시아노박테리아의 군집체 말입니다.

혹시 호주 여행 기회가 있으면 동부가 아니라 서부로 한번 가보십시오. 호주 서부의 해안과 사막에서 호주의 진면목을 볼 수 있습니다. 스트로마톨라이트를 볼 수 있는 샤크베이의 절벽 쪽 붉은 암석들을 놓치지 마십시오. 이 암석들은 원시지구 초기 대양 바닷물 속에 있던 철가루들이 광합성 박테리아의 탄소동화작용으로 생성된 산소와 결합하여 산화철이 된 후 시간이 지나면서 철광산지로 변한 겁니다. 그래서 호주 서해안 지형을 인공위성으로 촬영한 사진을 보면 전체 표면이 붉은색을 띕니다.

호주 서해안을 여행하면서 광활한 붉은 대지가 인상적이었습니다. 아주 붉은, 끝없이 붉은 광활한 대지와 검푸른 하늘, 두 색깔이 독특하게 조화를 이루고 있었죠. 지난 5년간 호주 서부 사막을 두 번 탐사하면서 '지구라는 행성'에서 생명의 기원을 가슴으로 느낄 수 있었습니다.

다시 한번 요약하면, 지구 전체 생명의 역사에서 대기 중 산소 농도의 증가는 매우 중요합니다. 대략 22억 년 전부터 산소 농도가 증가합니다. 지금은 대기 구성 성분의 21%가 산소지만, 지구 초기 약 20억 년간은 대기 중에 산소가 거의 없었죠. 산소가 없는 대신 대기는 질소 70%와 이산화탄소로 구성되었었죠. 그래서 샤크베이의 스트로마톨라이트 암석들을 '살아 있는 생명체의 융단'이라고 하는 겁니다.

대기 중에 산소 농도가 증가하자 생명체에는 어떤 변화가 일어났을까요? 산소호흡을 하지 않는 박테리아들에게 산소는 굉장히 유해한 물질입니다. 그래서 산소를 싫어하는, 즉 혐기성 박테리아들이 산소가 없는 환경에서만 생존하게 된 것이죠. 주로 해저화산 분출구, 지표면의 화산지대, 동물의 내장 등으로요.

원핵세포는 어떻게 진핵세포로 진화했는가

하버드 대학 자연사 교수인 앤드류 놀Andrew H. Knoll의 책《생명 최초의 30억 년: 지구에 새겨진 진화의 발자취Life on a Young Planet: The First Three Billion Years of Evolution on Earth》에 나오는 지구의 역사를 다시 그려보았습니다.

3-7 도표를 보면, 40억 년 전 지구 초기 역사에서 맨 처음 대륙지각이 형성된 후 시생누대가 나옵니다. 시생누대에서 원생누대, 원생누대에서도 고원생대, 중원생대, 신원생대, 그다음으로 이어지는 것이 현생누대죠. 현생누대가 바로 5억 4천만 년 전부터 지금까지의 시기입니다. 흔히 말하는 고생대, 중생대, 신생대, 우리가 잘 아는 쥐라기라든지 백악기는 지구 전체의 역사에서 보면 최근에 일어난 짧은 시간 대역이죠.

현생누대의 시작, 현재 동물의 출발점은 캄브리아기 생명의 대폭발입니다. 모든 동물의 조상에 해당하는 다세포 생명체들이 폭발적으로 지구상에 출현한 사건이죠. 5억 4천만 년 전 이 캄브리아기 대폭발이 일어나 고생대, 중생대, 신생대를 거치면서 많은 생명체의 다양한 형태가 만들어졌습니다. 그 생명체의 군상, 생명의 나무에서 우리 인간은 맨 위 가지 끝에 있습니다. 40억 년 전 지구상에 최초의 대륙지각이 만들어졌고, 퇴적암이 생겼으며, 이어지는 시생누대 무렵 38억 년 전쯤 원핵생물이 출현하고, 22억 년 전쯤 진핵세포 그리고 6억 년 전쯤 다세포생물이 등장했죠.

다시 한번 생명체의 분류를 보면 진정세균, 고세균, 진핵생물이 있습니다. 여기서 진정세균과 고세균이 바로 원핵생물입니다. 원핵생물

3-7
지구의 역사

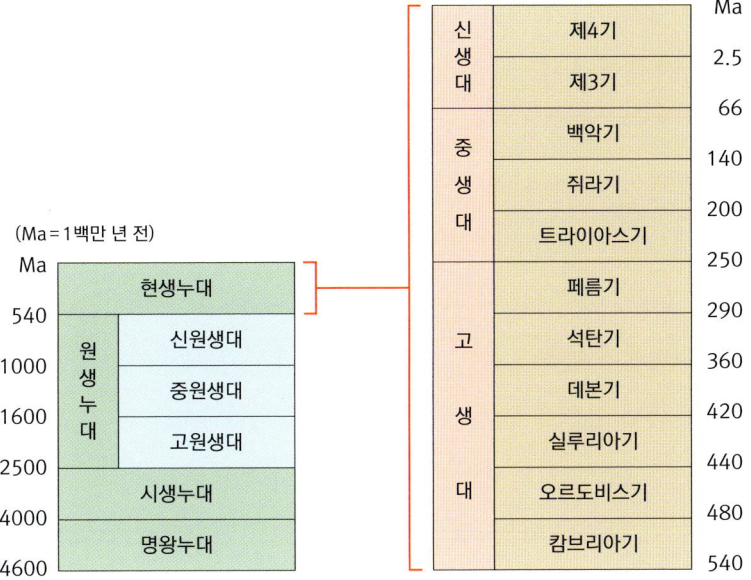

과 진핵생물의 분류는 생명현상을 이해하는 가장 근본적인 것입니다. 박테리아처럼 세포질 내 유전정보가 핵막으로 분리되어 있지 않은 상태가 원핵생물이고, 세포 내에서 유전정보가 핵에 갇혀 핵막의 보호를 받고 있는 것이 진핵생물입니다. 우리가 아는 동물, 식물, 균류 등은 모두 다 진핵생물이죠.

린 마굴리스의 세포공생설 기억나시죠? 세포 내 공생은 원핵생물에서 진핵생물로 진화하는 과정이죠. 많은 증거가 세포공생설이 단순한 학설이 아님을 말해주고 있습니다. 그 증거 중 하나가 원핵생물에는 없는 미토콘드리아가 진핵생물에 있다는 겁니다. 진핵생물의 미토콘드리아는 독자적인 DNA를 가지고 있습니다. 이것이 바로 핵심입니다. 진핵 생명체의 미토콘드리아가 원핵 생명체, 즉 독립적인 박테리아였을 거라는 것이죠. 진핵세포와 원핵세포의 생명체 분류를 되풀

이하며 강조하는 것은 이 두 세포의 차이가 생명 진화를 이해하는 근본적인 토대이기 때문입니다.

진핵세포는 원핵세포에서 진화하면서 크기가 10배 이상 커집니다. 또 세포벽이 단단해서 변형되기 어려운 박테리아의 원핵세포와는 달리 진핵세포는 굉장히 유동적으로 모양을 바꿀 수도 있습니다.

산소호흡을 진화시킨 박테리아를 생각해보죠. 이 박테리아는 세포막이 하나인데 이것이 큰 세포에게 잡아먹힙니다. 잡아먹히면서 세포함입에 의해 안으로 들어갑니다. 유입되어 잡아먹히는 이 세포를 숙주세포의 세포막이 한 꺼풀 더 감싸면서 미토콘드리아의 2중 막이 생깁니다. 미토콘드리아의 2중 막, 이것이 세포공생설의 한 증거죠.

원핵세포를 보면 세포질 내에 DNA가 있고, 단백질을 합성하는 리보솜ribosome(70여 종의 단백질 40%와 4개의 RNA 60%로 이루어진 지름 200Å 정도의 작은 입자이며, 유전자 암호에 저장된 정보를 단백질 분자로 전환시키는 곳)이 있습니다. 떠다니고 있습니다. 이 원핵세포가 진핵세포로 변하는 과정에서 세포막이 안으로 접혀 들어가면서 세포막이 유전정보를 감쌉니다. 감싸면서 핵막이 되고 핵막 사이의 구멍, 즉 핵공에 의해서 DNA로부터 전사傳寫된 RNA가 빠져나옵니다. 빠져나와 세포 원형질 속에 있는 리보솜에서 단백질을 합성하죠.

원핵세포에서 진핵세포로 진화하면서 나타난 큰 변화 중 하나는 유동성과 운동성, 즉 세포 자체가 신속히 변형되거나 이동할 수 있다는 겁니다. 세포 내에 많은 세포 골격이 생기면서 이러한 변화가 가능하게 된 거죠. 결국 진화 과정이란 다세포동물과 식물로 오면서 다양한 세포들이 모여 여러 가지 변형이 일어나는 것이라 할 수 있습니다. 개구리의 발생 과정을 봐도 알 수 있죠. 가장 먼저 함몰되는 부위가 항

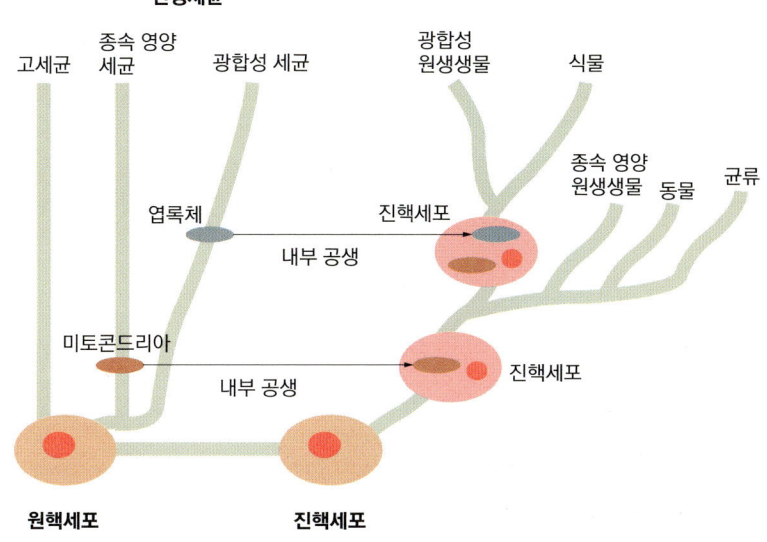

3-8
엽록체와 미토콘드리아
세포 내 공생 과정

문이 되고 입은 나중에 생깁니다. 그래서 개구리를 포함한 척추동물은 후구後口동물이라 하죠. 그리고 항문에서 시작해 안으로 접혀 들어가는 부위는 척수가 되고 척수의 앞쪽 끝 부위에서 뇌가 만들어집니다. 이러한 발생 과정은 무수히 많은 세포의 놀라운 움직임이죠.

  진핵세포가 되었을 때, 중요한 많은 생화학적 작용은 세포막에서 일어납니다. 진핵세포의 핵심은 세포핵 내 DNA와 유동성을 지닌 세포막 그리고 세포 내 골격이죠. 동물의 경우는 세포막이 아니라 원형질막입니다. 세포막은 인지질로 되어 있습니다. 세포 내 미토콘드리아 내막에서는 전자 전달계에 의해 ATP 분자가 합성되죠.

  생체막은 인지질 생체 고분자 구조에서 친수성 머리와 소수성 꼬리로 되어 있습니다. 대부분의 생명체는 물과의 작용에서 만들어집니다. 대양에서 생명체가 형성될 때는 물을 좋아하는 유기분자와 물을

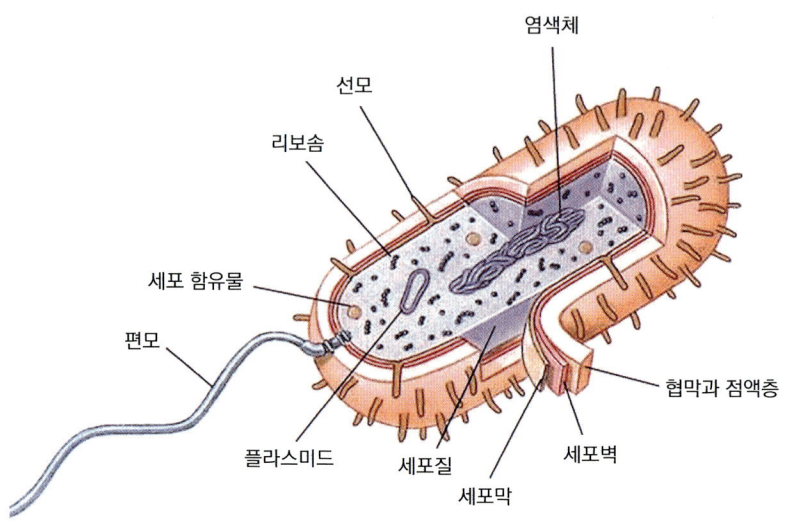

3-9
원핵세포의 구조

싫어하는 유기분자의 방향이 반대가 됩니다. 그래서 물을 좋아하는 쪽이 물과 접촉하는 표면으로 나오고 물을 싫어하는 꼬리가 안으로 들어가서 2중 막이 형성되는 것이죠. 이 사건이 바로 생명현상의 가장 근본인 생체막의 출현인 겁니다.

진핵세포의 세포막도 인지질의 2중 층으로 되어 있는데, 그 막에 단백질 고분자가 삽입되어 있습니다. 이것이 결국 신경전달물질인 나트륨이나 칼륨 등의 세포막 통과 구조체인 이온 채널Ion Channel(이온 통로)을 형성하여 다양한 생화학 작용이 일어나게 되죠. 많은 세포성 질환을 추적해보면 결국 이온 채널에 관한 문제입니다. 독사에 물렸을 때 마비되는 현상도 마찬가지죠. 나아가서 신경 활동의 주요 과정 역시 이 이온 채널에서 일어나고 있는 현상입니다.

외계의 에너지는 생체막을 통과하여 생체 내에서 흡수됩니다. 태양에너지든 화학에너지든 기계적 에너지든 마찬가지죠. 세포막을 통과

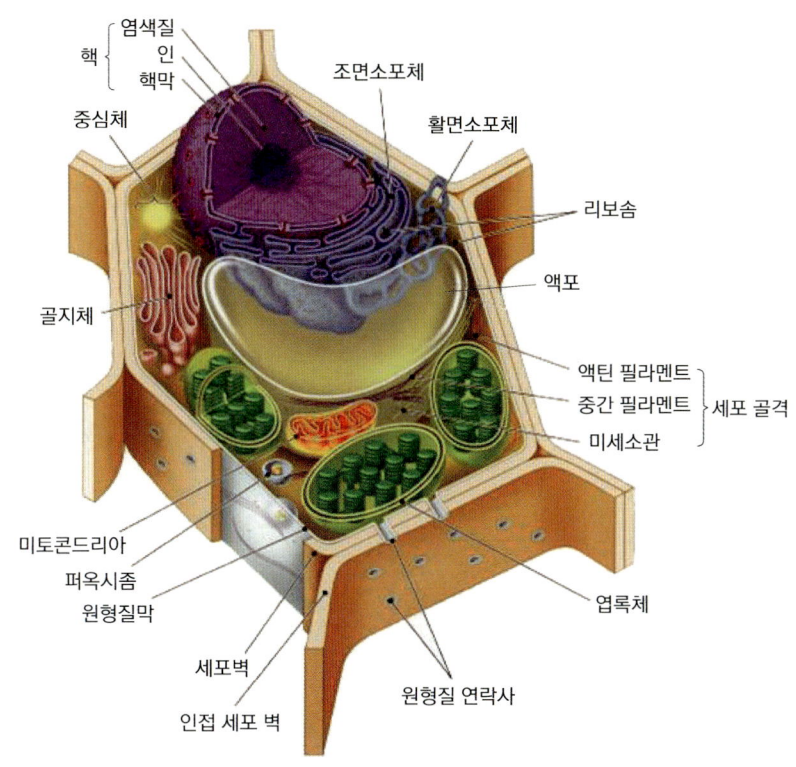

3-10
진핵세포의 구조(위는 식물 세포, 아래는 동물 세포)

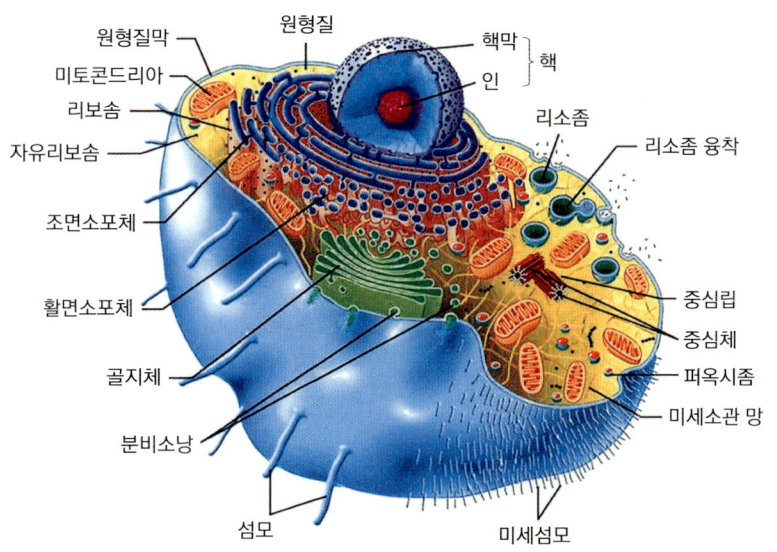

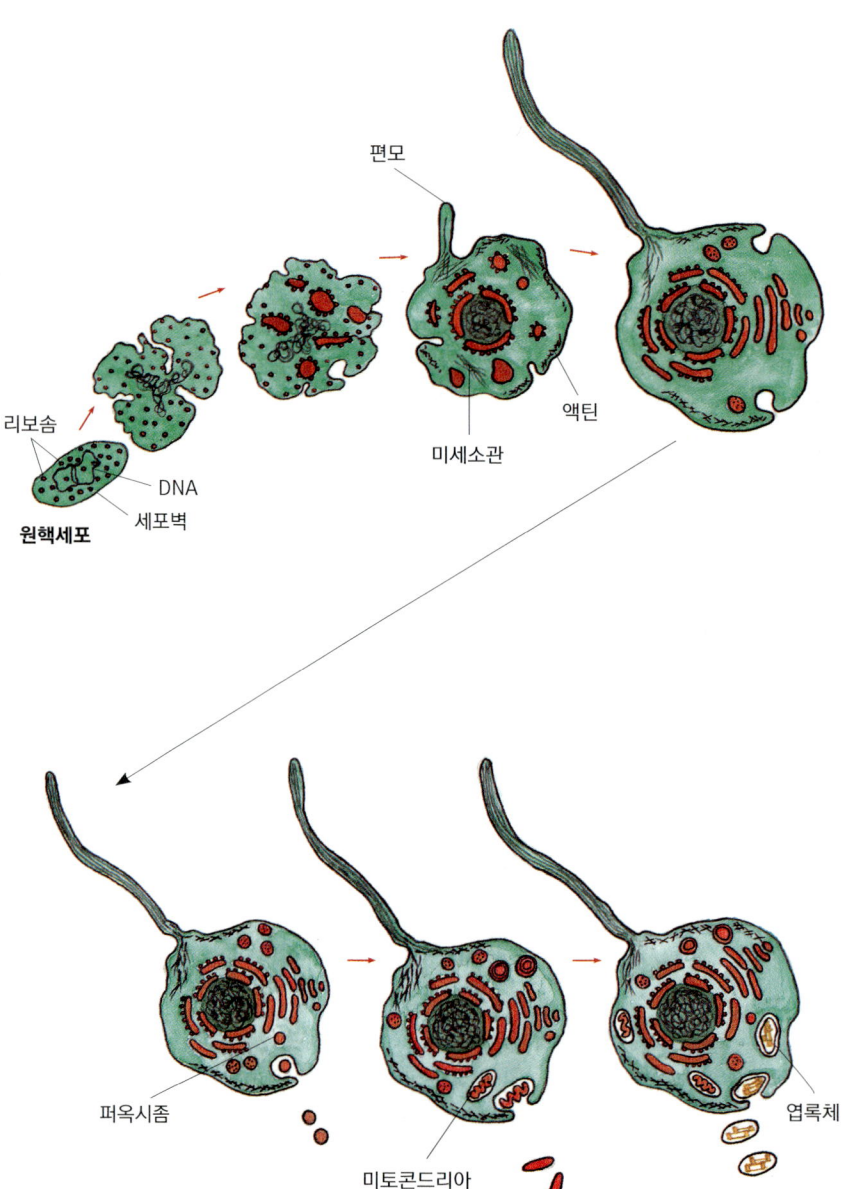

3-11
세포막이 원형질 내부로 들어가서 핵막을 형성하고, 미토콘드리아와 엽록체의 세포 내 공생으로 진핵세포가 되는 과정

하는 과정에서 세포막의 수용체 단백질receptor protein인 이온 채널과 작용합니다. 막에서 일어나는 여러 가지 전자 전달, 그다음 양성자 펌프, 세포막에서 일어나는 화학 반응에 의해서 생체 에너지인 ATP 분자가 생성됩니다. 그리고 ATP 화학에너지에 의해 세포 기질 내에서 다양한 효소 반응이 연결되어 일어나죠. 그것들이 모두 모인 것이 진핵세포의 작용인 겁니다. 그리고 그 여러 진핵세포 중 우리의 운동과 의식에 관련된 세포가 바로 신경세포죠.

생명은 DNA에서 시작된 다양한 변주곡

신경 시스템이 총체적으로 드러난 형태가 뭐죠? 그렇죠. 동물이 하는 행동이죠. 그 행동의 담당 기관은 대뇌, 중추신경계입니다. 중추신경계는 엄청나게 많은 신경세포의 집합이고, 그런 신경세포들이 국부적으로 연결망을 만든 것이 기억이나 감정, 여러 가지 정신 현상으로 나타납니다. 결국 신경회로의 각 구성 요소들은 신경세포인 것이고, 신경세포와 신경세포가 만나는 연접 부위, 즉 시냅스야말로 우리의 사고 작용, 모든 의식 작용의 물리적 기반이 됩니다.

신경 연결망은 신경세포와 신경세포가 만나는 시냅스, 시냅스에서 더 깊이 들어가서 신경세포 시냅스 전후 막의 이온 채널, 이온 채널 단백질에 부착되는 신경전달물질과 채널을 통과하는 이온들에 의해 시냅스 후 막 내부에서 일어나는 생화학적 반응의 순서로 진행됩니다. 여기서 신경세포의 막이나 신경전달물질에도 다양한 단백질이 포함되어 있습니다. 전사된 유전정보가 세포질 내 리보솜에서 단백질로 표현되는 것이죠. 이는 생명의 기원인 DNA와 연결됩니다. 매순간 일으키는 우리 행동을 추적해보면 유전정보에 의한 단백질 형성과 관계가 있는 겁니다. 그 유전정보는 각 신경세포 핵 내부의 유전물질에서 전사된 것이죠. 이런 관점에서 신경 활동을 이해한다는 것은 하나의 세포를 이해하는 것과 같다고 할 수 있습니다. 도킨스Richard Dawkins, 1941-의 표현을 인용하면 이런 거죠.

생명은 하나의 주제에 대한 다양한 변주곡이다.

결국 다양한 변주곡을 만들어준 하나의 주제를 철저히 이해하는 것이 생명 공부의 요점입니다.

생체세포 내에서 일어나는 다양하고 많은 작용은 결국 세포 내 효소들이 하는 생화학 작용이라고 할 수 있는데, 그 효소들은 대부분 단백질로 이루어져 있습니다. 생명현상의 구현 물질은 단백질이고, 그러한 단백질 합성에 관한 정보를 담고 있는 것이 바로 DNA죠. DNA에서 단백질까지의 생명 정보 발현을 일컬어 센트럴 도그마central dogma 라고 합니다. 결국 '하나의 주제'라는 것은 DNA가 가지고 있는 유전 정보를 이야기하는 것입니다. 다양한 변주곡이란 또 무엇이냐? 대략 6억 년을 거쳐 세포 공생의 결과로 원핵세포에서 진핵세포가 형성되고 진핵세포들이 여러 개 모여서 다세포동물로 진화하는 과정. 바로 이겁니다.

20억 년 걸려 진핵세포에서 다세포 생명체가 만들어지면서 5억 4천만 년 전 캄브리아기 생명의 대폭발을 가져옵니다. 이 대폭발로 지금 지구상에 있는 수십 가지 다양한 동물들이나 식물들의 문이, 수백만의 다양한 생명체 종이 만들어졌죠. 캄브리아기 대폭발에서 생명체 형태 변화 과정을 짐작하게 하는 것이 호메오박스homeobox라는 유전정보입니다. 결국 이 호메오박스가 각 생명체의 조상이 되는 여러 종의 체형을 결정하는 유전자가 되는 거죠. 그래서 하나의 주제, DNA에서 단백질이 형성되는 하나의 주제를 이해하게 되면 다양한 변주곡, 지금 우리가 알고 있는 많은 생명체, 궁극적으로 인간과 인간의 의식까지도 이해할 수 있을 겁니다.

3강에서는 생명의 분류에서 가장 중요한 진정세균, 고세균, 진핵생물에 대해 이야기했습니다. 진핵생물에서 동물, 식물, 균류 그리고 우리 인간까지 나오게 되었다고 했죠. 원핵생물은 간단히 말해 박테리아고, 진핵세포가 모여서 다세포동물, 식물, 균류를 만들었죠.

10억 년 전 지구 표면에는 다세포 생명체가 존재하지 않았습니다. 생명은 바다 속의 단세포, 현미경으로만 확인할 수 있는 원핵 생명체, 박테리아들의 세상이었던 겁니다. 원핵 생명체는 여전히 단세포 상태로 살아갑니다. 주변에서 식물이나 동물 같은 다세포 생명체를 볼 수 있는 것은 진핵 생명체가 지구상에서 진화해왔기 때문이죠. 그 덕분에 지금 이 자리에 우리가 있는 겁니다.

4강 운동하는 신경세포

　우리의 최종 목표인 뇌, 생각을 이해하려면 여러 가지를 알아야 한다고 했습니다. 그중에서도 가장 근본이 되는 것은 생명현상이죠. 생명현상을 공부하는 것은 이것임을 항상 기억합시다. "생명은 하나의 주제에 대한 다양한 변주곡일 뿐이다."
　앞 강에서는 생명의 씨앗인 세포가 등장하고 원핵세포에서 좀 더 복잡해진 진핵세포로 바뀌는 과정을 이야기했습니다. 이제 뇌의 활동에 중추적인 역할을 하는 대표적인 진핵세포인 신경세포를 중심으로 이어가도록 하겠습니다. 그러면 신경세포와 신경세포의 연결망에서 일어나는 현상들을 하나하나 살펴보도록 하죠.

식물은 녹말로, 동물은 신경 전압 펄스로

동물과 식물이 다른 점이 뭡니까? 신경 시스템이 있느냐 없느냐죠. 식물은 신경 시스템이 없어서 움직이지 않습니다. 식물은 태양에너지를 받아서 유기화학에너지, 즉 녹말(포도당을 구성단위로 하는 다당류의 백색 분말) 같은 탄수화물(탄소와 물 분자로 이루어진 포도당, 과당, 녹말 따위의 유기화합물)을 만드는 겁니다.

동물은 어떻게 합니까? 동물에게도 태양에너지, 즉 햇빛이 오죠. 하지만 태양에너지를 이용하는 방식이 식물과는 다릅니다. 식물은 태양에너지를 화학에너지로, 동물은 시각 시스템으로 흘러가는 전압 펄스로 바꾸죠. 전압의 파波, 전기적 에너지로 변환하는 겁니다. 그래서 동물이 배가 부르냐? 당연히 태양에너지를 흡수하여 생체 에너지로 바꾸지 못하므로 배가 부르지는 않습니다. 그러나 동물은 태양의 빛을 통해서 시각 시스템을 진화시키죠. 그 결과 볼 수 있게 되는 겁니다.

동물은 식물을 볼 수 있습니다. 자기 먹이를 보는 거죠. 바로 이겁니다. 먹이를 볼 수 있는 동물은 먹이를 향해 나아가야 하는 겁니다. 그러면 동물이 먹잇감 식물을 발견하기까지 어떤 과정을 거치느냐? 우선 동물은 빛을 통해서 태양에너지를 받아들여 시각 시스템의 여러 신경세포에 흐르는 전압 펄스로 바꿉니다. 그리고 신경 정보가 시신경을 통해 후두엽으로 가서 이미지를 만들죠. 먹잇감을 볼 수 있게 만드는 겁니다. 그래서 마침내 동물이 식물을 먹게 되죠.

여기서 빛의 자극을 펄스로 바꾸어 정보를 전달하는 게 뉴런, 즉 신경세포라고 했습니다. 신경세포는 본질적으로 하나의 배터리인 겁니다. 지속적인 전류를 만들어주는 배터리요. 신경세포는 배터리와 마찬가지로 전압파의 흐름을 일으킬 수 있습니다. 《꿈꾸는 기계의 진화》에서 이나스는 이런 주장을 하죠.

> 뉴런(신경세포)은 본질적으로 하나의 배터리다.

그러면 정보 전달은 어떻게 할까요? 신경 시스템의 진핵세포, 즉 신경세포들이 연접하여 이루어집니다. 연접 부위가 바로 시냅스죠. 신경세포와 신경세포가 만나는 지점.

잠깐 세포의 자발적인 운동을 떠올려보죠. 진핵세포는 아메바성 세포 안에 단세포 박테리아가 들어가 공존하면서 진화된 것이라 했습니다. 우리 몸을 구성하는 세포들도 진핵세포죠. 진핵세포 안에서 박테리아가 막 안에 갇혀 아주 맹렬하게 운동을 합니다. 그 안에서 이분법으로 분열하여 증식하기도 하죠. 박테리아의 운동 같은 세포들의 모든 움직임은 세포 내 골격인 단백질 사슬에 의해서 만들어집니다. 그리고 박테리아는 DNA에 의해 형성된 단백질 사슬을 분출하면서 생기는 추진력으로 나아가죠. 세포의 역동적인 모습을 한번 상상해보십시오.

단백질 사슬의 연쇄 작용에 의해서 일어나는 현상을 '박동'이라고도 말할 수 있습니다. 이것은 액틴과 미오신 단백질 사슬 고분자의 상호작용에서 생긴 움직임이죠. 심장 세포 하나를 떼어내어 배양액에서 배양한 실험을 예로 들어보겠습니다. 심장 세포가 박동하는 걸 유심히 보면, 하나의 단세포가 스스로 박동할 수 있음을 알게 됩니다. 세포가 세포 내 단백질 사슬에 의해서 박동하고 있습니다. 이런 세포가 수백억 개 모여서 심장을 만들 때 같은 주기로 조화롭게 움직이는 겁니다. 대부분의 세포는 유동적이며, 심장 세포와 사지 근육세포는 박동적이고, 암세포와 생식세포는 먼 거리를 이동하죠.

이렇게 박동성, 율동성을 지닌 단세포들이 모여서 다세포가 되어 동일한 주파수로 일정한 방향을 향해 조화로이 움직일 때 거시적인 힘이 나옵니다. 근육이 힘을 발휘할 수 있는 거죠. 그리고 근육 단세포들의 모든 박동 운동이 척수신경계의 중앙집권화된 신경 시스템에 의한 운동으로 진화하면서 척추동물이 나타나고 우리의 생각이 출현하게 되는 겁니다. 즉 이나스가 강조했듯이 운동이 진화적으로 오랫동안 내면화된 것이 생각인 거죠.

신경세포＋시냅스＋신경세포＝?

뇌의 모든 신경 활동은 궁극적으로 시냅스에서 일어납니다. 시냅스는 하나의 신경세포가 다른 신경세포와 만나는 연접 부위라고 했죠. 신경세포도 세포입니다. '신경'이라는 말보다 '세포'라는 게 더 중요하죠. 이 세포 역시 진핵세포이니 핵이 있고 세포 내 골격이 있습니다. 그리고 세포막이 다양한 형태로 변형될 수 있다는 중요한 특징을 가지죠. 죽 늘어날 수 있다는 겁니다. 심지어 수십 센티미터까지도 가능합니다.

또 다른 신경세포가 있을 때 수상돌기가 짧지만 많은 가지를 만듭니다. 신경세포에서 입력 부위에 해당하는 곳이죠. 신경세포에서 중요한 부분이 축삭입니다. 축삭은 신경세포체에서 뻗어 나온 길고 굵은 줄기 형태의 신경세포의 출력부죠. 다른 신경세포에서 나온 축삭과 신경세포가 만나는 곳 대부분이 수상돌기고, 거기서 안테나처럼 정보를 받는 겁니다.

생명현상은 세포의 작용이며, 세포막은 주요 생화학 현상이 일어나는 곳입니다. 그렇죠. 다른 세포와 물질을 주고받는 일은 세포막에서 일어납니다.

신경세포막을 확대해서 봅시다. 다른 신경세포의 축삭을 향해 있는 신경세포막에 단백질로 된 입체 구조, 즉 이온 채널이 형성됩니다. 그 이온 채널에서 시작된 신경세포의 흥분 자극이 전압 펄스를 만들어냅니다. 신경세포를 배터리라고 했죠.

신경 전압 펄스가 연접 부위의 축삭 말단에 이르면 이온 채널을 통해서 칼슘 이온(Ca^{2+})이 축삭 말단으로 확 들어갑니다. 보통 때 축삭 안에는 칼슘 이온이 거의 없죠. 그래서 축삭 말단 안팎의 칼슘 이온 농도가 10^4, 즉 1만 배 정도 차이 납니다. 전압 펄스가 신경 말단에 이르면 칼슘 이온 채널이 열리는데, 그러면 농도가 더 높은 세포 바깥의 칼슘 이온이 세포 안으로 들어가죠. 그리고 칼슘 이온 유입으로 촉발된 작용에 의해 아세틸콜린, 도파민, 노르아드레날린 같은 신경전달물질을 담고 있는 신경 말단 부위의 소낭이 막 쪽으로 이동하게 되고, 축삭 말단 세포막과 융합해 막이 열리는 거죠. 막이 열리면 소낭이 열리고 아세틸콜린 같은 신경조절물질이 분출됩니다.

세포체와 신경 축삭 말단, 이 연접 부분을 뭐라고 하느냐? 시냅스죠. 정리해서 말하면, 한 신경세포의 축삭 말단과 다음 신경세포의 수상돌기 사이의 연접 부위입니다. 시냅스의 간격은 20nm, 즉 200Å (옹스트롬, 1Å은 1천만분의 1mm) 정도 됩니다. 원자 수백 개가 들어갈 정도의 아주 얇은 막인 거죠.

이때 이 신경전달물질이 이온 채널로 직접 들어가는 게 아닙니다. 이온 채널에 부착되어 평소에 닫혀 있던 이온 채널을 여는 거죠. 그래서 세포 밖의 많은 나트륨 이온(Na^+) 3개가 안으로 들어가고 칼륨 이온(K^+) 2개가 세포 밖으로 나갑니다. 그래서 결국 세포 내부의 전하가 플러스로 축적됩니다. 휴지기에는 세포막의 안이 대략 -70mV로 형성되어 음의 전압이 됩니다. 그러다가 나트륨 이온이 안으로 들어가면 전압이 상승하죠. 최고치가 +50mV로 올라가면 하나의 신경 펄스가 형성됩니다. 이를 활성전위action potential라 합니다. 그러면 이 신경 펄스가 자극, 즉 정보를 전달하는 거죠.

간단히 이야기하면 이런 메커니즘입니다. 한 신경세포의 입력의 수상돌기와 다른 신경세포막에서 길게 죽 뻗은 출력의 축삭이 만나는 부위가 시냅스고, 그런 시냅스는 한 개의 신경세포에 수천 개에서 많게는 2만 개까지 있습니다. 뇌의 피질에는 몇 개의 신경세포가 있을까요? 160억 개 이상의 신경세포가 있다고 합니다. 그러한 신경세포들이 각각 다른 신경세포와 연결되는 접속점이 1만 개라 해도 얼마입니까. 160억 곱하기 1만……. 이렇게 되는 겁니다.

우리가 보거나 듣거나 냄새 맡거나 하는 모든 행위는 신경세포가 전압 펄스를 만드는 것에서 비롯됩니다. 시각 처리 과정을 봅시다. 빛 에너지가 전압 펄스로 바뀌기 때문에 일어나죠. 망막에서 생성된 전압 펄스가 후두까지 연결되고 후두에서 V1, V2 …… V7까지 계속 진행되면서 외부의 영상을 만드는 겁니다. 청각, 촉각도 마찬가지죠.

자극을 받으면 신경세포가 전압 펄스를 만들고, 그 전압 펄스는 연접하고 있는 신경세포를 자극해서 전압을 플러스 쪽으로 올립니다. 임계치를 넘어가면 이 신경세포가 흥분하게 되는 겁니다. 그러면 이 신경세포가 다시 전압 펄스를 만들고 또 다른 신경세포를 흥분시킵니다. 우리가 말하는 사고, 기억, 생각 등은 이러한 신경세포와 신경세포가 만나는 시냅스의 3차원 연결 형태를 말합니다. 크리스마스트리를 생각하면 됩니다. 많은 불빛이 계속 돌아가면서 생기는 하나의 크리스마스트리 같은 신경 연접 부위의 총체적인 형태. 이것이 하나의 기억입니다.

습관화, 민감화, 학습의 시냅스

시냅스가 일어날 수 있는 곳은 수상돌기도 있고 세포체에도 있습니다. 수상돌기 쪽에서 주로 흥분성 시냅스가 일어나며, 세포체에서 억제성 시냅스가 형성되는 게 일반적이죠.

하나의 신경세포에 두 개의 시냅스가 생기고 두 개의 자극이 동시에 일어났다고 합시다. 보통 때는 세포 내부의 전압이 −70mV죠. 하나가 자극하면 나트륨이 확 들어가서 신경 펄스가 위로 올라갑니다. 전압이 갑자기 높아져서 최고치가 +50mV가 되죠. 이렇게 −70mV에서 +50mV의 펄스가 생성되는데, 이를 활성전위라 하죠. 이 활성전위가 전압 펄스 형태로 자극을 받은 신경세포의 축삭을 통해 축삭의 말단 부위로 전파됩니다. 이런 양상으로 전압 펄스가 생기는 겁니다.

연접된 곳에서 자극 세 개가 동시에 일어나면 더 증폭되겠죠. 또한 한 시냅스에 아주 짧은 간격으로 흥분이 들어가는 경우 연속적으로 누적되어 임계치를 넘어가서 연속적인 전압 펄스가 형성됩니다(95쪽 4-1 도표 참고).

4-1
시냅스에서 전압 펄스가
나오기까지

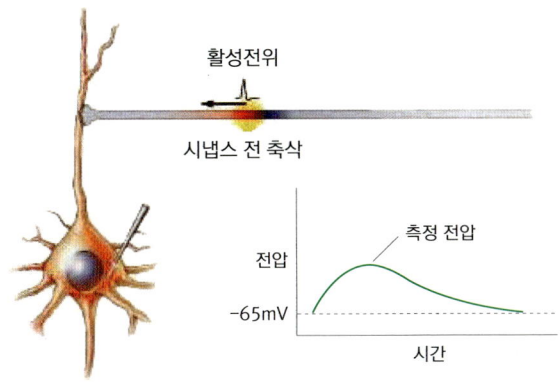

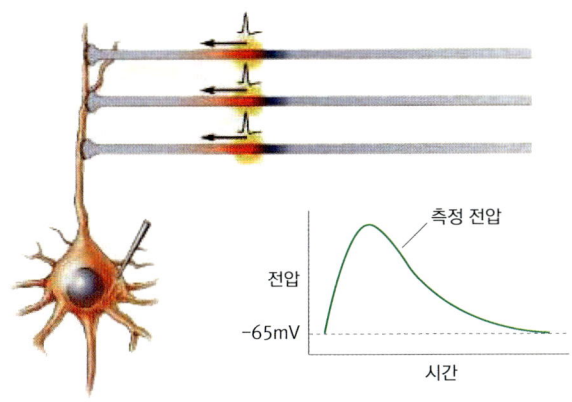

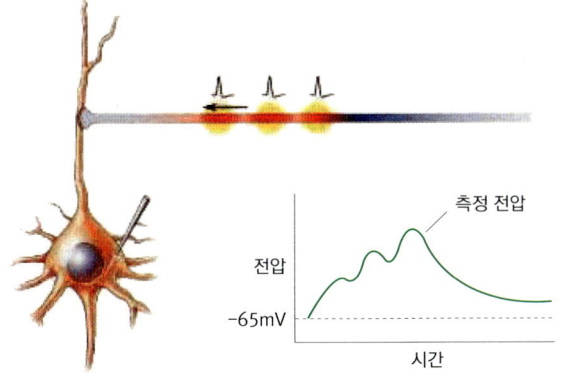

학습, 민감화long-term sensitization, 습관화long-term habituation도 이러한 시냅스가 얼마나 많아지느냐, 얼마나 적어지느냐에 따라 일어나는 현상입니다.

학습은 뇌에서 이루어지는 시냅스의 활성 변화에 따른 신경세포 간의 네트워킹, 즉 신경망의 구성이라고 볼 수 있죠. 학습 전에는 신경세포의 수상돌기 소극dendritic spine이 뚜렷하지 않죠. 소극은 작은 가시처럼 튀어나온 부분인데, 학습을 하고 난 후에 생기죠. 전자현미경으로 확인할 수도 있습니다. 4-2의 소극의 변화, 시냅스의 형태 변화가 바로 학습의 결과이고 기억이고 감정이 되는 것입니다.

두 개의 시냅스가 습관화되면 연접 부위가 적은 숫자로 합쳐집니다. 그래서 입력이 들어갔을 때 출력이 동일하죠. 그 결과 한 가지 방향으로만 생각하게 됩니다.

민감화는 동일한 자극이 오면 쉽게 흥분하는 것입니다. 도식화해보면, 신경 연접 부위가 두 개에서 네 개로 많아지는 것이죠. 시냅스가 일시적으로 증가하는 여성의 배란기에는 연접할 수 있는 접촉점이 많이 생깁니다. 임신이 가능하도록 뇌세포가 활발해지는 거죠. 배란이 끝나면 시냅스 개수가 배란기 이전 상태로 다시 돌아갑니다.

축삭의 수초화로 움직임을 즐기다

하나의 축삭이 신경 전압 펄스를 전달하는 방법은 두 가지가 있습니다. 확산 시스템과 전용 라인. 수많은 세포가 모여 다세포 생명체가 되려면 동일하게 움직이면서 정보를 주고받아야 하죠. 그때 가장 간

4-2
학습 후 수상돌기 소극의 변화 모습

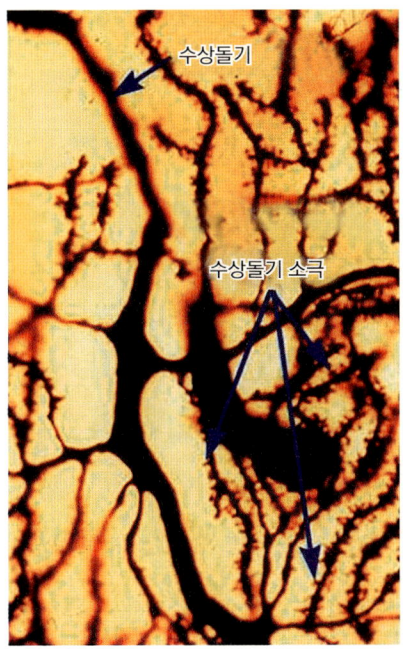
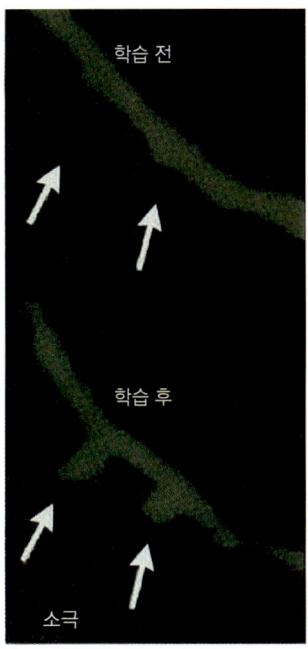

단한 방법은 한 세포에서 다른 세포를 향해 신경호르몬을 분비하는 것입니다. 호르몬을 그냥 혈액 속으로 분비하는 거죠. 혈류를 따라 이동하는 호르몬은 생체 내 다른 세포에 수신됩니다. 호르몬은 속도가 느리죠. 느린 확산 시스템입니다.

생존 환경이 좀 더 긴박해지면 이 두 세포가 확산 시스템이 아니라 전용 라인을 만듭니다. 진핵세포들이 잘하는 게 뭐라고 했죠? 그렇죠. 세포막을 죽 늘리는 겁니다. 그러면 한 세포에서 나온 가지와 다른 세포에서 나온 가지가 만나는 거죠. 그래서 정보를 주고받을 수 있는 통로가 생깁니다. 이것이 바로 무수신경unmyelinated nerve 입니다. 신경섬유 축삭이 수초myelin(신경섬유들의 축삭을 감싼 흰색의 지방 세포) 없이 그대로 드러나 있는 거죠. 여기서 '수髓'는 피복으로 보면 됩니다. 그러니까 무수신경의 축삭은 피복이 없는 전선 같은 상태인 겁니다. 그러면 정보가 전달되는 과정에서 옆으로 많이 빠져나가고 속도가 느립니다. 이 무수신경 시스템은 아직도 우리 뇌에 있습니다. 감정이나 느린 통증을 전달하는 게 바로 이 무수신경이죠.

무수신경에서 발전된 것이 유수신경myelinated nerve입니다. 전류가 빠져나가지 않도록 전선에 피복이 덮여 있는 상태죠. 뇌 진화에서 중요한 현상 중 하나가 신경세포 축삭이 절연체로 감싸진 겁니다. 신경세포체에서 축삭돌기가 시작되는 좁은 부분은 축삭 힐Axon hillock 또는 축삭구丘라고 합니다. 여기서 처음 나온 부위는 절연이 안 되어 있어요. 그다음부터 수초화myelination 되는 거죠. 여기서 수초화란 신경세포 축삭이 신경 아교세포, 즉 지방질 세포로 감싸여 전기적으로 절연되는 현상이죠. 그러면 전압 펄스가 점핑하는 방식으로 이동하여 속도가 굉장히 빨라지게 됩니다.

무수신경과 유수신경을 구분하는 가장 중요한 기준이 수초화의 유무죠. 뇌의 각 영역마다 수초화 시기가 다릅니다. 대뇌의 신경 시스템을 감각 영역, 운동 영역, 연합 영역으로 나눴을 때 수초화가 맨 나중에 진행되는 곳이 연합 영역입니다.

4-3 대뇌 그림에서 색깔이 가장 진한 부분들이 1차 운동 영역과 1차 체감각 영역, 1차 시각 영역, 1차 청각 영역입니다. 감각기관과 운동기관이 중요한 부분이므로 먼저 수초화가 되죠. 물고기가 헤엄친다, 사람이 걷는다 등과 같이 생존에 긴요한 기능과 관련된 뇌 부위는 태아 때부터 수초화되어야 하는 거죠. 그리고 앞쪽의 전두 연합 영역, 위쪽의 두정 연합 영역, 옆쪽의 측두 연합 영역이 맨 나중에 수초화됩니다. 그중에서도 전전두엽 쪽은 수초화가 느리게 진행되며, 개념적

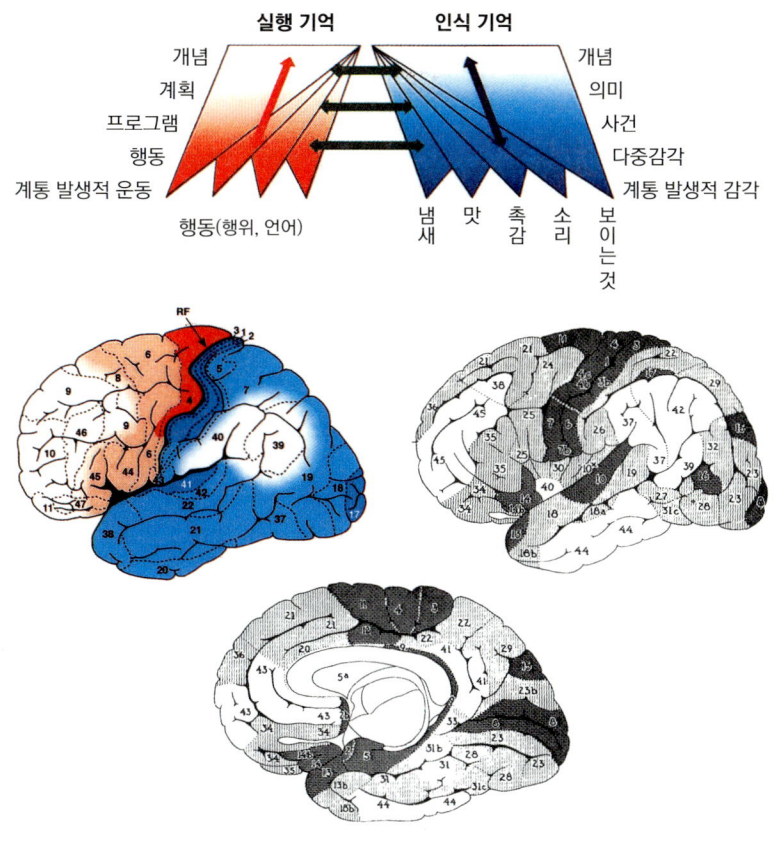

4-3
대뇌 수초화 순서(숫자는 브로드만 대뇌피질 분류 번호)

인 사고와 비교, 예측, 추론을 담당합니다.

    대뇌 신경세포의 수초화 정도는 나이나 부위에 따라 다릅니다. 척추 쪽은 생존에 가장 중요하니 수초화가 빨리 이루어집니다. 태아 때 벌써 완료되죠. 대뇌와 소뇌 사이의 간뇌는 태어나서 1세까지, 대뇌는 15세까지 진행됩니다.

    오키 고스케에 따르면, 전전두엽의 수초화는 20세 이후부터 아주 왕성해집니다. 인간의 사고를 이해하는 데 아주 중요한 점이 바로 이겁니다. 왜 60세 이상 되는 사람들이 정치가, CEO 등 지도자의 역할

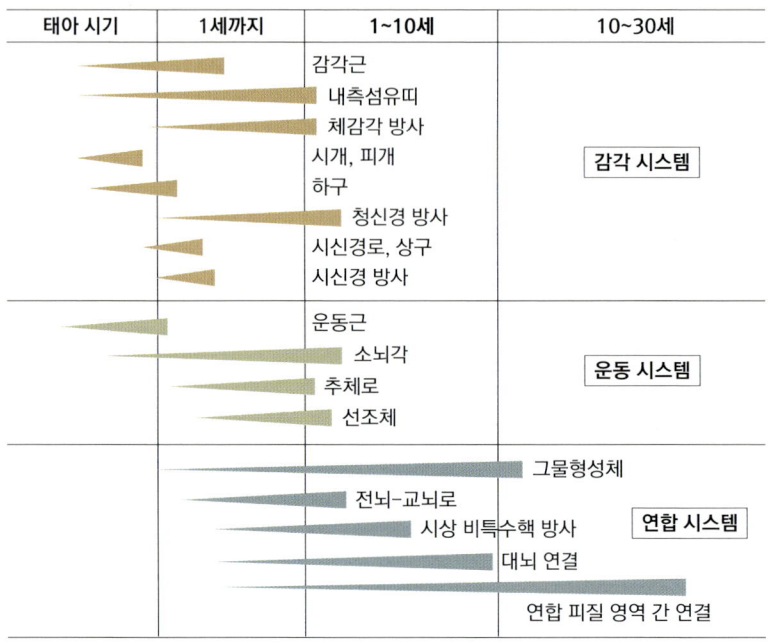

**4-4
연령에 따른 유수신경화 순서**

청소년기 이후 나이가 들어갈수록 연합 영역에서의 신경 축삭 수초 형성이 활발히 진행된다.

을 주로 할까요? 뇌 부위별 수초화 관점에서 보면 많은 비교를 하며 정보를 통합해야 할 곳은 전전두엽인데, 전전두엽의 수초화는 나이가 들수록 완성도가 높아지기 때문입니다. 그래서 20대 이하 청소년들이 아무리 머리가 빨리 돌아가도 50, 60대처럼 종합적이고 거시적으로 사고하기가 힘든 겁니다.

운동이든 감각이든 뇌 상위 피질로 올라갈수록 개념적 속성이 강화되어 운동적 개념과 감각적 개념의 두 영역이 전두엽에서 서로 융합됩니다. 운동으로 출력되는 실행 기억과 뇌 처리 과정 결과 최고로 복잡해진 감각이 연합된 인식 작용을 처리하는 피질 영역이 마지막으로 수초화되죠. 4-3 그림에서처럼 동시에 하얗게 되어 연합하는 거죠. 감각의 최종 단계인 인식 기억과 운동의 실행 기억 모두가 개념 수준에서 통합되어 운동 능력을 극대화하는 겁니다. 이나스의 말을 빌려 이렇게 표현할 수 있겠습니다.

> 인간은 감각이든 운동이든 움직이는 능력을 마음껏 즐긴다.

이 말을 다시 한번 생각해봅시다. 인간뿐만 아니라 사자나 말, 고양이 등등의 동물들도 모두 달리죠. 특별히 훈련받지 않아도 그냥 달리는 겁니다. 그러나 인간의 운동에는 동물의 운동과 근본적으로 다름을 나타내는 수식어가 하나 붙습니다.

> 동물은 운동한다. 인간은 '잘' 운동한다.

동물은 생존이 허용한 범위만큼만, 환경에 적응할 만큼만 운동을 하면 됩니다. 과잉 적응은 동물의 생존에 위험합니다. 그래서 동물은 유전자가 지시하는 정도로만 적응합니다. 그러나 인간은 유전적으로 정해진 능력을 넘어 운동을 아주 잘할 수도 있습니다. 보통 사람들도 달릴 수가 있지만, 마라톤 선수들은 굉장히 극한을 모를 정도로 잘 달리지 않습니까. 대부분 사람들은 그냥 노래하지만 성악가들은 아주 잘하지 않습니까. 오케스트라의 지휘자 역시 50명 이상 되는 관현악단 연주자들이 여러 악기를 가지고 내는 모든 소리를 자기 내면의 화음으로 해석하여 미묘한 손동작으로 하모닉하게 표현하지 않습니까. 모든 음을 지휘해 조화롭게 연주하도록 유도하지 않습니까. 아주 놀라운 운동이죠.

말(언어)을 한번 봅시다. 누구나 말을 할 수 있죠. 그러나 모든 사람을 감동시키는 위대한 명연설을 생각해봅시다. 동일한 말이지만 능숙하게 잘할 수도 있지 않습니까. 말을 한다는 건 섬세한 운동인데, 동물은 단발적인 소리만 만들죠. 물론 사람도 공포나 위험 속에서 동물처럼 외마디 소리를 내지만, 놀라울 정도로 완벽하게 숙련된 말을 구사할 수 있습니다. 나아가 말을 통해 사회, 문화 속에서 형성된 상징적 의미를 전달하죠.

바로 이런 것들이 동물과 인간이 다른 점입니다. 인간은 능숙한, 아주 놀라운 표현력을 갖게 되어, 즉 성대와 안면근육이 섬세하게 움직이는 운동 능력을 마음껏 즐길 수 있게 된 거죠.

신경세포, 감각에서 운동까지

전전두엽의 수초화는 사춘기 이후에도 학습과 더불어 계속 진행되면서 일생에 걸쳐 완성되어갑니다. 대가라고 불리는 연주자들을 생각해보죠. 위대한 연주자들은 평생 연습을 합니다. 시각, 청각, 촉각의 감각 자극이 통합적으로 처리되어 인식되는 대뇌의 고위 피질에서 인식 기억, 즉 감각 인식 능력과 그것을 표출하는 최고의 운동 실행 능력이 서로 만나는 거죠. '그것이 바로 그것'인 겁니다. 인간 뇌의 많은 부위, 많은 자원을 조정하는 전두 연합 영역이 궁극적으로 인간에 와서 잘하게 되었다는 거죠. 뭘? 운동을 잘할 수 있게 되었다는 겁니다.

결국 뇌의 많은 신경세포의 전기-화학적 작용이 통합되어 궁극적으로 표출하는 것은 운동입니다. 이러한 운동성은 단세포가 태생적으로 가지고 있는 진동 움직임에서 출발한 것이죠. 이 모든 세포가 세포 연접을 통해 수 밀리세컨드(ms 또는 msec, 1ms는 1천분의 1초)로 전기적으로 연결됩니다. 그러고는 심장 세포가 많이 모여서 동일하게 박동하듯이 단세포들이 지닌 박동성 운동이 동시에 움직이는 거죠. 이러한 단세포의 박동성 운동이 시냅스적인 운동으로, 그리고 전기적인 운동으로 척수 시스템을 통해 내면화되는 겁니다. 결국 인간의 뇌는 척수신경 말단에서 비대해진 머리 신경절이라 볼 수 있죠.

단순하게 인간의 뇌를 앞뒤로 이등분하면 뒤쪽은 감각이고 앞쪽은 운동입니다. 감각과 운동은 발생 초기부터 대칭적으로 함께 형성되어 왔죠. 개구리의 발생 과정에서 처음 말려 들어가는 부근이 항문이 되고, 신경판이 둥글게 말려서 원기둥 즉, 척수가 된다고 했죠. 척수는 발생 초기에 형성되며, 말려 들어가는 척수를 가로 방향으로 했을 때 앞쪽이 대뇌가 됩니다. 그래서 인간의 경우 척수가 앞 끝에서 봉합이 안 된 채로 태어나면 무뇌아가 되는 거죠.

개구리의 발생 과정에서도 볼 수 있듯이 척수 신경판이 말려 들어가서 하나의 관을 만듭니다. 이 부분이 중요하죠. 그 관 가운데 있는 구멍이 우리 척수 안에도 그대로 있고 그 관이 대뇌 안까지 계속 연결됩니다. 뇌 측실이나 제3뇌실, 제4뇌실처럼 뇌의 관을 형성하죠. 그래서 그 관의 단면을 잘랐을 때, 아래 반쪽 척수의 배 쪽은 운동을 담당하고, 등 쪽은 감각을 담당합니다. 척추동물의 발생 단계에서부터 척수판이 말려 들어가 기둥을 만들 때, 그 기둥의 반에서 배 쪽 척수의 반쪽인 전각은 운동신경으로 나아가고, 등 쪽 척수의 반쪽인 후각에는 감각신경이 들어가게 되죠.

등 쪽의 감각 성분과 배 쪽의 운동 성분은 발생 초기부터 대칭의 맞선 꼴로 나타나다가 결국에는 척수를 만들고 위로 올라가서 대뇌를 만들고, 운동 성분은 대뇌 앞쪽의 연합 피질에서 실행 운동을, 감각 성분은 대뇌 뒤쪽의 연합 피질에서 인식 작용을 하게 됩니다. 그렇게 해서 대뇌에서 운동과 감각이 서로 만나게 되고. 전전두엽의 작업 기억 활동으로 옛 기억과 비교하여 운동 계획을 산출하며, 운동 피질을 통해 발화된 운동 명령이 척수를 거쳐 팔다리와 손발까지 가서 운동으로 발현되죠. 그 결과 인간이 운동을 잘할 수 있는 겁니다. 척추동물의 감각 입력과 운동 출력은 뇌 활동의 근본적인 작용입니다.

신경세포와 다른 신경세포 사이에서 자극을 전달해주는 축삭, 축삭이나 수상돌기와 신경세포체가 만나는 지점인 시냅스, 지방질 절연물질로 축삭을 감싸는 수초화까지 살펴봤습니다. 크리스마스트리처럼 점멸되어가는 시냅스의 총체적인 활동이 우리의 생각, 우리의 기억, 우리의 감정이 된다고 했죠. 그 시냅스를 통해 신경 전압 펄스를 신속하게 전달하기 위하여 수초화가 진행됩니다.

수초화된 부분이 축삭, 축삭이 많이 모인 곳이 뇌의 백질입니다. 수초화되는 물질이 지방질이니 색깔이 하얗죠. 하얀 지방질, 전기적 절연체로 감긴 수초화. 이 수초화로 인해 학습의 결정적인 시기가 관련되고 뇌의 신호 처리 속도가 높아집니다.

5강 의식으로 가는 길

뇌의 작용 결과가 총체적으로 드러나는 것은 결국 우리의 행동입니다. 바꿔 말하면 행동은 뇌 안에서 일어나는 여러 가지 신경세포의 연결망과 연계되어 있죠. 무의식적 운동은 대뇌기저핵과 뇌간 및 자율중추가 관련되며, 의식적 운동은 대뇌피질 신경세포들의 다중적인 시냅스를 통해 이루어지는 겁니다. 무언가 의식에 떠오르기 위해서는 어느 정도 이상 큰 대뇌피질 영역이 함께 작용해야 하죠.

1차 의식에서 고차 의식까지

한 신경세포가 다른 신경세포와 연접하는 부위는 수천 개에서 많게는 1만 개에 이르죠. 동물의 기억과 학습은 이러한 신경 연접, 즉 대단히 많은 시냅스의 시간에 따른 통계적 변화로 나타납니다. 신경세포들의 다중 연결로 우리는 바깥세상을 인식하고 우리 내부의 욕구에 맞춰 감각 입력을 범주화합니다. 즉 지각을 범주화하는 거죠. 나아가 고차 피질에서 에덜먼이 말하는 개념의 범주화가 일어납니다. 우리가 느끼는 감정이나 사고, 의식 작용이 발생하죠.

신경 시스템이 반응하는 신호에는 자기 안에서 나오는 자기 신호와 자기 바깥 환경에서 들어가는 비자기 신호가 있습니다. 자기 신호는 신체 내부에서 올라가는 항상성 유지를 위한 신호가 되고, 비자기 신호는 환경에서 오는 세계 신호가 됩니다. 또 내부의 신호는 신체 내부 장기에서 출발하여 척수를 통해 간뇌의 시상하부로 올라갑니다. 시상하부가 자율신경계의 조절 중추가 되죠. 세계 신호의 경우에는 시각과 청각, 체감각의 1차 감각 피질로 들어가서 2차 감각 피질과 다중감각 피질로 통합됩니다. 여기서 말하는 피질은 신피질을 뜻하죠. 요약하면, 뇌간과 자율신경계에서 올라간 내부 항상성 신호와 외부에서 유입된 시각, 청각, 체감각 입력이 해마와 편도에서 외부 세계 신호와 내부 신체 신호의 상관관계를 형성하여 기억을 만드는 겁니다.

앞으로도 계속 나오는 용어이니 해마와 신피질에 대해 이해하고 넘어갑시다. 해마는 기억을 만들어내는 곳이죠. 신피질은 대뇌반구 표면을 덮고 있는 회색질의 층으로 학습, 감정, 의지, 지각, 언어, 수의운동 등을 생성하며, 파충류 이상의 고등동물에서 점점 큰 규모로 나타납니다. 대뇌피질에서도 신피질은 계통발생적으로 나중에 나온 것입니다. 해마와 변연피질 영역인 고피질과 구피질이 먼저 있었죠. 신피질이 발달하여 대뇌반구를 차지하면서 구피질과 고피질이 함께 안으로 접혀 들어가며 신피질에 가려지게 된 것입니다.

또한 신피질은 신경세포와 신경섬유로 구성된 여섯 개의 층으로 이

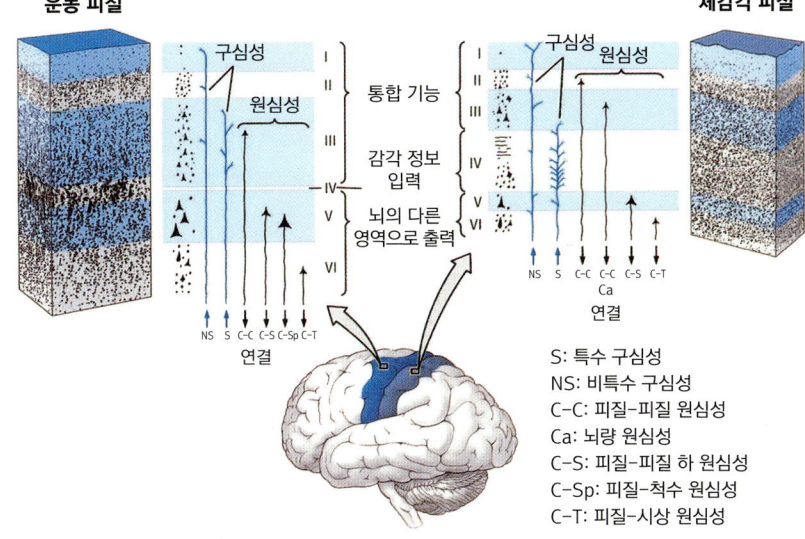

5-1 여섯 개의 신경세포층으로 된 대뇌 신피질

루어져 있습니다. 신경세포들을 염색하면 여섯 개의 층으로 구분되죠. 신피질의 어떤 부위 단면을 봐도 마찬가지입니다. 대뇌 맨 앞에 있는 전전두엽도 여섯 개 층으로 구성되어 있고 1차 운동 영역, 1차 시각 영역도 그렇습니다. 그러나 해마 영역의 고피질은 세 개의 층으로 이루어져 있죠.

자기 신호, 즉 내부 신호는 시상하부의 자율신경계 중추로 올라간다고 했습니다. 그 내부 항상 시스템의 정보들은 구체적으로 우리 신체 내부의 상태, 즉 배고픔, 갈증 같은 욕구들이죠. 그 욕구들에 대한 가치의 현재 값들이 뇌간과 간뇌를 통하여 대뇌피질로 끊임없이 올라갑니다.

대뇌피질은 항상 변화하는 외부 세계의 감각 입력을 처리하여 운동 출력을 만들죠. 그 과정에서 중요한 정보는 기억으로 저장합니다. 이렇게 만들어진 기억은 다시 전두엽, 두정엽, 측두엽과 연계하여 개별적 생존 가치에 물든 범주 기억을 형성하게 되죠. 여기서 '가치'라 함은 생물학적으로 생존에 필요한 배고픔이라든지 갈증, 심장박동 같은 몸 상태를 유지하기 위한 정보들입니다. 인간의 대뇌(대뇌반구)는 앞의 전두엽, 위의 두정엽, 옆의 측두엽, 뒤의 후두엽 등 네 부분으로 구성되어 있는데(166쪽 8-4, 168쪽 8-7 그림 참고), 여기서 전두엽은 비교, 예측, 판단을 하고, 두정엽은 공간지각을 하며, 측두엽은 사물과 인간의 얼굴에 대한 기억을 주로 담당합니다.

그런데 이러한 흐름에서 중요한 신경 정보의 폐루프closed loop가 형성됩니다. 전두엽, 두정엽, 측두엽에서 만들어진 가치-범주 기억들은 실시간으로 입력되는 외부의 신호, 정보 들과 양방향으로 연결됩니다. 가치에 물든 범주 기억과 세계 신호 사이의 상호 연결 결과로 중요한 1차 의식이 생성되는 거죠. 이것이 바로 에델먼이 말하는 의식 모델의 핵심입니다.

1차 의식이라는 것은 간단히 장면의 생성이라 할 수 있습니다. 우리가 가지고 있는 기억들은 단독으로 존재하는 것이 아니죠. 예를 들어 지난 해 여름휴가 때 갔던 바닷가를 떠올리면, 바닷가 풍경과 함께 바다 냄새라든지 주변 풍경 등이 총체로서 기억 속에서 올라옵니다. 하나의 특정한 장면으로 생성되는 겁니다. 이러한 장면의 생성이 바로 1차 의식이죠.

기억은 일정한 범위를 갖는 장면으로 떠오릅니다. 분리된 개별적 속성은 상상하기 힘들죠. 예를 들어 '붉다'라는 상태는 홀로 존재하지 않습니다. 붉은 꽃, 붉은 저녁놀과 같이 하나의 장면 속에서만 그런 속성이 존재하죠.

감각 피질에 의해 외부 환경 입력 정보가 전두엽, 두정엽, 측두엽의 가치-범주 기억과 실시간으로 연결되어 회로를 형성합니다. 이 신경 연결망 회로가 계속 작동하면 시각, 청각, 체감각이 우리의 욕망에 의해서 규격화된, 우리의 욕망에 의해 규정된 정보가 됩니다. 이것을 에델먼은 '지각의 범주화'라고 합니다. 외부 감각 입력에 의해 시작된 지각 작용이 단순히 방향성 없이 연속적으로 흐르는 게 아니고 우리의 욕망에 의해서, 내부 상태에 의해서 범주화되는 거죠.

이 회로가 계속 돌면서 해마에서 형성된 기억과 전두엽, 두정엽, 측두엽과의 상호 연결을 통해 지각 범주화 과정 자체가 다시 범주화되죠. 이것이 바로 '개념의 범주화'입니다. 여기서 중요한 점은 신경회로의 전체 순환 과정에서 언어가 배제되어 있다는 겁니다. 아직 언어가 출현하지 않은 상태죠. 상징 기호를 매개로 하는 언어가 출현하기 이전에 감각-운동 이미지에 의한 개념이 먼저 생긴다는 겁니다. 이 전체 과정을 가리켜 '1차 의식의 생성'이라고 합니다. 지금까지 에델먼의 이론에 근거하여 이야기해보았습니다.

의식의 생성 모델을 연구해온 에델먼은 1차 의식에 대해 이렇게 말합니다.

> 1차 의식이라는 것은 언어가 생성되기 전에 형성되는 것으로, 인간이나 개 또는 고양이 정도의 포유동물이 가지는 의식이다.

그리고 에델먼은 덧붙입니다.

> 1차 의식은 기억된 현재다.

그렇습니다. 1차 의식은 현재적 의식입니다. 장면들이 시간과 더불어 연속해서 흐르는 것이 아니라 스냅사진처럼 하나의 장면만 있는 거죠. 기억이라는 것은 응집력 있는 연관관계로 맺어진 하나의 장면을 묘사한 그림입니다. 인간의 고차 의식은 동물들의 1차 의식 작동 상태에 언어가 추가되어 생성된 것이죠.

언어를 매개로 하는 대뇌 부위에는 브로카 영역Broca's area과 베르니케 영역Wernicke's area이 있습니다. 브로카 영역은 우리가 발음을 할 수 있도록 해주는 운동언어 영역이고, 베르니케 영역은 감각언어 영역이죠. 특히 브로카 영역에서 발견된 미러 뉴런mirror neuron은 영장류와 인간에게서 나타나는 흉내 내기 동작 그리고 공감과 언어의 기원과 관련이 있죠. 두 언어 영역이 '궁상속'이라는 두꺼운 신경다발로 서로 연결되어 있습니다.

브로카, 베르니케 등 언어를 생성하는 영역이 고차 피질의 전두엽, 두정엽, 측두엽과 연결되어서 생성되는 것이 바로 고차 의식입니다. 고차 의식은 언어에 의해서 만들어지죠. 에덜먼에 따르면, 지구상에서 인간만이 고차 의식이 가능하다고 합니다.

1차 의식에는 현재밖에 없다고 했습니다. 그래서 우리는 동물에서 강력한 현실성을 느끼죠. 시간이 흘러가면서 연결되는 게 아니라 하나의 단절된 현재 의식만이 있을 뿐이죠. 고양이는 쥐를 추적하다 쥐가 구멍에 들어가면 그 주위를 잠시 어슬렁거리다가 또 다른 자극이 일어난 데로 가버리죠. 그 자리로 다시 돌아와도 구멍으로 쥐가 들어갔다는 사실을 기억하지 못합니다. 개도 마찬가지입니다. 이들에게는 기억이 스냅사진과 같이 매순간 존재하는 현재일 뿐이죠. 따라서 동물들은 과거의 기억을 참조하여 현재 입력되는 신호를 처리하기 어렵습니다.

언어를 매개로 하여 고차 의식이 생성되면서 현재가 연속적으로 흘러가 미래와 과거가 생기게 됩니다. 인간은 매 순간 외부 자극을 처리하여 생존에 중요한 정보를 기억에 저장하죠. 저장된 기억을 불러내어 새로운 입력에 대응할 때 과거라는 의식이 생깁니다. 그리고 과거의 정보가 쌓여 이루어진 상태가 바로 현재입니다. 현재의 자극 입력을 뇌가 처리한다는 것은 과거의 기억을 현재와 대조한다는 것이고, 이는 바로 다음 순간이 어떻게 전개될 것인지 무의식적으로 인식하는 것이죠. 즉 미래를 예측한다는 것과 같습니다. 현재의 시점까지 쌓인 정보를 가지고 아직 오지 않은 미래를 미리 그려볼 수 있는 거죠. 인출되는 과거 기억은 미래의 행동 선택을 위해 미래에 초점이 맞춰져 있죠. 에덜먼은 말합니다.

> 고차 의식으로 가며 언어를 매개로 기억이 생성되면서 하나의 장면이 담긴 스냅사진들을 연결하여 드라마를 만든 결과, 우리의 과거, 현재, 미래가 형성되고 그 과정에서 셀프self라는 자아의식이 생긴다.

감각 정보, 루프를 따라 돌다

우리 뇌의 구조를 봅시다. 대뇌가 있습니다. 대뇌 아래 뒤쪽으로 소뇌도 보입니다. 대뇌 가운데로 골이 져 있는데, 이를 중심열central fissure이라고 하죠. 중심열을 사이에 두고 앞쪽의 운동 피질motor cortex과 뒤쪽의 1차 체감각 피질somatosensory cortex이 맞선 꼴로 마주보고 있습니다.

감각과 관련된 뇌 뒤쪽에서 1차 체감각 영역 somatosensory area (S1), 1차 시각 영역 visual area (V1), 1차 청각 영역 auditory area (A1)을 그려봅시다. 뇌의 프로세스 중 1, 2, 3차의 개념은 감각 피질과 운동 피질 모두에 적용됩니다. 1차 영역에서 나온 정보들은 다시 한번 종합적으로 처리되면서 2차 영역으로 가죠. 이 2차 영역을 연합 영역 association area 이라고 합니다. 이 영역에는 촉각, 온도감각 등 체감각들이 연합하는 체감각 연합 영역, 시각이 연합하는 시각 연합 영역 visual association area (VA), 청각이 연합하는 청각 연합 영역 auditory association area (AA) 등이 있겠죠. 고등동물, 호모사피엔스로 갈수록 1차 영역보다 연합 영역의 비중이 점점 커지는 양상을 보입니다. 실제로 인간의 대뇌피질을 보면, 연합 피질이 큰 영역을 차지합니다.

연합 감각 영역에서 처리된 감각 정보들이 통합되는 곳이 측두엽 안쪽에 있는 다중감각 연합 영역 multisensory association area (MA)입니다. 다중감각 연합 영역이야말로 여러 감각 모듈의 전압 펄스가 모이는 영역이죠. 청각이든 시각이든 체감각이든 모든 자극이 모이는 곳이니까요. 결국 다중감각 연합 영역 덕분에 누군가를 볼 때 그 사람의 형상, 그 사람의 목소리가 총체적으로 결합하여 하나의 전체적 기억이 형성됩니다.

이렇게 다중감각 연합 영역에서 모인 정보는 그다음 어디로 가느냐? 변연계에 파페츠회로라는 것이 있습니다. 측두엽 안에 있는 여러 뇌 기관이 연결된 감정을 처리하는 폐루프 형태의 신경 연결 회로죠. 1930년대에 뇌 과학자인 파페츠 John Wenceslas Papez, 1883-1958가 발견한 것입니다. 그 파페츠회로로 갑니다. 정보의 일부는 분노, 공포 등의 감정을 촉발하는 편도체 Amygdala (AMYG)로 가기도 하죠. 파페츠회로를 초

5-2
감각 입력에서 운동 출력
까지의 과정

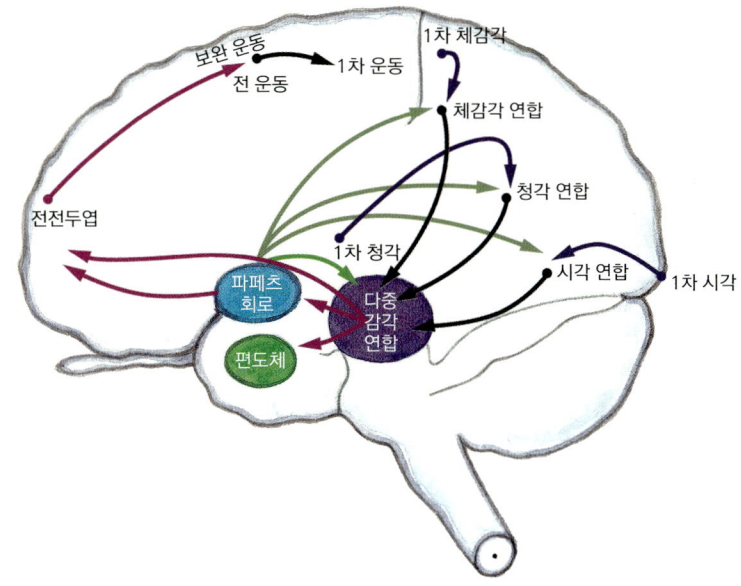

기에는 감정 생성 영역으로 생각했으나 지금은 기억에 많이 관여되는 부위라 밝혀지고 있습니다. 감정과 기억이 상당 부분 동일한 영역에서 처리된다는 것이 중요합니다.

  대뇌반구 뒤쪽에 있는 감각 정보가 내측두엽과 해마, 편도체에 모두 모여서 감정에 물든 기억을 형성하고, 기억된 사실들은 주로 파페츠회로를 거쳐 전전두엽으로 갑니다. 전전두엽으로 모인 모든 감각 프로세스를 거친 정보들은 보완 운동 영역supplementary motor area(SMA)과 전 운동 영역pre-motor area(PM)의 두 군데로 이동합니다. 수의운동의 경우 운동 출력이 최종적으로 나오기 전에 거치는 곳이 이 두 군데죠. 운동을 준비하는 과정인 겁니다. 외부에서 들어간 자극과 관련된 운동은 전 운동 영역과 연관이 있으며, 언어 운동 같은 내부에서 생성된 운동은 보완 운동 영역에서 처리됩니다.

두 곳을 거친 감각 정보들은 1차 운동 영역 primary motor area (M1)으로 나옵니다. 1차 운동 영역에 이른 정보는 발화하죠. 신경 펄스가 척수를 타고 내려가는 겁니다. 수의운동의 대부분이 1차 운동 영역에서 바로 척수를 타고 내려가죠.

시각 정보가 처리되는 곳은 대뇌의 맨 뒤쪽 후두입니다. 후두엽에서 처리된 시각 정보, 두정엽에서 처리된 체감각 정보, 측두엽에서 처리된 청각 정보가 후두의 연합 영역에서 만나는 거죠. 거기서 처리된 시각, 청각, 체감각 영역의 2차 연합 감각 정보가 측두엽 안쪽에 있는 해마라든지 편도라든지 파페츠회로에서 기억으로 형성되는 겁니다.

기억이 형성되는 데는 앞에서 이야기했듯 이 측두엽 안쪽의 해마와 편도, 투명중격에서의 상관관계가 작용하고 있습니다. 우리 내부에서 본능적으로 요구하는 욕구인 내부 신호와 외부에서 들어가는 시각, 청각, 체감각 등 세계 신호가 상호 연계되어 있는 겁니다. 즉 내부 신호와 외부 신호가 얽혀서 생존에 바탕이 되는 기억이 만들어져 가는 거죠.

비교, 예측, 판단으로 범주화되는 정보들

우선 시각 정보는 시상에 있는 외측슬상체를 통해 1차 시각 영역으로 방사 radiation 되고, 청각 정보는 귀로 들어가서 와우신경핵을 거쳐 내측슬상체를 통해 1차 청각 영역으로 전달됩니다. 미각이나 균형감각도 비슷한 과정을 거치죠. 다시 말하면 중심열 뒤쪽(후두엽)에서는 감각이 처리되고, 측두엽 안쪽에서는 다중감각 연합 영역을 통해 감각 처리 과정을 거친 신경 정보가 통합되는 겁니다. 통합 후 전체적인 외계 상이 형성되고, 다중감각 영역에서 통합된 감각 정보는 해마에서 공간 정보가 더해져서 기억 저장 과정을 거칩니다. 감각 입력에 대응하는 운동 출력을 생성하기 위해 연합 감각 영역에서 신경 정보가 전전두엽으로 전달되죠. 그리고 전두엽 중 전전두엽에서 비교, 예측, 판단을 하게 됩니다.

그러면 비교, 예측, 판단은 무엇을 가지고 하느냐? 그렇죠. 기억된 것과 지금 들어온 정보를 비교하는 거죠. 그렇게 해서 생성된 비교, 예측, 판단의 정보가 1차 운동 영역으로 보내지기 전에 보완 운동 영역과 전 운동 영역에서 처리되고, 마지막 1차 운동 영역까지 간 신경 펄스들이 곧장 척수를 타고 운동 출력으로 나오게 되는 겁니다. 즉 감각 입력을 처리해서 운동 출력이 나오는 거죠.

우리 인간은 끊임없이 움직입니다. 그리고 움직일 때마다 전개되는 장면들, 상황들이 달라지죠. 매번 새로운 장면이 만들어지고, 새로운 장면이 기억 회로를 통해서 계속 새롭게 기억됩니다.

앞의 5-2 그림에서도 1차 영역, 2차 영역, 3차 영역까지 표시되어 있습니다. 파란 점으로 표시된 부분이 1차 체감각, 1차 청각, 1차 시각 등 1차 영역입니다. 그런 것들이 만나는 지점이 까만 점으로 표시된 2차 영역인 체감각 연합, 청각 연합, 시각 연합 등 연합 영역이죠. 각각 연합 영역인 까만 화살표를 따라가면 다중감각 영역으로 모입니다. 이 다중감각 영역, 즉 측두엽 안쪽에 있는 해마, 편도, 투명중격, 유두체 등 굉장히 복잡한 이들 기관에서 폐회로를 그리면서 기억과 감정 관련 신경 작용들이 생성됩니다. 이때 강력한 영향을 주는 게 편도죠. 들어온 정보가 생존에 아주 중요한 정보면 편도를 자극합니다.

편도에서 파페츠회로에 감정을 실어주죠. 파페츠회로에서 감정이 묻어난 기억 정보는 다시 어디로 가느냐? 체감각 연합 영역, 청각 연합 영역, 시각 연합 영역으로 가죠. 이 지점에서 현재 입력 정보도 유입되며 기억된 것도 계속 참조되죠. 끊임없이 피드백 루프를 그리면서요. 이런 참조 과정을 통해서 시각, 청각, 체감각의 자극이 동일한 맥락을 형성합니다.

뇌가 하는 중요한 역할은 운동 출력을 만들어내는 것입니다. 인간의 움직임에 따라 매순간 바뀌는 환경에서 들어오는 새로운 감각 자극을 계속 처리하여 운동 출력을 내보내죠. 운동이라는 출력이 인간에게 매우 중요하기 때문에 1차 운동 영역으로 가기 전, 운동 출력을 최종적으로 보내기 전에 한 번 더 프로세스를 거칩니다. 예를 들어 말실수할 때가 그렇죠. 말이 입 밖으로 나가는데 나가는 순간에는 억제할 수가 없습니다. 하지만 내가 말을 잘못했구나, 이 말을 하려고 한 것은 아닌데 하고 실수를 금방 깨닫습니다. 말실수가 일어나는 것은 1차 운동 영역으로 가서 혀를 움직여 발음이 나와버린 겁니다. 어쩔 수 없는 거죠. 하지만 그 순간 앞쪽에 있는 보완 운동 영역과 전 운동 영역에서 말이 잘못 나왔음을 즉시 알게 해줍니다. 이렇게 뇌에는 2중 보호 장치가 되어 있습니다.

다시 말하지만 운동 출력이라는 것은 생존에 아주 중요한 행위이고, 결국 뇌가 존재하는 이유는 운동을 하기 위해서입니다. 생물학적으로 우리 인간이 하는 모든 행위는 운동 출력입니다. 대뇌피질의 작용 결과가 척수를 타고 사지로 전달되는 과정인 거죠. 근육을 움직이는 운동 출력 이외에 타인과 의사소통할 수 있는 길은 거의 없습니다.

우리 몸속에서 생성되는 내부 신호가 있기 때문에 우리는 끊임없이 바깥 정보를 우리의 욕구에 맞추어서 받아들입니다. 이것을 가리켜 에덜먼이 범주화라고 하는 거죠.

시각, 청각, 체감각이 받아들인 감각 정보가 처리되어 인식 작용이 일어납니다. 즉 지각의 범주화가 일어나며, 더 나아가 지각이 범주화되는 과정을 다시 한번 범주화하는 개념의 범주화가 생기죠. 개념의 범주화는 언어와는 관계가 없습니다. 언어 이전에 이미 형성되는 것이죠.

이렇게 신경회로망을 흐르는 신경 정보들과 우리 내부에서 생존을 유지하려고 뇌간을 거쳐 올라가는 신경 정보들에 의해서 바깥 환경 신호가 범주화되는 것입니다. 이 정보가 바로 가치 정보죠. 이 정보에 의해서 해석된 정보만이 생물학적인 의미를 갖습니다. 생존을 위한 내부의 가치 신호가 외부의 감각 신호와 연계하여 전두엽, 두정엽, 측두엽에서 가치에 물든 범주 기억을 만들죠(162쪽 8-2 도표 참고).

인식하다, 그리고 행동하다

후두엽에서 일어나는 지금까지의 과정을 우리가 흔히 쓰는 말로 바꿔볼 수 있습니다. 인식 작용. 무언가를 알아차린다는 거죠. 인식 작용은 연합 영역까지 가서야 본격적으로 이루어집니다.

인식 작용은 불교에서 말하는 색色, 수受, 상想, 행行, 식識 등 다섯 가지 감각 작용과 정신 작용으로 구성된, 오온五蘊에서도 상온想蘊에 해당되는 것입니다. 상온은 의자다, 책상이다 하고 무엇인가 지각되고 그것이 무엇인지 인식되었다는 것이죠.

찻잔을 예로 들어봅시다. 찻잔은 보는 겁니다. 상想이죠. 생각 상. 여기서 중요한 건 인식에는 감정이나 예전 기억이 묻어 있지 않다는 겁니다. 그냥 보는 겁니다. 인식 작용이 일어난 측두엽 안쪽의 편도나 해마에서 감정이 묻게 되죠. 이 찻잔을 내가 어디서 샀는데 하는 등등 찻잔에 대한 애착, 기억 등이 감정에 물든 정보에 마구 묻어 들어가는 거죠. 이쯤 되면 우리가 말하는 오온의 식識이 되는 겁니다. 식 정도 가면 기억에 물들어야 합니다. 과거 기억과 연결되어야 하는 거죠. 지난번에 어떻게 했었는데, 이것이 무엇인데 등등 예전 기억들하고 연계해서 들어온 그 무언가를 인식하게 되는 것, 이게 바로 감정이 묻어 들어가는 겁니다. 의意에 대한 식識, 즉 의식이 생기는 거죠.

여기서 감정에 물들었다는 것은 판단의 근거가 됩니다. 우리가 하는 모든 행위는 무엇에 근거해서 나옵니까? 감정이죠. 감정의 미묘한 속성 중 하나가 사람을 움직이게 하는 겁니다. 감정이 강한 힘을 갖는다는 것은 판단과 행동의 근거가 된다는 말입니다. 좋다, 나쁘다, 싫다……. 이런 것들이 분별이 되고, 분별이 된다는 것은 감정이 작용한다는 것입니다.

감정은 판단과 확실히 관련이 있죠. 감정emotion이란 이e(out)+모션motion, 즉 바깥으로 표출된 운동이기 때문입니다. 그렇다면 운동은 그냥 할 수가 없는 겁니다. 함부로 운동하면, 맥락에 맞지 않게 운동하면 이상한 사람이 되죠. 이상한 사람 하면 떠오르는 게 뭡니까? 상황과는 아무 연관성 없이, 생각 없이 행동하는 사람이지 않습니까? 맥락으로 연계된 장면이 바로 상황이죠.

엉뚱한 것들이 모여서 장면을 만들지 않습니다. 초등학교 입학식 날을 생각해봅시다. 입학식이라는 것은 하나의 장면이죠. 코흘리개

5-3
전전두엽과 감각 연합 영역의 연결

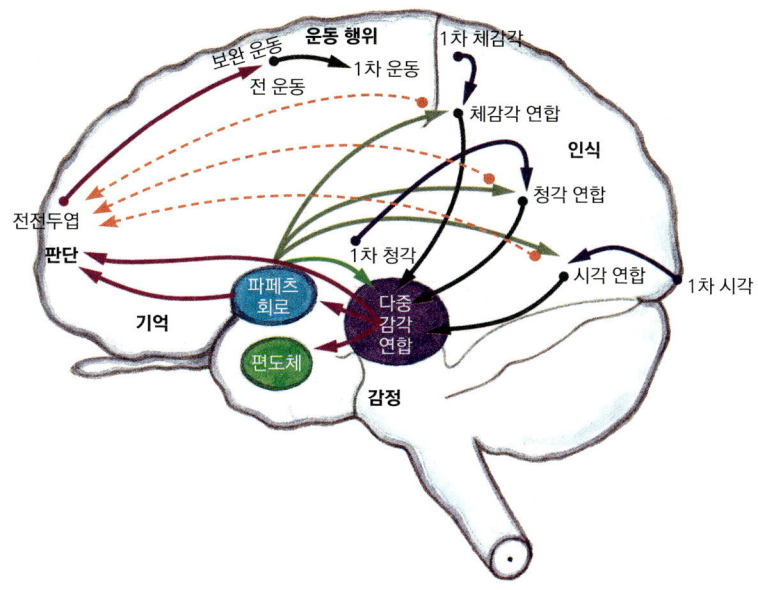

때의 운동장, 3월 초순의 날씨 등등 모든 것이 응집된 하나의 장면입니다. 장면을 응집하는 힘을 맥락이라 할 수 있죠. 엉뚱한 사건들이 모여서 생각을 만드는 것이 아니라 상호 연계된 장면들이 맥락에 따라 응집력 있게 하나의 흐름을 만드는 것입니다. 이게 바로 정상적인 의식 상태인 거죠. 이와 달리 장면이 들쭉날쭉하게 맥락 없이 연결되고, 맥락 없이 연결된 정보를 바탕으로 행동하는 사람들은 생존하기가 힘듭니다. 그래서 적절하게 맥락적 상황을 평가해주는 것이 감정입니다. 감정이야말로 상황에 적절하게 판단해주는 아주 중요한 정신작용이죠.

공포 감정은 편도체와 전두엽에서 형성됩니다. 그러나 몸으로 표출되었을 때의 감정이 느껴지는 곳은 전전두엽이라고 할 수 있죠. 그렇게 만들어진 감정은 판단과 관계가 있습니다. 이것이 바로 다마지오

뇌 이론의 핵심이죠. 판단과 관련된 감정이 운동 출력을 내는 것입니다. 전 운동 영역을 거쳐서 1차 운동 영역으로, 1차 운동 영역에서 척수를 통해 궁극에는 모터 액션motor action, 즉 운동이 나오는 거죠. 1차 운동 영역 정도까지 간 것은 오온 중 행行쯤에 해당합니다. 불교에서 행온을 의지적 충동력이라고 생각하는 것은 뇌 과학적으로도 타당한 해석이죠.

앞쪽 5-3 그림의 점선 부분을 보면, 감각 연합 영역들이 전전두엽에 실시간으로 정보를 보내주고 있습니다. 이것이 바로 현 상황에 관여된 정보를 모아서 비교와 판단을 하는 작업 기억이죠. 작업 기억을 의식과 동의어라고 하는 학자들도 있습니다. 의식이 구체적으로 무엇이냐고 물었을 때 작업 기억이라고 말해도 크게 틀리지 않다는 겁니다. 물론 작업 기억이 동작하지 않는 의식 상태도 있죠. 또한 현재의 감각 입력이 아니라 기억을 통해서 들어가는 정보도 있습니다. 기억된 그 정보와 전전두엽으로 실시간으로 들어가는 정보를 자연스럽게 비교하게 됩니다. 비교의 결과가 운동으로 나오는 거죠. 판단을 거쳐서요.

비교, 판단을 거치지 않고 동작하는 경우도 있습니다. 긴박한 상황일 때가 그렇습니다. 실시간 정보가 전전두엽으로 가지 않는 겁니다. 편도체에서 출발하는 공포 반응, 이런 것들은 고차 피질의 프로세스를 다 생략하고 막바로 운동으로 출력됩니다. 운동 출력이 신속하게 이루어지는 겁니다. 이른바 편도체와 변연계에서 형성된 이런 감정들, 즉 공포 반응이나 생존과 연결된 긴박한 정보들은 곧바로 척수를 통해 운동으로 나옵니다. 또는 내장기관으로 가죠. 무섭고 두려운 상황에서 긴장을 하면 속이 막 뒤틀리지 않습니까? 이렇게 공포 반응은 내장으로 막바로 내려가고 긴박한 상황들은 찰나에 일어나지만 평생 기억으로 남게 됩니다.

루프를 돌며 이루어지는 신경세포들의 상호 연결로 어떤 결과가 나타나는지, 그리고 1차 의식에서 고차 의식이, 감각 정보에서 개인의 행동이 어떻게 생성되는지 살펴봤습니다. 희미하게나마 뇌 전체 기능의 윤곽을 그려본 것입니다.

6강 신경전달물질의 대이동

신경세포들은 어떻게 이루어져 있기에 신경세포 연결망에 의해 의식, 생각, 행동을 만들어내는 걸까요? 신경세포들은 어떤 방법으로 신경전달물질을 이동시키는 걸까요? 이번 강에서는 이 의문들에 접근해보겠습니다.

신경세포 내 골격의 기원

앞서 도메인이라는 생물의 큰 집합을 언급했었습니다. 이 도메인에는 진정세균, 고세균, 진핵생물 등 세 가지가 있다고 했죠. 진정세균과 고세균을 원핵생물이라 하고, 진핵생물은 진핵세포로 구성되어 있습니다. 진핵세포와 원핵세포의 구분은 동물, 식물의 분류보다 생물학적으로 가장 근본적이며 중요하다고 강조했었죠.

진핵세포와 원핵세포의 차이점은 이거죠. 원핵세포는 박테리아 같은 단세포입니다. 형태도 세 가지밖에 없죠. 막대 모양의 간균bacillus, 알 모양의 구균coccus, 굴곡진 나선균spirillum. 반면 진핵세포에는 핵이 있고 유동성을 띤 원형질막, 미토콘드리아, 소포체, 골지체가 있고 리보솜이 있고 많은 세포 내 소기관이 있습니다. 그리고 세포 내 골격인 단백질 사슬에 의한 다양한 운동이 가능하죠.

원핵세포의 모양은 아주 일률적입니다. 바깥에 세포벽이 있고 안쪽에 원형질막이 있죠. 그리고 중요한 유전정보는 세포벽에 부착해 세포질 내에 분포합니다. 세포질 안에서 떠다니고 있죠. 그리고 단백질을 합성하는 리보솜이 세포질 안에 점점이 있습니다. 이것이 바로 원핵세포입니다.

원핵세포에서 진핵세포로 바뀌는 과정은 앞에서 살펴봤습니다(84쪽 3-11 그림 참고). 세포벽의 변형이 요점이었죠. 단단한 세포벽이 변형을 위해 사라지고 원형질막만 남는 것이죠. 유전정보들이 떠다니고 리보솜이 있고 굉장히 유동성 있는 원형질막만 남아 있을 때 세포가 안으로 함입되는 현상이 일어납니다. 그리고 세포 원형질막이 여러 곳에서 안으로 들어가면서 세포 중심 부위를 에워싸고, 그 결과 DNA가 세포 가운데로 몰리게 됩니다.

여기서 중요한 것은 리보솜들이 원형질막을 따라 많이 분포하게 되면, 막이 함입되어서 생겨난 막 형태의 구조물들 주위로 리보솜이 많이 몰리는 형태가 되는 겁니다. 그리고 원형질막이 안으로 함입되면서 생긴 막들이 DNA를 감싸는 구조가 되죠. 즉 핵이 생성된 거죠. 리보솜들이 그 밖으로 배열되는 겁니다. 세포질 안으로 들어간 DNA를 감싸는 원형질막은 핵막이 되는 동시에 핵막과 연결된 소포체가 됩니다. 이것이 원핵세포에서 DNA가 핵막으로 에워싸인 진핵세포가 출현함을 설명하는 모델이죠.

이제 핵의 유전정보는 핵막에 생긴 구멍을 통해서만 빠져나옵니다. DNA의 유전정보가 핵 내부에서 전령 RNA(정식 명칭은 리보핵산 ribonucleic acid이며 나선형에서 풀린 구조까지 모양이 다양한, 세포 내 단백질 합성에 관여하는 복합화합물. 주요 형태는 전령 RNA, 운반 RNA, 리보솜 RNA)로 전사된 후 핵막의 구멍을 통해 세포질로 나오는 거죠.

진핵세포가 원핵세포와 다른 점은 앞에서 언급한 핵막과 더불어 세포 내 골격, 즉 미세소관과 액틴 필라멘트, 중간 필라멘트가 형성된다는 겁니다. 이 세 가지는 신경세포의 성장과 신경전달물질(단백질)이 이동하는 데 중요한 역할을 합니다.

신경세포 내 골격을 이루는 단백질 사슬 세 가지

세포 안에도 뼈와 근육이 있습니다. 그러니까 세포 내의 골격은 뼈인 동시에 근육으로 생각하면 됩니다. 뼈이니 세포의 형태를 유지해주고, 근육이기 때문에 이동성과 움직임을 주는 거죠. 그리고 그 움직임은 세포 내 액틴과 미오신 단백질 사슬에 의해서 역동적으로 움직일 수 있습니다. 단백질 사슬의 분해와 재결합, 생성과 분해가 아주 다이내믹하게 일어나면서 원형질막의 유동성으로 위족처럼 생긴 구조가 아메바처럼 움직이게 되는 겁니다.

세포의 골격을 이루는 단백질 사슬은 세 가지 형태로 볼 수 있습니다. 하나는 액틴 필라멘트 actin filament이며, 말 그대로 세포 내 근육이라

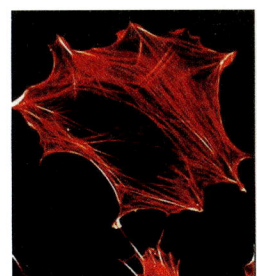 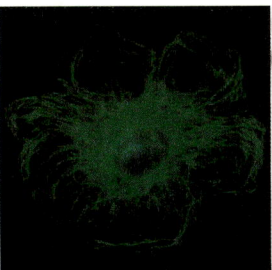 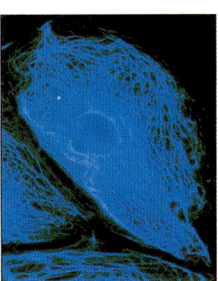

6-1
액틴 필라멘트(좌), 미세소관(중간), 중간 필라멘트(우)

세포 내 세 가지 단백질 사슬로, 액틴 필라멘트는 세포막을 감싸는 세포 내 근육의 역할을 하고, 미세소관은 세포 내 물질 이동에 관여하며, 중간 필라멘트는 세포 내 핵의 위치를 유지시키거나 두 세포 사이를 연결해준다.

고 합니다. 앞서 이야기한 위족같이 보이는 부분에 들어 있는 것이죠. 또 하나는 미세소관microtubule. 세포 내 물질 이동에 주로 관여합니다. 특히 신경세포의 세포체에서 생성된 단백질을 축삭을 통해서 신경의 말단까지 전달해주죠. 마지막 하나로 중간 필라멘트intermediate filament가 있는데, 세포의 골격을 유지해주는 역할을 합니다. 이 세 가지 형태의 단백질 사슬에 의해서, 특히 미세소관을 따라서 신경세포 내 물질 이동이 일어나고 있습니다.

태아 발생 초기부터 신경세포는 강한 이동 성향을 보인다고 했습니다. 살아 있는 세포 대부분이 가지고 있는 특징이죠. 신경세포 역시 발생 중 신경관 벽을 통해서 세포분열하여 증식하고 이동합니다. 그리고 각각의 기능에 맞게끔 분화를 하죠. 신경세포의 경우에는 태아 발생 과정에서 시냅스를 형성하고, 세포사死를 유도하고, 시냅스를 재정렬하는 등 변형, 이동, 재정렬까지 일련의 과정을 겪습니다.

신경관을 형성하는 세포의 이동은 목표 지점에서 방출되는 화학 물질을 향해 나아가죠. 신경세포 내의 물질 이동 중 가장 중요한 것은 신경전달물질이 축삭 말단 부위로 이동하는 것입니다.

세포 내 골격을 형성하는 것이 미세소관, 액틴 필라멘트, 중간 필라

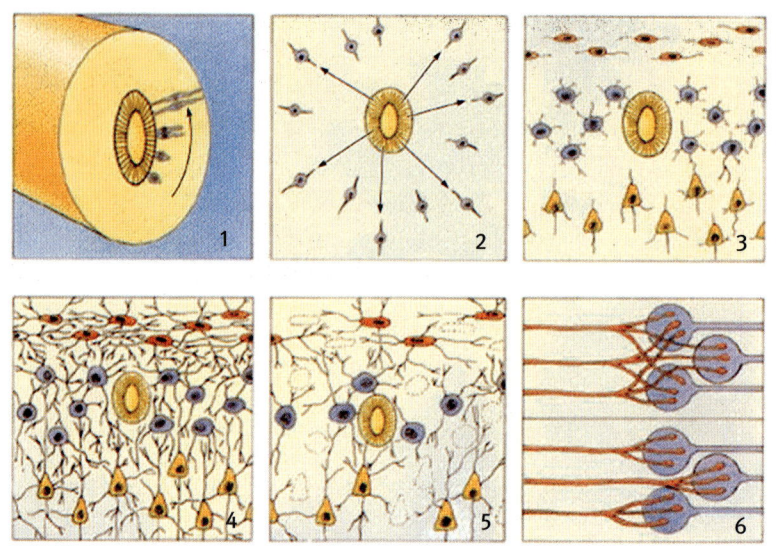

**6-2
발생 과정에서의 신경세포**

신경세포는 발생 동안 신경관 벽을 통해 세포분열하여 증식하고(1), 이동하며(2), 각각의 기능에 맞게 분화하고(3), 다른 신경세포들과 시냅스를 만들고(4), 세포사를 유도하기도 하며(5), 시냅스를 새로이 정렬하는(6) 등의 과정을 겪는다.

멘트죠. 먼저 이것들이 무엇인지 살펴봅시다.

　세포를 염색해서 보면 아주 많은 단백질 사슬이 핵을 감싸고 있죠. 이 핵을 감싼 중간 크기의 사슬들이 바로 중간 필라멘트입니다. 단백질 1차 구조의 사슬로 되어 있죠. 이 중간 필라멘트가 하는 일 중 하나가 핵을 세포 가운데로 유지시키는 겁니다. 필라멘트의 망들에 의해서 핵이 제 위치에서 안정된 형태를 가질 수 있는 거죠. 중간 필라멘트가 하는 더 중요한 일은 여러 세포 덩어리에서 응집력 있게 두 세포를 연결해주는 겁니다. 그래서 중간 필라멘트가 없이 덩어리가 되었을 때 힘을 주면 세포들이 분해되어버리죠.

　액틴 필라멘트는 세포막 바깥자리를 감싸는 역할을 하는데, 아주 미세하고 양이 미세소관보다 30배나 많으며 세포 전체에 있습니다. 특히 소장 점막 같은 점막에 있는 상피세포들에 많이 있죠.

　세포 내에 핵이 있으면 중심체도 있는데, 그 중심체에서 끊임없이

6-3
신경세포 내 골격 구조

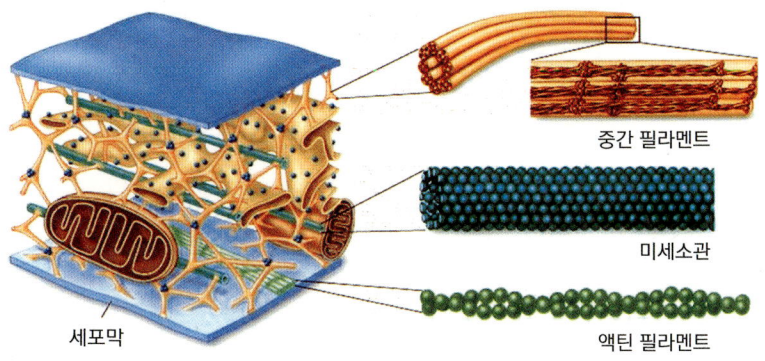

단백질 사슬이 분출되어 나옵니다. 이 구조의 단백질 사슬이 미세소관이죠. 미세소관의 단면을 잘라보면 관, 즉 속이 빈 원통 형태죠. 알파 튜블린과 베타 튜블린이 결합한 것이 아홉 줄로 원통을 만들어 손가락을 넣어서 돌리는 전형적인 전화 다이얼처럼 9+2 구조로 되어 있습니다.

미세소관은 다양한 모습을 띠고 여러 역할을 하면서 세포 내 곳곳에 존재합니다. 미세소관이 관여하고 있는 대표적인 예가 세포분열이죠. 염색체들이 감수분열할 때 적도판에 나열되지 않습니까? 그러면 중심체에서 방추사가 나오는데, 이 방추사가 바로 미세소관입니다. 인간의 정자 꼬리에도 미세소관이 있죠. 우리가 호흡하는 데 필요한 기관지나 짚신벌레의 섬모, 나팔관에서 수정란이 움직일 때의 섬모 등 단세포 생물을 비롯한 많은 동물 세포에서 흔히 볼 수 있는 편모와 섬모도 모두 미세소관으로 되어 있습니다. 의식의 근원까지 가는 신경세포의 축삭을 잘라 봐도 미세소관 구조가 나옵니다. 미세소관을 통해 다시 한번 '하나의 주제에 다양한 변주곡'이라는 생명현상의 특징을 볼 수 있죠.

신경전달물질, 미세소관을 타고 이동하다

거의 모든 진핵세포 가운데 있는 중심체에서 미세소관이 끊임없이 분출됩니다. 이 미세소관이 생기고 사라지는 과정이 아주 다이내믹하죠. 이 미세소관은 세포 안에서 세 가지 큰 역할을 합니다.

첫째로, 세포분열 중 염색체가 적도판에 나열될 때 방추사가 나가서 양극으로 염색체를 끌어오는데, 이 방추사의 역할을 하는 게 바로 미세소관입니다. 그리고 세포질을 두 개의 딸세포로 구획하는 것은 액틴 필라멘트가 하는 일이죠.

둘째로, 미세소관은 선모, 편모 운동에도 관여합니다. 미세소관의 관 단면을 보면, 두 선 가운데가 격자로 되어 있죠. 이 격자로 되어 있는 것이 엇갈릴 때 휨 운동을 일으키는 겁니다. 정자 꼬리가 움직이는 것도, 편모 꼬리가 움직이는 것도, 섬모 꼬리가 움직이는 것도 미세소관의 휨 운동으로 가능한 거죠.

셋째로, 축삭을 통해 신경전달물질이 이동할 때도 미세소관의 역할이 크죠. 미세소관을 타고 세포체에서 만들어진 신경전달물질이 소낭에 포장되어서 움직이는 겁니다. 그렇게 움직여서 신경 축삭 말단까지 가죠. 신경 축삭 말단에는 핵이 없으므로 단백질을 합성할 수 없습니다. 그래서 멀리 있는 세포체에서 합성된 단백질이 미세소관의 관을 타고 신경 축삭 말단으로 이동하는 겁니다.

그림 6-4 신경 축삭의 단면을 보면 미세소관이 있습니다. 신경세포의 핵에서 만들어진 단백질 분자들이 신경 말단으로 가서 시냅스 간격으로 분출되고, 회수되는 물질은 반대로 주행하고 있죠. 회수되는 물질 역시 미세소관을 타고 역방향으로 세포체로 가서 분해됩니다.

6-4
신경 축삭에서 미세소관을 통한 신경전달물질의 이동

신경세포체의 단백질 분자들은 소포에 싸여 신경 축삭의 미세소관을 통해 신경 말단으로 가서 소포체를 형성하고, 회수되는 물질은 다시 신경세포체 쪽으로 움직여 분해된다. 미세소관과 소포 사이에서 신경 말단 쪽으로 갈 때는 키네신kinesin이라는 단백질이, 다시 신경세포체 쪽으로 갈 때는 디네인dynein이라는 단백질이 신경전달물질을 이어주고 이동시킨다.

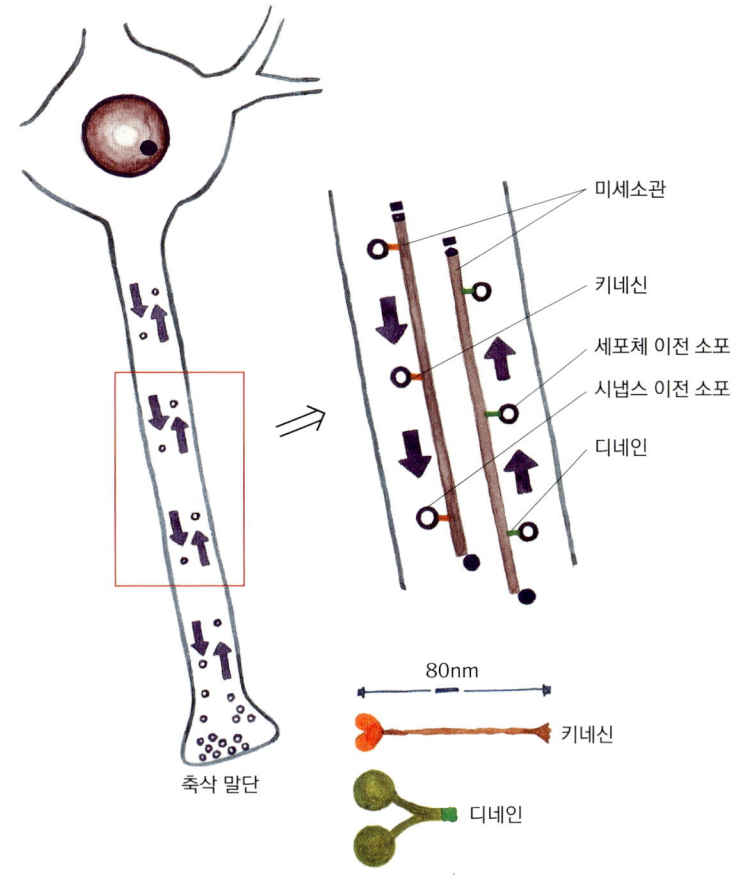

이를 신경세포 내부에서 좀 더 자세히 살펴보죠. 신경세포 가운데 세포핵이 있고 축삭 말단에 시냅스가 있죠. 이 시냅스는 다른 세포와 연접하고 있습니다. 굉장히 긴 축삭 말단에서 다른 세포와 연접하는데, 연접 부위인 시냅스 간격으로 신경전달물질을 분출하죠.

이 신경전달물질은 어디서 왔느냐? 신경전달물질 역시 단백질로 되어 있죠. 이 신경전달물질을 만들려면 DNA의 유전정보가 전사되어야 하는데, 핵의 DNA에서 mRNA로 유전정보가 옮겨집니다. 핵공

(핵막에 있는 지름 50~80nm의 작은 구멍)에서 세포질로 나오는 mRNA가 리보솜에서 단백질, 즉 신경전달물질을 만드는 겁니다. 이렇게 형성된 신경전달물질은 긴 축삭을 타고 이동하는데, 그 통로가 바로 미세소관이죠. 단면을 잘라 보면 더 확실히 알 수 있습니다. 9+2 구조의 관으로 되어 있다고 했죠? 그렇죠. 이 관을 타고 신경전달물질이 이동하는 겁니다.

세포 중심과 축삭 말단 사이를 미세소관으로 연결해보죠. 세포 중심 쪽을 마이너스(-), 축삭 말단 쪽을 플러스(+)라고 해봅시다. 그렇죠. 세포체에서 합성된 단백질이 이 미세소관 구조를 타고 마이너스 말단(세포 중심)에서 플러스 말단(축삭 말단)으로 전달되는 겁니다. 결국 우리가 신경을 이해하기 위해서는 신경전달물질이 세포체에서 형성되어서 축삭 속의 긴 관을 타고 신경 말단에 이르는 과정을 알아야 합니다.

글리아세포, 신경전달물질의 원활한 이동을 위하여

신경세포에서 중요한 부분 중 하나가 바로 미엘린 수초(신경수초)라고 했죠. 유수신경의 경우 미엘린 수초가 감겨 있고, 그 결과 활성전압이 점핑 모드로 되어 전압 펄스가 무수신경에 비해서 수십 배 이상 빠른 속도로 전달된다고 했습니다. 미엘린 수초가 어떤 모습인지는 6-5 그림에 표현되어 있죠.

놀랍게도 축삭 기둥을 층층이 감싸고 있는 구조가 바로 글리아세포 glia cell(세포체나 신경섬유 사이에 존재하면서 지탱하고 보호하는 세포로 중

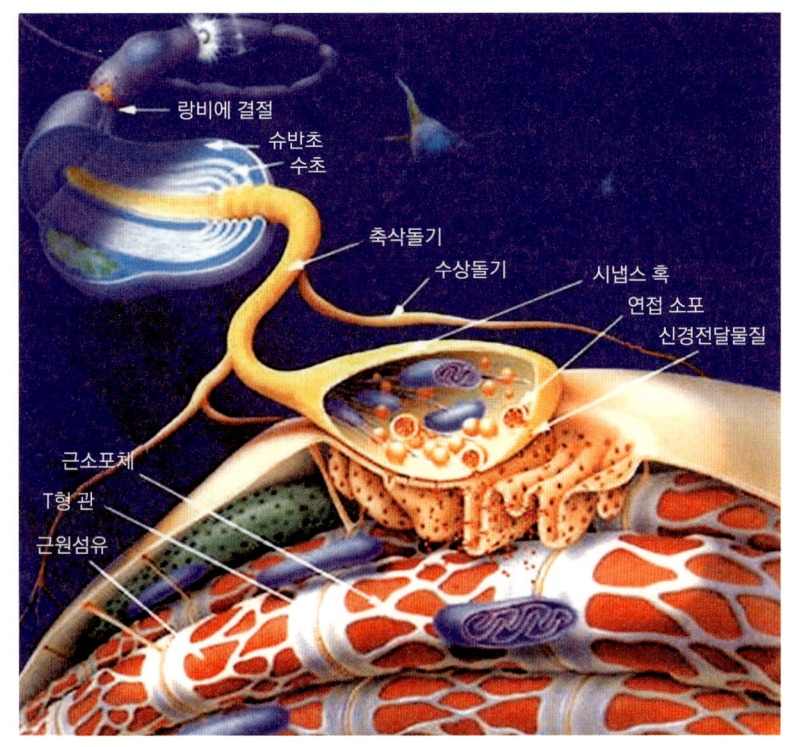

6-5 신경 시스템의 구조

신경세포(노란색)의 축삭이 글리아세포들에 싸여 유수신경화된다. 글리아세포가 없는 부분은 랑비에 결절. 운동신경이 근육세포에 시냅스하는 모습이 보인다.

추신경계에서는 희돌기세포, 말초신경계에서는 슈반세포라 하며, 신경세포의 영양 작용과 뇌로의 이물질 침입을 막는 역할을 한다)입니다. 글리아세포가 두루마리처럼 축삭을 감싸서 절연체를 만들고 있죠. 축삭이 수초로 감싸이면 유수신경이 되는데, 뇌 부위별 유수신경화 순서는 인간의 뇌를 이해하는 데 중요합니다. 특히 학습에 결정적인 시기가 이 유수신경의 발달 과정과 관련되어 있죠.

유수신경화 순서는 앞서 이야기한 바 있죠. 1차 감각 영역과 1차 운동 영역에서 가장 먼저 축삭이 형성되고, 그다음으로 측두엽의 연합 영역과 두정엽의 연합 영역과 전전두엽의 연합 영역에서 축삭이 만들어지죠. 결과적으로 종합적 판단을 하는 전전두엽 연합 영역에 사춘기 이후로도 축삭이 형성되어가면서 뇌가 계속 발달합니다. 축삭이 만들어지면 자극이나 정보의 이동 속도가 빨라지고 여러 가지 사고 및 판단을 할 수 있는 부위가 형성되죠. 전전두엽에서 청소년기 이후에도 수초화가 계속 진행되므로 나이가 들어감에 따라 종합적이고 전체적인 관점에서 생각할 수 있다고 했습니다.

유수신경세포의 축삭은 사고로 인해서 절단될 수도 있습니다. 축삭이 절단되면 피복을 형성하던 글리아세포도 지방 방울의 형태가 되죠. 이를 살펴보면 생명현상의 원리를 짐작할 수 있습니다. 다세포 생명체는 신경세포와 수초를 형성하는 세포처럼 많은 세포가 결합되어 이루어져 있는데, 이 결합이 항상 유지되지는 않고 상황이 달라지면 각각 원래 독립된 세포 상태로 돌아가려고 하죠.

축삭의 탈락과 관련된 운동성 질환이 많습니다. 대표적인 것이 다발성 경화증이죠. 그러면 축삭이 잘린 부위는 어떻게 되느냐? 수초는 대부분 지방질이죠. 그래서 하얗습니다. 육류의 하얀 부분은 역시 지방 때문에 그렇죠. 우리 뇌의 대부분을 차지하는 대뇌피질 아래 대규모의 축삭 연결망이 있습니다. 하얗게 보이는 부분이 축삭이 있는 백질이죠. 여기서 축삭이 잘리면 축삭이 붕괴되고 수초를 만들었던 글리아세포가 지방 방울을 형성합니다.

유수신경의 축삭은 글리아세포로 감겨서 만들어지며, 그림 6-6에서 슈반세포가 글리아세포죠. 축삭이 잘리면 글리아세포가 벗겨지면서 그 부위가 분해됩니다. 여기서 대식세포가 나타나 지방 방울로 변한 글리아세포들을 다 잡아먹죠. 잘린 부위에서는 성장돌기가 형성되는데, 성장돌기에서 축삭이 다시 자랍니다. 그리고 축삭이 죽 자라 밑

6-6
신경세포의 손상에서 재생까지

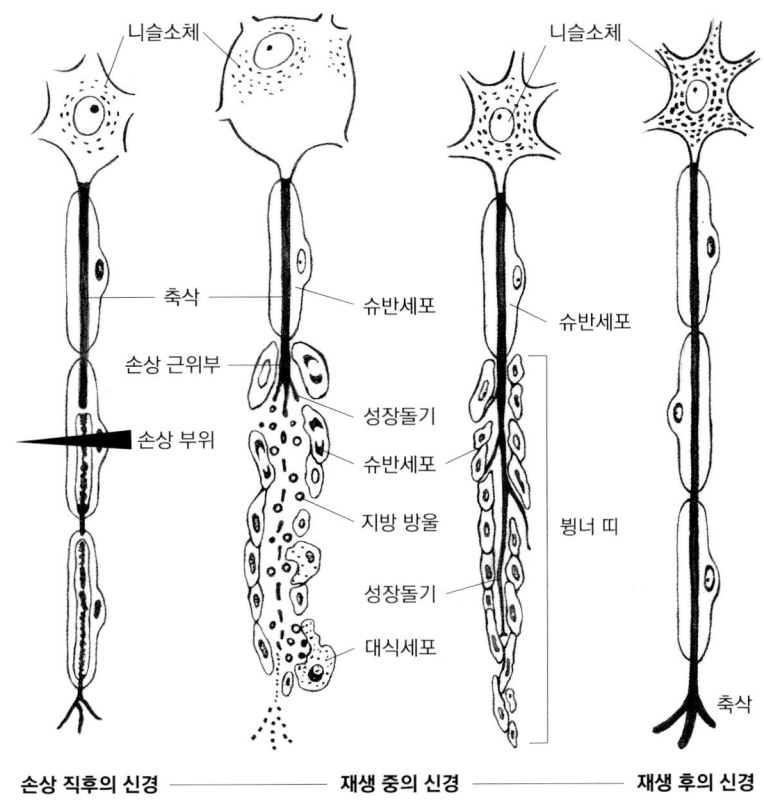

으로 내려가면서 싱싱한 글리아세포가 다시 축삭에 피복을 형성하죠.
 글리아세포는 신경세포보다 10배에서 50배 정도 많습니다. 글리아세포가 하는 일은 신경세포의 축삭을 감싸서 신경전달물질의 이동을 원활하게 해주고, 신경을 지지해주고, 세포에 영양을 공급해주고, 세포의 노폐물을 제거해주는 겁니다. 가만히 있는 것이 아니라 엄청나게 역동적으로 움직이죠. 세포들 대부분이 그렇습니다. 단백질을 합성하기 위해서는 DNA 2중 나선이 풀려야 합니다. 지퍼가 쫙 열리듯 말이죠. 이때 상보사슬(RNA)을 만드는데, DNA 2중 사슬이 풀리는 속

도가 거의 8,000RPM(분당 8천 회)입니다. 사슬을 푸는 데 회전 속도가 분당 8천 회 정도 된다니 그 역동성이 굉장하죠.

글리아세포들은 성상세포astrocyte를 만들기도 합니다. 성상세포는 뇌혈관장벽, 즉 혈뇌장벽blood-brain barrier을 형성하는 별 모양의 세포입니다. 혈뇌장벽은 혈관으로 들어간 해로운 물질이 신경계로 유입되는 걸 막는 일을 합니다. 뇌에 약물을 투여할 때 혈뇌장벽 통과 여부가 중요하죠.

뇌는 포도당만 섭취합니다. 왜 다당류나 이당류, 단백질이 섭취되지 않을까요? 뇌를 구성하는 모세혈관이 인체를 구성하는 모세혈관과 구조가 다르기 때문이죠. 모세혈관 역시 세포로 되어 있습니다. 우리 몸의 거의 모든 부분이 세포로 되어 있죠. 우리 몸 안의 모세혈관에는 틈이 있어서 분자들이 들어갈 수 있습니다. 그래서 혈관에 틈이 있으면 다른 약물이 투입될 수 있는 겁니다. 하지만 뇌 안에 있는 모세혈관은 단단히 밀봉되어 있습니다. 밀봉하는 역할을 하는 세포가 바로 글리아세포들이 만드는 성상세포죠. 이 성상세포가 모세혈관을 에워싸면서 점점이, 완전히 틈을 막고 있는 겁니다. 이것이 바로 혈뇌장벽이죠.

사실 뇌의 신경세포가 숫자적으로 많은 건 아닙니다. 그보다 훨씬 많은 것이 글리아세포고, 그 글리아세포가 다양한 역할을 하는 거죠.

신경세포의 골격을 이루는 세 가지 단백질 사슬인 액틴 필라멘트, 중간 필라멘트, 미세소관을 살펴봤습니다. 각각 신경세포벽 바깥을 감싸는 근육 역할을 하고(액틴 필라멘트), 세포 내 핵의 위치를 유지하고 신경세포들을 연결해주며(중간 필라멘트), 핵에서 만들어진 신경전달물질의 이동 통로가 되면서 신경전달물질이 신경의 말단까지 이동하는 데 중요한 역할을 한다(미세소관)고 했습니다. 신경 전압 펄스가 신속하게 이동하는 데 글리아세포의 역할도 크죠.

신경전달물질의 이동은 의식, 생각, 행동이 나오는 데 필수적입니다. 세포 자체의 움직임과 세포 내 물질 이동은 액틴 필라멘트, 중간 필라멘트, 미세소관의 작용이며, 신경세포를 포함한 모든 진핵세포에서 볼 수 있죠. 결국 신경 작용의 근본은 세포에 있는 겁니다.

7강 시냅스 막, 생각이 시작되다

사고와 운동에 대한 이나스의 이론을 여러 번 이야기했죠. 우리의 사고, 즉 생각이라는 것은 생명 진화의 긴 과정을 통해 운동성이 진화하면서 내면화된 것이라고요. 그래서 의식, 생각을 이해하려면 운동성에서 출발해야 합니다.

실제로 운동이 일어나는 과정은 여러 운동 관련 뇌 영역들의 상호작용입니다. 또 그 신경회로망을 자세히 보면 단일 신경세포를 볼 수 있고, 더 단계를 낮추어 보면 단일 신경세포에서 수천 개의 시냅스가 보입니다. 그다음으로 활성전위의 전압 펄스가 축삭을 따라 전달되면서 촉발된 시냅스의 간격을 통해 신경전달물질이 분비되는 게 보이죠.

이 모든 작용의 최종 도착지는 세포막이죠. 시냅스 막이에요. 시냅스 막의 이온 채널, 단백질로 구성된 이 이온 채널은 신경 작용을 이해하는 데 중요하죠. 이온 채널은 단백질로 이루어져 있고, 단백질을 만드는 것은 생명의 주역인 DNA가 하는 일입니다. 결국 의식이나 생각을 알기 위해서는 DNA와 이온 채널, 바로 여기서부터 출발해야 하는 겁니다. 그렇죠. 생각 이전에 세포이며, 운동성입니다.

생존의 기본 조건

우리나라 우주인 이소연 씨와 함께 러시아 가가린훈련센터에서 훈련을 받았던 고산 씨가 일기로 그 경험을 남겼죠. 대덕연구단지에 있는 인터넷신문인 대덕넷 2007년 7월 18일 자에 열다섯 번째 훈련일기가 실렸는데, 그 글이 중요한 것을 지적하고 있습니다.

고산 씨는 "사람은 무엇으로 사는가?"라는 질문을 던지죠. 철학적으로 접근한다면 쉽게 대답할 수 있는 문제가 아닙니다. 하지만 질문의 답은 간단합니다.

> 하루 600리터의 산소와 2.5리터의 물, 3,000kcal의 식량, 그리고 300mmHg 이상의 기압과 이산화탄소를 제거해주는 장치가 필요합니다.

고산 씨의 글에는 우주에서의 생존 조건이 명확하게 제시되어 있습니다. 산소와 물, 열량 그리고 부산물로 나오는 이산화탄소의 제거. 이것이 바로 지구상에 있는 거의 모든 동물에게 적용되는 생존의 기본 조건이죠. 여기서 우리는 이산화탄소, 물, 산소 세 가지를 주목해야 합니다. 생명 시스템을 받치고 있는 아주 중요한 물질들이죠.

우리는 지금 지구상에 살면서 산소, 물, 영양소, 특히 탄소동화작용으로 만들어진 산소와 영양소를 당연하게 여깁니다. 그런데 우리뿐만 아니라 모든 동물은 5분만 호흡을 멈추면 죽습니다. 아주 짧은 순간이죠. 단 5분 만에 의식이 없어집니다. 살아 있고 나서야 의식이란 게 있는 거죠. 5분이 아니라 한 2분만 숨을 쉬지 말아보세요. 단 1분만이라도 산소가 없으면 의식이 또렷합니까? 생각이 생깁니까? 아니죠. 다 사라지죠.

의식에 관한 분명한 사실은, 의식의 생성은 현재 뇌 과학의 어려운 질문이지만 의식의 소멸은 각자가 간단히 체험해볼 수 있다는 것입니다. 결국 의식도 생체 에너지가 만드는 여러 현상 중 하나에 불과한 겁니다. 그리고 그 모든 것을 떠받치고 있는 것은 생명체 에너지의 흐름입니다. 산소와 물 그리고 영양 물질을 바탕에 두고 생각해봅시다.

앞서 이야기했듯 산소와 영양소는 35억 년 이상 식물들, 동물들, 박테리아들의 생명 활동으로 생겨난 것입니다. 생명체가 만들어낸 물질이죠. 식물 엽록체의 틸라코이드 막에서 일어나는 명반응 light reaction 과 암반응 dark reaction 을 생각해봅시다. 명반응은 태양에너지를 이용하여 ADP adenosine diphosphate 와 $NADP^+$ nicotinamide adenine dinucleotide phosphate 를 ATP adenosine triphosphate 와 NADPH(NADP++H+)로 바꾸는 것이고, 암반응은 명반응의 결과물을 가지고 당이나 녹말을 만들어내는 캘빈회로를 떠올리면 됩니다. 명반응과 암반응을 통해 태양에너지로 물을 분해해서 고高에너지 전자를 탈취하고, 고에너지 전자는 여러 생화학적 과정을 거쳐 결국 포도당으로 바꾸죠. 태양에너지가 생명체의 화학에너지로 변환되는 것이죠.

여기서 포도당은 생명체를 살아 움직이게 하는 에너지입니다. 그러면 그 에너지를 만드는 것은? 바로 ATP입니다. ATP는 생명체를 살아 움직이게도 하고, 세포막을 통해 시각, 청각, 촉각, 후각, 미각 등 안이비설신의眼耳鼻舌身意 등 모든 감각 작용의 원천이 되기도 하죠. 이 ATP를 만드는 것은 광합성과 호흡 작용입니다. 엽록체의 광합성 작용, 미토콘드리아의 세포 호흡. 이 두 가지가 ATP 합성의 근원이죠.

그러면 생체 에너지 ATP는 생명체 안에서 어떤 일을 하느냐? DNA, RNA, 단백질, 당류 같은 세포 내 거대 분자를 합성할 때, 그리고 세포막, 대사 성분 같은 세포 구성 성분을 합성할 때 모두 ATP가 요구됩니다. 근육 수축, 포복, 염색체 이동 등 세포의 운동에도 쓰이죠. 농도 분포를 거슬러서 이온을 펌핑할 때, 세포막 전압 펄스를 생성하는 신경 펄스의 작용에도 ATP가 필요합니다.

우리가 어떤 음식물을 섭취해도 에너지는 궁극적으로 ATP 생체 고분자에서 화학 결합의 형태로 저장됩니다. ATP 합성효소가 많게는 초당 100개 정도의 ATP 분자를 합성하죠. 그 합성된 ATP는 1분에서 수분 내로 다시 분해되어서 ADP로 바뀌며 에너지를 내는 것입니다.

그러면 성인의 몸에서 ATP가 하루에 얼마만큼 합성되느냐? 양으로 치면 50킬로그램 정도 됩니다. 그래서 도킨스가 이렇게 말합니다. "생명현상은 단독 주연이 아니라 두 명의 공동 주연, 즉 DNA와 ATP 합성효소에 의해 일어난다."

ATP 합성효소, 생체 에너지를 만들다

엽록체. 식물 세포의 광합성이 일어나는 곳이죠. 엽록체 안에는 광합성 산물인 녹말 알갱이들이 갇혀 있기도 합니다. 엽록체는 그 구조가 3중 막으로 되어 있습니다. 우선 외막이 있고 내막이 있습니다. 그리고 그 안에 특수한 구조체, 그라나grana 구조가 접층 판 형태로 쌓여 있습니다. 인지질의 2중 막인 틸라코이드thylakoid 막으로 되어 있죠. 그라나 구조 안에 다시 내부 구조들이 있고 공간이 형성되어 있습니다(83쪽 3-10 그림 참고).

이 엽록체, 지구를 푸르게 물들이는 엽록체가 물을 받아들이고 산소를 내뿜습니다. 물을 태양에서 온 빛, 태양에너지로 분해하는 거죠. 엽록체 틸라코이드 내부에서 화학적 회로 하나가 형성됩니다. 캘빈회로죠. 엽록체로 들어가는 것은 CO_2, 즉 이산화탄소 가스. 나오는 것은 무엇입니까? 탄소동화작용의 결과가 무엇이죠? $C_6H_{12}O_6$. 포도당입니다. 이산화탄소가 포도당으로 바뀌는 거죠.

그라나 구조와 캘빈회로 사이에서 주고받는 것은 무엇일까요? 그라나 구조는 틸라코이드 막 쪽의 생화학 작용으로 만들어진 ATP 분자를 캘빈회로에 제공하고, 캘빈회로는 그라나 구조 쪽으로 ADP 분자를 줍니다. 그라나 구조는 다시 NADPH라는 물질을 합성해서 캘빈회로로 주고, 캘빈회로에서는 다시 $NADP^+$ 이온을 주죠.

틸라코이드 막에서 일어나는 현상을 봅시다. 틸라코이드 막은 인지질 2중 막으로 되어 있습니다. 그 막에 특수한 기능을 하는 단백질들이 박혀 있죠. 그중 단백질 다섯 개를 확대해서 보죠. 첫 번째 단백질에는 PSphoto system II라는 시스템이 있습니다. 광계 II, 빛을 받아들이는 단백질 구조죠. 두 번째 단백질에는 PS I, 광계 II가 있습니다. 그 사이에 있는 것이 시토크롬(Cyt) b_6f라는 단백질입니다. 그다음 네 번째로 있는 것이 $NADP^+$ 환원효소입니다. 그리고 광계 II와 시토크롬 b_6f 사이에서 전달을 해주는 단백질이 있습니다. 플라스토퀴논(PQ)이라는 운반단백질이죠. 시토크롬 b_6f와 광계 I 사이에는 플라스토시아닌(PC)이라는 단백질이, 광계 I과 $NADP^+$ 사이에는 페로독신(Fd)이라는 단백질이 전자 전달의 역할을 하고 있습니다. 여기서 광계 I과 광계 II의 순서가 바뀌어 있죠. 역사적인 겁니다.

참고로, 갑자기 물어보면 답이 헷갈리는 질문 하나. 식물에도 미토콘드리아가 있나요? 예, 식물에도 미토콘드리아가 있다고 했죠. 식물 세포를 잘 보시면 엽록체, 미토콘드리아가 다 있습니다. 물론 동물 세포에는 미토콘드리아만 있고 엽록체는 없죠.

미토콘드리아 막에서 일어나는 단백질 복합체의 이름은 틸라코이드 막의 것과는 다릅니다. NADH 탈수소화 효소 복합체, 시토크롬 효소 복합체, 시토크롬 산화효소 복합체 등 세 가지가 있죠. 미토콘드리아 막에는 단백질 운반체 유비퀴논ubiquinone, 시토크롬 C, 단백질 복합체가 있습니다.

틸라코이드 막과 거기에 박힌 단백질들. 여기에서 바로 생명현상에서 가장 기본 에너지인 ATP 분자를 만듭니다. 그러면 그 에너지가 어떻게 만들어지느냐? 일단 식물에 물이 들어갑니다. 물 H_2O가 광계 II에 들어갑니다. 광계 II에는 망간 이온이 있습니다. 물 분해효소죠. 물 분자 내 수소 원자에서 전자를 떼어내는 역할을 합니다. 그러면 물이 분해되죠. 엽록체의 최초 선조에 해당하는 시아노박테리아가 생명현상에서 있어서 놀라운 능력을 가지게 된 원인이 바로 물에서 일렉트론, 즉 전자를 탈취할 수 있는, 물에서 전자를 빼낼 수 있는 힘을 얻은 것이죠. 새로운 방법을 발견한 겁니다. 태양에너지를 이용해서요. 이는 생명 역사의 흐름에서 중요한 현상 다섯 가지를 꼽으라고 하면 꼭 들어갈 겁니다.

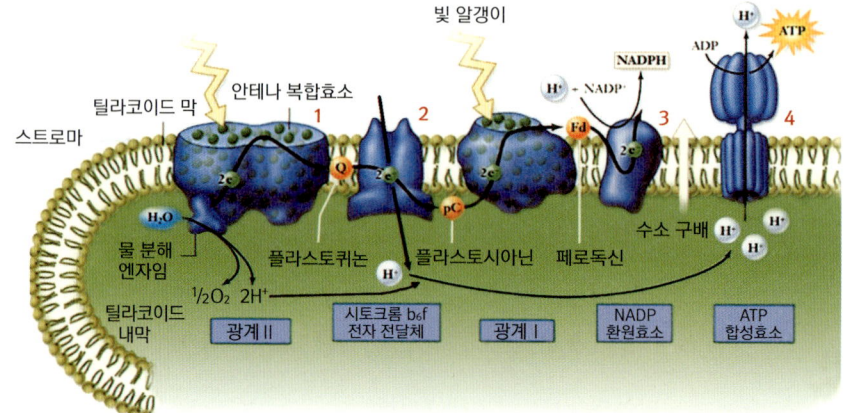

**7-1
엽록체 틸라코이드 막에서의 ATP 생성 과정**

1. 물 분해하여 전자 생성 2. 전자 전달과 연계하여 양성자를 틸라코이드 막 내부로 이동시킴 3. $NADP^+$에서 NADPH로 바뀌며 손실된 전자 대체 4. 양성자가 스트로마로 확산되면서 ATP 합성효소에 의해 ATP 생성

물을 분해하면 어떻게 됩니까? 수소 이온 두 개($2H^+$), 전자 두 개($2e^-$), 산소($\frac{1}{2}O_2$)가 나오죠. 다 합치면 물이 됩니다. 여기서 광계 II를 향해 태양 빛이 옵니다. 그러면 광계 II 안에서 태양 빛을 받은 흥분한 전자가 시토크롬 b_6f로 이동하죠. 이동을 담당하는 단백질이 바로 플라스토퀴논입니다. 이동하는 과정에서 수소 원자핵인 양성자가 엽록체 틸라코이드 막 내부로 흘러 들어갑니다. 그리고 전자의 이동으로 생긴 빈 구멍을 물을 분해했던 전자들이 메워 넣습니다. 빛 에너지를 흡수한 이 전자들이 플라스토시아닌을 거쳐 광계 I으로 갑니다. 광계 I으로 다시 빛이 들어오죠. 이 빛을 받아서 전자가 다시 고에너지 상태가 됩니다. 곧 에너지를 얻은 전자는 페로독신으로 이동합니다. 그리고 페로독신에서 에너지를 분출하죠.

여기서 중요한 건 이 과정에서 엽록체 기질에 있던 수소 원자핵이 틸라코이드 막 내부로 들어간다는 겁니다. 이 양성자들과 물이 분해되면서 형성된 양성자들이 함께 흐름을 만들죠. 이 양성자를 퍼내는 것이 바로 ATP 합성효소인 거죠. 달리 말하면 농도가 높은 틸라코이드 막 내부의 양성자들이 엽록체의 기질로 ATP 합성효소를 통해 확산되어 들어가는 겁니다. 그 과정에서 ATP 합성효소가 터닝하면서 ADP에서 ATP가 합성됩니다.

모든 생명체의 가장 근본적인 ATP 에너지의 출발점이 바로 이것입니다. 물이 분해되어서 나온 수소, 물이 분해되어서 생성된 전자가 틸라코이드 막을 따라 이동하는 것, 이 전자의 이동에 따라 틸라코이드 내부로 들어가는 양성자, 수소 원자핵이죠. 수소 원자핵과 물이 분해되면서 생긴 양성자들, 이 양성자들의 거대한 흐름이 ATP 합성효소를 통과하면서 ATP 합성이 이루어지는 겁니다.

ATP 합성효소를 다시 보면, 수소 이온이 통과하면서 터빈이 돌아갑니다. 기계적 터빈의 축이 돌아가는 거죠. 발전기 터빈을 생각하시면 됩니다. 돌아가는 터빈 주변을 ADP(아데노신 2인산)하고 인산기가 한 번 터닝하고 나서 결합되어 나오죠. 이게 바로 ATP(아데노신 3인산)가 되는 겁니다. 분해하면 이것이 ADP가 되고, 인산기가 유리되죠. 수소 이온 세 개가 ATP 합성효소를 통과하면 ATP 분자 한 개가 합성된다고 알려져 있습니다.

생명체의 에너지 통화량이며 에너지 단위인 ATP 합성에 이어 두 번째 흐름, 2막이 전개됩니다. 틸라코이드 막의 나노 시스템을 흘러가던 전자는 광계 I 에 와서 다시 빛을 받습니다. 그러면 페로독신 단백질의 작용에 의해서 수소 양성자와 $NADP^+$가 결합하죠. 그러면 어떻게 됩니까? NADPH라는 물질을 만들어내죠.

이러한 일련의 과정이 엽록체 안에 있는 스트로마stroma(그라나를 제외한 엽록체의 기질 부분)라는 구조체에서 일어나고 있습니다. 엽록체

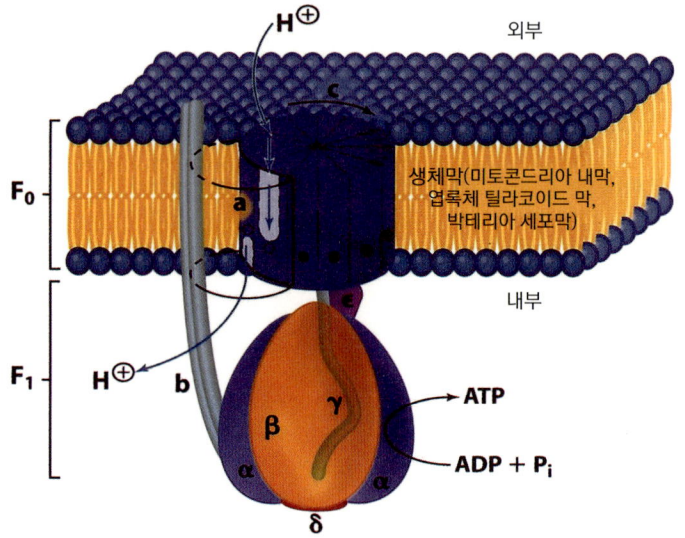

7-2
ATP 합성효소의 구조

평균 세 개의 수소 이온, 즉 양성자가 통과하면서 ATP 한 분자를 합성한다

의 나노 구조에서 분자적으로 일어나고 있죠. NADPH야말로 포도당을 만드는 데 기초 물질이 됩니다.

이렇게 생긴 포도당 등이 엽록체 안에 갇혀 나중에 뿌리나 열매로 이동합니다. 지구상의 모든 동물이 먹고 있는 식량이 되는 식물, 그 식물의 녹말. 바로 포도당이죠. 결국 ATP 합성 머신이 양성자의 흐름을 이용해서 태양에너지를 분자의 화학 결합 형태로 변환하여 저장한 것을 우리가 음식으로 섭취합니다. 동물 세포의 미토콘드리아에서 음식물의 화학적 에너지가 ATP 분자의 결합에너지로 변화되죠.

엽록체 틸라코이드 막에서 일어나고 있는 이 현상을 이해할 때 주목해야 할 것은 최초로 물이 태양에너지에 의해서 분해된다는 것입니다. 이 과정에서 고에너지 전자를 추출해내고, 그 고에너지 전자가 틸라코이드 막을 통해 전달되는 과정에서 수소 이온이 안으로 들어가고, 그것에 의해서 ATP가 합성되고, 또 다른 부산물인 NADPH가 캘빈회로를 돌아서 포도당으로 바뀌고, 그 포도당이 다시 미토콘드리아 쪽에 가서 산소호흡을 하여 결국은 다시 ATP를 만드는 일련의 엄청난 시스템이 작동되는 거죠. 이런 과정을 생화학에서는 생체막을 통한 고에너지 전자 전달 시스템이라고 합니다.

에너지가 필요한 동물 세포에서 섭취한 음식의 산화를 통하여 만들어지는 화학에너지. 그 화학에너지를 생성하는 ATP 합성효소, 즉 아데노신 스리 포스파이드. 우리말로 한번 적어보겠습니다. 아데노신 3인산. 인산기 PO_4^{3-}가 세 개 있다는 겁니다. 어디에? 아데노신에 붙어 있다는 거죠.

그러면 ATP 합성효소는 어떤 구조로 되어 있느냐? ATP 합성효소의 채널, 양성자가 들어가는 통 모양의 것들이 13개가 모여 있죠.

엽록체에서 빛을 흡수하는 부분에 마그네슘이 있는 포르피린porphyrin 구조가 보입니다. 동물 적혈구의 헴hem 구조 내에는 시토크롬 단백질이 있습니다. 헴 구조 안에 철(Fe)이 있죠. 철은 산소를 잘 결합합니다. 미토콘드리아 내막 안 기질에서 모세혈관을 통해 유입된 산소를 포착하고 있다가 전자 전달 시스템을 거쳐서 에너지를 내놓고 낮은 에너지 상태로 된 전자 네 개가 오면 그 전자하고 수소 원자핵으로 물을 만들죠. 결국 동물이 호흡하는 것은 미토콘드리아 내막을 통한 전자 전달계에서 에너지를 잃어버린 전자를 회수하여 수소 이온과 함께 물 분자를 만드는 과정입니다.

활성산소에 대한 이야기를 많이들 합니다. 활성산소의 근원은 미토콘드리아에서 살펴볼 수 있습니다. 미토콘드리아 역시 생체의 살아 있는 조직이죠. 생체가 나이 들면 미토콘드리아도 결국 활성이 줄어들죠.

젊은 미토콘드리아와 노화된 미토콘드리아를 비교해서 봅시다. 젊

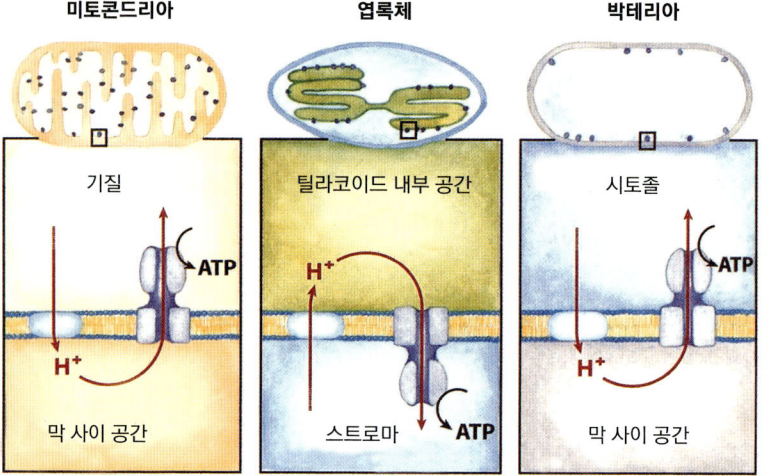

7-3
미토콘드리아, 엽록체, 박테리아 막 구조에서 ATP 합성효소의 작용

고 활발한 미토콘드리아는 전기를 띤 활성산소가 아주 적게 나오는 반면에 노화된 미토콘드리아에서는 활성산소가 굉장히 많이 나오죠. 이 활성산소는 옆에 있는 미토콘드리아의 DNA에서 전자를 탈취하려고 합니다. 산소가 전자를 매우 좋아해서 빼앗아 가는 거죠. 전자를 뺏긴 DNA는 당연히 손상됩니다. 결국 생체의 노화는 활성산소와 연관된 문제이고, 이 활성산소 문제는 미토콘드리아 DNA의 손상과 관계가 있는 거죠.

다시 ATP 합성효소의 구조를 보면, 관들이 전부 단백질 구조로 되어 있죠. 물론 광학현미경으로는 안 보입니다. 고배율 투과 전자현미경으로 봐야 하죠. 이것이 바로 거대한 나노머신입니다. 생명 진화 최초 35억 년 전쯤에 만들어진 아주 복잡한 나노머신이죠. 이것보다 더 복잡한 생체 머신 구조는 없습니다. 참 재미있지 않습니까? 이렇게 정밀한 나노머신이 어떻게 지구 초기, 35억 년 전에 만들어졌을까요?

ATP가 돌고 DNA의 강이 흐르고

이번 강을 정리하면서 마음속에서 어떤 노래 하나가 떠올랐습니다. 약간 오래된 노래인데, 〈고향의 강〉이라는 거죠. "눈 감으면 떠오르는 고향의 강, 지금도 흘러가는 가슴속의 강." 서정적이고 정감 어린 노래입니다. 눈 감으면 떠오르는 고향의 강……. 그렇습니다. 생명과학의 관점에서 보면 그 고향의 강이란 바로 DNA의 강인 거죠.

《조상 이야기: 생명의 기원을 찾아서 The Ancestor's Tale: A Pilgrimage to the Dawn of Life》에서 도킨스는 이런 이야기를 합니다.

> 복제자(DNA)가 생명 드라마의 주인공이라면, 효소(ATP)는 조연이 아니라 공동 주연이다.

여기서 이 효소는 단백질로 이루어져 있습니다. 학교 교육이나 과학 뉴스를 통해서 DNA가 굉장히 중요하다는 것은 익히 알고 있을 겁니다. 하지만 DNA가 아니라 DNA에 의해서 만들어진 단백질 ATP 합성효소가 세포 내 에너지 생성을 담당하며 결국 생명현상을 발현하는 겁니다. 공동 주연인 거죠.

눈 감으면 떠오르는 고향의 강, 양성자의 강, DNA의 강이 계속 흐른다는 앞의 이야기를 다시 떠올려봅시다. DNA의 강에서 에너지를 만드는 물레방아는 바로 ATP 합성효소죠.

강이 흐릅니다. 내 자신이 흐릅니다. 강이 흐릅니다. 물레방아가 돕니다. 결국 그 ATP 합성효소 물레방아가 양성자 강물의 낙차를 이용해 계속 펌프질하며 전기적 에너지를 기계적 에너지로 변환하여 다시 그것을 화학적 에너지로 바꾸어줍니다.

이런 엽록체 틸라코이드 막에서 일어나는, 그리고 미토콘드리아 내막에서 일어나고 있는 전자 전달 시스템. ATP를 만들거나 양성자를 퍼내거나 하는 현상들은 파인만이 세 가지 문장으로 잘 종합해 정리해놓았습니다.

첫째, 광자가 여기에서 저기로 움직인다.
둘째, 전자가 여기에서 저기로 움직인다.
셋째, 전자가 광자를 흡수하거나 방출할 수 있다.

엽록체 틸라코이드 막에서 어떤 일이 있었습니까? 미토콘드리아 내막에서 일어나는 일이 무엇이죠? 태양에서 광자가 지구 표면의 식물까지 움직이죠(파인만의 첫째 문장). 빛이 들어와서 전자가 빛을 흡수했죠(파인만의 셋째 문장). 전자가 생체막에 삽입된 단백질 복합체를 통해 여기서 저기로 움직이지 않았습니까(파인만의 둘째 문장)? 움직일 때마다 에너지를 얻어 양성자를 퍼냈죠.

지구 표면에서 일어나는 생명현상은 태양에너지의 변환 과정입니다. 광합성에 의해 시작된 생명 에너지의 흐름은 이 세 문장 속에 모두 담겨 있다고 해도 과언이 아니죠. 생명현상에서 중요한 역할을 하는 고에너지 전자의 흐름과 전자가 빛을 흡수하고 방출할 수 있다는 것, 이것이 결국은 에너지를 변환하는 방식인 겁니다. 태양의 빛 에너지를 화학 결합 에너지로 변환하는 것은 ATP 합성효소인 거죠.

ATP, 미토콘드리아를 움직이다

모든 생명 시스템에서 통화량이 되는 ATP. 미토콘드리아가 움직이는 데도 에너지를 공급합니다. 정자 생성 단계를 자세히 보면 정자 꼬리가 나오고 꼬리의 운동성이 생기는데, 이 꼬리의 운동에 에너지를 공급해주는 것이 바로 미토콘드리아입니다. 태아 발생 과정 중 신경판에서 많은 신경세포가 증식하고 이동하는 데도 미토콘드리아가 작용하죠. 우리 유전정보를 전달하는 정자의 운동에도 관여하며, 신경세포의 축삭을 통해서 신경전달물질을 이동시키는 것도 바로 미토콘드리아에서 생성된 에너지입니다. 미토콘드리아는 우리 몸의 모든 세포에 있죠. 숫자적으로 엄청나게 많습니다.

미토콘드리아를 에너지의 관점에서 봅시다. 미토콘드리아 내막이 있습니다. 지구 진화 초기에 지질학적으로 생겨난 유기물들, 그것들이 산화하는 과정에서 에너지가 만들어집니다. 그 과정에서 지구 진화 초기에 원시 세포의 막 시스템 안에서 양성자들의 농도가 높아졌습니다. 생명을 위태롭게 하죠. 양성자를 퍼내야 됩니다.

양성자 농도가 증가한다는 건 곧 산성화된다는 것이죠. 그래서 생명체가 가장 먼저 해결해야 할 것은 양성자 농도, 즉 수소 이온 농도를 낮춰야 합니다. 양성자, 즉 수소 이온의 농도에 로그를 취한 것이 바로 pH 값이죠. 산성이나 알칼리성의 정도를 나타냅니다. 산성화를 막기 위해 양성자를 계속 퍼내는 작업을 하는 것이 바로 ATP 합성효소입니다.

ATP 합성효소는 DNA만큼 중요합니다. 도킨스의 말처럼 DNA와 함께 생명현상의 공동 주연이죠. 이렇게 중요한 ATP 합성효소가 초기에 했던 일이 무엇이었냐?

이것은 가상 시나리오입니다. ATP 합성효소는 초기에 세포막 내에 많아진 산성화된 수소 이온, 즉 양성자를 세포막 밖으로 퍼내는 일을 했습니다. 펌핑할 때 에너지가 들어갑니다. 세포 안은 전기적으로 마이너스, 바깥은 플러스죠. 바깥의 플러스 전하 때문에 전하를 거슬러서 계속 양성자를 퍼내야 하니 어렵습니다. 그러니 ATP라는 에너지를 이용해서 ADP로 바꾸며 이 양성자를 계속 퍼냈던 거죠.

배에 양성자의 물이 찬다고 생각해보십시오. 배가 가라앉는 걸 막기 위해서 계속 그 물을 퍼내야겠죠. 그런데 이때 ATP가 많이 소모된 겁니다. 생명현상에서 ATP는 이런 양성자 펌프 말고도 쓸 데가 굉장히 많습니다. 잠시라도 없으면 안 되는 물질인데, 어느 한쪽에서 많이 쓰이니 생명체가 위험해지죠. 그래서 이 귀중한 ATP를 좀 더 유용한 데 쓰고 이 양성자 펌프는 다른 메커니즘으로 해결하는 것이 생명 초기에서 아주 긴박한 문제가 되었던 거죠. 그 결과로 나온 메커니즘 중 하나가 바로 미토콘드리아 내막에 단백질들을 삽입하고 그 단백질들이 이온 채널을 형성하는 겁니다. 이 채널들이 수소 이온을 세포 밖으로 잘 퍼내주면 목적이 달성되는 것이죠.

그러면 어떻게 이 메커니즘으로 양성자를 퍼낼 수 있었느냐? 일단 에너지가 들어가죠. 그 에너지는 또 어떻게 만드느냐? 아니죠. 에너지를 다른 데서 가지고 오는 방법도 있습니다.

탄수화물을 섭취하면 포도당이 분해되며 중간 과정에서 피루브산 pyruvic acid이 나옵니다. 지방을 섭취하면 지방산이 만들어지죠. 이 피루브산하고 지방산이 미토콘드리아의 회로로 들어갑니다. 피루브산이 회로로 들어가면 아세틸코엔자임(아세틸 CoA), 아세틸조효소A가 됩니다. 이 조효소가 죽 돌아가면서 회로를 도는데, 이것이 구연산citric acid 회로죠. 구연산 회로를 도는 과정에서 나오는 부산물이 무엇이냐? 굉장히 중요한 NADH Nicotinamide Adenine Dinucleotide라는 물질입니다. NADH가 작용하면 NAD^+와 H^+ 그리고 두 개의 전자($2e^-$)가 나옵니다. 바로 여기서 높은 에너지의 전자가 나오는 겁니다.

다시 한번 정리해보겠습니다. 식물의 엽록체에서 만들어진 피루브산이 구연산 회로를 돌면서 나오는 것이 NADH라는 물질이고, NADH는 고에너지의 전자를 가지고 있다고 했습니다. 그렇습니다. 양성자를 펌핑하기 위해 이 전자를 빼 오면 되는 거죠. NADH에서 나온 고에너지 전자의 에너지를 이용하는 겁니다. 그러면 양성자 펌프 시스템이 다시 동작합니다. 고에너지 전자에서 에너지를 추출하여 양성자를 세포 밖으로 퍼내는 과정이 바로 전자 전달 시스템인 거죠.

다시 미토콘드리아 내막 안으로 돌아갑시다. 미토콘드리아 내막에서 전자 전달 시스템을 통해 각 에너지를 낙차합니다. 그 에너지 차만큼 되는 것이 전부 뭐다? 양성자를 펌핑해주는 거죠. 그 과정에서 에너지를 계속 낙차하면서 에너지를 거의 다 잃은 전자가 나오겠죠. 미토콘드리아 내막 안에서 바깥으로 펌핑해주면서 고에너지를 다 쓰고 돌아온 이 전자, 에너지를 잃은 이 전자를 받아야 됩니다. 에너지를 낙차하고 낙차하고 또 낙차하다가 에너지를 다 잃어버린 전자를 받는 담체, 담는 그릇이 뭐냐 하면 동물이 호흡하는 산소입니다.

호흡, 호흡이 참으로 중요하죠. 5분만 숨을 참아보세요. 죽습니다. 동물은 다 죽습니다. 왜 이런 현상이 생기느냐. 미토콘드리아가 산소를 필요로 하기 때문이죠.

전자 전달 시스템을 통해서 에너지를 다 잃어버린 전자를 회수하기 위해 산소가 호흡을 통해 허파에 있는 모세혈관의 헤모글로빈에게 잡혀서 주욱 세포 안 미토콘드리아 내막까지 들어갑니다. 들어가서 이 전자 전달 시스템에서 에너지를 다 잃은 전자를 만나죠. 여기서 어떤 일이 벌어지느냐? 산소(O_2)하고 네 개의 전자($4e^-$)하고 네 개의 양성자($4H^+$)가 만납니다. 그러면 $2H_2O$가 됩니다. 물이 생기는 거죠. 부산물로 나오는 것이 물인 겁니다. 자, 이제 우리가 왜 호흡을 해야 하는지를 이해했습니다.

엽록체에서 나온 포도당이 미토콘드리아로 들어가서 피루브산으로 바뀌고, 아세틸코엔자임으로 바뀌면서 구연산 회로를 돌며 나오는 물질이 NADH, 고에너지 물질입니다. 이 NADH에서 고에너지 전자를 탈취해서 미토콘드리아에서 양성자를 펌핑하는 데 쓰고, 에너지가 다 사용된 전자는 전자 전달계에서 내려와서 호흡을 통해 들어오는 산소를 만나 물을 만들죠. 그 물은 다시 같은 세포 내에서 엽록체에 사용됩니다. 그다음 구연산 회로의 부산물이 뭡니까? 호흡을 하고 나면 뭐가 나오죠? 그렇죠. CO_2, 탄산가스가 나옵니다. 이산화탄소가 나오는 거죠. 이 이산화탄소가 어디로 가느냐? 식물의 엽록체에서 바로 어디로 들어갑니까? 엽록체의 틸라코이드 내막으로 들어갑니다. 엽록체와 미토콘드리아는 마치 동전의 양면 같죠.

좀 복잡해도 이 과정들을 이해해야 합니다. 지구상의 모든 생명현상은 여기서 만들어지는 에너지를 바탕으로 형성되기 때문이죠. 말하자면 생명현상의 바탕이죠. 이것을 빠뜨리고 뇌를 공부하고 인간 문화 현상을 공부한다는 것은 가장 중요한 주춧돌을 빠뜨리고 건물을 짓는 것과 마찬가지입니다.

젠체하는 태도를 버리고 다시 세포로 돌아가서

생명현상을 떠받치고 있는 주요 에너지 흐름은 생체 막에서 생깁니다. 생체 막의 두 주역은 미토콘드리아 내막, 엽록체 틸라코이드 막이죠. 그리고 거기서 형성된 ATP가 생명의 복잡한 많은 흐름을 만들어 왔습니다. 의식, 감정, 생각의 기원 역시 이 막에서 시작되는 거죠. 생명, 인간, 더 나아가 뇌를 이해하려면 미토콘드리아와 엽록체를 한 묶음으로 알고 있어야 합니다. 그리고 잊지 말아야 할 것이 ATP 합성효소는 DNA와 더불어 생명현상에 있어서 매우 중요하다는 사실입니다. 생명현상의 핵심이라는 거죠.

ATP 합성효소가 맹활약하는 곳은 엽록체와 미토콘드리아라고 했습니다. 그리고 엽록체와 미토콘드리아는 모두 우리가 흔하게 여기는 세균에서 기원하죠. 《조상 이야기》마지막 부분에서 도킨스가 다시 언급합니다.

> 우리[세균] 관점에서 생물들을 보면, 당신네 진핵생물들은 그런 젠체하는 태도를 곧 버릴 것이다. 당신들을 이루는 세포들 자체가 우리 세균들이 10억 년 전에 발견한 낡은 기술을 똑같이 재현하는 세균체들이기 때문이다. 당신들이 떠난 후에도 우리는 여기에 남을 것이다.

그렇죠. 세균들이 모여서 그렇게 된 것이죠. 원핵세포, 진핵생물, 다세포동물이라는 것이. 우리는 당신들이 오기 전부터 여기 지구에 있었고, 당신들이 떠난 뒤에도 여기 남아 있을 것이다. 누가? 박테리아들이, 세균들이 그렇다는 것입니다. 동물, 식물 등 거대한 생명체를 이루고 있는 것들은 단지 박테리아들의 진화 과정으로 결집된 형태라는 겁니다. 이런 전체의 흐름을 이해하게 되면, 우리가 다세포 몸뚱이를 형성한 그걸 가지고 으스대는 게 곧 사라지겠죠.

다세포라는 것은 한 종種의 개체 발생이 거치는 특정 순간일 뿐이다.

칠레의 생물학자이자 철학자인 마투라나Humberto R. Maturana, 1928-2021 와 바렐라Francisco J. Varela, 1946-2001 의 책《앎의 나무: 인간 인지능력의 생물학적 뿌리Der Baum der Erkenntnis》에 나오는 한 문장입니다. 동식물 할 것 없이 모든 생명이 반드시 거치게 되는 단세포의 상태가 어쩌면 가장 근본적인 현상일 수 있습니다.

생명의 꽃을 만드는 경계
세포막 공부를 합니다.

RNA 가닥이 나오는 핵막,
ATP를 생성하는 미토콘드리아 내막,
웃음과 허망함과 서글픔을 자아내는 시냅스 전후 막.

막이 사라지고
춤꾼과 관객 모두 떠난 자리에

말간 시공이
본래 그 자리였음을

연극 막간에
잠시 생각해봅니다.

경계의 꽃
시냅스의 막이.

지금까지 한 모든 이야기의 주 무대는 막입니다. 생각도 결국에는 시냅스 막에서 시작되죠. 시냅스의 막, 세포의 막, 더 들어가서 미토콘드리아 막, 틸라코이드 막. 결국 막의 생화학 작용이 모든 생명을 살아 움직이게 합니다.

2부

머리뼈의 보호와 척추, 척수의 도움을 받으며
인간의 뇌는 인간 몸의 내부와 외부 세계를 연결하고 중계한다.

대뇌, 소뇌, 중뇌, 교뇌, 연수, 척수.
좀 더 들어가서 운동 프로그래머 전두엽,
운동 출력을 선택하는 대뇌기저핵, 감각 신호를 전달하는 시상,
의식의 상태를 결정하는 뇌간 그물형성체, 운동의 타이머 소뇌……

뇌의 구조는 곧 뇌의 기능이고,
죽음에 이르기 전까지 매 순간 정교하고 민첩하게 움직이는 인간의 뇌는
인간을 '잘' 움직이게 하는 완벽한 중추 시스템이다.

인간의 뇌,
생각은 어떻게
만들어지는가

8강 뇌의 발생과 뇌의 구조

이번 강에서는 뇌의 발생 과정을 통해 뇌를 이해해보도록 하겠습니다. 에델먼의 《신경과학과 마음의 세계Bright Air, Brilliant Fire: On the Matter of the Mind》의 내용을 중심으로 해서요.

이에 앞서 에델먼에 대해 잠깐 살펴보죠. 에델먼은 1972년에 생리학 및 의학 부문 노벨상을 수상했으며, 스크립스 연구소 신경생물학과의 주임교수이자 신경과학연구소의 소장이죠. 《Neural Darwinism(신경 다윈주의)》, 《Topobiology(위상생물학)》, 《The Remembered Present(기억된 현재)》 등의 책을 쓰기도 했고, 특히 《신경과학과 마음의 세계》와 《뇌는 하늘보다 넓다: 의식이라는 놀라운 재능Wider Than the Sky》은 국내에 번역되어 소개되었습니다.

에델먼의 신경과학연구소 인터넷사이트에 들어가 보면, 신경과 의사인 올리버 색스Oliver Sacks, 1933-2015가 남긴 문장이 있습니다. "신경과학연구소 같은 곳은 이 지구상에 없다. 거의 과학적 수도원 같은 곳이다." 60명 이상의 생물학자들과 뇌 과학자들이 궁극적으로 인간의 의식이 어떻게 출현했는가를 규명하기 위해서 집단적으로 노력하고 있죠. 그 연구를 바탕으로 스스로 학습하는 로봇을 만들고 있습니다.

에델먼의 《신경과학과 마음의 세계》와 앞서 언급한 적 있는 이나스의 《꿈꾸는 기계의 진화》를 함께 읽으면 뇌에 대해 숲과 나무를 동시에 볼 수 있는 관점을 얻게 될 겁니다. 이나스는 거의 평생을 세포 단위의 뉴런, 즉 신경세포와 소뇌를 연구하면서 세포의 본질적인 운동성이 내면화되는 과정을 의식의 출현으로까지 연결한 학자죠.

에델먼과 이나스의 이론은 이렇게 비교할 수 있습니다. 에델먼은 굉장히 넓고 중후합니다. 반면에 이나스는 간결하고 명료하죠. 에델먼은 숲을 보게 하고 이나스는 나무로 족하다는 느낌입니다. 신경세포 하나를 가지고 감각 입력부터 의식의 출현까지 이야기할 수 있다는 게 이나스의 입장입니다. 이나스 이론의 핵심은 세포들의 진동과 하모니로 일어나는 생명의 율동입니다. 에델먼 이론의 핵심은 외부 환경에 따른 신경세포의 선택을 통해서 지도화한 뇌 신경망입니다. 진화론의 선택이론을 신경과학에 적용한 체성體性선택이론으로, 신경세포의 연결 지도를 만드는 거죠.

에델먼으로 들어가는 길은 처음에는 막막하다가 집요하게 파고들면 의식을 향한 신경 연결망 전체가 점점 확연하게 떠오르는 것이 느껴집니다. 반면 이나스는 울림으로 다가와서 온몸을 흔들죠. 한마디로 에델먼은 연결과 범주화, 이나스는 운동과 운동의 진화입니다. 두 학자의 이론을 통해 우리는 뇌 과학에서 숲과 나무를 동시에 볼 수 있습니다.

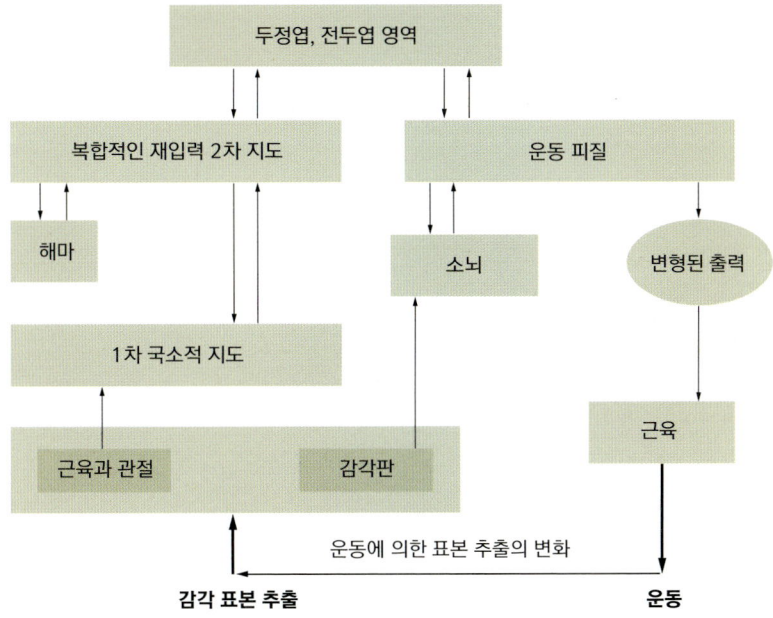

8-1
에델먼의 전면적 지도화 모델

뇌의 전면적 지도화

에델먼 이론 중 핵심적인 것이 지각의 범주화, 개념의 범주화입니다. 이 두 가지 범주화를 이해하기에 앞서 전면적 지도화를 먼저 이해하고 넘어가야 합니다. 뇌, 특히 감각 입력과 운동 출력에 관한 접근 방법이 담겨 있죠.

전면적 지도화의 출발점은 이렇습니다. 근육과 관절이 있고, 감각판(시각, 촉각, 청각 등의 감각 입력 신호를 감지하는 신경세포들이 분포되어 있는 면)에서 정보가 뇌로 올라가 1차 국소적 지도를 그리고, 그 정보가 상위 피질로 연계되어 복합적 재입력의 2차 지도를 그립니다. 여

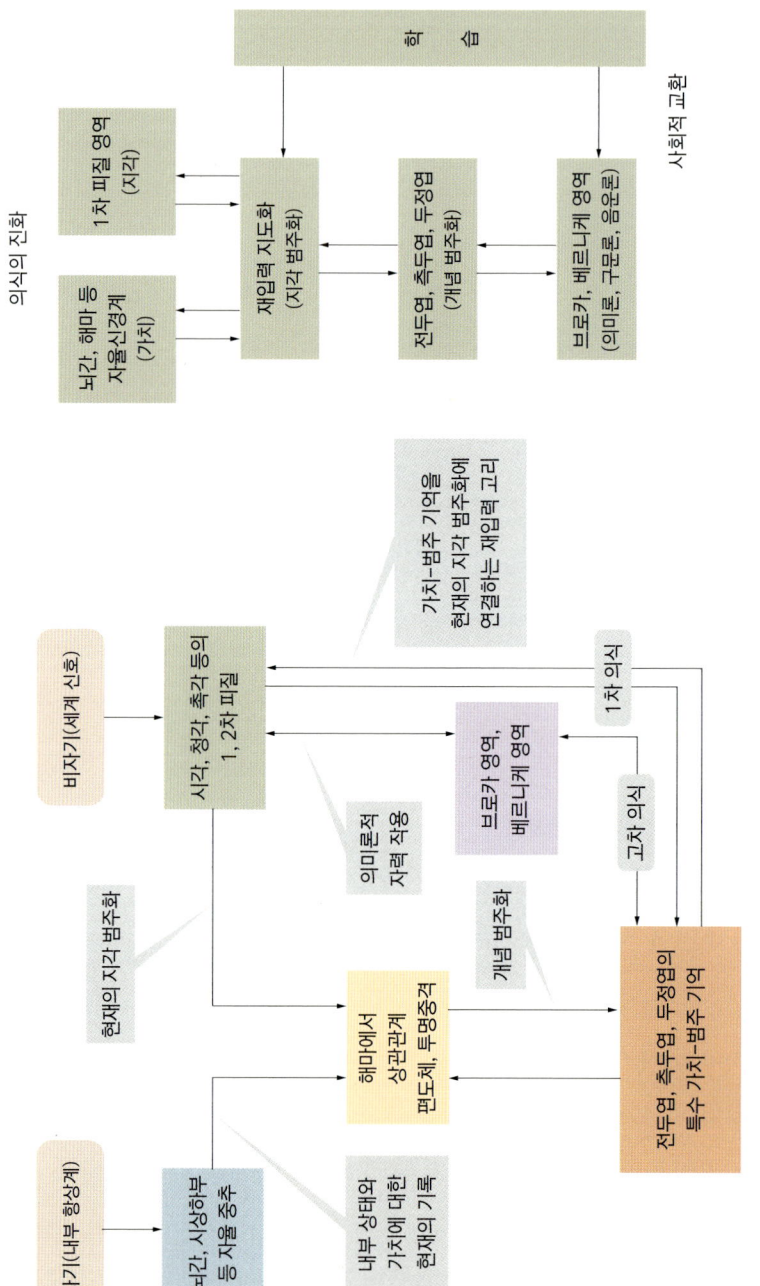

8-2
에델먼의 고차 의식 모델

기서 지도라는 것은 신경세포들이 서로 연결되어 있는 연결망이죠.

복합적 재입력의 2차 지도를 그리는 데 필요한 기관이 바로 해마입니다. 2차 지도는 해마와 정보를 서로 주고받죠. 해마는 또 1차 지도와도 정보를 주고받습니다. 복합적 재입력의 2차 지도가 최종적으로 모이는 곳은 전두엽과 두정엽입니다. 두 곳 역시 정보를 주고받죠. 근육과 관절, 감각판에서 나온 정보가 동시에 운동에 관여하는 소뇌로 가고, 소뇌는 대뇌의 운동 피질과 연결되어 있습니다. 운동 피질은 다시 전두엽, 두정엽과 정보를 주고받죠. 이렇게 루프를 돌면서 운동 피질로 올라간 정보는 서로 연계되어 처리되며, 처리 결과가 근육으로 전달되고 운동으로 나오는 겁니다.

근육으로 전달된 운동 출력으로 우리 몸이 다시 움직이게 되면 그 결과로 공간상 위치가 바뀌죠. 그러면 몸속에서 유입되는 감각 입력들이 또다시 바뀝니다. 감각판에서 감각 입력을 추출하여 샘플링하는데, 이것이 운동에 의해서 계속 새로운 입력을 받아들이게 되는 겁니다. 이것이 계속 루트를 돌게 되죠. 그래서 에덜먼이 이 전체를 가리켜 전면적 지도화라고 했던 겁니다. 다시 말해서 피질에서 상호 연관된 신경세포들이 연결된 덩어리라고 보면 됩니다. 여기서 시냅스는 다 연결되어 있죠.

왜 전체 지도를 언급하느냐? 에덜먼이나 이나스의 책 이외에도 뇌에 관한 책들을 보면 독자들이 이런 뇌의 전체 구조를 모두 이해하고 있다고 가정하고 이야기를 전개합니다. 그래서 뇌의 여러 구조를 미리 알고 있어야 하는 겁니다. 알아두어야 할 대표적인 예가 해마와 2차 지도에서 일어나는 일들, 즉 기억에 관한 것입니다.

기억 회로 하면 앞에서도 살펴본 파페츠회로가 있죠. 파페츠가

1930년대 당시 감정 회로라고 발표했는데, 지금은 그것이 기억 쪽에 더 가깝다고 봅니다. 기억하고 감정의 프로세스는 상당히 많이 겹칩니다.

파페츠회로는 대뇌피질 변연엽의 해마에서 시작하죠. 그리고 나서 가는 곳이 간뇌 바닥의 유두체mammillary, 다시 유두체에서 유두시상로mammillothalamic tract로 갑니다. 뇌 해부학에서 '무슨 무슨 신경로'라고 일컫는 것들은 모두 축삭의 다발입니다. 그다음 유두시상로에서 간뇌의 시상전핵thalamic anterior nuclear 부분으로 갑니다. 시상전핵에서 가는 곳은 시상피질방사thalamocortical fiber, 즉 신경섬유다발이죠. 방사라는 말은 신경섬유다발이 부채꼴로 뻗어간다는 겁니다. 시상피질방사에서 대상다발cingulum로 갑니다. 그다음 가는 곳이 대뇌피질 후각엽의 내후각뇌피질entorhinal cortex이죠. 내후각뇌피질에서 관통로perforant path로 가서 다시 해마로 갑니다. 이 과정이 하나의 폐루프가 되는 겁니다.

기억의 파페츠회로뿐만 아니라 운동 출력도 그 과정이 상당히 복잡합니다. 대뇌의 운동 피질과 소뇌가 특히 그렇죠. 운동 피질만 해도 전 운동 영역, 보완 운동 영역, 1차 운동 영역이 있습니다. 그리고 전두엽에 전두 안구 영역frontal eye field도 있죠. 운동 출력 프로세스는 외부 자극이냐 내부 자극이냐에 따라 달라집니다. 야구공이 날아오거나 차가 가까이 다가오는 상황처럼 빨리 피해야 하는 외부 자극에 의한 운동은 소뇌, 전 운동 영역, 두정엽이 상호 관련되어 이루어집니다. 자세를 취한다든지 발음을 한다든지 하는 내부 자극에 의한 운동은 소뇌와 보완 운동 영역, 기저핵이 상호 동작하여 일어나죠.

우리 뇌의 생김새

우리 뇌는 딱딱한 두개골과 그 안쪽 경막, 거미막, 연막 등 세 겹의 뇌막으로 싸여 있습니다. 거미막과 연막 사이에는 척수액이 흐르죠. 또 바깥의 회색질과 안쪽의 백질로 구성된 대뇌반구가 약 2억 개의 신경섬유다발인 뇌량으로 서로 연결되어 있습니다.

우리 뇌는 크게 세 부분으로 나눠 볼 수 있습니다. 대뇌피질로 싸인 위쪽의 대뇌와 소뇌피질로 싸인 아래쪽의 소뇌가 있고, 대뇌와 소뇌 사이가 뇌간. 위에서부터 중뇌midbrain, 교뇌pons, 연수(숨뇌)로 이어져 있습니다. 또 교뇌는 연수와 소뇌, 대뇌와 소뇌를 연결하고 있죠. 연수는 아래 척수와 이어져 몸 전체를 연결합니다.

대뇌에는 바깥의 대뇌피질, 대뇌피질과 그 안쪽 부분을 연결하는 신경섬유인 대뇌백질, 기저핵, 간뇌 등이 있죠. 대뇌피질은 전두엽, 두정엽, 측두엽, 후두엽으로 구분되는 신피질과 전두엽과 측두엽 사이의 피질에 덮여 있는 뇌섬엽insula, 더 안쪽의 구피질인 후각피질과 해마가 있는 원시피질로 이루어져 있고, 더 안쪽으로 기저핵이 있습니다. 기저핵은 렌즈핵(조가비핵, 창백핵으로 구성되어 있다), 미상핵(꼬리핵)으로 나뉘는 선조체corpus striatum와 그 아래 위치한 편도체를 포함합니다. 해마와 편도체 등으로 이루어진 변연계가 시상, 시상하부, 시상상부, 시상밑부로 구성된 간뇌와 연결되어 있죠. 그외에 대뇌 안쪽으로 외측뇌실이 있습니다.

여기서 뇌실은 뇌척수액이 순환하는 빈 공간입니다. 중추신경에 영양을 공급하고 대사산물을 배출하는 뇌척수액으로 가득 차 있죠. 좌우 대뇌반구 속 측뇌실(전두엽 안 전각, 두정엽 안 중심부, 후두엽 안 후각,

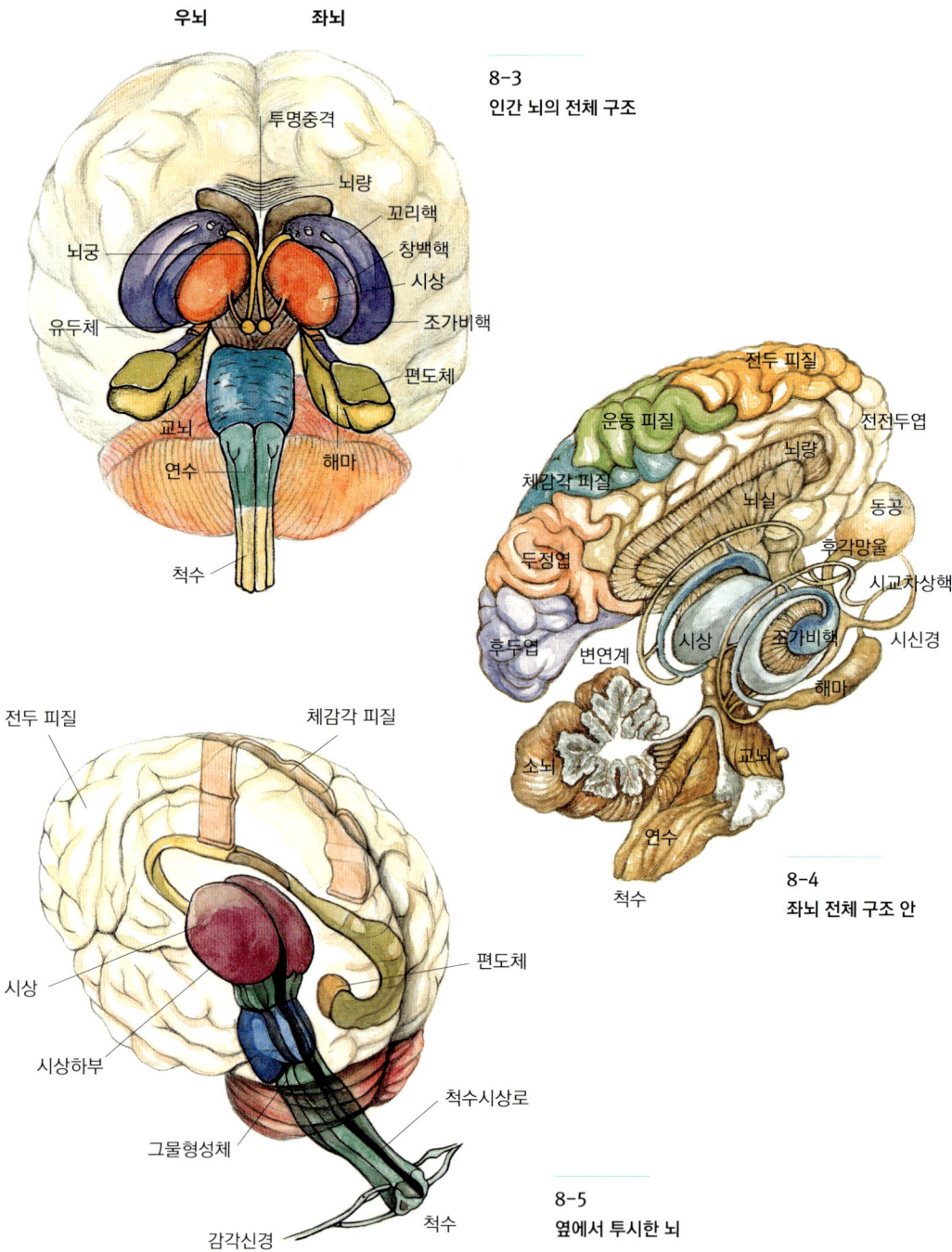

8-3 인간 뇌의 전체 구조

8-4 좌뇌 전체 구조 안

8-5 옆에서 투시한 뇌

측두엽 안 하각으로 이어져 있다)에서 시작해 간뇌 사이의 제3뇌실, 중뇌 안 중뇌수도, 소뇌 아래와 교뇌와 연수의 등 부분으로 둘러싸인 제4뇌실로 연결되어 있습니다. 그리고 척수의 중심관으로 연장되어 중추신경계 전체에 연결되어 있죠.

뇌는 신경세포와 신경절, 신경섬유, 뇌혈관, 뇌실로 구성되어 있습니다. 뇌척수액과 혈액이 흐르고, 신경전달물질들이 분비되어 작용하고 신경 자극이 전달되는 그 모든 바탕에는 물론 세포들이 있죠.

뇌를 제대로 이해하려면 3차원의 뇌 내부 구조를 머릿속에 그릴 수 있어야 하고, 각 부위가 어떤 식으로 신경섬유를 주고받아 정보를 전달하는지 입체적으로 그려낼 수 있어야 합니다. 구조 전체를 파악하고 있으면 뇌와 관련된 내용과 현상을 쉽게 이해할 수 있습니다. 뇌 구조에 익숙하지 않으면 뇌 공부가 심화되기 힘들죠.

8-6 그림과 8-8부터 8-10까지의 사진을 통해 뇌 안으로 좀 더 들어가 봅시다. 시상이 있고 투명중격septum pellucidum, 후교련posterior commissure, 송과체Pineal Gland, 유두체, 교뇌, 제4뇌실, 소뇌벌레anterior vermis cerebellar 이런 것들이 보입니다. 뇌궁fornix, 시상침(시상베개), 상구superior colliculus, 흑질substantia nigra, 뇌하수체pituitary gland, 시상상부epithalamus, 상소뇌각superior cerebellar peduncle(위소뇌다리), 연수의 피라미드 구조도 보이죠. 여기서 해마와 관련된 신경로, 즉 해마 출력부는 뇌궁이고 편도체와 관련된 신경로는 분계선조stria terminalis죠. 기억 관련 신경로를 이해할 때 중요합니다.

미상핵, 시상밑핵subthalamic nucleus도 보입니다. 시상밑핵은 기저핵에 여러 가지 운동 조절 부조화가 생겼을 때 나타나는 헌팅턴병이나 파킨슨병 등을 이해할 때 필요하죠. 올리브핵은 소뇌와 연결되어 있습

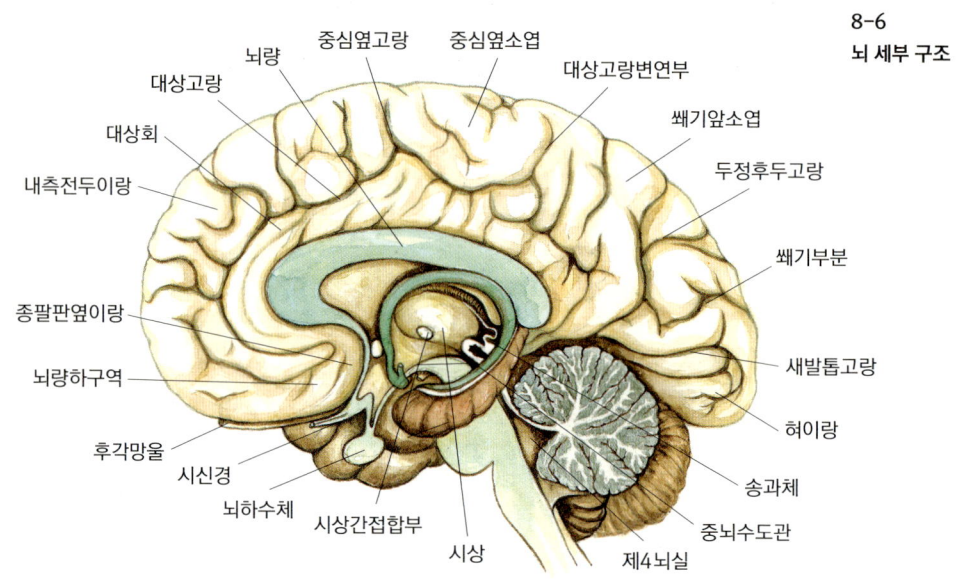

8-6
뇌 세부 구조

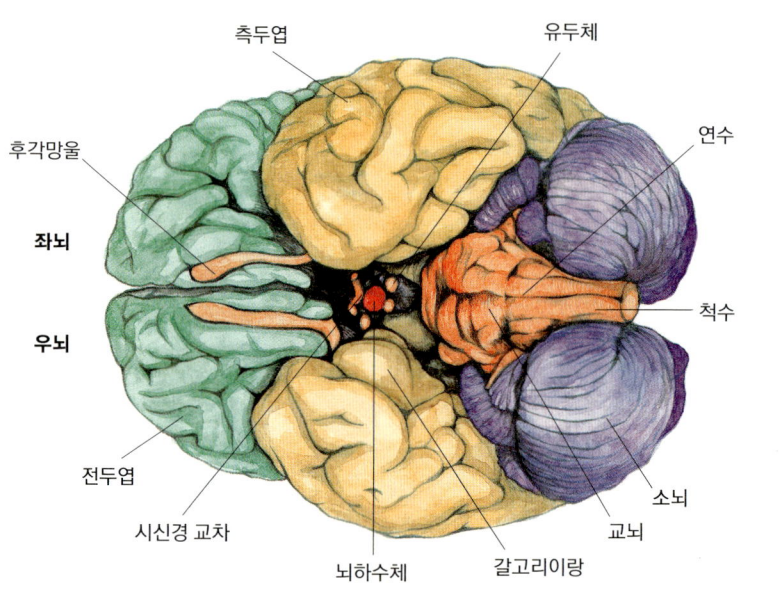

8-7
아래에서 본 뇌

8-8
간뇌 구조

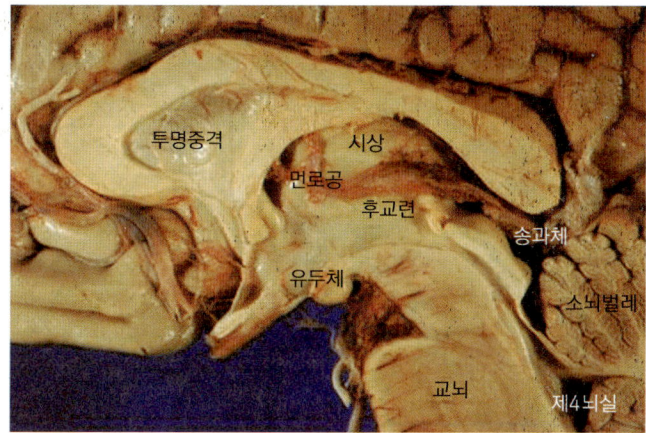

8-9
뇌간, 소뇌 구조

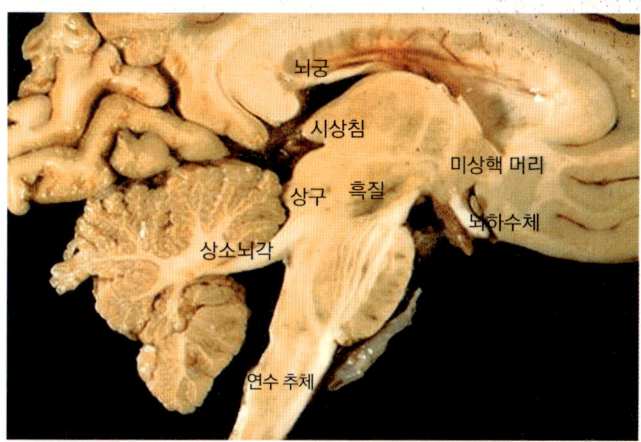

8-10
뇌의 횡단면

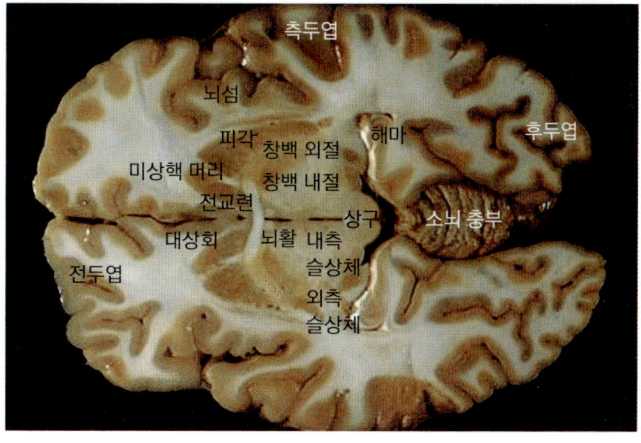

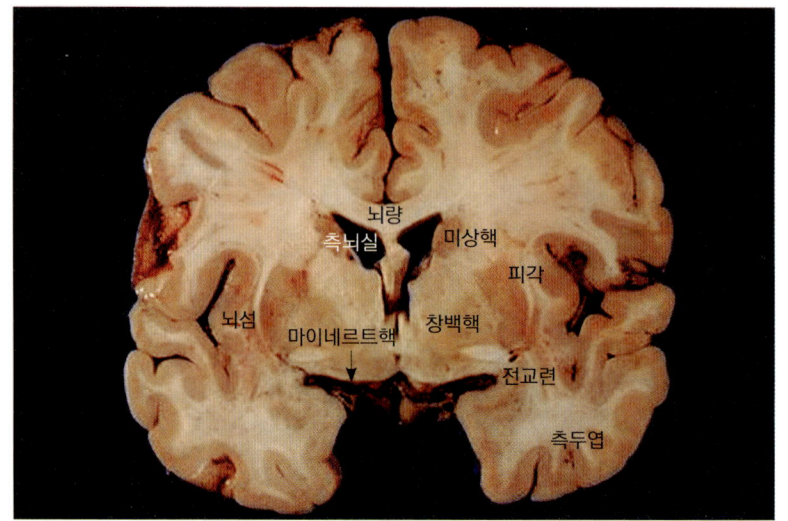

8-11
마이네르트핵을 중심으로
본 전뇌 수직 단면

니다. 창백핵도 있습니다. 예전에는 창백핵을 담창구라고 표현했죠.

나아가 소뇌의 핵까지 살펴보죠. 소뇌의 핵은 꼭지핵, 마개핵, 둥근핵, 치아처럼 생긴 치아핵(치상핵)으로 나뉘어 있습니다. 꼭지핵은 몸의 평형을 유지하는 전정신경핵과 연결된 전정소뇌(원시소뇌)와, 마개핵과 둥근핵은 척수에서 올라가는 섬유하고 연결된 척수소뇌(구소뇌)와, 치아핵은 대뇌피질에서 교뇌핵을 통해 들어가는 감각의 구심섬유를 받고 시상을 통해 대뇌피질로 운동의 원심섬유를 보내는 교뇌소뇌(신소뇌)와 관련되어 있습니다. 진화적으로 보면 꼭지핵이 가장 오래되었고, 그다음으로 둥근핵과 마개핵, 치아핵은 최근 영장류가 등장하면서 생겼습니다.

8-11의 대뇌피질, 기저핵, 변연계, 시상, 시상하부까지를 포함하는 전뇌 쪽 단면 사진을 보면, 안으로 말려들어 간 구조인 뇌섬 구조가 있습니다. 그리고 마이네르트핵Meynert nucleus이라고 불리는 전뇌기저핵

이 있죠. 여기서 아세틸콜린이 많이 분출됩니다. 오스트리아의 신경학자 마이네르트Theodor Meynert, 1833~1912가 처음으로 기술했죠. 마이네르트는 프로이트Sigismund Freud, 1856~1939의 스승이기도 합니다.

뇌에서 아세틸콜린이 분비되는 곳은 크게 여섯 군데입니다. 아세틸콜린을 분비하는 곳은 이름에 Ch를 붙이죠. Ch1~Ch3는 중격핵, Ch4는 마이네르트핵, Ch5는 대뇌각교뇌핵pedunculopontine nucleus이죠. 이 대뇌각교뇌핵을 자극하면 사지동물이 보행 동작을 하게 됩니다. 그래서 중뇌 보행 영역이라고 하죠. Ch6는 중뇌 회색질에 있습니다.

아세틸콜린은 기억에 매우 중요합니다. 근육의 운동도 아세틸콜린과 밀접한 관계가 있죠. 기억과 운동을 이해하려면 아세틸콜린이 주로 어디에서 분비되는지 숙지하고 있어야 합니다.

뇌는 어떻게 생겨나는가

뇌의 발생 과정을 보면 뇌 구조를 좀 더 효과적으로 이해할 수 있을 겁니다. 8-12 그림에서 22일째 태아를 봅시다. 인간 발생의 중간 단계쯤 되는데, 바로 이 시기에 심장이 박동하기 시작하면서 체절이 형성됩니다. 한 점 한 점 보이는 것들이 척수의 체절이죠.

발생 초기를 봅시다. 배란 후 나팔관 안에서 정자와 수정을 합니다. 수정 후 죽 분화되면서 2등분~4등분, 포배기, 낭배기를 거쳐 6일쯤에는 자궁벽에 수정란이 착상을 하죠. 착상한 형태를 좀 더 자세히 보면, 착상 당시에 벌써 속세포덩이inner cell mass가 형성됩니다. 그리고 이 착상된 수정란이 생체조직, 자궁조직 안으로 들어가죠. 이때 벌써 배

자원판embryonic disc이라고 해서 위 판, 아래 판이 만들어집니다. 나중에 위 판은 외배엽, 아래 판은 내배엽이 되는데, 9일에서 10일 정도까지 생기죠. 이 과정을 자세히 살피면 세포들의 협연이 보입니다. 다양한 세포들이 수정란을 에워싸면서 영양분을 공급하고 지지 작용하는 걸 볼 수 있죠.

다시 13일째 수정란을 보시죠. 이 시기에 원시선primitive streak이라는 게 형성됩니다. 앞서 이야기한 개구리 발생 과정 중 안으로 말려드는 그것이 바로 원시선입니다. 원시선이 형성되어 신경세포들이 안으로 죽 들어가는 거죠. 그래서 중배엽 쪽의 중배엽 세포를 형성하게 됩니다. 위에 있는 것이 위 판의 외배엽, 아래 있는 것이 아래 판의 내배엽이죠. 이런 식으로 배엽을 형성하는 겁니다. 이때까지도 길이가 밀리미터 이하죠. 눈으로 잘 안 보입니다.

18일째쯤 가면 외배엽 판이 말려들어서 신경관이 형성되고, 가운데 부분에 척삭notochord이 만들어지죠. 척삭 위 외배엽이 말려들어서 신경고랑neural groove이 형성되고, 척추마디(체절)를 형성하면서 등뼈 안의 신경, 즉 척수가 만들어집니다. 신경관이 완전히 봉합되기 전 상태입니다. 봉합이 되면 가운데 관은 그대로 남아 있죠.

신경관 단면을 보면 변연층marginal layer이 있고 경계고랑sulcus limitans이 있고 기저판basal plate이 있고 날개판이 있습니다. 척수 쪽으로 내려가면 날개판alar plate은 후각posterior horn이 되고 기저판은 전각anterior horn이 되죠. 변연층에서 신경세포들이 증식하여 관의 벽이 두꺼워지는 모습을 볼 수 있습니다. 또한 뇌가 발생하는 과정에서 뇌의 굴곡이 점점 격렬해집니다.

태아, 그러니까 우리 인간은 3배엽 동물입니다. 외배엽에서 피부, 손

8-12
태아의 발생 과정

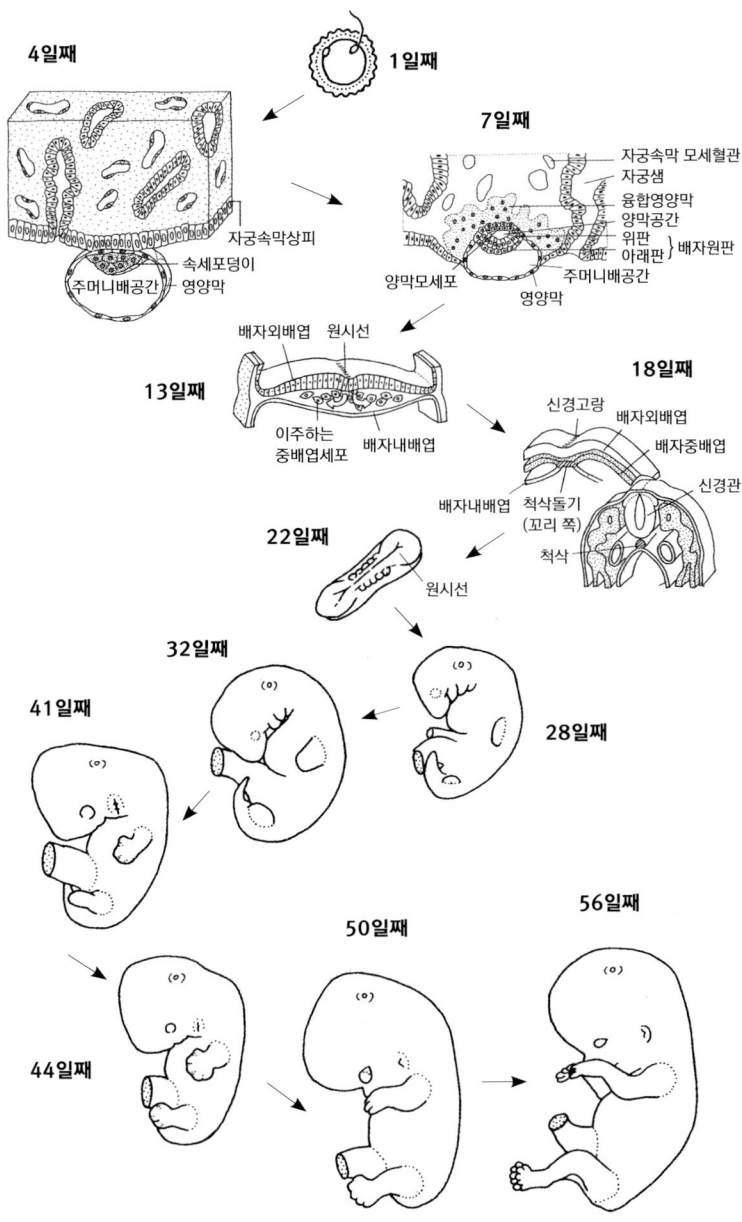

톱, 발톱 같은 것들이 생기죠. 뇌하수체(혈관 안으로 호르몬을 직접 분비하여 내분비기능을 조절하는 코 뒤 뇌 아래쪽에 있는 기관)도 외배엽에서 생기고, 중추신경계도 여기서 만들어집니다. 척수와 뇌도 생기죠. 피부와 신경계는 출신이 같은 겁니다. 피부 접촉을 통해 애정이 생기는 게 뇌 신경과 피부가 모두 외배엽에서 발생했기 때문이라는 생각이 듭니다.

중배엽에서는 여러 가지 근육, 연골, 비뇨생식 계통, 혈 계통이 생깁니다. 내배엽에서는 여러 가지 인두주머니 pharyngeal pouch (비강, 구강, 식도, 후두로 연결되는 통로로, 제1, 제2, 제3과 4 인두주머니가 성장하면서 각각 고실, 편도, 가슴샘, 부갑상샘을 형성한다), 기관, 기관지, 폐, 위장, 간, 이자 등 신체 내부기관들이 만들어집니다. 여기서 중요한 것은 신경관벽(뇌실관벽), 즉 변연층에서 여러 세포가 분화되면서 신경관이 두꺼워지는 거죠. 다시 말하면 뇌가 신경관 바닥 부근 세포들의 분열 증식 중에 형성된다는 겁니다.

관을 중심으로 발생되는 뇌

발생 초기의 뇌는 전뇌 prosencephalon, 중뇌 mesencephalon, 능형뇌(능뇌) rhombencephalon 의 세 가지 부분으로 나눌 수 있습니다.

전뇌는 외측뇌실, 제3뇌실로 나뉩니다. 외측뇌실에서는 종뇌 telencephalon가 형성되고, 종뇌에서 전두엽, 두정엽, 측두엽, 후두엽으로 이루어진 대뇌피질과 대뇌기저핵(선조체), 감정과 자율 기능을 지배하는 변연계(해마, 편도 등의 시스템)가 만들어집니다. 제3뇌실 주변에서 형성되는 것이 간뇌죠. 간뇌에서는 대뇌와 연수를 연결하는 시상

thalamus과 본능과 감정, 내장 기능 등의 주요 통제 중추인 시상하부가 중요한 영역입니다.

중뇌 가운데에 중뇌수도관이 있습니다. 수도관처럼 물이 흐른다는 말이죠. 중뇌수도에서 중뇌midbrain가 만들어지며, 전뇌와 능형뇌를 연결하는 역할을 합니다. 중뇌에서 중요한 부분으로 중뇌덮개, 중뇌피개가 있죠.

능형뇌는 제4뇌실 주위에 있죠. '실室'이라는 것은 빈 공간이라는 의미이고 나중에 뇌척수액이 흐르는 관이 된다고 했죠. 관 속이라고 보면 되는 겁니다. 이렇게 뇌의 발생이 관을 중심으로 이루어지고 있습니다. 능형뇌는 다시 후뇌metencephalon와 수뇌myelencephalon로 갈라집니다. 후뇌는 운동의 균형을 조절하는 소뇌cerebellum와 교뇌가 되죠. 연수medulla와 소뇌 사이, 대뇌와 소뇌 사이를 잇는 신경섬유의 다발과 여러 신경핵으로 구성된 것이 교뇌입니다. 수뇌는 척수와 뇌 윗부분 사이의 신호를 전달하고 심장박동이나 호흡 등의 자율 기능을 조절하는 연수가 됩니다.

결과적으로 뇌는 초기에 전뇌, 중뇌, 능형뇌의 세 가지였는데, 나중에는 종뇌, 간뇌, 중뇌, 후뇌, 수뇌의 다섯 가지로 분화됩니다. 다음처럼 말이죠.

```
전뇌   ┬ 외측내실 ─ 종뇌 ─ 대뇌피질, 기저핵, 변연계
       └ 제3뇌실  ─ 간뇌 ─ 시상, 시상하부
중뇌   ─ 중뇌수도 ─ 중뇌 ─ 중뇌덮개, 중뇌피개
능형뇌 ─ 제4뇌실  ┬ 후뇌 ─ 소뇌, 교뇌
                  └ 수뇌 ─ 연수
```

다시 강조하면, 뇌는 관(뇌실)에서 발생되고 있습니다. 4주째 태아의 연수 영역 신경관을 보면 신경세포들이 있고, 4주 반째에는 관이 오므라들어서 변형된 모습을 볼 수 있죠. 그러면서 날개판과 기저판이 생깁니다. 척수 쪽으로 내려가면 기저판이 운동신경이 나아가는 전각이 되고 날개판은 감각에서 들어오는 후각이 되죠.

척수신경을 좀 더 입체적으로 보시죠. 8-13 그림을 보면 신경관이 있고, 신경관 밑에 있는 것이 척삭이죠. 척추동물은 척삭동물의 아문이라고 했죠. 이 척삭은 태아 때는 존재하지만 태어나면 사라집니다. 또 신경관을 중심으로 발생 과정을 유심히 살피면 태아 발생 단계마다 모양이 바뀌어감을 알 수 있습니다. 내실, 체강coelom, 인두pharynx, 인두열gill slits, 그다음으로 안구가 들어갈 부분도 보입니다.

척추동물의 발생에서 신경관 앞쪽 끝에 부풀면서 생기는 부분이 뇌포brain vesicle죠. 나중에 뇌가 만들어지는 부분입니다. 얕은 주름을 통해 전뇌, 중뇌, 후뇌로 구분됩니다. 8-13 그림에서 휘어진 지팡이처럼 생긴 부분은 나중에 대뇌와 척수가 되어 중추신경계를 구성하죠. 신경관을 위, 아래로 양분하여 위쪽의 날개판은 척수의 후각이 되어 감각 쪽으로 연결되고, 아래쪽 기저판은 척수의 전각이 되어 운동 쪽으로 연결됩니다.

척수에는 특수체 구심 성분SSA, special somatic afferent 과 일반체 구심 성분GSA, general somatic afferent 등의 구심 성분과 일반 내장 원심 성분GVE, general visceral efferent 이라는 원심 성분이 있습니다. 여기서 A는 대뇌로 들어가는 것이고 E는 척수로 나가는 겁니다. 들어가는 것은 감각 신호가 척수로 들어가는 걸 생각하면 되고, 나가는 것은 운동이죠. 그리고 뇌벽에 있는 신경세포의 집단들은 분화되어 여러 신경핵과 대뇌기저핵,

8-13
발생 시 척수신경의 구조

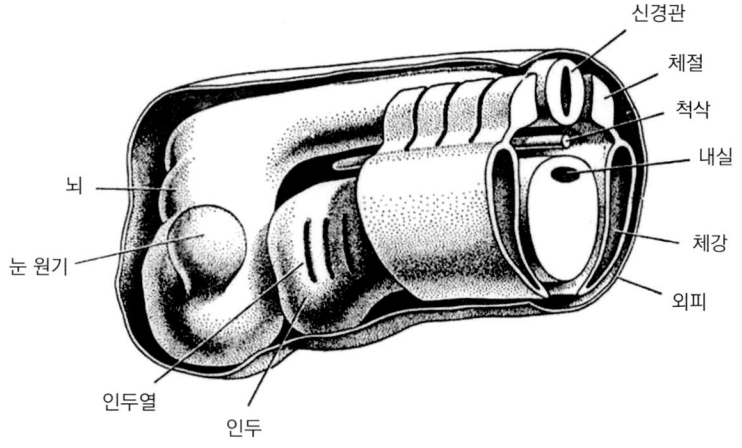

시상을 형성합니다.

8-14 그림처럼 4주 반이 지난 태아 뇌의 주요 부분을 잘라보면 시상뿐만 아니라 선조체, 시상하부가 생긴 것이 보입니다. 외곽에서 보면 대뇌반구와 시상이 보이죠. 그림의 아래 끝을 보면 여전히 관이 있습니다. 속이 빈 관이 주욱 척수 중심관으로 이어지고 있습니다.

5주째 태아의 뇌를 보면 상당히 많은 굴곡이 있죠. 시상, 선조체, 시상하부가 있고, 중뇌와 전뇌, 후뇌의 구조로 되어 있고, 소뇌가 제4뇌실 부근에서 말려들면서 생깁니다. 3개월째 태아의 뇌를 보면, 소뇌 쪽하고 시상이 굉장히 커집니다. 시상하부도 있죠.

4개월째 태아 뇌에서 교뇌와 연수가 보이죠. 교뇌 쪽은 굉장히 두꺼워져서 성인의 것처럼 모양이 변합니다. 교뇌는 중뇌와 연수 사이에 있으며, 하소뇌각을 통해 소뇌와 연결되어 있죠. 이 부분에 많은 뇌신경의 핵이 발달되어 있습니다. 얼굴 근육을 담당하는 3차 신경과 청신경 auditory nerve도 나옵니다. 운동의 하행 신경섬유다발이 지나가는

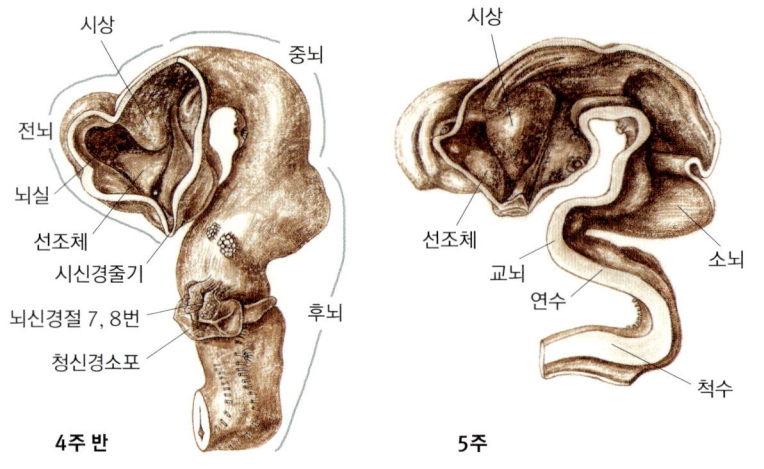

**8-14
발생으로 보는 4개월까지 태아의 뇌 구조 변화**

4주 반이 지난 태아 뇌를 잘라보면 대뇌반구뿐만 아니라 시상, 선조체, 시상하부가 생긴 것이 보이며, 끝을 보면 여전히 관이 있다. 5주째가 되면 많은 굴곡이 생기고, 굴곡이 말려들면서 소뇌가 생긴다. 3개월째에는 소뇌와 시상이 커진다. 4개월째에는 교뇌 쪽이 성인의 것처럼 굉장히 두꺼워지고, 시신경 교차, 뇌량, 시상, 후각망울, 후각로, 이상엽이 형성된다.

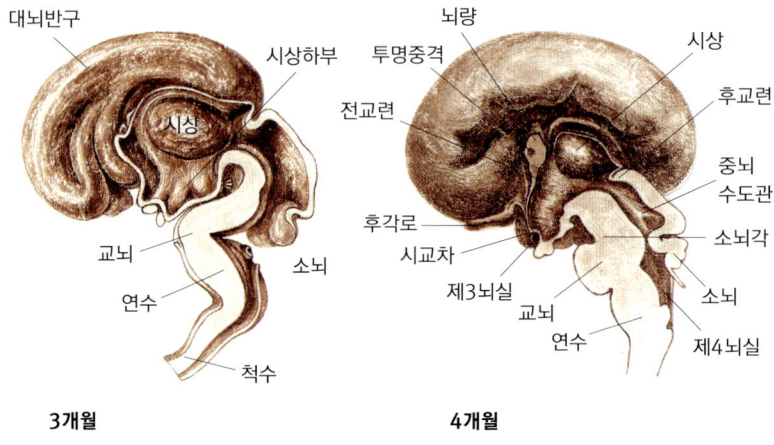

추체pyramid도 보이죠. 대뇌에서 뇌하수체가 형성될 영역인 시신경 교차optic chiasma도 보이고, 좌뇌와 우뇌를 연결하는 섬유다발인 뇌량corpus callosum 그리고 시상이 형성됩니다. 이때의 뇌 외곽으로 보면 후각망울

olfactory bulb 하고 후각로olfactory tract, 서양 배 모양의 이상엽piriform lobe이 있죠.

뇌에 대해 더 깊이 들어가기 전에 발생 중의 뇌 구조를 간단하게 살폈고, 발생의 관점에서 그 구조를 추적해봤습니다. 여러 단면의 뇌 그림을 찬찬히 살피면서 전체를 입체적으로 머릿속에 담아두시기 바랍니다. 구조를 파악하고 있으면 뭐가 어떻게 연결되고 왜 그런 현상이 일어나는지 쉽게 이해할 수 있을 테니까요. 생명현상에서 구조는 곧 기능입니다.

9강 뇌, 상상하는 기계가 되다

　뇌의 구조에 이어 이번 강에서는 뇌 전체의 연결망을 차근차근 살펴보도록 하겠습니다. 그러기 전에 좀 더 쉽게 뇌를 이해할 수 있는 몇 가지 방법을 이야기해보죠.
　첫째, 진화의 긴 시간을 통하여 관찰해야 합니다. 어류에서부터 양서류, 파충류, 조류, 포유동물까지 죽 놓고 봐야 하는 거죠. 시간 순으로 놓고 살피면 인간에 와서 1차 체감각 영역과 1차 운동 영역이 크게 확장되었음을 발견하고 그 의미를 명확하게 알 수 있을 겁니다.
　둘째, 나무가 아니라 숲을 먼저 봅시다. 나무에만 계속 매달리면 전체를 보기가 어렵습니다. 조각 그림 맞추기를 할 때 비행기 그림인지 풍경화인지 그림 전체를 알고 시작하면 쉽게 완성할 수 있듯이 전체를 미리 봐야 합니다. 뇌 공부에서는 세부에서 전체 구성으로 올라가는 보텀-업 방식보다는 위에서 아래로 내려가는 톱-다운 방식이 훨씬 효율적입니다. 세부적인 것들은 나중에 채워 넣고, 도대체 이런 기능들이 어떤 의미를 갖는지 전체 맥락 속에서 생각합시다.

셋째, 운동을 관찰합시다. "동물은 운동한다. 그리고 인간은 '잘' 운동한다." 이 문장을 새깁시다. 운동을 잘 관찰하면 뇌의 기능을 알 수 있습니다. 코미디 프로그램을 볼 때 텔레비전 소리를 완전히 줄이고 배우들 표정만 한번 보십시오. 내용은 정확히 모르지만 배우들의 표정이나 몸짓을 보면 느낄 수 있지 않습니까? 이때 말은 빼버리고 느낌을 만드는 배우들의 표정, 몸짓 등을 관찰하다 보면 운동만 확 드러납니다. 운동을 주의 깊게 살피다 보면 그 운동을 가능하게 해준 신경 시스템까지 궁금해지죠.

머리뼈 안에 갇힌 가상 머신

우리 인간만을 중심에 두고 뇌를 들여다보면 잘 안 보입니다. 물고기, 파충류, 포유류 등의 뇌와 인간의 뇌를 비교해보면 호모사피엔스로 진화하는 과정에서 문화라는 그리고 언어라는 요소factor가 인간의 뇌에서 어떻게 발현되었는가를 알 수 있습니다. 고고학자 스티븐 미슨Steven Mithen의 《마음의 역사The Prehistory of the Mind: The Cognitive Origins of Art, Religion and Science》라는 책은 언어에 의한 뇌 작용 변화 관점에서 네안데르탈인과 호모사피엔스를 잘 비교하고 있죠. 언어가 있는 인간끼리, 문화를 가진 인간끼리 비교해서는 그 특징이 잘 보이지 않죠. 사실 언어와 문화에 의해 인간에게 일어나는 현상은 너무 복잡하고 다층적이어서 그 골격이 잘 드러나지 않습니다. 그래서 인간의 뇌, 더 나아가 인간을 파악하려면 언어와 문화라는 장막을 걷어내고 꾸준하고 면밀히 인간의 행동을 관찰해야 합니다.

전체를 조망하고 운동을 관찰하라고 했습니다. 그런 관점에서 인간의 뇌가 어떤 의미를 지니는지 살펴보죠. 갑각류를 생각해봅시다. 곤충이나 게, 새우 같은 것들요. 갑각류는 외투, 단단한 바깥껍질로 되어 있습니다. 더 정확히 말하면 바깥껍질이라기보다는 외골격이죠. 갑각류를 보면 딱딱한 껍질이 바깥으로 나와 있고 그 안에 속살이 있습니다. 속살이 바로 근육입니다. 근육이 그 안에 갇혀 있으니 갑각류 입장에서는 자기 몸의 움직임, 근육의 움직임을 볼 수가 없죠.

그런데 척추동물에서는 뼈가 안으로 들어가고 근육이 바깥으로 나옵니다. 갑각류처럼 외골격이 아니라 내골격인 거죠. 인간도 그렇죠. 우리의 경우, 뼈가 안으로 들어가고 피부조직에 감싸인 근육이 바깥으로 나옴으로 해서 어떤 변화가 있느냐? 몸집이 더 커질 가능성을 갖게 됩니다. 내골격의 지지 작용으로 다양한 골격근이 형성될 수도 있죠. 이나스의 주장처럼 잘 운동할 뿐만 아니라 근육의 움직임을 즐길 수도 있게 되죠. 또한 서로의 근육 움직임을 볼 수 있게 됩니다. 아주 복잡하고 미묘한 표현들이 가능한 얼굴 근육을 보고서 서로의 감정을 주고받을 수도 있죠. 표정뿐만 아니라 몸짓, 소리 등으로 침팬지와 인간처럼 같은 종 안에서 커뮤니케이션이 이루어지는 겁니다.

척추동물에서 근육이 바깥으로 나오고 뼈가 안으로 들어간 것만큼 중요한 것이 신경 시스템이 뼈 속에 갇혀버린 겁니다. 중추신경 시스템이 두개골과 척추 뼈에 갇히게 된 거죠. 이런 인간의 뇌를 가리켜 이나스는 폐쇄계라고 했죠. 폐쇄계이기 때문에 뇌는 우리 몸에서 유일하게 감각 입력을 통해서 바깥 환경에 대한 정보를 얻고 받아들일 수밖에 없습니다. 바깥에 있는 세계상을 신체 표면에 존재하는 감각

9-1
발생 시 뇌의 변화

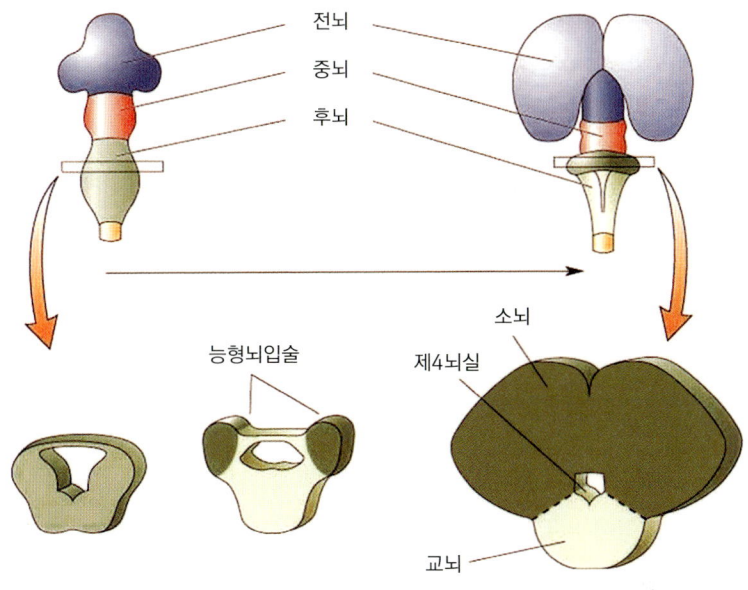

기관을 통해 내면화하고 범주화를 통해 세계상을 만들어내는 것이죠. 그래서 궁극적으로 뇌는 가상 머신이며 꿈꾸는, 그리고 상상하는 기계인 겁니다.

중추신경 시스템은 감각 입력과 운동 출력을 통해 우리 몸과 외부 세계를 연결하죠. 9-1 그림은 뇌의 여러 영역이 발생 중에 변화되는 모습을 보여줍니다. 발생 후 뇌가 죽 분화하면서 중뇌 영역에서 상구, 하구의 구조가 나옵니다. 그다음 대뇌의 양쪽 반구가 점점 분화되어 가죠. 척수의 날개판과 기저판은 등 쪽이 후각이 되고 배 쪽이 전각이 됩니다. 이것이 연수 쪽으로 가면 후각은 감각 신경이 들어오는 감각 영역에 해당되고, 전각은 운동 출력이 나가는 영역과 관련됩니다. 이어서 제4뇌실을 중심으로 소뇌가 크게 발달합니다.

진화상으로 척수라는 것이 굉장히 중요합니다. 척수는 척추 관 속에 있는 원기둥 모양의 중추신경이죠. 연수에서 척수로 이어져 내려오는 뇌 영역은 뇌와 말초 신경 사이에서 감각 입력 신호와 운동 신호를 전달합니다. 두삭류인 창고기를 보면 척수관이 봉합되지 않았죠. 척수가 일부 열린 상태인 겁니다. 원구류인 칠성장어쯤 되면 관은 막히지만 신경세포가 백질하고 회색질로 확실히 구분되는 건 아니죠. 연골어류인 상어쯤부터 백질과 회색질이 구분되기 시작합니다. 신경세포하고 섬유다발이 분화되는 거죠.

8강의 그림들을 떠올리면서 뇌 전체의 구조를 다시 그려봅시다. 척수, 연수, 교뇌, 중뇌가 있고, 교뇌의 천장판 껍질 부위가 크게 자라서 형성된 영역이 바로 소뇌가 되죠. 그 위로 올라가면 간뇌. 뇌실을 중심으로 시상이 보입니다. 시상 주위로 시상하부가 있고, 변연계의 해마가 있고, 이것들을 외측내실이 감싸고 있습니다. 그리고 대뇌기저핵의 일부인 꼬리핵(미상핵)과 창백핵이 붙죠. 그다음 단계로 조가비핵(피각)이, 그다음으로 편도체가 붙습니다. 편도체는 고삐핵과 송과체가 있는 시상상부와 연결되어 있습니다. 송과체는 멜라토닌 호르몬을 생성하며 일조량에 민감합니다. 시상하부 아래 있는 뇌하수체는 한 생애 동안 여러 가지 호르몬을 분비해서 우리 몸의 전 생애에 걸친 변화를 조정하죠.

회색질의 대뇌 신피질이 대뇌반구의 표면 전체를 마지막으로 덮고 있습니다. 파충류 이상에서 점차로 확장되는 신피질은 학습, 감정, 의지, 지각, 언어, 수의운동 등을 지배하는데, 신피질의 확장으로 대뇌반구 측두엽 안쪽으로 말려 들어간 구피질과 비교가 되죠.

소뇌 위로는 상구와 하구가 있고, 좌뇌와 우뇌를 연결하는 약 2억 개의 신경섬유다발로 된 뇌량도 보입니다. 뇌 과학자 로저 스페리Roger

Wolcott Sperry, 1913-94가 뇌전증 환자를 치료하기 위해 뇌량을 자른 후 관찰한 결과로 1981년 노벨 생리의학상을 받기도 했죠.

다섯 개의 부위

기억은 가상 머신인 뇌가 작동하는 데 매우 중요한 역할을 합니다. 이나스의 이론에 따르면, 기억에는 세 가지 유형이 있다고 합니다. 첫 번째가 신체 구조 기억(구조적 기억)입니다. 이 기억으로 새의 날개나 오리의 물갈퀴처럼 종 특유의 기능이 신체 구조로 발현되죠. 두 번째는 뇌 배선 기억으로 발생 초기부터 작동합니다. 태어나면서부터 지니는 종 본래의 기억이죠. 세 번째가 참조 기억(경험학습 기억)입니다. 우리가 기억이라고 일컫는 것이 바로 경험과 학습에 의해 축적되는 참조 기억이죠. 참조 기억이라는 것은 먼저 있는 신체 구조 기억과 뇌 배선 기억을 기초로 하여 뇌 연결망의 구조적이고 역동적인 성질을 미묘하게 조정해서 형성된 것이라고 이나스는 말합니다. 앞의 두 기억하고 근본적으로 다르죠. 변화하는 외부 세계와 그것의 특성들을 내부로 받아들이면서 형성된 기억입니다.

요약하면, 뇌 구조는 1차 기억, 신경세포들의 연결망은 2차 기억이라고 말할 수 있죠. 이때 연결망은 태어나면서부터 가지는 종 본연의 것입니다. 그다음에 1차 기억과 2차 기억을 바탕으로 생후 학습을 통해 미세 조정하는 것이 3차 기억, 즉 우리가 이야기하는 기억이죠. 기억과 더불어 인간의 의식 작용을 1차 기억, 즉 뇌의 구조를 파악하는 것이 우선이 되어야 합니다.

192쪽과 193쪽 사이에 있는 9-2 도표를 보시죠. 이 도표는 뇌의 중요한 부위와 그 부위들이 어떻게 연결되어 있는지를 거시적으로 보여주는 자료입니다. 크게 감각 피질, 파페츠회로, 대뇌기저핵, 전두엽, 소뇌의 다섯 블록으로 이루어져 있습니다.

9-2 도표의 왼쪽 부분, 감각 피질이 어떻게 작용하는지 먼저 보시죠. 우리 뇌를 중심고랑을 기준으로 앞쪽과 뒤쪽으로 양분했을 때 뒷부분인 후두 쪽이 대부분 감각 피질에 해당합니다. 대뇌피질은 중심고랑 앞쪽이 운동 피질, 뒤쪽은 감각 피질이라고 했죠. 감각 쪽의 인식 작용은 시각, 청각, 체감각을 받아들이며 이루어집니다. 즉 감각 입력을 받아들여 외부 세계상을 구성하죠.

감각이 인식에 이르기까지 여러 가지 채널이 형성되어 있습니다. 시각 같은 경우에는 1차, 2차 …… 7차 영역으로 죽 올라가서 측두엽으로 가기도 하고 두정엽으로 가기도 합니다. 측두엽으로 가는 정보는 형태, 색깔 등 한마디로 'what'에 대한 것이고, 두정엽으로 가는 정보는 위치, 운동, 속도 등 'where'에 해당하는 것입니다. 청각도 1차, 2차 영역에서 고차로 올라가고, 체감각도 여러 단계로 처리되어 통합되죠. 감각언어language와 관련된 베르니케 영역과 운동언어speech인 발화와 관련된 브로카 영역도 있습니다.

결국 감각 피질이 하는 일은 감각 입력을 처리하여 사물을 인식하게 만드는 것입니다. 인식 작용은 여러 감각 모듈의 정보들을 통합 처리하여 생기게 되죠. 9-2 도표 왼쪽의 감각 피질 영역에서 중간의 파페츠회로 영역, 오른쪽 위의 전두엽 영역으로 이어지는 장거리 피질-피질 트랙을 봅시다. 대뇌 신피질에서의 장거리 연결을 말하는 거죠. 이렇게 여러 감각기관이 모두 연결되어서 도표 왼쪽 위의 해마방회를

9-3
각 영역별 뇌의 기능

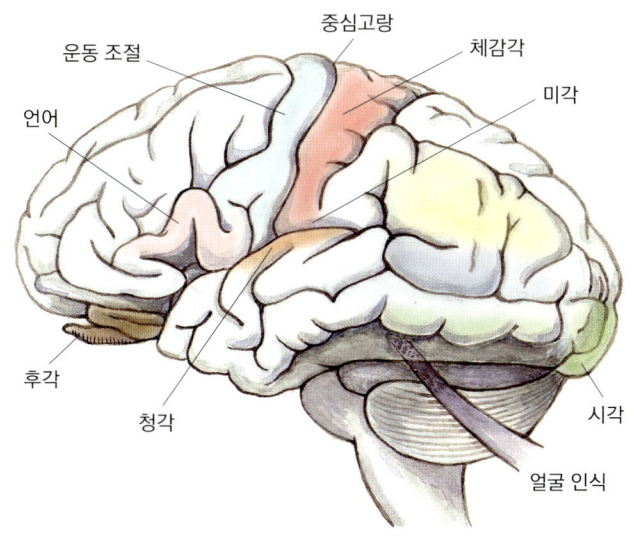

통해 해마로 들어갑니다. 해마로까지 연결되면 기억이 만들어지는 겁니다.

그러면 그 기억을 어디로 보내느냐? 도표 오른쪽 전두엽 위에 전대상회cingulate가 범퍼처럼 놓여 있습니다. 감각 입력을 받아들이는 부위도 후대상회와 마주하고 있죠. 대상회는 크게 전두엽과 연결된 전대상회 그리고 후두엽과 연결된 후대상회로 구분됩니다. 감각과 연결된 후대상회는 감각 입력을 피질로 전달해주며, 전두엽의 운동 관련 신경망과 연결된 전대상회는 의도적 선택 행위와 관계가 있습니다.

해마에서 만들어진 기억은 유두체, 유두시상로, 시상전핵 등을 거쳐 대상회로 갑니다. 그리고 다시 해마로 들어가죠. 이것이 하나의 폐루프를 그리고 있습니다. 이것이 바로 파페츠회로죠. 다음과 같이 죽 돌아가는 겁니다.

해마 → 유두체 → 유두시상로 → 시상전핵 → 대상회(대상다발) → 해마방회 → 해마

9-2의 도표는 입력에서 출력의 순서로 봐야 합니다. 내부 시스템을 하나의 블랙박스로 봤을 때 입력부(감각 피질)가 있고 자율운동, 리듬운동, 지향운동(어느 한 곳에 주의를 집중하는 것), 사지에 의한 거시자세운동, 미세운동 등 다섯 가지 운동 출력이 있죠.

여러 번 강조했듯이 우리 인간이 유일하게 출력할 수 있는 것이 운동입니다. 이 점은 아무리 강조해도 지나치지 않죠. 뇌가 왜 있느냐? 신경 시스템이 있으면 동물이라고 합니다. 동물은 왜 동물이냐? 움직이니까 동물動物입니다. 궁극적으로 뇌가 하는 일은 움직임을 만드는 것입니다. 대표적인 움직임이 말을 하는 거죠. 물론 걸어가는 것도 움직임이고, 감정을 표현하며 표정을 짓는 것도 다 움직임입니다. 동물의 진화 정도는 자유롭게 수행할 수 있는 운동 동작의 개수를 근거로 판단됩니다.

그러면 어떻게 운동 출력을 다양하게 내보낼까요? 다섯 가지 운동 출력이 있다고 했습니다. 그걸 만들어내는 곳, 계획하는 곳이 전두엽입니다. 9-2 도표 오른쪽 위의 전두엽 블록을 보면, 안와전두엽, 배외측전두엽, 전두시각 피질, 배내측전두엽, 전 운동 영역, 1차 운동 영역이 있죠.

프로그램화된 운동 출력은 아무 때나 내보냅니까? 아니죠. 외부 환경에서 들어온 자극에 대응하여 계획된 프로그램을 최적의 타이밍에 내보내야 하는 거죠. 그것을 선택하는 곳이 대뇌기저핵이고, 타이머에 해당하는 것이 소뇌입니다. 소뇌가 시간 조율, 시간 맞춤을 해주고

대뇌기저핵이 적당한 운동 프로그램을 출력하는 겁니다. 따라서 대뇌기저핵에는 준비된 운동 프로그램이 많습니다. 운동 프로그램은 주로 운동 피질에서 출력됩니다. 보완 운동 영역, 전 운동 영역, 1차 운동 영역 등이 여기에 속하죠.

운동 프로그래머, 전두엽

배내측전전두엽을 자세히 보면 후각로와 후각망울이 있습니다. 인간의 후각기관이 전전두엽 아래 들어가 있죠. 배외측전전두엽은 입력 패턴을 지난 기억과 비교하여 판단하고 미래를 예측하는 고차 기능을 하는 곳입니다.

전두엽, 특히 전전두엽은 뇌 전체에서 아주 중요한 부위죠. 전전두엽에서도 눈동자가 들어가는 부분인 안와전전두엽은 사회적 정서와 관련된 곳입니다. 신경학자 안토니오 다마지오Antonio Damosio, 1944-는 《데카르트의 오류Descartes Error: Emotion, Reason, and the Human Brain》라는 책에서 안와전전두엽에 종양이 생기면 사회에서 용인되지 않는 행동을 하게 된다고 말합니다. 안와전전두엽에 문제가 생기면 감정이 손상되는 겁니다. 감정이 아주 평면적으로 바뀌면서 감정 기복이 없고 냉혹해집니다. 이때 결정적으로 손상되는 것이 판단력입니다. 판단력을 상실하죠.

어느 날 엘리엇이라는 사람이 다마지오를 찾아갔답니다. 일하는 직장마다 해고를 당하자 정신질환임을 인정받아 실업수당을 얻기 위해서죠. 하지만 당시 기술로는 한계가 있어 정신질환을 앓고 있다는 판

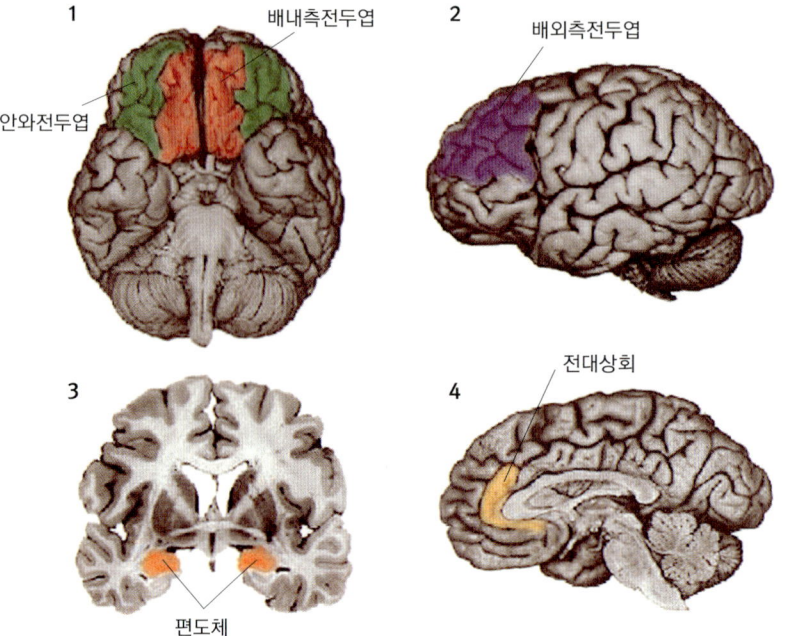

9-4
감정과 의식 관련 뇌의 주요 영역들

단을 어떤 정신과의사도 못 내렸답니다. 그런 엘리엇에게 다마지오가 교통사고나 전투 장면 같은 안 좋은 사진 여러 장을 죽 보여주었는데, 그 사진을 본 후 논리적으로는 잘 설명을 하더랍니다. 그런데 가만히 지켜보니 좀 이상했던 거죠. 설명은 논리적으로 하는데 얼굴 표정은 하나도 바뀌지 않았던 겁니다. 피부 저항을 측정해봐도 아무런 변화가 없었죠.

다마지오가 이 사람을 면밀히 조사하다가 안와전전두엽에 종양이 생긴 걸 알았죠. 안와전전두엽에 문제가 있는 사람은 결국에는 감정이 이상해집니다. 다마지오는 이런 결론을 내리죠. 이성적 판단, 정확한 판단을 하기 위해서는 감정이 풍부해야 한다! 감정과 느낌을 바탕으로 상황에 맞게 생각하며 적절하게 운동 출력을 계획하고 선택해야 하는 거죠.

감정과 관련된 부위들이 또 있습니다. 공포에 반응하는 편도체와 개개인의 기호 등의 유동적인 인식과 관련된 전대상회가 그렇죠. 9-4 그림 4번 가운데의 띠처럼 기다란 대상회 앞쪽 노란 부분이 전대상회죠. 대상회의 뒤쪽은 후대상회인데 일부는 운동과, 뒤쪽은 감각과 관련되어 있죠.

특히 유념해서 봐야 할 부분이 전대상회입니다. 전전두엽과 연결되어 사회적 행위를 인식하고 판단하죠. DNA 2중 나선 구조 발견으로 유명한 크릭Francis Harry Compton Crick, 1916-2004이 전대상회를 가리켜 뇌에서 의식과 관련된 부위라고 했죠. 이 전대상회에서 인체의 어느 부위에도 없는 추체세포가 발견되기도 했습니다. 추체세포는 일부 영장류에게서 보이는데, 인간에게 특히 많죠.

충격적인 일을 겪으면 뇌의 어떤 부위가 손상되어 물리적으로 변형되기도 합니다. 참사 후 신경회로가 거의 3분의 1 수준으로 줄어들어 거의 선으로 되어버린 자료도 있습니다. 외상후증후군을 뇌 과학적으로 확실히 보여주는 예죠.

운동 출력을 선택하는 대뇌기저핵

전두엽에서 프로그램화된 계획들이 상황에 맞게끔 운동 출력을 선택하는 부위가 바로 대뇌기저핵입니다. 9-2 도표 중앙의 대뇌기저핵 블록을 보면, 등쪽선조와 배쪽선조로 이루어져 있죠. 등쪽선조에는 선조체, 창백내절, 창백외절, 시상밑핵이 있고, 배쪽선조에는 배쪽창백과 측좌핵이라고 하는 중격의지핵nucleus accumbens이 있습니다. 배쪽 선조는 감정과 기억에 직접 연계되어 있죠. 그래서 운동 출력은 감정과 기억을 벗어날 수가 없습니다. 근본적으로 연계되어 있는 겁니다.

중격의지핵은 쾌감과 관련 있습니다. 음식이 나오는 버튼과 쾌감을 느끼게 하는 코카인이 나오는 버튼 두 개를 주고 쥐에게 누르도록 하는 실험이 있었죠. 놀랍게도 쥐는 음식이 아니라 코카인이 나오는 버튼을 계속 눌렀답니다. 그 부위, 도파민을 분비해 쾌감을 느끼게 하는 그 부위가 바로 중격의지핵입니다. 출력을 받는 것이 배쪽창백이죠. 또한 중격의지핵은 기억 회로, 즉 해마 쪽과 연결되어 있습니다.

쥐의 뇌를 관찰하면 수염의 배열 형태와 같은 뇌 세포 패턴을 볼 수 있습니다. 이 뇌 세포 패턴을 하나하나 확인해보면 수많은 신경세포가 연결되어 있습니다.

신경조절물질인 아세틸콜린을 분비하는 신경핵 중 가장 큰 것이 전뇌기저부에 있는 신경핵인 마이네르트핵입니다. 전뇌기저핵이라고도 하죠. 알츠하이머 환자들에게서 현저한 변화가 나타나기 때문에 활발하게 연구되고 있습니다. 에덜먼에 따르면, 대뇌기저핵의 입력과 출력은 관련 대뇌피질과 상호 연계되어 학습된 습관적 반응을 무의식적으로 작동시킵니다.

또 도파민을 분비하는 중뇌 상부의 배쪽피개 영역이 대뇌기저핵과 연계되어 있습니다. 중뇌의 흑질 역시 기저핵과 연계되어 있죠. 흑질은 흑질치밀부와 흑질그물부로 이루어져 있습니다. 흑질치밀부에서 도파민을 분비하는 세포가 세포사하면 나타나는 질환이 바로 파킨슨병입니다. 파킨슨병은 손발이 떨리고 근육이 경직되며 몸의 움직임이 둔해지는 신경 운동성 질환이죠. 정상인의 흑질부와 비교했을 때 까

9-2 뇌의 주요 부위와 연결

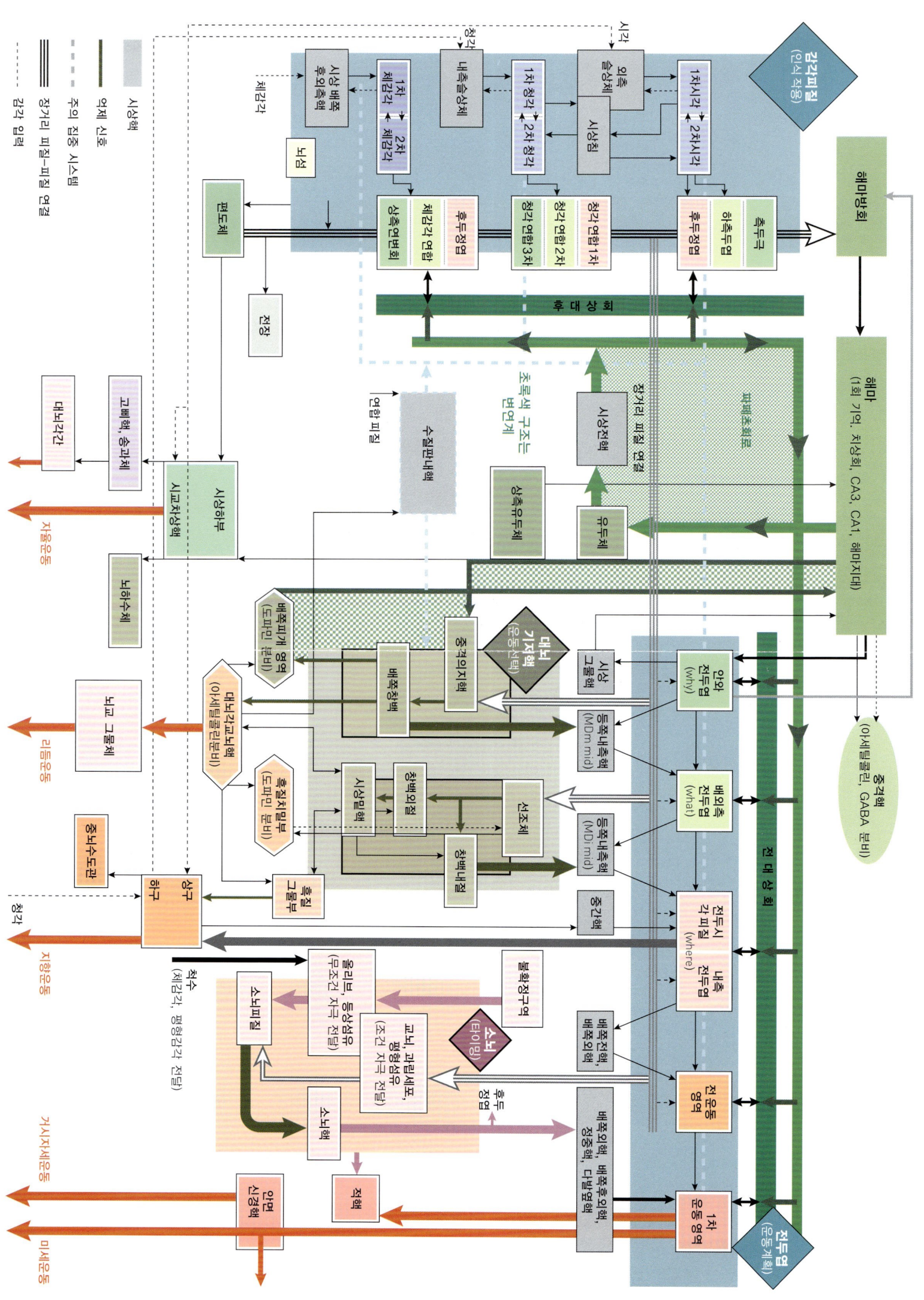

9-5
대뇌기저핵 연결망

대뇌피질의 다섯 가지 입력이 선조체로 가고, '창백외절, 시상밑핵, 창백외절' 또는 '창백외절, 시상밑핵, 창백내절'의 루트와 '창백내절, 시상전핵과 시상정중핵, 보완 운동 영역, 전 운동 영역, 뇌간(중뇌, 교뇌, 연수), 척수' 또는 '흑질그물부, 시상전핵, 보완 운동 영역, 전 운동 영역, 뇌간, 척수'의 또 다른 루트로 이동한다. 시상정중핵에서 선조체, 흑질치밀부에서 선조체의 루트도 있다.

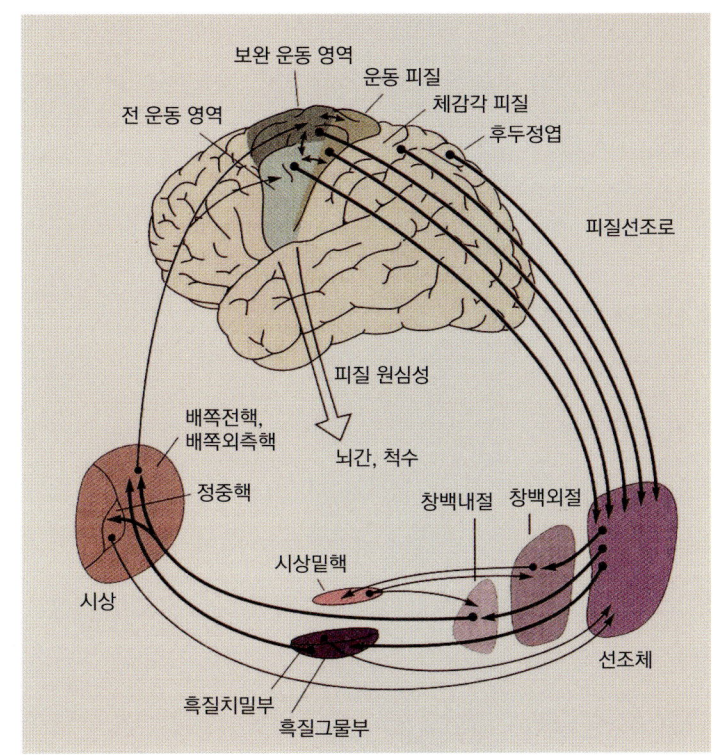

만 부분이 많이 사라진 것을 볼 수 있습니다.

선조체에서는 대뇌피질의 입력 신호를 받아 '선조체 → 창백내절 → 시상(배쪽전핵, 배쪽외측핵, 정중핵) → 보완 운동 영역 → 1차 운동 영역 → 선조'의 직접 회로와 '선조체 → 창백외절 → 시상밑핵 → 흑질그물부'의 간접 회로를 작동시킵니다. 흑질그물부에서 시상핵을 거쳐 다시 보완 운동 영역과 전 운동 영역으로 가죠. 운동 영역의 출력 신호는 척수와 중뇌, 교뇌, 연수로 이루어진 뇌간으로 이동합니다. 시상의 정중핵에서 선조체로, 흑질치밀부에서 선조체로 입력이 바로 들어가기도 하죠. 뇌의 전체 연결망 중 흑질 쪽에서 균형을 잃었을 때 파킨슨병과 헌팅턴병이 나타납니다. 직접 회로에 도파민이 작용하여 운동을 증가시키며, 간접 회로를 억제합니다. 간접 회로의 억제 작용은 결국 운동을 증가시키죠.

감각 신호의 전달자, 시상

뇌 전체 연결망에서 시상은 매우 큰 비중을 차지합니다. 9-2 도표에서 주의해서 봐야 할 것도 시상입니다. 어느 한 군데 몰려 있는 게 아니라 열두 개의 핵이 분리되어 기능적으로 뇌의 여러 영역과 관련되죠. 도표의 열두 개 회색 사각형으로 표시된 것들이 모두 시상의 핵입니다.

시상은 길이가 3cm, 폭이 1.5cm 되는 앞쪽이 약간 좁은 타원형의 구조체입니다. 세부 구조를 보면, 앞쪽에 시상전핵이 있고, 아래쪽에 배쪽전핵(VA), 배쪽외핵(VL), 배쪽후외핵(VPL)이 차례로 있습니다. 배쪽후내핵(VPM)이 배쪽후외핵 위로 있죠. 그리고 등쪽외핵(LD)과 등쪽후핵(LP)이 가운데에 차례로 있고, 그 위에 상당히 큰 등쪽내핵(MD)이 있습니다.

그래서 다시 시상의 부위를 보면 이렇죠. 시상상부, 배쪽시상, 등쪽시상, 시상하부로 이루어져 있습니다. 시상상부에는 송과체와 후각을 매개해주는 고삐핵이 있습니다. 등쪽시상은 LD, MD 등 D(dorsal)로 끝나는 것들이죠. 배쪽시상은 VA, VL 등 V(ventral)로 시작하는 것들입니다. 지금 말한 시상핵이 9-2 도표 전체에 열두 개가 분포되어 있습니다.

9-6
시상의 핵들과 피질의 연결

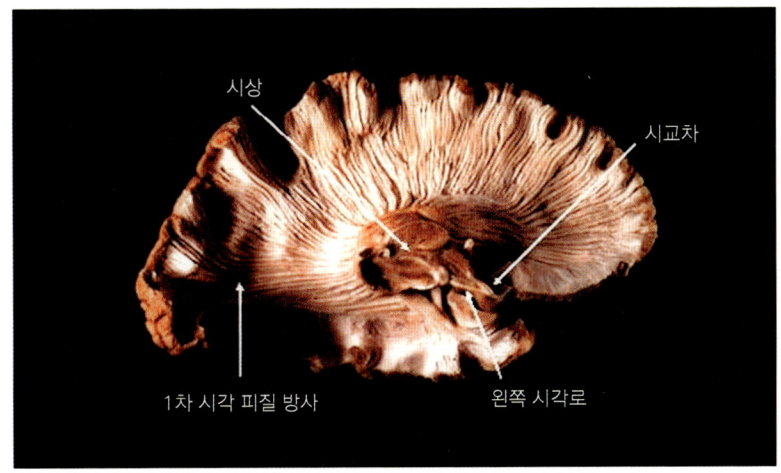

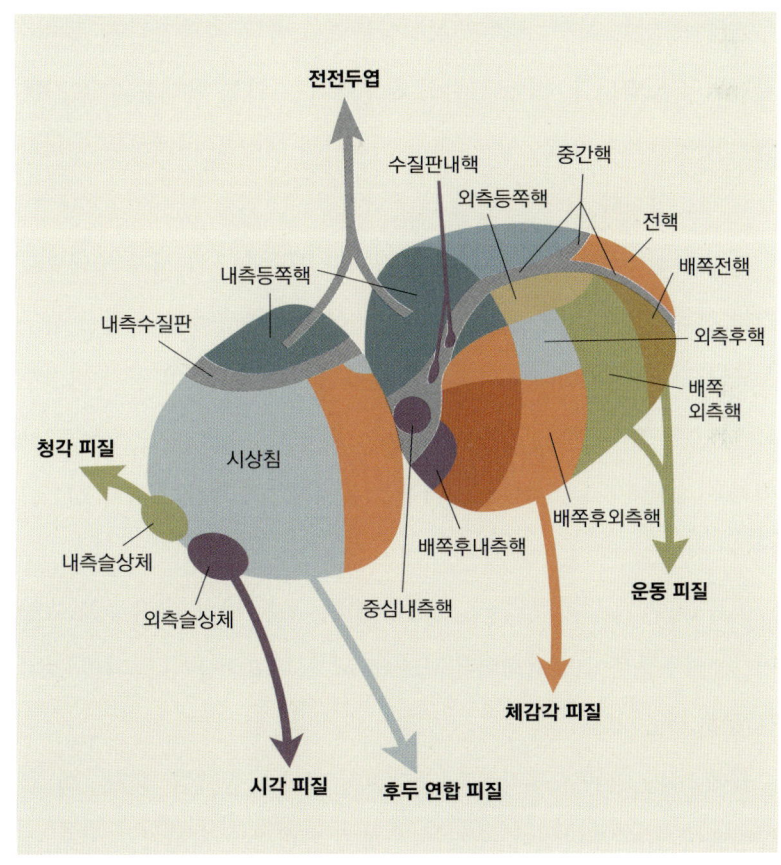

시상이 하는 일은 무엇이냐? 가장 중요한 것이 감각신경 신호를 대뇌피질로 방사하여 전달해주는 것입니다. 대뇌피질에서 나오는 신경자극이 척수로 내려갈 때 중계 역할을 하기도 하죠.

뇌의 진화, 어류·양서류·파충류·조류·포유류

시각, 청각, 후각, 평형감각 등 특수 감각 부위들은 어떤 식으로 진화해왔을까요. 시각은 중뇌 상부 천장판에 있는 상구, 청각은 중뇌 하부 덮개에 있는 하구, 후각은 시상상부의 고삐핵, 평형감각은 소뇌와 관련되어 있습니다. 일반 감각인 분별촉각은 연수 아래쪽의 얇은핵, 쐐기핵과 관계가 있죠. 상구, 하구는 시각과 청각을 매개하는 중뇌의 주요 부분입니다.

시각은 상구로도 가고 후두로도 갑니다. 후두의 1차 시각 영역으로 가는 시신경은 시상의 중계핵인 외측슬상체를 통과하죠. 청각은 하구로도 가고 역시 시상의 중계핵인 내측슬상체를 통해 1차 청각 피질로도 갑니다. 평형감각은 일부는 체감각 영역으로, 대부분은 소뇌로 들어가죠. 분별촉각은 얇은핵, 쐐기핵을 통해서 1차 체감각 영역으로 갑니다.

어류 대구, 양서류 개구리, 파충류 악어, 조류 거위, 포유동물 고양이 등 척추동물이 진화되어온 순으로 뇌를 비교해봅시다. 뇌의 크기는 물론 다릅니다.

물에 사는 대구는 후각이 굉장히 발달되어 있습니다. 후각로와 후각망울이 있고 후각엽이 크죠. 시신경과 관련되는 시각엽도 매우 큽

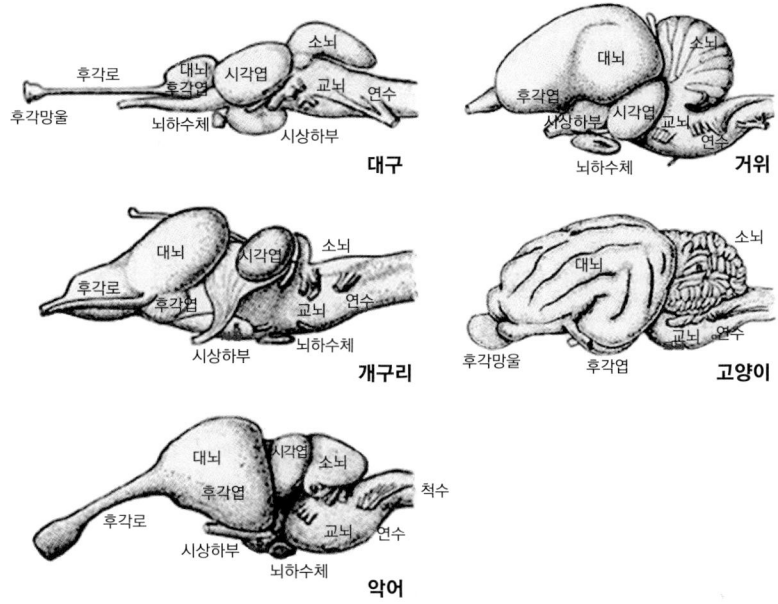

9-7 진화 순으로 본 척추동물의 뇌

척추동물이 진화하면서 감각과 운동의 대뇌, 소뇌 크기가 점점 커지고 발달하며 정교해진다.

니다. 여기서 중요한 것은 어류에도 대뇌가 있다는 겁니다. 물속에서도 잘 움직이니 소뇌 또한 발달되어 있습니다. 시상하부도 굉장히 크고, 뇌하수체가 있죠.

개구리는 움직임이 그다지 크지 않습니다. 가만히 앉아 있다가 파리 같은 먹이가 지나가면 그때야 잠깐 움직이죠. 그래서 소뇌가 물고기의 것보다 훨씬 작습니다. 대신 시각엽이 크고 대뇌가 발달되어 있습니다. 후각도 발달되어 있죠.

악어쯤 오면 운동이 다양해지니 소뇌가 커지고 시각엽, 뇌하수체, 교뇌가 발달합니다. 그리고 후각로, 후각망울이 매우 커지죠.

여기서 유심히 보실 것은 거위의 소뇌입니다. 어류, 양서류, 파충류를 거쳐 조류인 거위에 오면 소뇌가 굉장히 커집니다. 당연하죠. 거위는 좀 다르지만, 새들은 하늘을 나니까요. 또한 대뇌, 후각엽, 시상하부도 큽니다.

고양이 정도의 포유동물에 오면 대뇌가 대뇌기저부를 거의 덮죠. 고양이에게서는 후각망울이 약간 보이는데, 인간에 이르면 대뇌가 후각망울을 완전히 다 덮습니다. 소뇌는 계속 발달하고 있죠.

인간 뇌의 여러 기능에서 시상의 작용은 매우 중요합니다. 시상 영역의 발생 과정을 살펴보면, 그림 9-8에서 대뇌피질 아래 등쪽시상, 배쪽시상, 기저핵, 경계고랑, 시상하부, 대뇌수도관, 후각을 연계해주는 시상상부의 고삐핵과 송과체가 있습니다. 여기서 등쪽시상은 발생하면서 아주 커지고, 시상상부는 인간으로 오면서 상대적으로 작아지죠. 멜라토닌 색소와 관계되는 송과체는 일주기, 즉 햇빛과 관련이 있다고 했죠. 일부 도마뱀의 정수리에는 제3의 눈으로 여겨지는 두정안이 있습니다. 송과체와 관계가 있는 시각 관련 기관이죠.

그림 9-9에서 발생 15일째 쥐와 20일째 쥐의 시상 부분을 봐도 크기가 다릅니다. 등쪽시상과 시상하부가 5일 간격으로 커지는 반면, 시상상부는 상대적으로 크게 변하지 않죠. 그리고 15일째 쥐에서 시상밑핵, 불확정 구역, 창백핵이 분화되어가는 것이 보입니다. 5일 만에 다양하게 분화되고 크기가 커집니다.

인간의 능형뇌에서 분화되어 연수가 되는 수뇌 하부 쪽을 보면 중뇌처럼 위부터 천장판(덮개), 피개 영역, 기저부로 이루어져 있습니다. 피개가 먼저 있고 천장판과 기저부가 양쪽으로 덧붙여지는 구조죠. 중뇌 아래 교뇌와 교뇌 아래 수뇌 상부에는 천장판이 아닌 소뇌가 있습니다. 기저부는 하행 섬유다발이 지나가는 곳이며 포유류에서 크게 발달합니다.

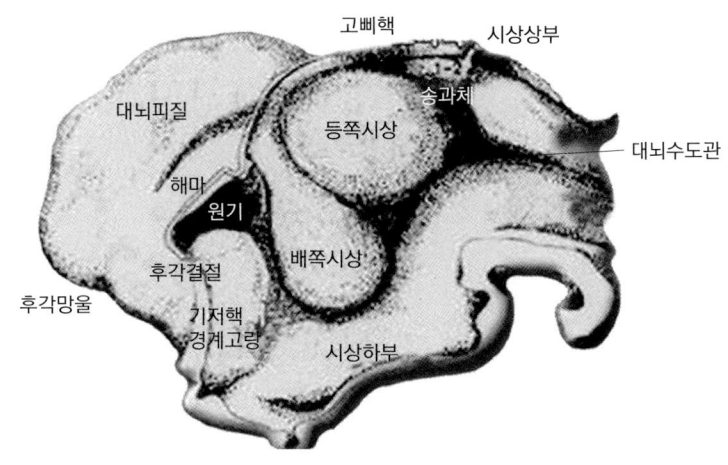

9-8
발생 중의 시상 영역

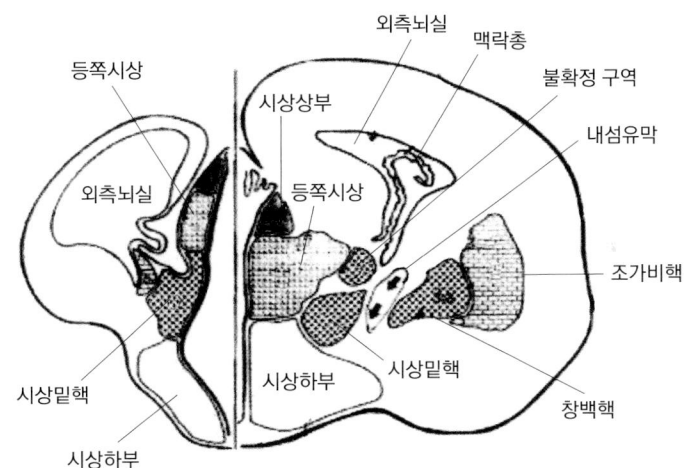

9-9
발생 15일(좌)과 20일(우) 쥐의 시상과 대뇌기저핵의 변화

하행 섬유다발이 지나가는 하행로는 뇌간과 척수의 운동신경원과 연결되어 뇌의 운동 출력이 가능하게 합니다. 하행로에는 척수에서 가까운 그물척수로가 있죠. 신경세포체와 신경섬유가 얽힌 구조인 그물척수로의 그물형성체는 칠성장어 같은 물고기 꼬리의 강력한 운동을 일으킵니다. 뇌간에는 아세틸콜린이나 노르아드레날린, 도파민 같은 신경조절물질이 척수 방향으로 나열되어 스프링클러처럼 분출되죠. 이런 신경조절물질이 매초 단위로 분출하면서 뇌의 각성 상태를 조절해줍니다.

그물척수로가 진화하면서 평형감각을 조절하는 전정척수로, 시각과 관련된 시개(덮개)척수로, 사지동물의 사지 엇바뀜 움직임을 관장하는 적핵(적색)척수로를 거치고 영장류 호모사피엔스에 이르러서 피질척수로가 나타납니다. 손동작처럼 아주 정교하게 움직이는 데 결정적으로 기여한 것이 피질척수로죠.

뇌 전체 회로의 입출력과 다섯 가지 운동 등을 살펴봤습니다. 시각, 청각, 체감각의 입력을 받아 최적의 운동 출력을 계획하는 곳이 전두엽, 환경 자극에 적절한 운동을 선택하는 곳이 대뇌기저핵, 선택된 운동 출력이 타이밍에 맞게 적절히 나가도록 조절하는 곳이 소뇌임을 기억합시다.

10강 척수, 세밀한 감각에서 정교한 운동까지

동물은 운동을 하고, 인간은 '잘' 운동합니다. 움직임이 아주 능숙하죠. 다른 동물들에게도 감각 입력과 운동 출력이 나타나지만, 인간에 오면 감각이 세밀해지고 운동이 정교해집니다.

야생 짐승의 가축화와 잉여 농산물의 축적으로 인구밀도가 높아지면서 고대 도시가 출현하고 나아가 언어나 문자 등 상징 기호가 활용되면서 인간 집단 내에서 의사소통이 활발해집니다. 그와 더불어 감정과 느낌의 표출이 중요해지면서 예술 활동이 나타나게 되죠. 이러한 인간의 다양한 활동들은 세밀한 감각과 정교한 운동으로 가능해진 능력입니다.

이러한 일련의 인간 행위는 세밀한 감각의 기반인 후섬유단-내측섬유띠 경로와 정교한 운동의 기반인 피질척수로의 진화와 관련되죠. 세밀한 감각과 정교한 운동에 대한 이야기를 시작하며 정교한 운동이 진화상으로 어떻게 진행되어왔는지, 척수신경계를 통해 정교한 운동이 어떻게 이루어지는지 살펴보겠습니다.

운동 시스템의 진화

인간이 정교한 운동을 할 수 있게 된 과정을 다섯 가지 하행 운동신경로를 통해 볼 수 있습니다. 다섯 운동신경로는 오랜 기간 진화해왔습니다. 그 시작이 바로 그물척수로입니다. 뇌간 안쪽에 있는 그물형성체(망상체)에서 척수로 내려가는 길이죠. 여기서 '로'는 신경섬유다발이 죽 연결된 것입니다. 그물형성체는 섬유하고 세포체가 마구 뒤엉킨 아주 원시적인 구조의 신경조직인데, 어류의 꼬리 움직임에 관련된다고 했죠.

두 번째가 전정척수로입니다. 뇌간의 전정핵에서 척수로 내려가는 루트죠. 전정핵은 우리 몸의 균형을 잡아주는 신경핵입니다.

세 번째가 시개척수로. 중뇌 상구에서 척수로 내려가는 신경섬유다발입니다. 상구를 조류 같은 다른 동물에서는 시개(시각덮개)라 하며 시각 피질의 역할을 하죠. 우리 인간에서는 주로 동안근을 조절하게 됩니다. 하구는 청각을 매개해주는 곳이죠.

시개척수로 다음은 적핵척수로입니다. 적핵은 중뇌에 있는 신경핵이죠. 앞발과 뒷발, 즉 사지동물의 사지 운동을 관장합니다.

마지막으로 나오는 것이 피질척수로(추체로 또는 피라미드로)입니다. 피질의 1차 운동 영역, 전 운동 영역, 보완 운동 영역 중 주로 1차 운동 영역에서 내려가는 신경섬유입니다. 이 피질척수로야말로 영장류에게 매우 중요하며, 인간에 이르러 특별히 발달된 하행 운동로죠. 정교한 운동이 이것의 진화로 가능하게 된 겁니다. 피질척수로가 하는 일은 원위부原位部 몸통과 사지 말단의 정교한 운동을 가능하게 해주는 것입니다. 그래서 우리가 악기도 연주할 수 있고 오케스트라도 지휘할 수 있죠.

하행 운동신경 루트를 척수에서 피질 방향으로 정리해보면 이렇습니다.

> 그물척수로 → 전정척수로 → 시개척수로 → 적핵척수로 → 피질척수로

이를 생명체의 진화 과정을 통해 봅시다. 그물척수로는 그물형성체를 중심으로 어류가 꼬리를 휘젓는 것, 즉 물고기의 운동에서 나온 것입니다. 물속에서 꼬리를 휘젓던 바다 어류나 민물 어류가 물 밖으로 나와 사지 달린 육상동물로 진화하면서 가장 절실했던 기능이 균형을 잡는 것이었습니다. 무중력 상태와 비슷한 물속에서는 부레 같은 것으로 균형을 잡는데, 육지에서는 네 발로 버텨야 하기 때문에 몸체의 균형을 잡는 기능이 필요해진 거죠. 육지 표면의 굴곡에 적응하기 위해서도 몸체의 균형을 잡는 것이 중요합니다. 이는 또한 다른 모든 몸 동작의 기본이 되죠. 그래서 육상동물로 진화하면서 중요해진 게 몸의 균형을 잡아주는 전정척수로입니다.

육지로 올라가 균형을 잡고 일어섰으니 어떤 목표를 향해 가야 하죠. 그다음으로 나온 시개척수로가 이와 관계가 있습니다. 목표를 향하는 감각이 원격감각인 시각인데, 시개척수로가 시각을 매개해주는 거죠. 다음으로 사지동물의 사지 운동을 관장하는 적핵척수로가 나타

납니다. 앞다리와 뒷다리로 일어서서 앞으로 나아가죠. 목표물인 먹 잇감을 획득하기 위해서는 정교한 운동이 필요합니다. 단순한 사지 운동에서 발전해 원위부 몸통에서 바깥 부위인 손가락, 발가락에 이 르는 부위까지 정밀하게 움직여야 하지 않겠습니까? 이를 가능하게 하는 것이 피질척수로죠.

이런 정교한 움직임은 모든 신경다발이 척수를 통해 사지 말단으로까지 신호를 전달한 결과입니다. 그래서 정교한 움직임을 이해하려면 가장 먼저 척수를 알아야 합니다. 또한 척수를 알아야 운동이 진화해 온 출발점과 운동의 중요성을 이해할 수 있죠.

척수의 구조

척수에 들어가기 전에 구분해야 할 게 있습니다. 척수와 척추죠. 척추는 척수를 감싸고 있는 뼈고, 척수는 그 안에 들어가 있는 신경세포들입니다.

10-1 그림에서 척추를 죽 보시면 위에서부터 경추, 흉추, 요추, 천추로 구분되어 있습니다. 그리고 경추와 요추 두 군데에 팽대부가 있죠. 크고 두껍습니다. 경추 팽대부는 어깨, 손목을 움직이고, 요추 팽대부는 허리, 다리를 움직입니다.

인간의 척수는 팽대부까지 포함하여 그 두께가 9~14mm입니다. 1cm 정도로 보면 됩니다. 척수신경로와 신경세포체가 모여 있는 척수 안 세포체 전체 두께가 그런 거죠. 무게는 30g 정도 됩니다. 성인 척추 전체의 길이는 45cm 정도입니다.

10-1
척추와 척수의 구조

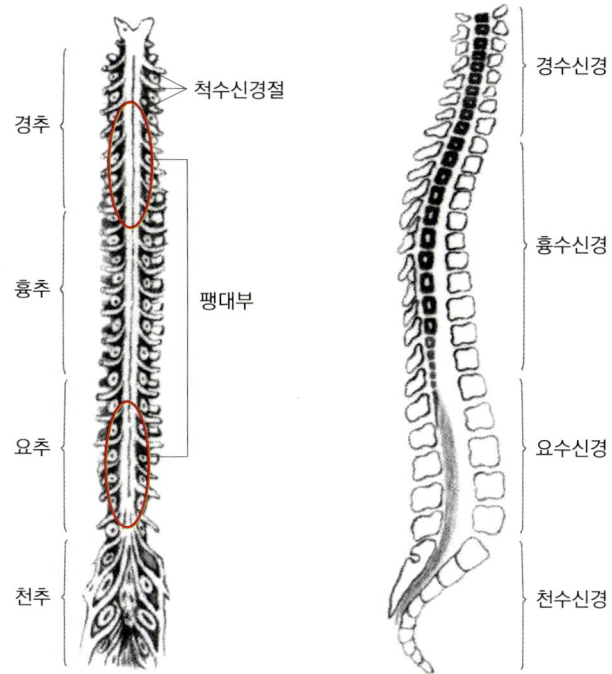

척수도 대뇌처럼 막 구조로 되어 있습니다. 맨 바깥에 경막, 안쪽에 연막, 그 중간의 거미막. 이 세 가지 막 구조가 척수에서도 그대로 나타납니다. 운동 출력은 척수 전근에서 나오고 감각 입력은 후근을 통해서 들어오죠.

10-2 그림의 척수 단면을 보면, 안에 있는 것이 척수고 바깥 전체가 척추입니다. 경막과 거미막, 연막의 구조가 있고, 전근과 후근이 척수신경과 연결되어 있습니다. 까만 부분으로 표시된 거미막밑공간 안에 뇌척수액이 있습니다. 척수에서 뇌척수액을 뽑는 시술을 할 때 이 공간에 있는 것을 추출하는 것이죠.

척수 안쪽에 나비 모양의 신경세포가 있습니다. 이것들은 주로 신

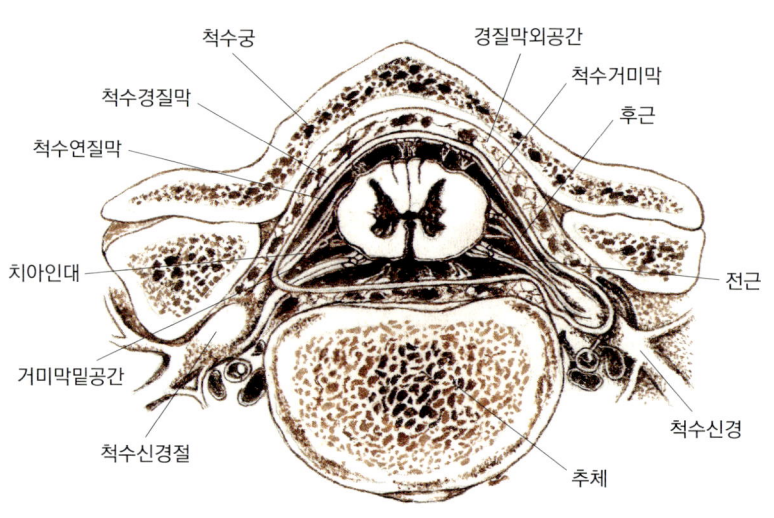

10-2
척수의 수평 단면

경세포체죠. 회색질입니다. 그 바깥에 있는 하얀색 부분은 백질입니다. 백질이니 신경섬유, 간단히 말해 축삭다발인 거죠. 대뇌 구조를 보면 회색질은 바깥에 있고, 신경섬유다발인 백질은 안쪽에 있지 않습니까? 그런데 흥미롭게도 척수는 이것이 반대로 되어 있습니다.

그림 10-6의 척수 신경로 단면을 보면 뒤쪽에 있는 섬유다발, 즉 후섬유단이 많은 부분을 차지합니다. 후섬유단이 45cm 척수를 죽 따라서 올라가다가 내측섬유띠로 연결되어 대뇌피질의 1차 체감각 영역에서 종지합니다.

척수에서 넓은 부분을 차지하는 것이 후섬유단이라고 했습니다. 인간의 체감각 영역과 연결된 이 신경로에 의해서 우리는 정밀한, 세밀한 감각 능력을 얻게 된 것이죠. 이 신경로를 가리켜 후섬유단-내측섬유띠 경로라고 합니다. 운동의 하행 신호가 내려가는 피질척수로와 더불어 인간의 운동을 이해하는 데 매우 중요한 신경로입니다.

감각을 더욱더 세밀하게, 후섬유단

그러면 도대체 세밀한 감각이란 게 무엇이냐. 신경해부학에서는 감각을 크게 특수 감각과 일반 감각의 두 가지로 나눕니다. 특수 감각은 우리 인체의 특수한 부위에서 오는 감각입니다. 시각, 청각, 미각, 평형감각 등이죠. 일반 감각에는 분별촉각, 진동감각, 위치감각, 특별히 소뇌와 연결되어 있는 고유 감각이 있습니다. 여기서 중요한 것은 분별촉각, 진동감각, 위치감각 세 가지죠.

세밀한 감각의 신경로인 후섬유단 양쪽이 모두 손상되면 어떻게 될까요? 롬버그증후군이라는 현상이 나타납니다. 후섬유단 양쪽이 손상된 사람에게 똑바로 서서 눈을 감게 하면 흔들리다가 결국 넘어집니다. 후섬유단 양쪽을 다 다치면 일반 감각 중 위치감각에 문제가 생기는 거죠. 위치감각에 문제가 생기면 눈만 감아도 똑바로 못 서 있고 흔들흔들하다가 넘어집니다.

정상적으로 걸어간다는 건 참 놀라운 능력이죠. 정상인은 쉽게 넘어지지 않습니다. 어떤 상황에서도 고유 감각과 함께 일반 감각이 동작하기 때문에 표면의 굴곡에도 불구하고 눈 감고서도 똑바로 서 있을 수 있습니다. 그래서 일반 감각이 중요합니다.

분별촉각은 세 가지 속성을 처리합니다. 부위, 강도, 질감. 분별촉각이 처리되는 곳, 신경로가 종지하는 곳은 바로 1차 체감각 영역입니다. 1차 체감각 영역을 향해 신경섬유가 출발하는 척수 영역이 후섬유단이죠. 척수의 후섬유단, 뇌간의 내측섬유띠를 합해서 후섬유단-내측섬유띠라고 하죠. 이것이 아주 세밀한 분별촉각, 진동감각, 위치감각을 갖도록 해주었죠. 이렇게 크게 발달한 분별촉각으로 세밀한

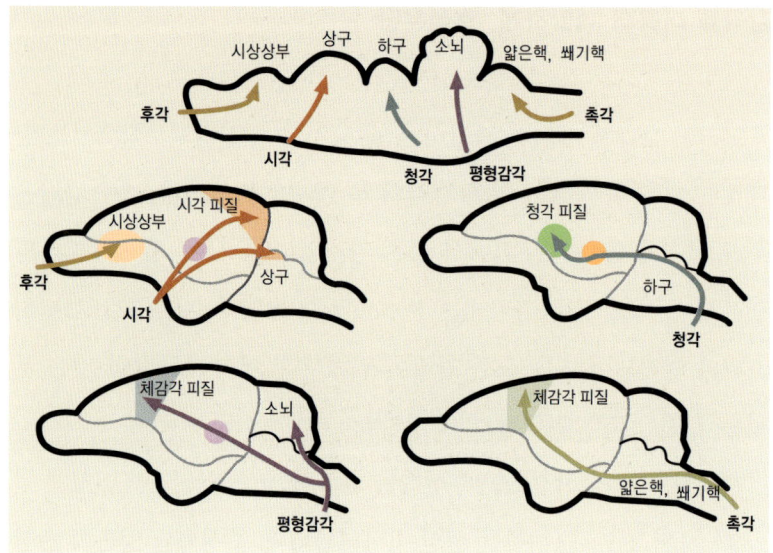

10-3 가상적인 원시 척추동물의 천정판과 감각신호 처리 영역

감각이 가능해졌고, 인간은 능숙한 손동작으로 도구를 만들고 나아가 기술 문화를 이룰 수 있었습니다.

앞에서 에델먼의 고차 의식에 대해 이야기했습니다. 고차 의식은 1차 의식, 상징 기억, 언어를 이용한 베르니케 영역과 브로카 영역의 발달과 더불어 형성되는 것이죠. 거기에 내부 상행계까지 덧붙여보겠습니다. 뇌간, 시상하부, 자율 중추를 통해 내부에서 올라가는 욕구 정보, 항상성 신호죠. 척수에서 올라가는 겁니다.

그림 10-3은 척추동물의 특수 감각 진화를 설명한 것입니다. 시각은 상구와 시각 피질로, 청각은 하구와 청각 피질로, 후각은 후두를 통해서 시상상부로, 촉각은 얇은핵과 쐐기핵을 통해서 체감각 피질로, 그리고 평형감각은 소뇌와 체감각 피질로 연결되죠.

에델먼 모델에 따르면 시각, 청각, 미각, 균형감각을 처리하는 특수 감각은 시각, 청각, 촉각의 1차, 2차 피질에서 오는 겁니다. 그래서 현재 입력되는 다양한 감각이 모여 지각 범주화될 수 있게 해주죠. 색, 모양, 소리, 맛, 움직임, 위치 등등 감각이 특정 범주로 묶여야 사물을 규정하고 인식할 수 있겠죠. 그다음에 고차로 올라가면 언어를 쓰고 작업 기억이 작동하고, 변연계가 관련된 기억과 감정이 묻은 정보들이 처리되는 겁니다.

발생으로 척수 보기

결국 의식의 출발점은 척수입니다. 태아 발생 18일째쯤까지 외배엽판이 말려들어 가서 신경관이 형성되고 척삭, 신경고랑, 척추마디에 이어 등의 뼈 안에 척수가 만들어진다고 했죠. 가운데 중심관은 대뇌의 외측뇌실, 제3, 제4뇌실과 연결되어 있죠.

이 신경관을 위아래 양쪽으로 나눠 보면 위쪽에 감각에 해당하는 날개판, 아래쪽에 운동에 해당하는 기저판이 있습니다. 이것이 척수에서 날개판은 감각 입력이 들어가는 후각이 되고, 기저판은 운동 출력이 나가는 전각이 되죠. 척수의 후각, 전각 구조는 연수에서 운동과 감각을 매개하는 여러 핵에 해당되며, 뇌간까지 죽 발생적으로 연계되죠. 척수의 감각과 운동 영역을 되풀이해서 언급하는 이유는 척수에서 대뇌피질까지 뇌의 전 영역에 걸쳐 감각 입력과 운동 출력을 처리하는 뇌의 구조가 나타나기 때문입니다.

경수, 흉수, 요수, 천수의 각 단면을 보면 척수 바깥 부위에 하얗게 보이는 것이 신경섬유다발이 지나가는 신경로가 있는 백질이고, 가운

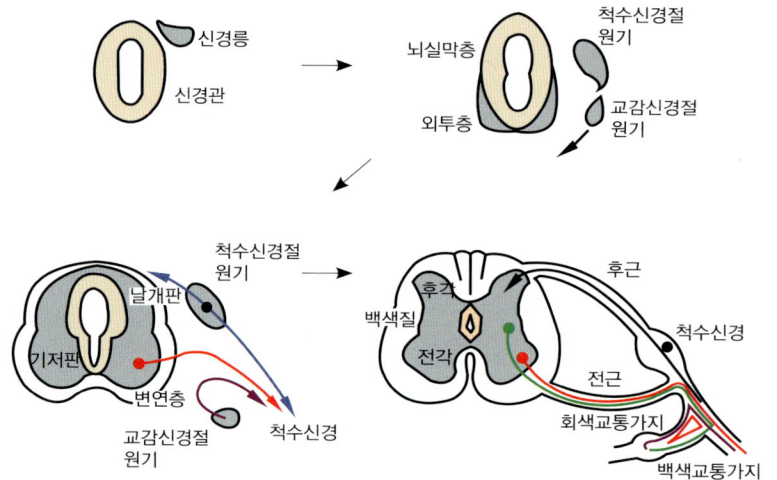

10-4
척수의 발생 과정

데 회색으로 보이는 것이 신경세포체가 있는 회색질에 해당합니다.

10-4 그림을 통해 이를 발생학적으로 보면, 신경관 발생 후 신경관의 뇌실막층에서 신경원이 분열되어 그 밖으로 외투층이 형성되고 그 외투층이 다시 날개판과 기저판으로 분화됩니다. 신경관 바깥쪽으로는 신경릉neural crest 세포가 신경원으로 분화하면서 척수신경절 원기primordium와 교감신경절 원기가 형성됩니다. 척수신경절 원기의 신경원에서 말초와 날개판 방향으로 척수신경과 척추신경 후근posterior root이 만들어지고, 교감신경절 원기의 신경원에서 돌기가 나와 내장과 말초에 이릅니다. 말초의 돌기는 회색교통가지gray rami communicantes를 통해 척수신경으로 이어지죠.

외투층 기저판의 전각 신경원에서도 돌기가 나와 말초 그리고 교감신경절과 연결되는데, 말초로 가는 돌기는 척수신경의 전근anterior root을 형성하고, 교감신경절로 가는 돌기는 백색교통가지white rami communicantes를 통해 교감신경절에 분포합니다. 뇌실막층에서 신경세포가 바깥으로 이동해갈 때 경계 부위에서 축삭이 죽 뻗어 나가면서 미엘린 수초가 축삭을 피복처럼 감는, 수초화가 이루어지는 거죠. 그 중요한 수초화가 바로 척수 발생 과정에서 일어나는 겁니다.

태아 발생 과정에서 척수관이 나타나고 백질과 회색질이 구분되어 보인다고 했습니다. 진화에 의한 결과죠. 아주 원시 어류에 해당하는 창고기를 보면 척수관이 봉합되어 있지 않습니다. 칠성장어에 와서도 백질과 회색질이 마구 섞여 있다고 했죠. 백질과 회색질, 세포와 섬유다발이 엉켜 있는 상태가 바로 그물형성체죠. 상어쯤 오면 백질하고 회색질이 확실히 구분되면서 우리 영장류까지도 동일한 패턴을 갖게 됩니다. 이 그물형성체를 우리 몸 안, 척수를 따라 뇌간까지 올라가면서 볼 수 있죠. 마지막으로 시상에서도 그물형성체가 나타납니다. 그물형성체를 비롯한 하행 운동로 다섯 가지는 진화 단계가 진행되면서 각 단계 위로 쌓입니다. 그러면서 척수의 구역들마다 처리하는 감각 입력과 운동 출력이 구분되는 양상은 비슷하죠.

10-5와 10-6 그림을 통해 척수를 좀 더 살펴보면 후백색기둥, 즉 후섬유단이 가장 뒤쪽에 있습니다. 대뇌까지 올라가서 1차 체감각 영역에서 종지하여 우리에게 세밀한 분별촉각, 위치감각, 진동감각을 주는 넓은 섬유다발입니다. 후근에서 후각 쪽으로 감각 입력이 들어가고, 전각 쪽에서 운동 출력을 내보내는 섬유다발도 보입니다.

그다음에 외측백색기둥이 있죠. 이것이 1차 운동 영역, 전 운동 영역에서 주로 내려가는 하행 운동신경이 지나가는 다발입니다. 그래서 이름하여 피질척수로라고 하죠. 외측피질척수로와 전피질척수로로 구분됩니다.

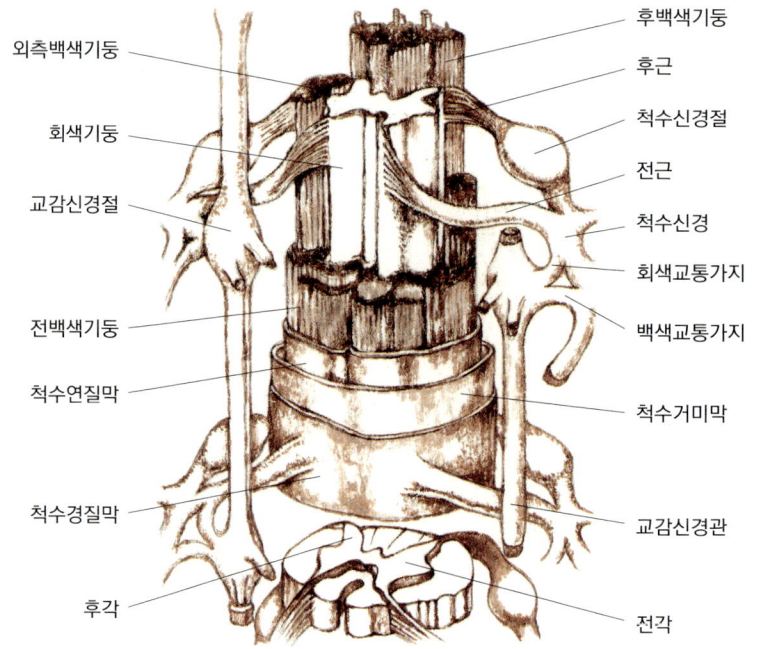

10-5
척수의 신경다발 구조

후백색기둥(후섬유단)은 대뇌피질로 감각을 전달하며, 외측백색기둥(피질척수로)으로는 하행 운동 신경이 지나간다. 후근에서 후각 쪽으로 감각 입력이 들어가고, 전각 쪽에서 운동 출력을 내보내는 섬유다발도 보인다.

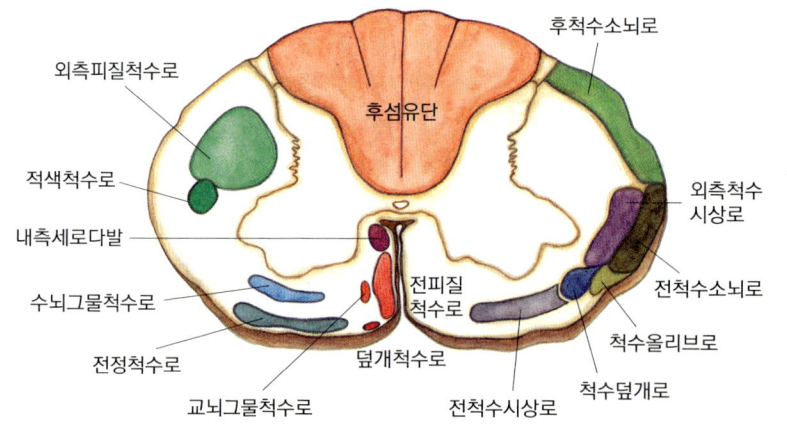

10-6
척수의 신경로 수평 단면

후섬유단에서 감각 입력이 대뇌로 올라가고, 대뇌에서 내려가는 신경다발이 외측피질척수로(추체로)를 통과한다. 후척수소뇌로, 전척수소뇌로, 척수올리브로는 소뇌와 연결된다.

10-7
피질척수로의 경로

대뇌피질에서 기저핵과 시상 사이의 내섬유막, 중뇌 대뇌각기저부의 중앙부, 교뇌, 연수로 내려간 좌우 피질척수로의 90% 섬유가 추체(피라미드)에 모여 연수 아래 끝에서 반대쪽 척수로 옮겨가면서 교차하여 백질부 척수측삭을 지나 척수의 운동성 전각세포까지 내려가며 (외측피질척수로), 10%는 같은 쪽 백질부 척수전삭을 곧바로 통과해 반대쪽 전각세포까지 내려간다(전피질척수로).

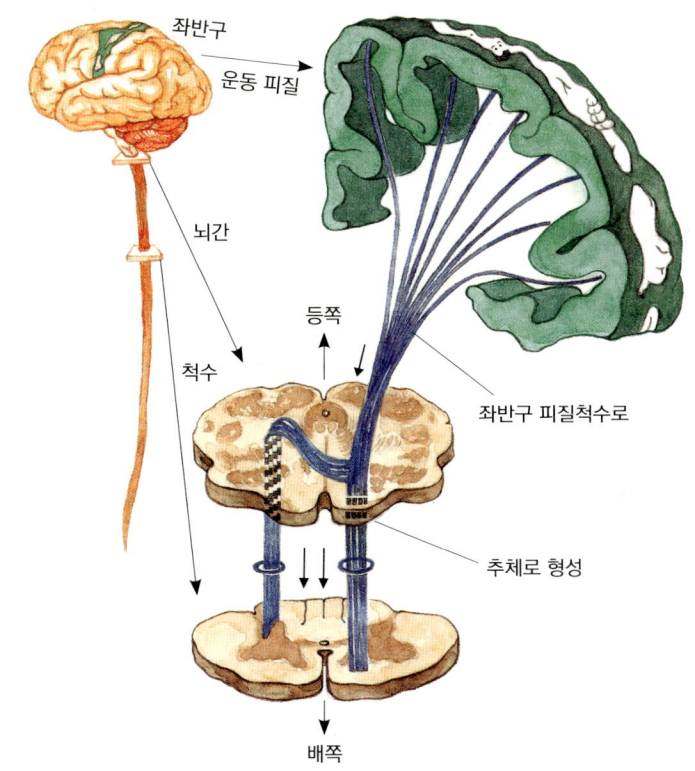

그 외에도 척수에는 소뇌하고 연결된 후척수소뇌로, 전척수소뇌로, 척수올리브로가 있습니다. 인간에게 세밀한 감각을 가져다준 후섬유단, 정교한 운동을 가능하게 해준 피질척수로. 이 두 신경로는 꼭 기억해두어야 합니다.

수의운동의 신경섬유다발이 내려가는 통로가 피질척수로죠. 1차 운동 영역, 전 운동 영역에서 척수 쪽으로 내려갑니다. 일부는 두정엽에서 내려가기도 하죠. 1차 운동 영역 40%, 전 운동 영역 30%, 두정엽 30%의 비율입니다. 이를 외측피질척수로라고 하죠.

외측피질척수로는 연수에서 교차해서 추체로가 됩니다. 피라미드 형태로 융기되어 나오는 겁니다. 신경섬유다발이 교차해 두꺼워져 튀어나온 것처럼 보이는 거죠. 여기서 신경다발이 교차하는 외측피질척수로 부분이 90%, 교차하지 않고 그대로 내려가는 부분이 10% 정도 됩니다. 교차하지 않고 같은 방향으로 내려가는 10%가 바로 전피질척수로입니다.

상행이냐 하행이냐

척수에서 대뇌로 올라가는 상행이냐, 대뇌에서 척수로 내려가는 하행이냐를 구분하는 방법은 간단합니다. 신경로의 명칭에서 출발점이 앞, 목적지가 뒤입니다. 피질척수로 같으면 전 운동 영역, 1차 운동 영역의 피질에서 척수로 내려가는 겁니다. 피질에서 척수로 내려가니 당연히 하행로죠. 후척수소뇌로는? 그렇죠. 척수에서 소뇌로 올라가는 상행로입니다. 그다음 전정척수로. 뇌간의 전정핵에서 척수로 내려가고 있습니다. 하행로죠. 균형에 관한 신경 프로세스를 전담하는 신경섬유다발이 지나가는 길입니다. 시개척수로, 그물척수로도 마찬가지입니다.

대뇌피질로 올라가는 감각신경 섬유다발, 척수로 내려가는 운동신경 섬유다발이 다 모여서 하나의 대규모 신경섬유다발을 이룹니다. 이것이 바로 내낭 구조 internal capsule 입니다. 엄청난 섬유다발이죠. 이 강력한 신경섬유다발이 죽 올라가서 1차 체감각 영역, 1차 운동 영역 쪽으로 종지하는 겁니다. 이것을 신경섬유의 방사라고 합니다.

척수를 자세히 들여다보면, 회색질 부분의 전각이 있습니다. 전각이 뭡니까? 벤트럴 혼ventral horn, '앞쪽의 뿔'이라는 말입니다. 정말 뿔처럼 생겼습니다. 앞쪽의 각진 구조죠. 전각 영역에는 α-운동신경세포가 많습니다. 크기도 크고 유수신경이 발달되어 있죠.

피질척수로의 최종 출력 신경세포인 α-운동신경세포가 바로 인간의 정교한 운동을 가능하게 만듭니다. 1차 운동 영역, 전 운동 영역에서 죽 내려간 운동신경섬유가 결국에는 전각 운동신경세포에서 종지하죠. 연접하는 겁니다. 그래서 전각 운동신경세포를 하위 운동신경원이라고 합니다. 여기서 상위 운동신경원은 1차 운동 피질이 되는 거죠. 하위 운동신경원은 상위 운동신경원에서 아래로 연결됩니다. 척수 전각에 있는 신경세포에서 사지 말단으로 운동 출력이 나가는 거죠.

후각과 척수신경을 잇는 후근에서 후각 쪽으로 감각 입력이 들어갑니다. 감각 입력은 후각으로 들어가고, 운동 출력은 전각으로 나가고. 이 과정에서 척수 회색질의 의미가 드러납니다. 그렇죠. 매개 뉴런, 인터뉴런, 즉 감각 입력과 운동 출력을 연결하는 세포들이죠.

세포성 운동에서 근육의 진동, 중추신경 시스템에 이르기까지 운동은 대뇌 시스템에 점차 통합되어갑니다. 좀 더 구체적으로 말하면, 물고기 꼬리를 움직이는 그물척수로, 육지로 올라간 물고기의 균형감각을 매개해주는 전정척수로, 목표를 향해 주의를 집중할 수 있도록 시각을 매개하는 시개척수로, 사지동물의 앞과 뒤 조화로운 사지 운동을 컨트롤해주는 적핵척수로, 손가락 같은 말단까지 정교한 운동을 가능하게 해주는 피질척수로에 이르는 운동 시스템이 진화하면서 신피질의 일이 구분되죠. 즉 대뇌피질 중심열 뒤쪽 피질은 감각 입력을 처리하고, 앞쪽 피질은 운동 계획 및 운동 출력을 담당합니다.

또 피질척수로가 발달하면서 정밀해진 손가락 운동으로 정교한 활동을 하고, 척수 후섬유단이 발달하면서 세밀한 감각이 가능해졌습니다. 이런 세밀한 감각을 바탕으로 피질척수로에 의해 정교한 운동이 발달하게 되었죠. 즉, 우리는 잘 운동하게 된 겁니다. 운동이 정교해지면서 기술이나 문화, 예술을 만들 수 있는 것이고요. 물론 그 바탕에는 변연계나 기저핵에서 관여하는 느낌, 생각, 의식 등이 있겠죠. 그 느낌, 생각, 의식 같은 고차적인 능력의 근원으로 거슬러 가보면 꼬리를 움직이고 균형을 잡고 목표를 향해 걸어가는 척추동물의 진화사를 발견하게 됩니다.

11강 각성과 수면의 뇌간 시스템

동물이 생존하는 데 필요한 모든 것은 자신의 몸 영역 외부에 존재하죠. 따라서 동물은 외부에 존재하는 먹이와 성 파트너를 선택하고 그곳으로 움직여 가야 합니다. 목표 선택을 위해서는 먼저 자신의 욕구를 알아야 하기에 신체 정보가 필요하죠. 그리고 목표를 파악하기 위해서는 감각 입력이 필수적입니다. 즉 동물이 환경에 반응할 수 있는 것은 감각 입력과 운동 출력이라는 두 가지 뇌 처리 기능이 작동하기 때문입니다.

11강에서는 이러한 두 가지 뇌 기능인 감각 입력과 운동 출력을 살펴보겠습니다.

감각하는 것은 곧 존재하는 것

감각은 특수 감각과 일반 감각으로 나눌 수 있다고 했죠. 특수 감각에는 시각, 청각, 미각, 평형감각이 있고, 일반 감각에는 촉각, 온도감각, 위치감각, 고유 감각 등이 있다고 했습니다. 진동감각 역시 촉각이며, 촉각은 분별촉각과 비분별촉각으로 나뉩니다.

특수 감각은 혀, 눈, 귀, 평형기관 같은 아주 특수한 신체 부위에서 일어나는데, 머리 위쪽 뇌신경에서 이 모두를 조절합니다. 반면 일반 감각은 오직 척수에서만 일어납니다. 특수 감각이 척수로 내려가는 경우는 거의 없죠.

두 감각은 신경 시스템 전체로 봤을 때 양분되어 있습니다. 그러므로 척수 중심의 일반 감각을 충분히 알아야 그 위에서 일어나는 특수 감각을 이해할 수 있습니다. 근육과 관절에서 생성된 몸 움직임에 기본이 되는 감각 정보는 소뇌로 모아지죠. 이 감각 정보가 바로 무의식적 고유 감각입니다.

감각이 이렇게 상세하게 나눌 필요가 있을까 의문이 들 수도 있겠습니다. 그 이유를 예로서 이야기해보죠. 일반 감각인 촉각 중 분별촉각은 부위, 강도, 질감을 알려줍니다. 우리는 이 분별촉각을 통해 어떤 미묘한 변화를 알아챌 수 있습니다. 낌새를 챘다는 말을 하죠. 뭔가 만졌을 때 느껴지는 것들, 아주 미묘한 어떤 움직임, 진동. 이런 것들로 해서 우리는 여러 상황을 파악합니다.

세분화된 분별촉각, 위치감각, 진동감각 등 일반 감각은 생물학적으로 무엇이 존재한다고 할 때 가장 밑바닥에 형성되는 감각입니다. 이러한 고유 감각을 바탕으로 체감각 피질과 연계하여 변연계와 시상하부에서 신체적 느낌을 만들죠. 따라서 고유 감각은 존재감의 기본이 됩니다. 이러한 감각 위에서 시각이니 청각이니 평형감각이니 하는 특수 감각이 세밀한 세계상을 만들죠.

고유 감각은 주로 근육과 관절에서 비롯됩니다. 관련이 되는 수용기는 신경근방추, 골지힘줄기관 등이죠. 고유 감각은 의식적 고유 감각, 무의식적 고유 감각의 두 가지로 나뉩니다. 무의식적 고유 감각은 소뇌로 들어가고, 의식적 고유 감각은 대뇌피질의 1차 체감각 영역으로 갑니다.

이나스의 이론을 이해하는 데 관건이 되는 것이 이 고유 감각, 특히 소뇌로 들어가는 무의식적 고유 감각입니다. 우리 관절과 근육에서 나오는 엄청나게 많은 여러 정보가 끊임없이 소뇌로 들어가고 있습니다. 그런데 우리는 의식하지 못하죠. 그렇게 엄청난 정보들을 가지고 소뇌가 하는 중요한 일이 균형감각을 만드는 것입니다.

평형을 유지하며 지구 표면을 걷는 우리의 능력이 그냥 얻어진 게 아닙니다. 소뇌의 많은 계산 결과 그리고 전정핵과 시각 시스템의 협연에 의해 비로소 가능해진 것이죠. 또 척수 후섬유단의 역할도 빠뜨릴 수 없습니다. 후섬유단 양쪽 모두 손상되면 서 있을 때 눈만 감아도 넘어진다고 했죠.

의식적 고유 감각이 대뇌피질로 가고, 이와 더불어 영역이나 강도, 질감을 느끼게 하는 분별촉각 등이 대뇌피질 1차 체감각 영역에서 잘 처리되고 있기 때문에 우리는 섬세하고 미묘한 촉감, 질감을 느낄 수 있습니다. 이렇게 세분화된 감각 입력 덕분에 정교한 운동 출력이 가능한 겁니다.

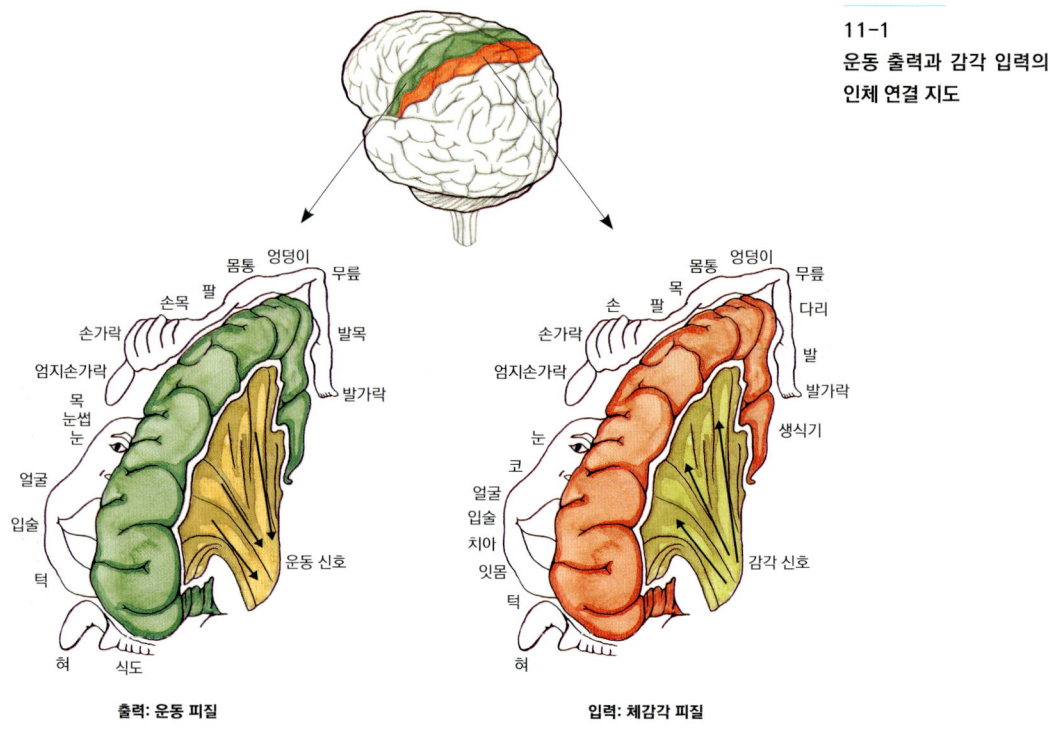

11-1
운동 출력과 감각 입력의
인체 연결 지도

출력: 운동 피질   입력: 체감각 피질

'잘' 운동하게 되기까지

인체 각 부위의 운동과 감각 영역을 지도화한 11-1 그림을 보면, 그 영역이 가장 큰 게 손가락 중에서도 엄지손가락입니다. 손, 입술, 혀도 크죠. 아주 정밀한 운동을 하는 부위들로서 1차 운동 영역과 1차 체감각 영역에 넓게 할당되어 있습니다. 이 운동 출력이 초록색 부분인 1차 운동 영역에서 출발하여 피질척수로를 통해서 아래로 내려가고, 감각에서 중요한 신경로가 주홍색 부분인 1차 체감각 영역에서

11-2 하행 신경로

하행 운동신경로는 그물척수로, 전정척수로, 시개척수로, 적핵척수로, 피질척수로가 있다.

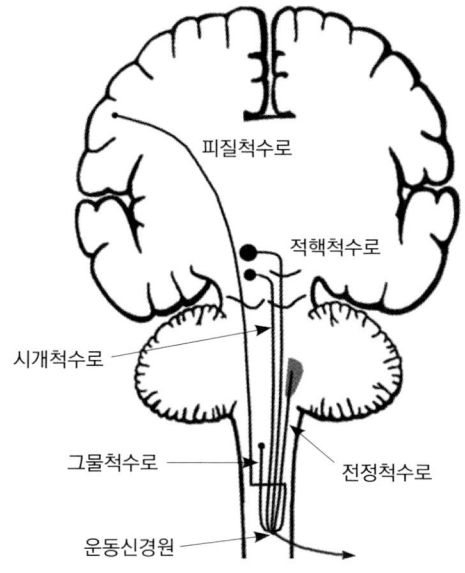

종지합니다. 이 주홍색 부분이 척수에 있는 후섬유단과 뇌간에 있는 내측섬유띠를 통해 위로 올라가는 상행 신경로죠.

1차 체감각 영역도 1차 운동 영역처럼 인체 부위를 지도화할 수 있는데, 그 양상은 1차 운동 영역과 같습니다. 입술이 아주 예민하고, 손이 민감하고, 혀가 크고, 다리나 발은 상대적으로 적은 영역에 할당되어 있죠.

정교한 운동 출력은 물고기 꼬리의 그물척수로, 사지동물이 균형을 잡는 전정척수로, 시각에 의한 시개척수로, 사지동물이 지구 표면에서 달리는 데 필요한 적핵척수로, 잘 운동하는 데 필수적인 피질척수로로 이루어진 것이죠. 이때 '잘'이라는 것은 대뇌피질의 1차 운동 영역, 전 운동 영역, 두정엽의 협연 결과가 피질척수로로 내려가면서 가능하게 된 것입니다.

운동의 루트를 다시 정리해봅시다. 1차 운동 영역, 전 운동 영역, 보완 운동 영역으로, 그리고 두정엽으로도 정보가 들어갑니다. 이렇게 들어간 정보는 운동 출력을 위한 것이죠. 1차 운동 영역에서 최종적으로 발화한 후 척수로 죽 내려가는 신경 축삭의 다발이 피질척수로입니다.

의식의 상태를 결정하는 뇌간 그물형성체

운동 시스템에서 가장 중요한 게 뭐냐? 그것을 알기 위해서는 운동 시스템의 근원이 되는 그물척수로에서 출발해야 합니다. 그물형성체라는 말이 좀 생소할 수 있는데 'reticular formation', 말 그대로 그물 모양의 구조물입니다. 그물형성체를 이렇게 이야기하면 '아~' 하실 겁니다. 도파민, 세로토닌, 노르아드레날린, 아세틸콜린 등 신경조절 물질을 분비하는 핵들. 이것들이 모인 것이 바로 그물형성체입니다. 뇌간에 있죠. 이 그물형성체를 중심으로 대뇌기저핵, 시상, 시상하부, 변연계, 감각 피질, 운동 피질 등이 아래와 같이 연결됩니다.

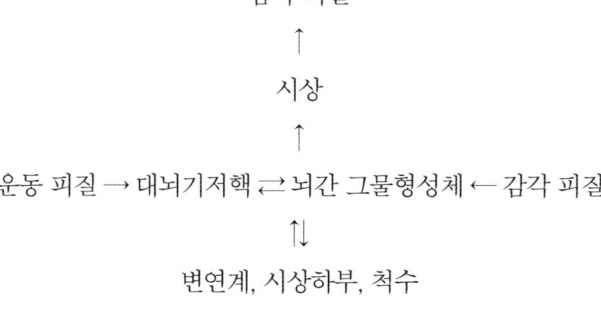

피질척수로로 향하는 쪽, 즉 섬유다발이 모여서 1차 운동 영역에서 척수로 내려가는 쪽이 내낭입니다. 내려가는 도중에 아세틸콜린을 분비하는 전뇌기저핵, 도파민을 분비하는 중뇌피개 영역, 그리고 세로토닌을 분비하는 봉선핵, 노르아드레날린을 분비하는 청반핵도 보입니다. 청반핵, 봉선핵, 도파민을 분비하는 중뇌수도관 회색질, 그리고 아세틸콜린을 분비하는 영역들이 모인 것이 그물형성체죠.

여기서 신경조절물질은 신경전달물질과는 다른 것이죠. 신경조절물질은 주로 뇌간에서 초 단위로 분출하는 아세틸콜린, 도파민, 세로토닌, 노르아드레날린을 말하고, 신경전달물질은 대뇌 신피질에서 1천분의 1초 단위로 나오는 글루탐산과 GABA(가바) 등을 가리키는 것입니다.

그물형성체 핵군 한가운데 있는 것이 솔기핵raphe nucleil, 가운데 있는 것들이 중심핵군central nuclear group, 바깥이 외측핵군lateral nuclear group 입니다. 이것이 모두 신경조절물질들을 분비하는 뇌간의 핵들이죠.

척추동물 뇌의 일반적인 구조를 보면 그물형성체가 얼마나 중요한가를 금방 이해할 수 있을 겁니다. 그물형성체가 가운데 있고, 그물형성체를 중심으로 죽 올라가면 시상입니다. 그 위로 가면 선조체의 배쪽창백과 등쪽시상핵이 있고, 더 위로 올라가면 신피질이 보입니다.

그물형성체의 여러 기능 중 가장 중요한 것이 의식의 활성화 시스템입니다. 우리가 수면 상태에서 깨어날 때 그물형성체가 의식의 상태를 결정해줍니다. 정신분석학자 마크 솜즈Mark Solms에 따르면 의식에는 의식의 상태뿐만 아니라 의식의 내용이 있습니다. 의식의 내용은 대뇌피질의 여러 신경세포 연합체에서 외부의 감각 입력을 처리하여 만들어지죠. 이 의식의 내용이 채워지기 전에 의식의 각성 상태가

11-3
그물형성체의 상행 활성화 시스템

(그림 설명: 상행 활성 신호, 시각 입력, 그물형성체, 뇌간, 상행 감각로, 하행 운동로, 척수, 청각 입력, 세로토닌·노르아드레날린·아세틸콜린, 소뇌)

먼저 결정되어야 합니다.

11-3 그림에서 붉은색 부분이 그물형성체입니다. 뇌간의 중심핵군이죠. 이 그물형성체에서 도파민, 세로토닌, 노르아드레날린과 같은 신경조절물질을 스프링클러처럼 분비하는 겁니다. 이들 중에서도 낮 동안에는 주로 도파민이나 노르아드레날린이 분비됩니다. 그 결과 의식이 깨어 있게 되죠. 수면 상태로 가면서는 부교감신경과 세로토닌의 분비가 활성화됩니다. 이러한 신경조절물질의 상호 조절 결과로 정신이 집중된 상태냐, 혼미한 상태냐, 수면에 빠진 상태냐, 각성 상태냐를 결정해주죠.

세로토닌이나 도파민 같은 신경조절물질들의 분출은 초 단위로 이루어진다고 보면 됩니다. 초 단위로 그물형성체에서 의식의 상태가 결정되죠. 의식의 내용은 1천분의 1초 단위로 글루탐산이나 억제 신호 GABA를 통해 만들어집니다. 대뇌피질에서 항상 변화하는 세계상으로 의식의 내용을 채우는 거죠.

뇌간 그물형성체에서 척수 추체로로

물고기에서부터 칠성장어, 상어, 도롱뇽, 영장류에 이르기까지 모두 척추동물입니다. 척추동물의 특징 중 핵심은 척추를 중심으로 각각의 척추마디가 분절되어 있다는 것이죠. 그래서 이나스는 이런 표현을 합니다. "척추동물은 마치 동전을 포개어놓은 것과 같다." 동전의 탑을 이루는 동전 하나하나가 척추마디에 해당하는 겁니다. 그리고 척추마디마다 연결되는 분절이 있죠. 척추동물의 피부 안쪽에는 척추를 중심으로 체분절이 형성되어 있습니다. 그래서 척추 분절과 피부의 체분절이 겹쳐지면서 관련통 referred pain이라는 신경 교차에 의한 통증이 생기죠.

척추는 위에서부터 경추, 흉추, 요추, 천추로 이루어져 있죠. 상체 쪽 팔을 움직이는 경추 안 경수의 전각 세포, 허리와 다리를 움직이는 요추 안 요수의 전각 세포는 하위 운동 뉴런입니다. 이 전각 세포가 신체 부위와 어떻게 일대일 대응이 되느냐? 경수 전각 바깥은 팔이나 손 쪽, 안쪽은 몸통과 어깨 쪽을 컨트롤합니다. 팔로 감싸는 형태로 척수 전각의 세포들이 할당되는 겁니다. 하체 쪽 요수의 전각도 마찬가지입니다. 요수 전각 바깥은 발이나 무릎, 안쪽은 허리 같은 몸통 쪽을 컨트롤합니다.

그림 11-4를 보면서 척수가 하는 일을 간단히 그려봅시다. 우리 몸의 여러 부위에서부터 감각 입력이 들어가면 그것과 연계해서 운동 출력이 나가죠. 이런 식으로 하나의 폐루프를 그리는 것이 반사회로입니다. 감각 입력이 들어가고 운동 출력이 나가는 것을 연계하는 곳이 척수의 회색질이죠. 감각 입력과 운동 출력은 신체의 여러 부위에

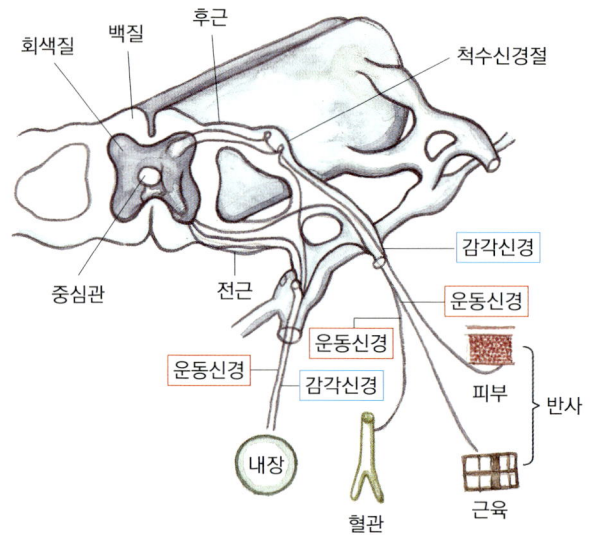

11-4
척수에서의 감각 입력과 운동 출력의 양상

서 이루어집니다.

이 모든 것은 척수관이 봉합되고 척수관을 중심으로 세포들이 증식해서 단계별로 형태가 바뀌는 척수 조직의 발생에서 출발합니다.

관을 중심으로 들어가는 감각 신호와 나가는 운동 신호의 핵들이 배열되어 있습니다. 11-5의 중뇌 단면 그림을 보면, 적핵척수로로 붉은색 핵인 적핵과 멜라토닌 색소가 있어서 약간 검은색을 띠는 흑질이 있습니다. 흑질치밀부에 도파민을 분비하는 세포들이 세포사하면 파킨슨병에 걸리죠. 그다음에 피질척수로가 나가는 부위가 있습니다. 그리고 파란색 부분, 즉 중뇌수도관을 둘러싼 중뇌수도관 회색질에는 도파민을 다량 분비하는 세포들이 있어서 파킨슨병 말기 환자들의 통증을 조절할 수 있죠. 여기에 전극을 삽입한 후 외부에서 전기 신호를 주어서 통증을 중단시킬 수 있습니다.

상구도 보입니다. 초기 척추동물에서 시각을 처리했던 시개가 인간에게 오면 상구가 된다고 했죠. 상구는 눈동자를 돌리는 무의식적 시각 프로세스에 관여하고, 시각 프로세스의 대부분은 시상침의 외측슬상체를 통해 후두엽의 1차 시각 영역 쪽으로 넘어갑니다. 청각 신호는 시상침의 내측슬상체를 통하여 1차 청각 피질로 올라가죠.

11-6과 11-7 그림에서 제4뇌실을 중심으로 교뇌와 연수 쪽을 보면 그물형성체가 확연히 보입니다. 제4뇌실은 한 면은 교뇌와 연수의 뒷면으로 되어 있고, 또 한 면은 소뇌로 덮여 있으며, 위는 간뇌 사이의 제3뇌실과 중뇌수도관으로 연결되어 있고, 아래는 척수 중심관과 이어져 있죠. 교뇌 부위에서는 소뇌와 연결된 신경다발인 소뇌각 cerebellar peduncle(상소뇌각, 중소뇌각, 하소뇌각), 교뇌핵, 척수에서 1차 체감각 영역으로 올라가는 내측섬유띠와 1차 운동 영역에서 척수를 타고 내려가는 추체로 섬유가 보입니다. 연수 부위를 보면 교뇌 쪽으로 그물형성체, 소뇌 쪽으로 올리브핵, 척수 쪽으로 넓은 면적의 내측섬유띠와 피질척수로가 있죠.

그림 11-8의 후섬유단-내측섬유띠는 아래서부터 후섬유단, 얇은핵, 쐐기핵, 내측섬유띠, 시상, 1차 체감각 영역 순으로 연결되어 있습니다. 감각 신호가 전해지는 것이니 척수를 타고 1차 체감각 영역으로 올라갑니다. 감각이니 연수의 얇은핵, 쐐기핵 쪽에서 신경섬유다발이 모여서 시상하부의 궁상핵으로 연결되고, 내측섬유띠를 타고 시상을 거쳐서 1차 체감각 영역으로 방사되는 것입니다.

피질척수로는 대뇌피질에서 척수로 내려가는 신경섬유다발입니다. 1차 운동 영역, 전 운동 영역, 두정엽에서 신경섬유다발이 쭉 내려갑니다. 이 신경섬유다발이 내낭 구조의 내섬유막을 통과해서 교뇌세로 섬유에서 90% 정도 피라미드 교차됩니다. 나머지 10%는 같은 쪽으

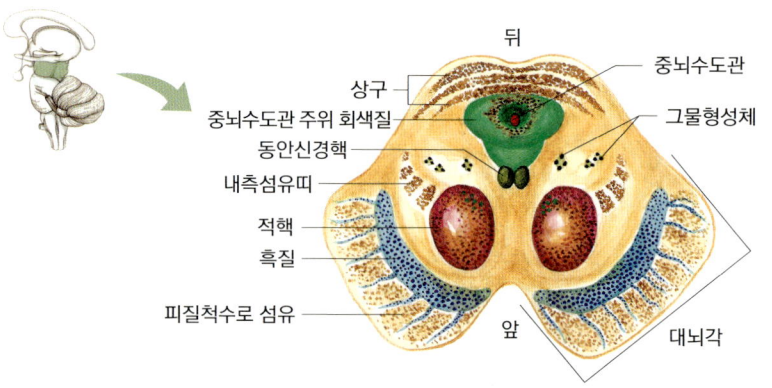

11-5 중뇌 수평 단면

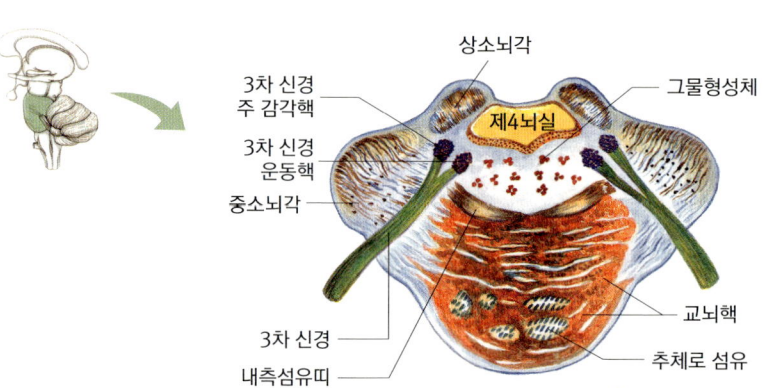

11-6 교뇌 수평 단면

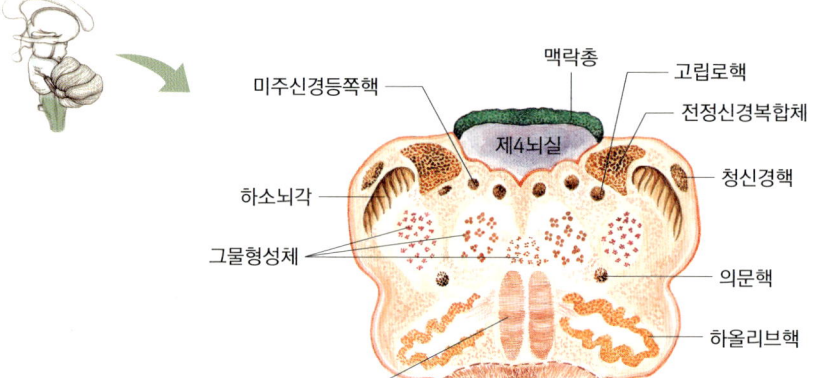

11-7 연수 수평 단면

11-8
후섬유단-내측섬유띠로의 경로

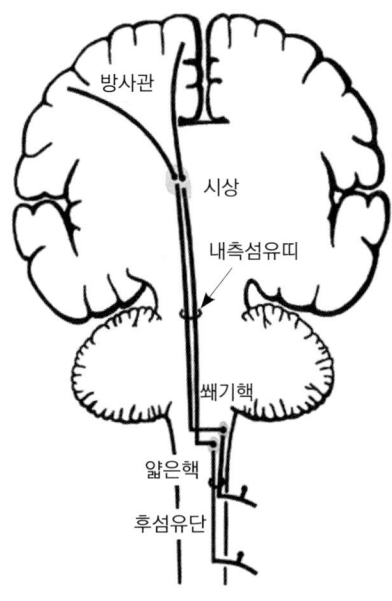

로 척수로 내려간다고 했죠. 교차 후 척수 외측각lateral horn 쪽으로 들어갑니다.

척수와 뇌간의 구조를 중심으로 의식과 발현, 감각과 운동이 어떤 경로로 가능하게 되는지 살펴보았습니다. 척수와 뇌간을 중심으로 봤지만 결국 대뇌피질, 뇌간, 교뇌, 연수, 소뇌, 척수 등 여러 부위의 기관과 신경다발, 세포, 신경조절물질의 작용이 어우러져 의식의 상태와 의식의 내용이 구성됨을 알 수 있었죠. 다음 강에서는 이를 소뇌로까지 확장해보도록 하겠습니다.

12강 소뇌, 운동 계획에서 실행까지

생각, 느낌, 감각 입력, 운동 출력……. 근원을 향해 거슬러 가다 보면 결국 운동과 만나게 됩니다. 운동 시스템을 살피다 보면 소뇌에 시선을 두게 되죠. 지금까지 대뇌, 뇌간 등 뇌의 여러 부위와 척수, 신경섬유, 신경세포, 신경조절물질을 하나하나 짚어가면서 의식과 감각이 어떻게 생겨나고 어떤 경로로 운동으로 이어지는지 보았습니다. 거기에 더해 환경에 적절히 반응하여 운동할 수 있도록 근육의 긴장도를 조절하고 몸의 균형을 잡아주는 소뇌를 살피면서 뇌 구조에 대한 이야기를 마무리하겠습니다.

소뇌의 세 가지 역할

12-1 그림의 소뇌 구조를 봅시다. 소뇌피질에서 많은 부위를 차지

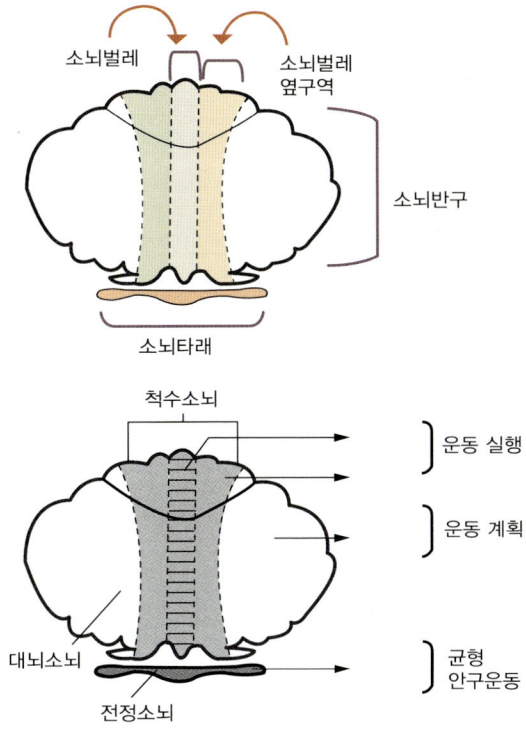

12-1
소뇌 주요 부위의 역할

하는 것이 대뇌소뇌cerebrocerebellum 입니다. 운동 플래너의 역할, 즉 운동을 계획합니다. 가만히 보면 대뇌와 비슷한 면이 있습니다. 대뇌에서도 전두엽이 하는 일이 뭡니까? 예측, 판단, 비교, 계획을 하지 않습니까? 계획이요.

소뇌의 가운데 있는 층들은 소뇌벌레vermis 입니다. 소뇌벌레옆구역 paravermal zone 은 척수소뇌spinocerebellum가 되죠. 척수소뇌는 운동을 실행하는 부위입니다. 척수 하면 바로 운동이 떠오르죠.

운동을 실행하기 위해서 기본적으로 갖춰야 하는 조건이 균형입니다. 균형을 맞춰주는 곳이 소뇌타래 쪽하고 연결되어 있는 전정소뇌

vestibulocerebellum입니다. 전정소뇌는 안구 운동하고도 관련이 있죠. 이는 눈 감고 한 발 들고 얼마나 오래 균형을 잡고 있는지 실험해보면 알 수 있습니다. 균형감각은 나이에 반비례합니다.

뇌 전체에서 소뇌가 하는 역할은 세 가지입니다. 첫째, 몸 전체 운동의 자동 조절. 두 번째는 근육의 긴장도 조절. 마지막 세 번째가 평형감각을 만들어내는 것이죠. 몸 전체 운동 조절은 대뇌소뇌에서, 근육의 긴장도 조절은 척수소뇌에서, 평형감각을 만들어내는 일은 전정소뇌에서 이루어집니다.

소뇌에 대해서 우리가 알아야 할 중요한 것은 입출력 관계입니다. 먼저 소뇌로 들어가는 입력을 보죠. 두정엽과 전두엽의 운동 피질, 즉 1차 운동 영역에서 나온 축삭들이 교뇌의 신경핵들과 시냅스를 하고, 교뇌 신경핵에서 중소뇌각을 통해 소뇌피질로 곧장 방사됩니다. 소뇌는 상소뇌각, 하소뇌각, 중소뇌각의 세 가지 신경섬유다발로 교뇌 영역과 연결되어 있죠. 해부학 용어로 '각'은 연결 섬유가 연결 교량 역할을 한다는 것입니다.

대뇌 운동 피질에서 소뇌로 들어가는 입력은 어떤 출력을 요구하고 있습니다. 운동 피질에서 요구하는 정보는 사지와 몸통의 자세에 관한 신경 정보라든지 운동에 필요한 모든 근육에 관한 감각 정보들이죠. 그래서 소뇌피질에서 출력되는 것들은 주로 그런 정보들입니다.

그러면 소뇌에서 출력은 어떤 식으로 이루어지느냐? 소뇌피질에서 소뇌심부핵(소뇌시상핵)을 통해 시상으로 연결된 후 1차 운동 영역으로 갑니다. 소뇌심부핵에는 꼭지핵, 둥근핵, 마개핵 그리고 치아핵이 있죠. 꼭지핵은 몸의 균형을 잡는 전정기관과 관련되고 치아핵은 시상, 대뇌피질 영역과 연결됩니다.

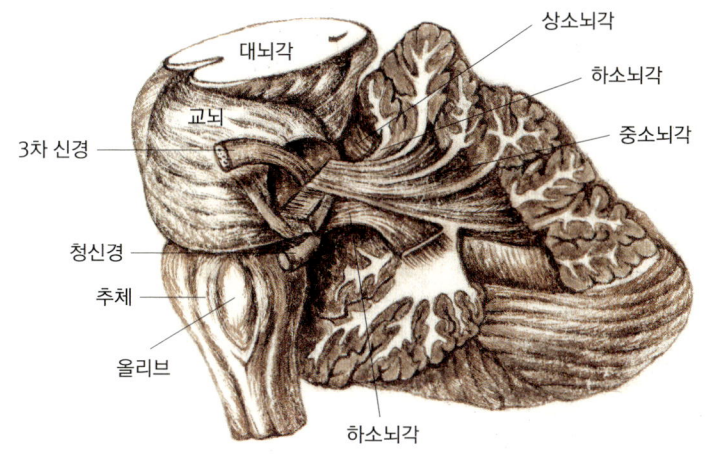

12-2
교뇌와 소뇌의 연결

몸 전체의 운동을 자동으로 조절하기 위한 소뇌의 연결 양상은 이렇습니다. 대뇌 운동 영역과 소뇌 사이에 의식의 상태를 조절하는 그물형성체, 몸의 균형과 관련된 전정핵, 사지 운동에 관여하는 적핵 등 운동과 관련된 세 가지 신경핵이 있습니다. 제일 아래에는 하위 운동 신경원인 척수가 있죠. 그리고 소뇌-대뇌 운동 영역, 소뇌-그물형성체, 소뇌-전정핵, 소뇌-적핵처럼 주요 부위가 소뇌와 연결되어 있습니다.

대뇌 운동 영역이 곧장 하위 운동 영역과 연결되는 경우도 있는데, 이때는 운동을 위한 정보를 소뇌가 제공해주어야 하죠. 우리가 공간상에서 움직일 때마다 필요한 현재 몸 자세에 관한 근육의 정보를 받아 대뇌피질로 전해주는 겁니다. 각 근육, 특히 무수하게 많은 다리 근육의 정보들이 소뇌로 들어가야 하죠. 이것이 바로 앞서 이야기했던 소뇌에서 처리되는 무의식적 고유 감각입니다.

근육에는 각 근육의 수축 상태에 관한 정보를 처리하는 근방추와

12-3
소뇌의 입력(좌)과 출력 (우)

골지힘줄기관이라는 고유 감각 기관들이 있습니다. 그 기관들이 근육 상태가 담긴 감각 정보들을 감지하죠. 그 데이터들이 우리가 의식하지 못하지만 매 순간 소뇌로 들어갑니다. 많은 신경섬유, 특히 이끼섬유를 통해 대뇌피질로 올라가는 정보의 대부분이 이러한 고유 감각 정보입니다.

 이 고유 감각 정보는 하위 신경원과 쌍방향으로 연결되어 있습니다. 소뇌가 전체 몸 운동을 조절할 때 근방추와 골지힘줄기관에서 매 순간 근육들의 정보를 소뇌에게 주고, 소뇌피질은 이 정보를 대뇌 운동 영역으로 끊임없이 보내줍니다. 그래서 전전두엽에서부터 보완 운동 영역, 전 운동 영역을 통해 계속 처리되는 운동 프로그램을 1차 운동 영역에서 신경 발화로 최종 출력하기 전에 소뇌에서 올라간 근육 상태에 대한 감각 입력 값들을 참고하게 되죠.

소뇌 시스템의 핵심은 푸르키녜세포

대뇌의 신피질은 분자층, 외과립층, 외피라미드층, 내과립층, 내피라미드층, 다형층 등 여섯 개의 층으로 구성되어 있습니다. 반면에 소뇌피질은 세 개의 세포층으로 되어 있죠. 소뇌피질의 맨 바깥 층은 분자층이고, 가운데 층은 푸르키녜Purkinje세포층, 안쪽의 층은 과립세포층입니다.

그중에서 가장 중요한 게 푸르키녜세포층이죠. 신경과학자 푸르키녜Jan Evangelista Purkyně, 1787~1869가 발견한 것이죠. 우리 뇌에 있는 신경세포 중에서 가장 큰 게 이 푸르키녜세포입니다. 소뇌의 특징적인 신경세포이기도 하죠.

12-4 그림을 보면, 푸르키녜세포가 전나무처럼 많은 가지를 내고 있죠. 뇌간의 하올리브핵에서 나온 축삭들이 푸르키녜세포를 타고 등정섬유climbing fiber가 올라가고 있습니다. 등나무가 전신주를 오르듯 감아 올라가고 있죠. 이 신경섬유다발의 축삭이 푸르키녜세포와 계속 신경 연접을 합니다. 주로 푸르키녜세포의 수상돌기 1, 2번 가지하고요. 그리고 이끼섬유에서 죽 올라가는 과립세포의 축삭이 위로 가면서 분자층에서 옆으로 두 가닥을 냅니다. 등나무 줄기에 감긴 전신주 전선이 두 방향으로 퍼져 나가는 모양이죠. 이 과립세포들은 푸르키녜세포 수상돌기 3번에서부터 7번까지 하위 영역과 계속 시냅스를 합니다. 과립세포가 시냅스하면서 주고받는 것이 바로 고유 감각에 대한 정보입니다. 과립세포는 우리 뇌의 신경세포 중에서 가장 많죠. 500억 개에서 1천억 개 정도 있다고 합니다.

1960, 70년대에 소뇌를 연구하던 사람들이 소뇌피질에서 바둑판처

럼 아주 짜임새 있는 구조를 발견했습니다. 소뇌를 보고 있으면 반도체 데이터 라인이 구성된 방식과 비슷하다는 생각이 들어요. 예전에는 인간의 뇌 전체를 전자계산기로 비유하기도 했습니다. 지금은 틀렸다고들 하는데, 소뇌의 경우에는 여전히 타당성이 높죠. 왜냐? 소뇌피질에는 근육에 관한 방대한 정보가 저장되기 때문이죠. 소뇌피질의 상당 부위가 근육 운동의 계산과 관련 있습니다.

소뇌피질의 단면을 좀 더 자세히 보면 맨 위에 있는 게 분자층, 그 아래가 전신주들처럼 한 층을 이룬 푸르키녜세포층이죠. 다시 그 아래가 과립세포층, 더 아래가 신경섬유로 된 백질입니다. 푸르키녜세포의 세포체를 바구니세포가 감싸고 있죠. 바구니세포는 조류하고 포유류에만 있습니다. 파충류나 어류에는 없죠.

뇌 과학에서 어떤 신경세포나 뇌 부위가 포유류에만 있고 어류나 양서류에 없다거나 뇌의 어떤 영역이 영장류에서만 잘 발달되었다 하는 식의 정보는 중요합니다. 왜냐하면 동물 종들 간에 현저히 드러나는 이런 뇌 구조상의 차이를 통해 동물이 환경에 적응하는 과정을 볼 수 있기 때문입니다.

에델먼은 인간의 의식 작용 같은 뇌 과학의 궁극적인 질문에 대해서도 진화론 하나만으로 충분히 탐구할 수 있다고 주장하죠. 좀 더 강조하자면, 2000년에 과학자들이 지난 1천 년간 중요한 과학적 발견 열 가지를 선정했는데, 첫 번째가 진화론이고 두 번째가 상대성이론의 시공 개념이었습니다.

소뇌피질의 연결 구조를 다시 보면, 바구니세포가 과립세포에서 올라가다가 두 가닥으로 갈라져서 푸르키녜세포와 시냅스하고 있는 양상입니다. 푸르키녜세포의 축삭은 심부핵으로 갑니다. 과립세포의 축

12-4
소뇌피질 단면과 연결 구조

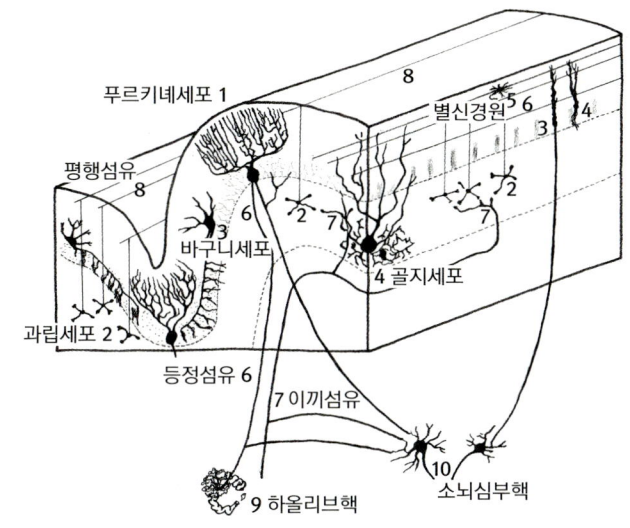

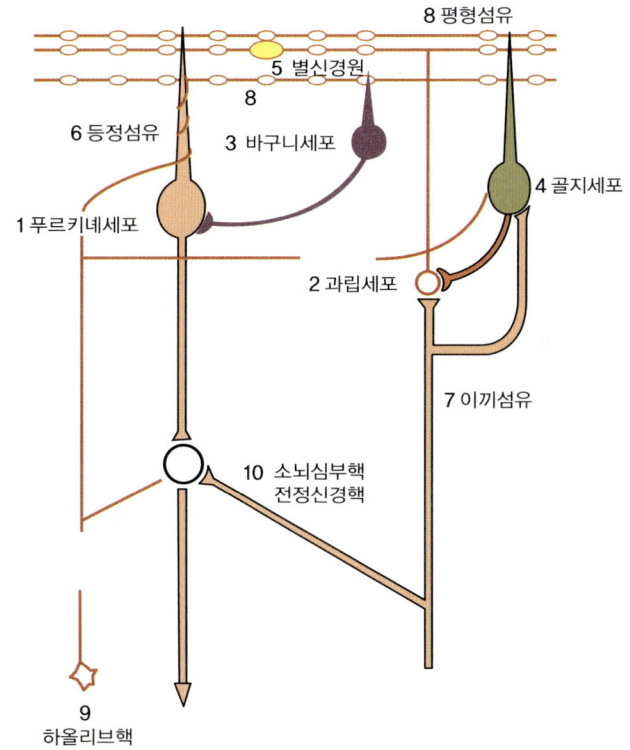

삭이 올라가면서 푸르키녜세포의 수상돌기하고 시냅스한다고 했죠. 골지Golgi세포도 평형섬유와 시냅스합니다.

소뇌피질에서의 연결 구조는 대뇌피질보다 훨씬 간단합니다. 푸르키녜세포의 수상돌기와 과립세포의 축삭이 만나는 다중 시냅스, 바둑판처럼 규칙적으로 연결된 그 시냅스로 전자계산기의 메모리처럼 단순화해 볼 수 있습니다. 그래서 시각 피질과 더불어 소뇌피질은 자세하게 연구가 되어 있죠.

푸르키녜세포를 중심으로 다시 한번 정리하면, 푸르키녜세포의 축삭이 밑으로 내려가서 소뇌심부핵과 시냅스를 하고, 수상돌기는 위로 올라가서 하올리브핵에서 올라가는 섬유와 시냅스하기도 하고 과립세포들이 만든 엄청나게 많은 평형섬유와 시냅스하기도 합니다. 이렇게 엄청나게 많은 시냅스의 양상이 바둑판처럼 아주 규칙적인 배열을 하고 있는 겁니다.

하올리브핵에서 나온 축삭들이 소뇌피질 푸르키녜세포에 시냅스한다고 했죠. 이 현상은 이나스의 소뇌 이론에서 중요하게 다루어집니다. 앞의 12-4 그림에서 1, 2번 축삭이 세포체에서 가까운 가지입니다. 세포체에서 가까운 부위는 발화를 컨트롤할 수 있죠. 발화할 것인지 말 것인지는 세포체에서 가장 가까운 축삭소구axon hillock 부근의 시냅스들이 결정합니다.

이나스에 따르면, 하올리브핵에서 나온 축삭들이 푸르키녜세포와 시냅스를 하면서 회로를 형성합니다. 그 결과 10Hz의 신경 펄스가 만들어지죠. 10Hz의 신경 펄스라는 것은 1초에 열 번, 인체의 근육을 움직일 수 있는 상한 속도에 가까운 겁니다. 인체에서 가장 자유로운 손을 가지고 움직여도 1초에 10회 이상은 힘들죠. 가장 빠른 동작이 뇌전증 환자들이 발작할 때의 움직임 정도일 겁니다.

 10Hz의 신경 펄스를 만드는 이 회로는 상당히 의미가 있습니다. 컴퓨터의 전체 속도를 조절해주는 타임 생성기, 즉 수정진동자가 있지 않습니까? 그것과 비슷하죠. 이 회로가 소뇌의 역할 중 핵심인 몸 전체 근육운동의 출력 타이밍을 자동으로 조절해주는 겁니다. 소뇌의 이런 운동 타이밍 조절 작용으로 우리 몸이 환경 입력에 적절한 운동 출력을 순차적으로 표출할 수 있게 되는 것이죠.

 소뇌에 대해 더 깊이 파고들다 보면 이나스의 이론을 다른 책에서도 만날 수 있습니다. 패트리샤 처칠랜드Patricia Churchland, 1944- 의 《뇌과학과 철학: 마음-뇌 연속체Mind-Brain Continuum》입니다. 번역하는 데만 10년 이상 걸린 책이죠. 이나스의 《꿈꾸는 기계의 진화》보다 몇 년 전에 출간되었습니다. 이 책 뒷부분에 거의 100페이지에 걸쳐서 이나스의 소뇌 이론이 나옵니다. 이나스의 소뇌 이론 중 중요한 것 하나가 텐서-그물망 이론tensor network theory이죠. 텐서. 수학에 관심 있는 분이면 잘 아실 겁니다. 행렬로 표시되는 물리량이 텐서죠. 차수가 1인 텐서가 벡터이고, 차수가 0인 텐서가 스칼라입니다.

 텐서-그물망 이론의 핵심은 소뇌에 입력 벡터, 출력 벡터가 있다는 것입니다. 입력의 방향과 크기가 하나의 벡터로, 출력도 마찬가지로 하나의 벡터로 표현됩니다. 이 입력 벡터와 출력 벡터를 연결해주는 부위가 바로 소뇌입니다. 입력에서 출력으로의 변환이 소뇌 내부 회로에서 일어나는 거죠. 입력과 출력이 벡터이고 이 입출력 벡터 사이의 변환 관계는 텐서로 표현되죠. 그래서 텐서 매트릭스(행렬)를 쓰고, 이 이론을 가리켜 텐서-그물망 이론이라고 하는 겁니다.

내부 회로로 운동을 컨트롤하다

푸르키네세포는 12-5 그림처럼 출생 이후 1년이 될 때까지 점점 복잡해져갑니다. 출생 1년 후에는 성인의 것과 비슷한 형태로 발달하죠. 출생 시, 출생 후 며칠, 출생 후 2주, 출생 후 1년 순으로 비교해보면 확연히 드러납니다.

푸르키네세포는 인간의 소뇌피질에 1,500만 개 정도 있는데, 다른 동물에 비해 월등히 많은 겁니다. 원구류cyclostomes 칠성장어는 듬성듬성 있습니다. 몇 가닥이죠. 판새류elasmobranch 상어, 경골어류teleost. 칠성장어보다는 복잡하지만 푸르키네세포를 보면 보통 물고기로 느껴집니다. 파충류 거북이, 조류를 거치면서 수상돌기가 점점 많아지다가 인간에 이르면 이 푸르키네세포가 잔뿌리가 엄청나게 많은 식물처럼 수상돌기를 왕성하게 내죠.

소뇌의 가장 중요한 역할이 몸 전체의 운동을 자율 조절하는 것입니다. 운동의 루프에서 소뇌는 어디에 위치할까요? 대뇌의 대뇌피질에 1차 운동 영역이 있죠. 여기에서 대뇌피질-시상-소뇌의 루프가 돌아갑니다. 이 루프가 뇌간의 전정핵과 연결되어 있고, 대뇌기저핵 역시 시상과 연결되면서 루프를 그립니다. 또한 이 운동의 루프에는 교뇌핵도 있습니다.

대뇌 운동 피질에서 운동 출력을 내보내기 전에 필요한 정보는 운동에 대한 기준 입력입니다. 그래서 팔이나 다리, 몸체 근육의 현재 값들을 불러와야 하는 거죠. 그 현재 값들이 소뇌피질에 있습니다. 다시 말하면 대뇌피질의 1차 운동 영역에서 대규모의 신경섬유가 교뇌핵으로 들어가 소뇌심부핵을 거치지 않고 바로 소뇌피질로 가는 겁니다.

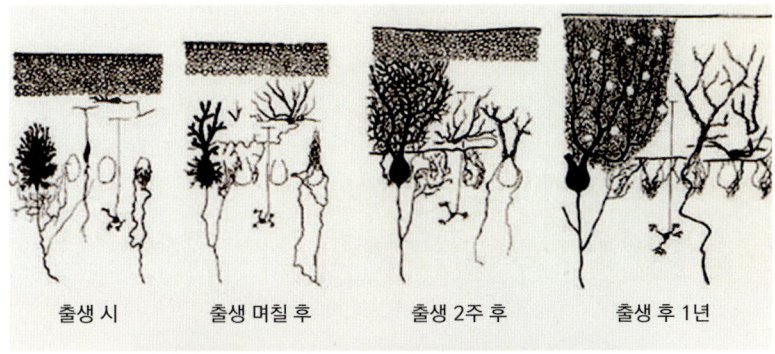

12-5
출생 후 푸르키녜세포의 변화와 실제 푸르키녜세포의 모습

출생 시　　출생 며칠 후　　출생 2주 후　　출생 후 1년

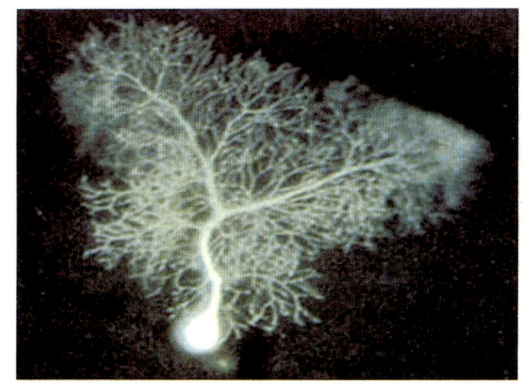

교뇌와 소뇌피질을 연결해주는 것이 중소뇌각입니다. 중뇌와 연수 사이 앞쪽으로 튀어나온 교뇌의 바깥쪽에 있으며, 교뇌핵에서 출발하여 소뇌피질로 가는 신경섬유의 다리. 이것이 바로 중소뇌각이죠. 각이 바로 다리입니다.

소뇌에서 나가는 출력은 입력과는 조금 다릅니다. 입력에 관련되는 출력이 나갈 때는 분명히 소뇌심부핵을 거칩니다. 소뇌심부핵에서도 치아핵을 거쳐서 시상, 특히 시상의 배외측핵(VL)에서 1차 운동 영역으로 가죠.

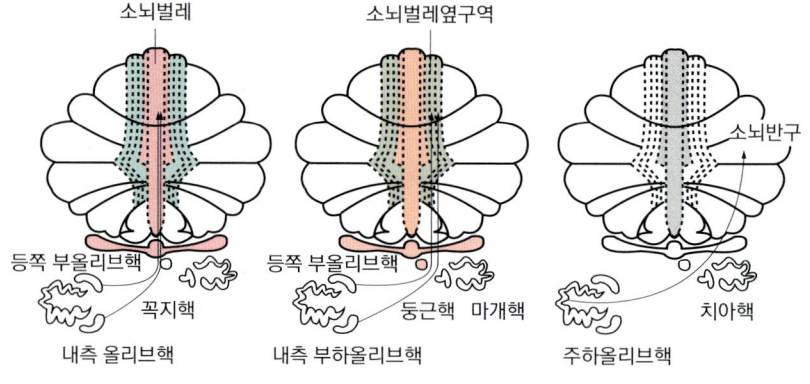

12-6
소뇌와 하올리브핵 복합체의 연결

소뇌 입력: 1차 운동 영역 → 교뇌핵 → 중소뇌각 → 소뇌피질

소뇌 출력: 소뇌피질 → 소뇌심부핵(치아핵) → 시상 배외측핵

　　　　→ 1차 운동 영역

　　운동의 입력과 출력이 이렇게 하나의 폐루프를 그리고 있습니다. 소뇌피질의 정보를 대뇌피질의 운동 영역이 운동할 때마다 불러들여 다음 운동을 위한 기준점을 끊임없이 설정하죠. 이 모든 과정은 무의식적으로 일어납니다.

　　그러려면 소뇌는 엄청나게 많은 계산을 해야 합니다. 소뇌의 일 중 가장 중요한 것이죠. 어떻게 그 많은 계산을 할까요? 소뇌피질에서 신경 연결망을 형성하는 세포들인 푸르키녜세포, 과립세포, 평행섬유 등의 바둑판 같은 연결 형태에서 답을 찾을 수 있을 겁니다.

　　푸르키녜세포의 축삭은 소뇌심부핵하고 연결되는데, 이때 심부핵이 신경전달물질 GABA의 작용으로 억제를 합니다. 소뇌피질에서 소뇌핵으로 갈 때 억제가 이루어지죠. 뇌 전체에서 몇 군데 존재하는 네

거티브 피드백, 즉 억제 회로 중 대표적인 것입니다. 또 한 가지 억제 회로가 대뇌기저핵에 있죠. 선조체, 창백핵에서 억제 신호가 나옵니다. 소뇌, 기저핵은 주로 운동과 관련되어 있고, 운동 조절은 억제 신호와 연관됨을 기억합시다.

소뇌의 발달과 하올리브핵은 함께 진화해왔습니다. 그러므로 소뇌를 이해하는 데 푸르키네세포와 더불어 하올리브핵이 중요하죠. 하올리브핵은 12-6 그림처럼 소뇌벌레, 소뇌벌레옆구역, 소뇌반구 등 소뇌의 각 부위와 관련되어 있습니다.

소뇌의 내부 회로를 다시 떠올려봅시다. 하올리브핵에서 올라가는 섬유들이 푸르키네세포의 수상돌기와 시냅스를 하고 폐루프를 그리고 있습니다. 폐루프를 그리면서 다시 하올리브핵으로 들어갑니다. 이 폐루프로 생성된 10Hz의 펄스가 점화하여 타임 생성기가 만들어지죠. 이것이 신체 운동의 상한 속도를 결정해주고, 우리 몸 전체를 컨트롤하는 소뇌의 역할에 바탕이 됩니다.

사실 우리 뇌 활동의 95%는 의식되지 않습니다. 무의식 속에서 계산되죠. 의식 수준으로 올라오는 인식 작용은 5%에 불과합니다. 그래서 아인슈타인이 뇌를 10%밖에 사용하지 못했다는 말은 신빙성 없는 것이죠. 많은 자료를 가지고 그 설이 왜 상식화되었는지 역사적으로 추적해서 밝혀내어 반박하는 인터넷사이트도 있고, 뇌 과학적으로 봐도 별 의미 없는 이야기입니다.

의식되지 않는 뇌 활동 중 큰 비중을 차지하는 것이 소뇌에서 하는 계산입니다. 근육의 신경섬유들이 움직일 때마다 일어나는 위치감각이나 촉각 같은 여러 정보들, 뇌가 운동할 때 참고해야 할 정보를 철저하게 계산하여 소뇌에서 제공하는 거죠. 그리고 근육의 긴장도를 조절합니다. 우리가 굴곡진 지표면에서 신속하고 정교한 운동을 할 수 있는 것은 우리 몸 전체가 항상 지표면에 대해서 균형을 유지할 수 있기 때문입니다. 연속적인 동작이 가능한 것도 놀라울 정도로 균형을 유지하는 소뇌가 바탕이 된 거죠.

의식이, 생각이 뭐라고 했습니까? '진화적으로 내면화된 움직임'이라고 했죠. 움직임이 진화적으로 내면화되어 다른 차원의 운동이 출현한 것입니다. 즉 상상 속의 움직임이 인간에게 발현된 겁니다. 이 상상 속 움직임이 바로 우리의 사고 작용이죠.

지금까지 의식과 생각의 세계를 이루는 숲과 나무를 보았습니다. 이제 그 세계에 존재하는 우리 인간의 움직임을 적절히 변조해주는 감각 작용들을 따라가볼 차례입니다.

3부

보고, 듣고, 느끼고, 감동하고, 웃고, 화내고, 운동하고, 꿈꾸고,

자아를 깨닫고, 창조적으로 생각하고, 예측하고…….

살아 있는 동안 인간은 끊임없이 움직인다.

인간의 움직임은 곧 뇌의 움직임이며 또한 인간의 생각이다.

뇌와 감각, 생각이 인간을 움직이다

13강 보다, 시각과 뇌

생명체의 진화, 특히 동물의 진화에 있어서 본다는 것은 참 중요합니다. 특히 척추동물, 즉 앞을 향해 나아가는 동물에게 시각은 목표물에 정확하게 접근할 수 있도록 해줍니다. 목표를 향해 앞으로 나아가거나 몸을 숨기는 것, 장애물을 피하거나 맞서는 것 모두 볼 수 없으면 일어나기 힘든 일이죠.

'본다'는 현상

눈의 앞쪽에는 홍채 앞 비어 있는 공간인 동공이 있고 동공의 맨 바깥에 공막sclera이라는 흰색 층, 맨 안쪽에 상이 맺히는 망막retina, 가운데에 혈관과 멜라닌 세포가 많고 빛의 분산을 방지하는 맥락막choroid (색소층)이 있습니다. 사물을 볼 때 초점이 맞춰지는 곳은 중심와forvea centralis(황반)죠. 원추세포들의 밀도가 아주 높은, 명확한 상을 보는 부위입니다. 모든 신경절세포의 축삭(시각신경)들이 시신경을 형성하여 빠져나가는 부위가 맹점blind spot 입니다.

눈 앞쪽 홍채 뒤에 수정체lens 가 있죠. 수정체의 두께를 조절하는 부위가 모양근ciliary muscle이라는 것입니다. 빛이 들어오면 눈의 맨 앞 구조인 각막cornea에서 굴절이 일어납니다. 눈 바깥은 공기이고 눈 안으로 들어가면 액체 상태이기 때문이죠. 그래서 두 물질 계면에서 빛이 크게 굴절되고 수정체에서도 굴절이 일어나면서 빛이 망막에 상을 맺게 됩니다. 상이 맺히는 부위가 중심와. '와窩'라는 것은 움푹 들어간 부위라는 말이죠. 황반이라고도 합니다. 이 점에서 아주 선명한 상이 맺힙니다.

눈의 바깥 구조를 다시 보면 세 개의 층으로 되어 있습니다. 맨 바깥의 공막, 가운데 맥락막, 맨 안쪽의 망막. 빛이 동공을 통과해 지금 우리가 사물을 볼 수 있도록 하는 부위가 시신경으로 이루어진 맨 안쪽의 망막이죠.

눈의 구조를 뇌와 연결했을 때 중요한 부분은 간상세포rod cell와 원추세포cone cell가 있는 망막이죠. 시신경층에 이런 세포들이 죽 있습니다. 원뿔처럼 생긴 원추세포, 가늘고 긴 원기둥 같은 간상세포. 이런 것들이 인간 눈의 망막에 원추세포 500만 개와 간상세포 1억 개 정도 있다고 합니다. 이 숫자는 나중에 신경이 수렴하는 정도와 관련이 있기 때문에 중요합니다. 포유동물의 눈 대부분이 이 두 가지 세포인데, 조류의 경우에는 대부분 원추세포로 되어 있습니다.

이 세포들의 층 다음에 이 세포들과 시냅스하는 세포들이 다중으로 층을 이루고 있습니다. 이 세포들이 간상세포와 원추세포를 수평으로

13-1
인간 눈의 구조와 망막의 구조

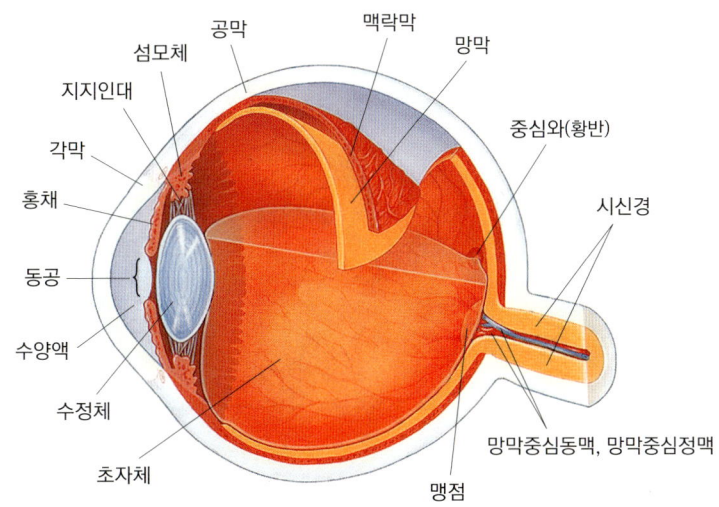

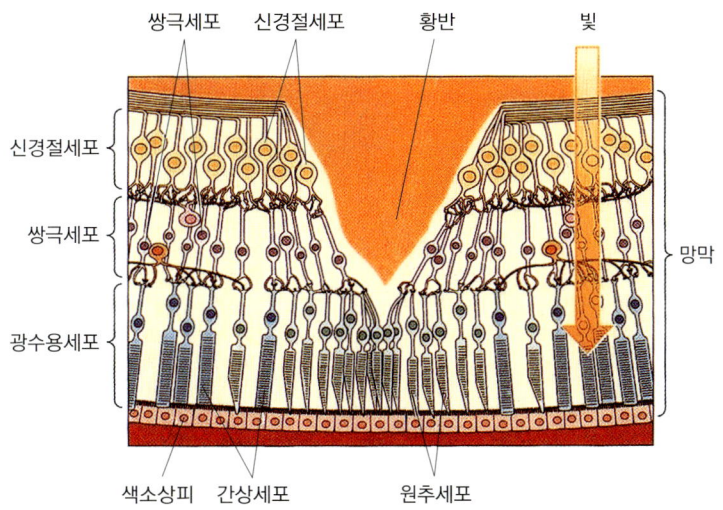

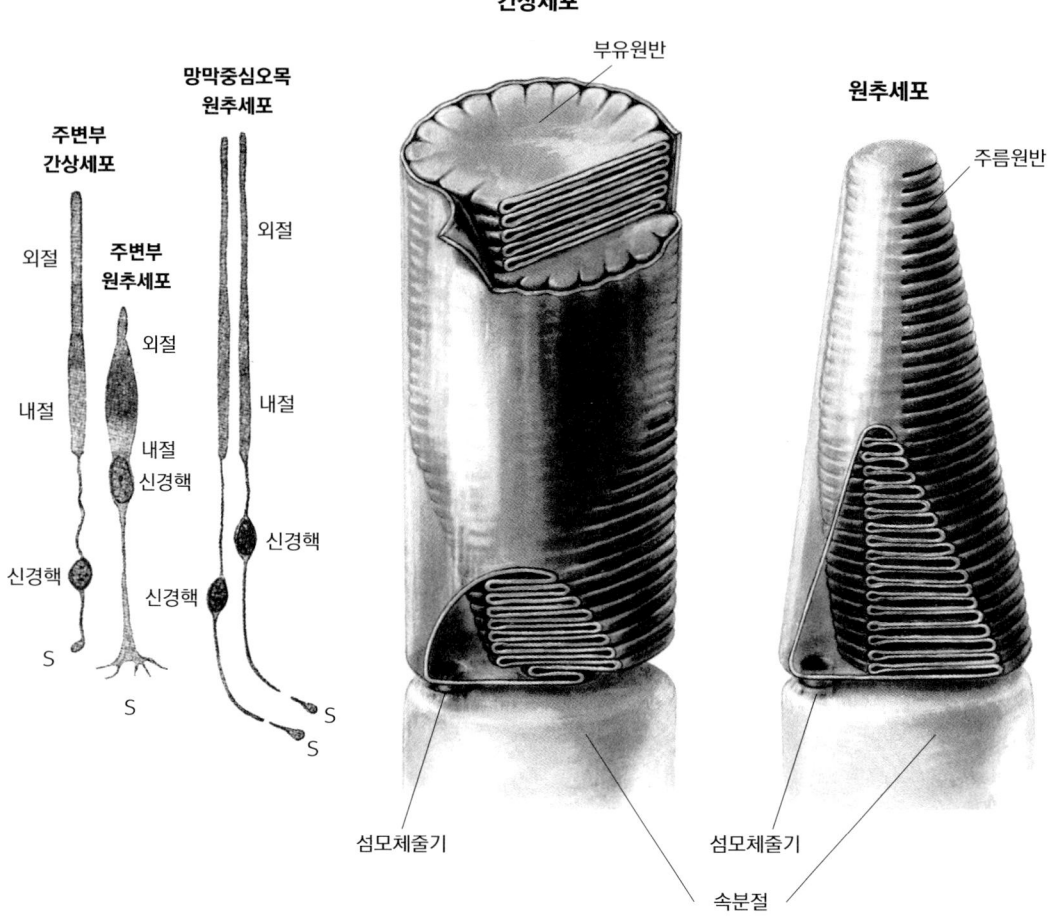

13-2
간상세포와 원추세포의
상세 구조

연결해주죠. 수평으로 연결해주는 세포의 이름은 말 그대로 수평세포 horizontal cell 입니다. 수평세포가 간상세포와 원추세포를 옆으로 연결해 준다면, 아마크린세포 amacrine cell 는 쌍극세포와 신경절세포 ganglion cell 를 옆으로 연결해주죠.

뇌, 생각의 출현

망막은 시신경층하고 쌍극세포층, 신경절세포층으로 이루어져 있습니다. 세 층 모두 합해 20μm 정도로 아주 얇죠. 시신경층과 신경절세포층 사이에 있는 쌍극세포층의 쌍극세포는 시신경과 신경절세포를 연결하죠. 양쪽에 돌기가 나 있습니다.

신경절세포에서 최종적으로 나오는 신경 축삭들이 모여서 다발을 형성해 나가는 곳이 바로 맹점입니다. 맹점에서 모인 신경절세포의 축삭 다발이 어느 쪽으로 가느냐? 외측슬상체로 가죠. 외측슬상체의 핵은 망막과 후두 1차 시각 피질 사이의 시각 시스템의 중계 영역으로, 시각 처리 과정에서 상당히 중요합니다.

크릭이 솔크연구소에서 오랫동안 뇌에서 의식이 구체적으로 어느 영역에서 생성되는지를 연구했었죠. 그의 책 《놀라운 가설 The Astonishing Hypothesis》에도 나오지만, 그가 연구소에서 가장 처음 했던 일이 바로 인체 뇌 모형에서 외측슬상체 부위를 찾아 빨간 펜으로 칠한 거라고 합니다. 그만큼 외측슬상체는 상징적인 의미가 있습니다. 크릭이 외측슬상체에서 시작해 그동안 자세히 연구되었던 시각을 바탕으로 의식의 생성까지 집요하게 파고들 수 있었던 것을 봐도 그렇죠.

이와 더불어 내측슬상체는 청각을 매개해주는 부위입니다. '슬상膝狀'은 무릎 모양이라는 말이죠. 내측슬상체, 외측슬상체 모두 시상침 밑에 있습니다. 시상에 있는 구조들이죠.

신경절세포의 축삭 다발이 맹점에 모여 외측슬상체로 이동한 다음 어디로 갑니까? 후두에 있는 1차 시각 영역, 1차 시각 피질로 가죠. 이 부위를 V1이라고 표시합니다.

1차 시각 피질을 구성하는 세포들, 시신경에서 오는 정보를 처리하는 세포들은 크게 세 가지입니다. 단순세포, 복합세포, 초복합세포.

단순세포는 점, 막대, 모서리 같은 사물 형태의 윤곽 일부를 잘 처리합니다. 복합세포는 막대의 움직임, 초복합세포는 각진 부분의 움직임을 잘 처리하죠. 참으로 단순한 형태들이죠. 이런 단순한 형태를 조합한 정보가 V1에서 V2, V3, V4로 죽 올라가죠. V7까지 올라갑니다. 우리 뇌 후두 피질의 약 60%가 시각을 처리합니다.

'본다'는 현상에 관련된 신경세포들은 크게 일곱 가지로 분류됩니다. 간상세포와 원추세포가 있는 시신경이 첫 번째이고, 두 번째가 쌍극세포, 세 번째는 신경절세포, 그다음 네 번째가 외측슬상체입니다. 1차 시각 영역에 와서 단순세포와 관련되는 것이 다섯 번째, 복합세포가 여섯 번째, 초복합세포가 일곱 번째가 되는 거죠. 우리가 바깥 세계를 볼 때 선이나 모서리의 각진 부분이 이동하는 것, 방향 등 아주 원초적인 시각 구성 단위를 처리하기 위해서도 이 신경세포들이 필요합니다.

망막, 빛을 받아들이다

망막에 맺힌 정지된 2차원 영상을 움직이는 3차원 사물로 보이게끔 하는 것이 바로 우리 시각 피질의 역할이죠. 30개 이상 되는 후두 피질의 시각 신호 처리 과정으로 우리 눈앞에 전개되는 세계상이 만들어지는 것입니다. 동공을 통과한 빛은 신경절에서 원추세포와 간상세포의 시신경층 방향을 향해 나아갑니다. 간상세포와 원추세포의 외절에서 이 빛이 최종적으로 흡수되어 빛 에너지가 전압 펄스로 변환됩니다. 간상세포와 원추세포의 바깥 분절을 외절, 그 안쪽을 내절이라고 합니다.

간상세포의 바깥 분절, 즉 외절은 디스크가 여러 겹 포개진 구조로 이루어져 있습니다. 간상세포 역시 결국 하나의 세포이기 때문에 입체적으로 생각해야 합니다. 세포 원형질막은 인지질 2중 막으로 되어 있죠. 간상세포도 마찬가지입니다.

간상세포의 외절에서도 디스크 안쪽 2중 막에 박혀 있는 막 단백질에서 빛이 흡수됩니다. 이 단백질이 로돕신rhodopsin이죠. 로돕신은 옵신opsin이라는 막 단백질과 레티날retinal이라는 분자로 구성되어 있습니다. 빛을 받아서 변형되는 부위가 이 레티날이라는 분자 사슬이죠. 레티날은 11-cis-레티날, all-trans-레티날의 두 가지 구조로 되어 있습니다.

어두울 때는 레티날이 각이 져 있는데, 이것을 11-cis-레티날이라고 합니다. 빛이 들어오면 이것이 펴집니다. 즉, 간상세포가 빛을 흡수하면 2중 막 안에 박힌 막 단백질의 사슬 구조로 된 레티날의 형태가 바뀌게 되는 거죠.

간상세포 외절 안에 있는 디스크는 어떻게 생길까요? 막이 다중으로 무수하게 접히고, 접힌 막 부분들이 안으로 함입되면서 뚝 끊겨 디스크가 되어버린 거죠. 앞의 13-2 가운데 그림처럼요. 세포야말로 무한 변형을 하는 것입니다. 결국 이 디스크가 어디에서 왔습니까? 그렇죠. 세포막에서 온 것입니다. 진핵세포 원형질막의 유동성과 세포 내 골격의 운동성으로 동물 세포들은 형태를 무한히 변형할 수 있는 능력을 획득했죠.

모든 생물은 박테리아 세포막의 거품에 불과하다.

도킨스가 참 황당한 이야기를 하죠. 모든 생명현상을 아주 단순화하면 박테리아 세포막의 거품에 불과하다는, 그래서 생명현상은 세포막에서 일어난다는 겁니다. 이 이야기의 구체적인 사례가 바로 간상세포입니다.

우리가 세상을 볼 때 빛 알갱이를, 즉 포톤을 어떻게 받아들입니까? 이미지로, 영상으로 만들어 받아들입니다. 그런데 가만히 생각해보면, 바깥에서 쏟아져 들어가는 햇빛하고 사람이다, 동물이다, 꽃이다 하는 어떤 이미지를 만들어내는 것하고는 아무 관련이 없습니다. 그러면 어떻게 뇌가 쏟아지는 빛의 무수한 알갱이로 바깥세계를 묘사하고 이미지를 만들어내는가?

앞에서 간단한 움직임을 만들어내기 위해서도 일곱 개의 세포층이 필요하다고 그랬죠. 그 출발점을 이야기하면, 원래 있던 한 세포가 우연히 빛을 흡수하는 능력을 갖게 된 것입니다. 우연히 빛을 흡수하는 능력을 갖게 된 세포는 어떻게 되느냐? 세포막이 안으로 들어가서 계속 접히면서 안으로 들어간 부분들이 툭 끊어져 안에서 2중 막이 형성됩니다. 그래서 외절이 만들어지죠. 이 막도 결국은 세포막(동물 세포 같으면 원형질 막)에서 툭 떨어져 나온 것이므로 인지질 두 층으로 되어 있겠죠. 이 2중 막에 단백질이 삽입되어 있고요. 단백질이 삽입되어 있는 막 단백질의 한 부위가 레티날이고, 레티날이 결국 빛을 흡수하는 능력을 갖게 된 것입니다.

레티날은 어두울 때는 11-cis-레티날 구조로 꺾여 있다가, 빛이 들어가면 확 펴집니다. 펴지고 나면 옵신에서 이 레티날이 분리되어버리죠. 그리고 여러 가지 생화학적 반응이 죽 연계됩니다. 생화학적 반응을 요약해보면, 빛의 흡수로 세포 안에서 CGMP라는 분자들의 농도가 떨어집니다. 나트륨 채널이 닫히고 이 세포 전체가 과분극화되는 것이죠.

과분극화된다는 것이 무슨 말이냐? 어둠 속에서는 세포 내 전압이 약 −50mV였는데, 빛이 들어가면 이것이 −70mV로 더 떨어져버립니다. 과분극이 되는 거죠. 4강에서 신경세포가 전압 펄스를 내보내기 위해서는, 그러니까 활성전위가 되기 위해서는 약 +55mV까지 올라가야 한다고 했었죠. 과분극화되면 신경 발화가 일어나기 더 힘듭니다. 이것이 참 아이러니한데, 빛이 들어가면 신경 자극이 세포 단위에서는 멈춰버려요. 여기서 신경 자극을 안 보내면 어떻게 되느냐? 억제를 탈억제하게 되어버리는 거죠. 억제를 탈억제하니까 결국은 신경 충격이 뒤에서 계속 일어나게 됩니다. 억제의 억제로 탈억제되는 상태는 대뇌기저핵의 간접 회로에서도 볼 수 있죠.

빛의 수용 영역

시각을 이해하면서 꼭 알아야 하는 것이 수용 영역입니다. 골드스테인E. Bruce Goldstein의 《감각과 지각Sensation & Perception》에서 설명된 시각 처리 과정을 예로 들어 설명하겠습니다. 다음 13-3 그림처럼 시신경세포가 일곱 개 있다고 합시다. 1, 2, 3, 4, 5, 6, 7. 죽 있습니다. 이것들을 빛을 감지하는 간상세포라고 해봅시다. 3, 4, 5번 간상세포가 흥분성으로 연결되어 B세포를 만납니다. 1, 2번 간상세포가 또 다른 세포 A와 시냅스를 합니다. 이 A세포가 또다시 B세포와 시냅스를 하는데, 이것은 억제성입니다.

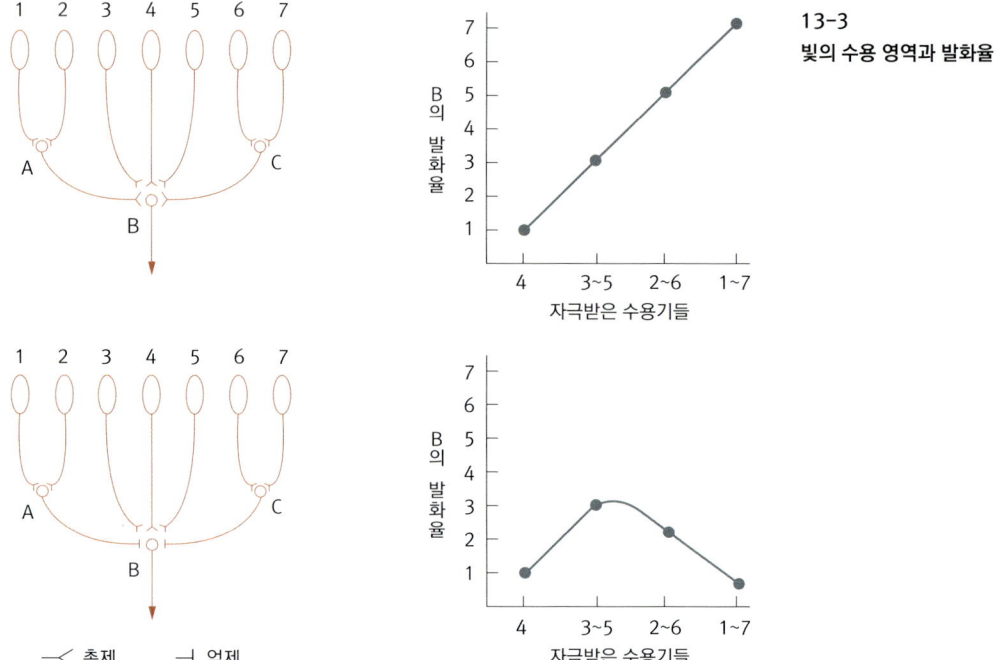

13-3
빛의 수용 영역과 발화율

　6, 7번도 1, 2번 간상세포처럼 또 다른 세포 C와 시냅스하고, 이 C 세포가 B세포와 다시 억제성 시냅스를 합니다. 간상세포가 모여 흥분 신호를 내서 A나 C의 한 세포가 받고 그것이 B세포에 억제로 수렴되는 것이죠. 이 B세포가 최종적으로 어떤 펄스를 낸다고 했을 때, 신경 섬유 시신경에서 수평세포와 아마크린세포가 망막에서 수평으로 계속 연결됩니다. 측방향 억제라는 신경세포의 중요한 메커니즘이 형성되기 때문에 자극의 수용장이 만들어지는 것이죠.

　여기서 간상세포를 자극한 상태를 형광등 빛이 점등된 것으로 가정하고, 4번 간상세포에만 빛이 들어왔다고 합시다. 그러면 4번 간상세포 축삭이 +1일 테니 플러스 하나가 나오겠죠. 형광등 빛의 바가 3, 4,

5번에 이르렀을 때는 플러스 세 개가 나옵니다. 이 상황을 세로축은 발화율, 가로축은 수신 신경인 그래프에 점으로 표시해보면 발화율이 3인 거죠.

빛의 바가 더 늘어나서 2~6번 간상세포를 덮는다고 생각해보세요. 단, 여기서 중요한 것은 2번 간상세포에 빛이 들어가면 시냅스 전에는 흥분되지만, 시냅스 후에는 억제시켜버린다는 겁니다. 신경이 흥분되기도 하고 억제시킬 수도 있는 거죠. 그래서 흥분되는 것은 3, 4, 5번 세 개고, 2번이 들어와서 억제가 되고, 6번 역시 억제가 되지 않습니까? 억제가 두 개, 흥분이 세 개죠. 3 빼기 2 하면 1 정도. 그래프의 점은 2에 가깝게 찍힙니다.

형광등을 다 켰을 때, 형광등 불빛이 1번에서 7번 간상세포까지 다 덮었을 때, 6번과 7번은 억제가 되죠. 1, 2번도 억제가 되고요. 억제 네 개, 흥분 세 개가 됩니다. 그런데 마이너스가 되는 게 아니라 좀 복잡한 과정에 의해서 1에서 0 사이, 즉 1에 가깝게 됩니다. 그래프에 표시해둔 점을 이어서 곡선을 그려봅시다.

여기서 얻게 되는 가장 중요한 결론이 무엇이냐? 특정 길이의 자극이 들어갈 때 가장 선명하게 느낀다는 것이죠. 자극에 대해 선택적 반응을 하게 되어 경계 영역이 생기는 겁니다. 시각에서 윤곽선을 생성하는, 즉 형태를 인식하는 기본원리가 바로 여기서 나오는 겁니다. 자극의 길이가 늘어난다고 해서 신경 발화율이 커지는 게 아니라 자극에 의한 최고점이 있다는 것이죠. 빛의 바 길이가 3~5일 때 발화율이 가장 커지는 것처럼요.

또한 특정 성분에 반응하는 것도 측방향 억제 메커니즘으로 설명할 수 있습니다. 빛을 받은 후 쌍극세포가 과분극화되든지 분극이 안 되든지 하는 것은 전적으로 글루탐산 수용기receptor에 의존합니다. 글루탐산을 분비하느냐 안 하느냐의 문제는 굉장히 복잡한데, 수용기 채널에 따라서 좀 달라집니다. 그래서 신경세포에서 일어난 일들을 간단히 선형적으로 이야기하기 어려울 때가 많죠. 도파민만 해도 수용체가 많습니다. D1에서 D5까지 있습니다. 그 각각의 수용체 역할이 뇌의 부위에 따라 조금씩 달라지고 또 매우 복잡하죠. 어둠 속에서 펄스가 방출될지 안 될지도 글루탐산 수용기에 따라서 달라집니다.

시각 정보는 어떻게 처리되는가

원추세포나 간상세포의 레티날 단백질과 노폐물질들은 인접해 있는 세포층에서 바로 흡수가 됩니다. 레티날은 비타민A의 유도체죠. 그래서 음식물을 통해서 비타민A를 계속 공급해주어야 시력이 유지됩니다. 비타민A의 공급이 원활하지 않을 때는 야맹증, 즉 밤눈이 어두운 증상이 나타나죠.

빛은 동공으로 들어가서 망막의 맨 뒤 층인 원추세포, 간상세포의 외절에 흡수됩니다. 그 빛에 의해 발생한 신경 전압 펄스가 시신경섬유 쪽으로 흘러가죠. 그렇게 들어가는 동안에 여러 세포층들에 의해 빛이 흡수되지 않습니다. 쌍극세포나 수평세포가 빛에 투명하기 때문입니다.

간상세포와 원추세포를 옆으로 연결하는 것이 수평세포, 쌍극세포와 신경절세포를 옆으로 연결해주는 것이 아마크린세포죠. 이렇게 신경이 수직으로 연결됨과 동시에 옆 세포들끼리 다중으로 정보를 주고

13-4
인간의 시신경 자극 전달 경로

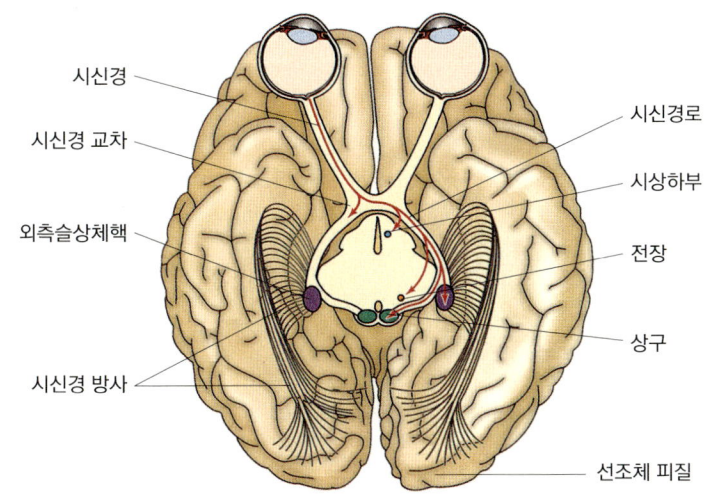

받고 있습니다. 이러한 과정으로 망막에서 시각 정보를 처리해서 상을 만드는 첫 단계의 작업이 일어나고 있는 겁니다. 이 과정에서 중요한 것이 신경세포의 측방향 억제입니다. 신경세포들이 옆 신경세포들의 활성화를 억제하는 현상이죠.

신경세포의 전기 충격은 시신경다발, 즉 시각로optic tract를 타고 이동합니다. 시교차(시신경 교차)에서 대부분 교차되죠. 13-4 그림처럼 일부는 같은 방향으로 가고, 대부분은 교차하여 반대 방향으로 갑니다. 이 점이 중요합니다. 개구리 같은 동물들은 신경의 90~100%가 교차됩니다. 그런데 인간의 경우에는 일부가 교차되지 않고 같은 방향으로 진행하여 외측슬상체로 들어갑니다. 외측슬상체로 들어가는 시신경다발은 외측슬상체핵에 의해 다시금 중계되어 V1 영역으로 가죠. V1 영역으로 가는 것을 시신경 방사optic radiation라고 합니다. 넓은 영역을 차지하면서 후두엽 쪽으로 방사합니다.

13-5
시각의 프로세스

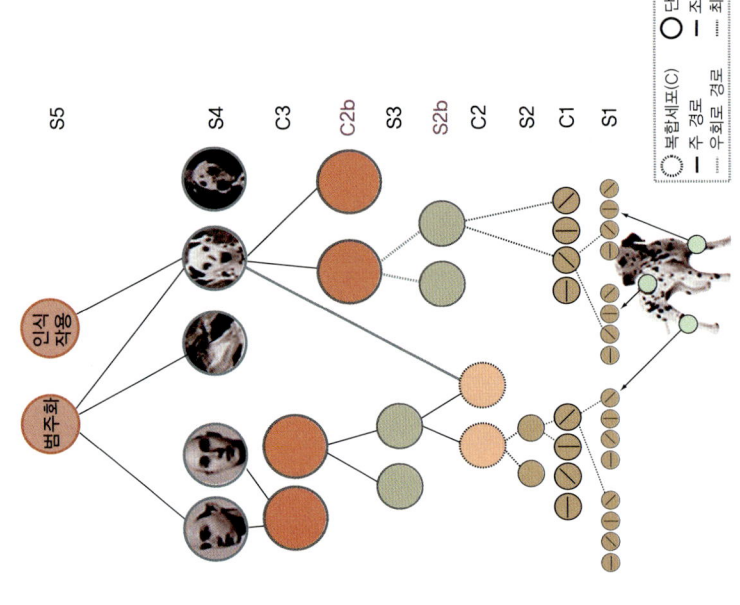

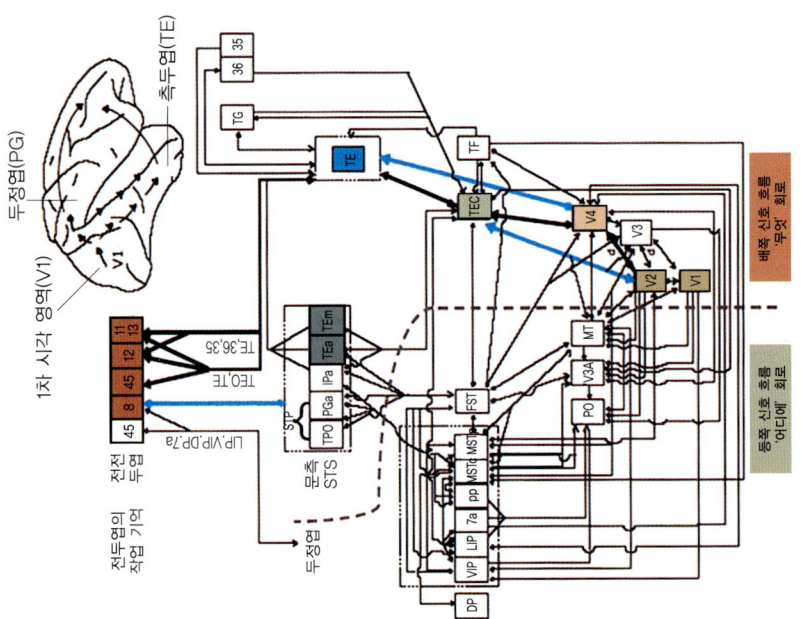

1960년대에 하버드 대학의 후벨David Hunter Hubel, 1926~2013과 위젤Torsten Nils Wiesel, 1924~이 V1 영역의 시각 처리 프로세스를 정밀하게 분석해서 밝혀냈습니다. 그 결과로 1981년에 노벨 생리의학상을 받았죠.

13-5 도표는 원숭이 시각 처리 과정에 대한 논문에서 인용한 것으로, 여러 시각 처리 프로세스가 있습니다. 왼쪽 도표 아래로부터 V1, V2, V3, V4, TEO, TF 순으로 죽 올라가면 TE, 즉 측두엽이 나오죠. 시각이 단계적으로 처리되어 우리가 아는 사람이나 개의 모습이 범주화되거나 인식되는 과정을 나타낸 것입니다.

시각 처리 프로세스는 크게 두 가지 경로가 있죠. V1에서 나온 신경 흐름이 두정엽(PG)으로 가는 것이 하나 있고, 측두엽(TE)으로 가는 것이 하나 있죠. 측두엽으로 가는 것은 형태와 색깔, 모양을, 두정엽으로 가는 것은 위치, 움직임, 특히 3차원 공간에서의 움직임을 처리합니다. 무언가를 볼 때, 특히 움직이는 무언가를 볼 때 시각과 관련된 대뇌피질의 여러 부위가 동작을 하는 거죠.

동공에서 시작해 망막의 시신경다발이 죽 나와서 처음 만나는 부위가 외측슬상체죠. 우리말로 옮기면 바깥쪽무릎체인데 내측슬상체와 함께 시상침 아래 있습니다. 외측슬상체는 여섯 개 층으로 되어 있죠. 아래서부터 1번과 2번 세포층은 마그노magno, M세포가 있는 M세포층입니다. 마그노라는 말은 거대하다, 크다는 뜻이죠. 나머지 3, 4, 5, 6번 네 개 층은 파보parvo라고 해서 P세포층입니다. P세포는 작은 세포죠. 맨 아래 두 개의 M세포층은 움직임에 민감합니다.

정보를 대량으로 빨리 전달해야 하는 세포들은 크기가 큽니다. 신경세포의 중요한 특징 중 하나죠. 축삭들도 큽니다. 대표적인 것이 오징어의 거대 축삭이죠. 오징어의 거대 축삭은 신경과학 발달에 공헌

하기도 했습니다. 오징어의 거대 축삭에 탐침을 꽂고 여러 실험을 해서 신경 펄스에 대해 많은 부분을 이해할 수 있게 되었죠.

오징어가 빨리 움직이지 않습니까? 빠른 움직임을 처리하는 신경세포들은 크기가 크고 신경 펄스의 전도 속도가 빠르죠. 그래서 아래 두 개 층의 거대한 M세포들이 움직임에 관여하고, 그 위 네 개 층의 작은 P세포들은 색깔, 모양 등을 처리합니다. 이 여섯 개의 층이 그대로 시각의 1차 피질에 방사되죠. 층이 바뀌는 게 아니고 일대일로 그대로 지도화되는 겁니다. 망막에서부터 1차 피질까지 자극된 신경세포 배열 구조가 유지된다는 것은 매우 중요합니다. 그리고 이 여섯 개 세포층 가운데 1번 M세포층과 4, 6번 P세포층은 반대쪽 눈의 신경섬유와 연결됩니다.

중심와에 맺히다

빛이 수정체를 통해 들어가서 상이 맺히는 부위가 중심와라고 했습니다. 중심와는 망막의 황반 안에 있는 부위인데, 크기가 수백 마이크로미터밖에 안 되는 지극히 작은 영역이죠. 낮 동안 선명한 상을 보기 위해서는 이 부위에 초점이 계속해서 맞춰져야 합니다. 따라서 그만큼 눈동자를 빨리 움직여야 하고, 의식적으로 계속 시선을 옮겨가며 주의 집중하고 있는 겁니다.

중심와 부분을 확대해보면 여러 개의 층이 있습니다. 눈의 다른 부위에는 1억 개의 간상세포와 500만 개의 원추세포가 마구 섞여 있는 반면, 중심와에는 간상세포가 없습니다. 원추세포밖에 없죠. 이 원추세포가 색 지각을 합니다. 초점을 딱 맞춰주면 원추세포는 아주 미세한 상까지 볼 수 있습니다.

독수리 같은 맹금류들은 하늘 높이 날면서도 땅에 있는 조그마한 생쥐까지 정확히 포착하지 않습니까? 심지어 조그마한 곤충의 움직임까지도 높은 데서 다 본다고 합니다. 그것이 가능한 이유는 맹금류의 중심와가 거의 다 원추세포로 되어 있고, 중심와의 원추세포 밀도가 인간의 세 배쯤 되기 때문입니다. 그래서 서너 배 이상의 선명한 상을 얻게 되는 것이죠.

밤하늘의 별을 맨눈으로 관찰할 때 정면으로 응시하면 별이 잘 보이지 않습니다. 왜 그러냐? 정면으로 응시할 때는 별빛이 딱 중심와에 맺히게 됩니다. 그런데 중심와에는 간상세포가 없습니다. 간상세포가 하는 일이 뭐죠? 명암을 구별하는 겁니다. 아주 희미한 불빛도 볼 수 있는 것이 간상세포인데, 이 간상세포가 중심와에는 없습니다. 중심와 바깥쪽에 많죠. 그러니 별을 볼 때나 아주 희미한 뭔가를 볼 때는 정면으로 보지 말고 눈동자를 약간 옆으로 움직여 비스듬히 보십시오. 간상세포가 많은 중심와 바깥 영역에 상이 맺히도록 하면 더 잘 볼 수 있습니다.

동물마다 망막에서의 간상세포와 원추세포 분포 양상이 다르고 우리 인간에 와서는 중심와에 간상세포는 없고 원추세포만 있습니다. 그리고 중심와에 초점을 맞추어야 사물을 자세하게 볼 수 있습니다. 그래서 주의를 집중하여 뭔가 중요한 사물을 응시하는 현상이 생기죠. 주의 집중과 작업 기억은 인간의 의식 활동에 있어 중요한 요소입니다.

바늘구멍눈에서 카메라눈으로

눈처럼 정밀한 도구가 어떻게 진화되어올 수 있었을까요? 시각의 진화에 대한 연구에 따르면 눈은 상대적으로 쉽게 만들어집니다. 진화론적으로 보면 눈은 크게 바늘구멍눈, 거울눈, 카메라눈의 세 종류가 있죠.

빛이 조그만 구멍을 통해 평행으로 들어와서 바깥의 것과 동일한 상이 망막에 맺히는 것이 바늘구멍눈입니다. 빛을 흡수할 수 있는 상피세포가 안으로 들어가서 바늘구멍 형태로 되어 있는 거죠. 바늘구멍사진기, 그걸 떠올리면 됩니다. 실제로 바늘구멍눈을 가진 동물도 있습니다. 앵무조개의 눈을 보면 바늘구멍눈 구조가 그대로 있죠.

여기서 진화한 형태가 거울눈입니다. 거울눈은 어떻게 생겼느냐? 망막 바깥으로 반사층이 있습니다. 그래서 빛이 수평으로 들어올 때 반사층에서 반사되어서 망막에 상이 거꾸로 맺히죠. 조개류 일부에서 아직도 찾아볼 수 있습니다.

그다음 출현한 것이 카메라눈입니다. 흔히들 눈 하면 카메라와 연결시켜 이야기하지 않습니까? 카메라눈에 이르면 외부에서 망막 쪽으로 빛이 들어가는 구멍에 수정체가 생깁니다. 카메라로 말하면 렌즈가 생긴 것이죠. 빛이 수정체에서 굴절되어 망막에 상이 맺힙니다. 그래서 이것을 카메라눈이라고 하는 겁니다.

최근에 빛을 감지하는 세 가지 세포층을 변형하여 눈의 진화 과정을 시뮬레이션했습니다. 이 세 가지 층은 피부막으로 보면 됩니다. 세 층의 양 옆에 빛을 흡수할 수 있는 색소층이 있죠. 세 층이 안쪽으로 굽어들다가 수정체가 생기고 최종적으로 우리가 알고 있는 눈이 만들

13-6
닐손과 펠게르가 예측한
카메라눈의 형성과 진화
과정 시뮬레이션

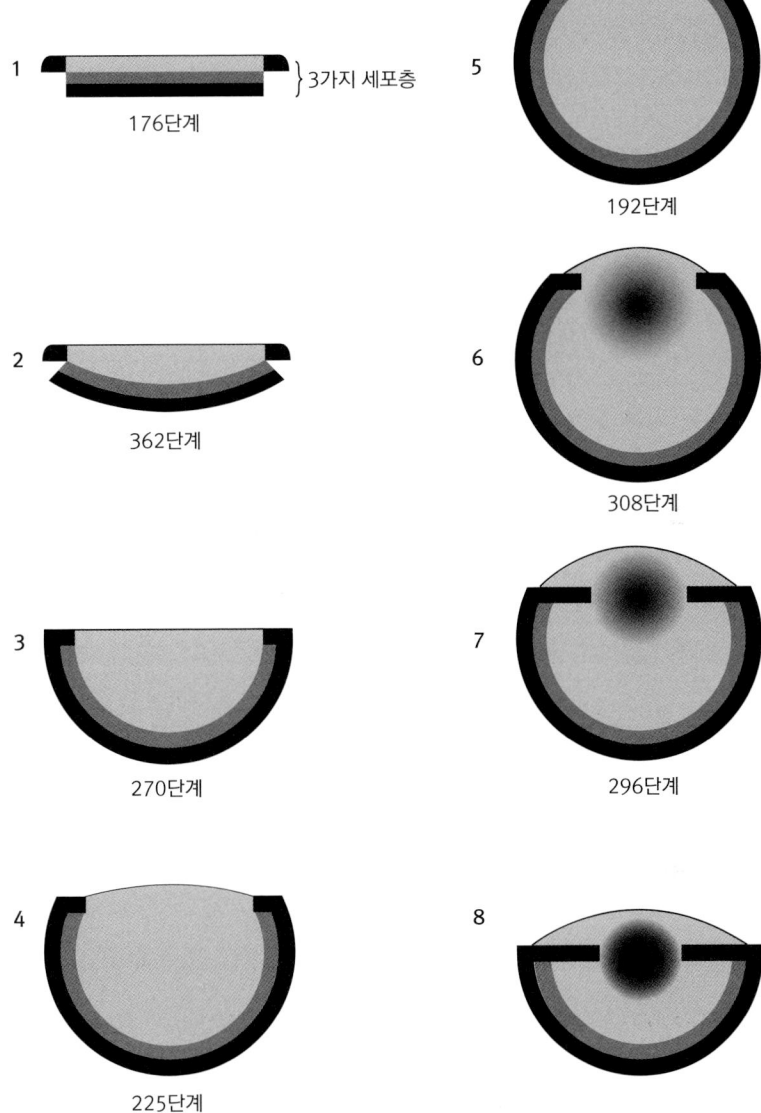

어지는 것까지가 시뮬레이션의 내용입니다.

단, 이 시뮬레이션에 조건이 있죠. 시각 세포의 폭과 길이, 그리고 시각 세포의 막 단백질 성분이 1%만 바뀐다고 가정한 것이죠. 피부가 평판 안으로 접히고 여러 다층적 변화를 통해 지금 우리의 카메라눈처럼 완벽한 눈이 나오는 단계(한 세대)마다 1%만 바뀐다고 생각한 겁니다. 그래서 계산 결과가 어떻게 나왔느냐? 40만 세대 후면 빛에 민감한 피부막이 동공과 수정체가 있는 눈이 된다고 합니다. 40만 세대를 시간으로 환산해보면 50만 년 정도 걸린다는 것이죠.

이보다 조금 더 복잡한 최근 이론에 따르면, 아무리 조건을 엄격하게 정해도 100만 년이면 피부조직에서 카메라눈으로 진화한다고 합니다. 동물 시스템에서 눈의 형태는 참 다양하죠. 짧은 시간 동안 이렇게 엄청나게 다양한 형태로 눈이 진화할 수 있다고 이 이론은 주장합니다.

그러면 눈은 언제 나타났을까요? 정확하게 캄브리아기 생명의 대폭발이 있었던 5억 4,300만 년 전보다 100만 년 앞선 5억 4,400만 년 전에 처음으로 등장했을 것이라고 주장하는 이론이 최근에 발표되었습니다.

앤드류 파커Andrew Parker도 《눈의 탄생: 캄브리아기 폭발의 수수께끼를 풀다In the blink of an Eye: The cause of the most dramatic event in the history of life》라는 책을 통해 100만 년 정도면 피부막에서 눈이 만들어질 수 있다고 이야기합니다. 그리고 빛 스위치 이론이라는 새로운 학설을 제안하죠. 캄브리아기 생명의 대폭발을 일으킨 출발점이 빛 스위치 이론이라는 겁니다.

어떤 동물이 먼저 눈을 획득하게 되었습니다. 그렇지 못한 생명체하고 뭐가 달라지나요? 처한 상황이 완전히 바뀌죠. 무기의 무한 경쟁이 시작되는 겁니다. 눈을 통해 모든 것이 백일하에 드러나니 먹히지 않기 위해 위장을 하게 됩니다. 강한 이빨을 가진 물고기에 대항하기 위해서 나온 것이 무엇입니까? 두꺼운 갑옷으로 무장한 판피류板皮類죠. 판피류는 어류 진화에 있어서 중요한 고생대 실루리아기에서 데본기에 존재했던 원시적인 물고기죠. 턱이 생긴 물고기가 나오니 잡아먹히지 않기 위해 두꺼운 갑옷으로 무장했으나 움직임이 둔해지는 바람에 결국 멸종했죠. 화석에나 남아 있습니다.

청각이나 체감각, 촉각 같은 감각과 시각은 근본적으로 다릅니다. 청각이나 촉각은 방향성 있는 감각이죠. 발신자가 있고 그걸 받는 수신자가 있는 것이죠. 분명히 누군가가 이야기를 했고 누군가가 건드렸죠. 그런데 시각은 어떻습니까? 시각의 경우에는 스위치를 켜서 밝아지면 그 영향권 안에 있는 것들 중 누가, 뭐가 발신했는지 모르죠. 발신자는 없고 수신자만 있는 겁니다.

그렇죠. 시각이라는 것이 다른 감각하고 근본적으로 다른 것은 발신자가 없고, 모든 동물이 그 영향권에서 벗어날 수 없다는 겁니다. 백일하에 다 드러나버리니까요. 그래서 거기에 대처하지 않으면 생존하기 어렵습니다. 빛에 대해서, 백일하에 드러난 상황에 대해서 대처하기 위해 나온 것이 바로 카무플라주camouflage, 즉 위장입니다. 사회생물학이나 진화생물학에서 말하는 게 이거죠. 동물 시스템에서의 위장이라는 것은 시각의 발달과 함께 진화해온 생존 전략인 겁니다. 《눈의 탄생》에 상세하게 이야기되어 있죠.

갓 태어난 아기의 1차 시각 영역에 있는 신경섬유들을 보면 연결이 거의 안 되어 있죠. 듬성듬성합니다. 그러니 태어나자마자 어른들처럼 사물을 선명하게 볼 수가 없죠. 한 달, 두 달, 석 달……. 죽 지나면서 신경섬유들의 연결이 많아집니다. 6개월 후면 거의 어른 수준으로 연결되죠. 사물이 뿌옇게, 희미하게 보이다가 점점 선명해져 6개월쯤 되었을 때야 또렷해집니다.

시각 시스템을 이해하려면 첫째로 시신경층, 쌍극세포층, 신경절세포층 등 망막을 구성하는 세 개의 세포층, 둘째로 시신경층의 간상세포와 원추세포를 옆으로 잇는 수평세포, 셋째로 쌍극세포와 신경절세포를 옆으로 잇는 아마크린세포, 넷째로 간상세포와 원추세포를 가장 먼저 알아야 합니다. 그중에서도 간상세포와 원추세포는 보는 현상과 관련된 세포들 중 첫 번째로 꼽히죠.

간상세포 외절에서 디스크 안쪽 2중 막에 박혀 있는 막 단백질 옵신과 레티날 분자 사슬에 의해 생명 시스템에서 처음으로 빛에 반응하여 신경 전압 펄스를 생성하는 현상이 일어납니다. 그 빛이 신경 펄스로 바뀌고, 그 신경 펄스 다발이 맹점을 통해 빠져나가서 형성된 시각 신경로가 시상침에서 외측슬상체핵에 연결되죠. 외측슬상체에서 1차 시각 영역 V1으로 방사되면서 그곳에서 단순세포, 복합세포, 초복합세포를 통해 외부 세계상이 만들어집니다. 그것들이 V2, V3, V4, V5, V6, V7으로 올라가면서 두정엽으로 가는 루트에서 움직임과 속도, 위치 등 공간적인 것들이, 측두엽으로 가는 루트에서 형태와 색깔이 처리되죠.

그리고 이 측두엽에 시각 정보들이 통합되는 시스템이 있습니다. 내측두엽에서 시각, 청각, 체감각이 통합되어 해마에서 기억이 형성되죠. 특히 하측두엽과 전두엽이 연결됩니다. 두정엽으로 나아가는 시각로는 의식화되지 않지만 하측두엽의 시각 정보는 의식화되죠. 의식 이론 모델에서 말하는 전두엽, 전대상회 그리고 하측두엽의 상호 연결 작용은 의식이 생성되는 데 중요한 역할을 합니다.

14강 듣다, 청각과 뇌

대뇌피질에서 글자를 어떻게 인식하나요? 글자의 영상이 1차 시각에서 죽 올라가서 감각언어 영역인 베르니케 영역과 운동언어 영역인 브로카 영역으로 넘어가 보완 운동 영역과 연계하여 글자를 읽고 발음하게 되죠. 언어 관련 대뇌피질에서는 청각과 시각을 통합하여 언어적 의미를 획득하는 고차적인 활동을 합니다. 이런 고차적인 활동은 궁극적으로 청각 영역에서 일어나는 음파의 포착에서 시작합니다. 소리가 언어가 되어 의미를 획득하는 것은 인간의 본질적인 능력이며 놀라운 현상입니다.

청각의 진화

청각은 물고기의 측선기관(옆줄기관)에서부터 진화되었다고 봅니다. 물고기 측선기관에 있는 유모세포가 포유류, 영장류의 달팽이관에도 있고 전정기관에도 있죠. 하지만 달팽이관은 물고기에게는 없죠. 조류로 오면서 조금씩 형성되기 시작하다가 인간에 이르러서야 완전해집니다.

4천 미터 아래 깊은 바다에서 잡히는 심해어는 특이하게도 세반고리관(전방, 측방, 후방의 세 개의 반고리관)이 아주 큽니다. 얼마나 큰지 뇌 전체 부피만 합니다. 그리고 구형낭(구형주머니)에 있는 평형석이 뇌 전체 무게의 네 배나 된다고 합니다. 생선을 먹다 보면 돌을 발견할 때가 있죠. 이석이라고 하는데, 물고기의 전정기관인 평형석이죠. 물고기에게는 전정기관이 매우 중요하며, 심해어에서는 더욱 그렇죠. 평형석이 뇌 무게의 네 배를 차지하는 걸 보면 알 수 있습니다.

평형석과 함께 물고기 옆줄 내부에 있는 유모세포도 물고기의 평형기관이 됩니다. 자유 유모세포가 피부 안으로 들어가면서 측선계를 형성하고 머리 측선계 쪽에서 림프액과 연계되면서 평형기관이 되죠.

유모세포는 포유류, 영장류의 달팽이관에도 있고 전정기관에도 있죠. 이 유모세포를 죽 추적해가면 하나의 세포가 어떻게 소리를 포착할 수 있는지 이해할 수 있습니다. 하나의 세포가 소리를 포착한다. 이는 소리를 신경 작용을 통해 내면화하는 것이죠.

내이의 구조

영장류에서 청각과 균형을 담당하는 기관은 달팽이관과 세반고리관이죠. 반고리관, 한자로 반규관半規管이라고 합니다. 포유동물로 오면 반고리관이 세 개인 세반고리관이 됩니다. 직각의 고리로 되어 있죠. 이 세 개의 관에서 우리는 직선 가속운동, 회전 가속운동을 검출할 수 있습니다. 세반고리관 아래쪽에 주머니 형태로 된 낭형낭인 타원주머니가 있습니다. 팽대부가 이 낭형낭과 세반고리관을 연결하죠. 볼록하게 튀어나온 연결 부위가 팽대부입니다. 발생학적으로 조금 다른 공처럼 생긴 구형낭이 낭형낭 아래쪽에 있죠.

우리가 말하는 음파를 신경 전압 펄스로 바꾸는 달팽이관은 구형낭에서 돌기 형태로 죽 나와 있습니다. 와우관이라고도 합니다. 세반고리관에서 달팽이관까지 전체가 전정기관과 청각기관이 합쳐진 것입니다. 위쪽 전정기관은 평형감각, 아래쪽 달팽이관은 청각을 처리하는 기관이죠.

균형감각과 관계된 전정기관과 청각을 관장하는 달팽이관의 기능을 비교해봅시다. 낭형낭과 구형낭 안에는 평형석이 있습니다. 균형을 잡아주는 탄산칼슘의 돌이죠. 낭형낭의 평형석은 수평가속도, 즉 우리가 수평으로 움직일 때 가속운동하는 것을 검출해줍니다. 구형낭의 평형석은 다이빙을 한다든지 졸면서 고개를 수직으로 움직일 때 수직가속도를 검출해주죠. 팽대부에서는 우리 머리의 회전가속도를 검출하죠. 달팽이관이 하는 일은 청신호, 소리를 검출하는 겁니다. 정리하면 이렇죠.

```
세반고리관   ┌ 낭형낭: 수평가속도
             │ 구형낭: 수직가속도
             └ 팽대부: 회전가속도
달팽이관    ─ 와우관: 청신호
```

14-1
척추동물의 전정, 청각기관 진화

1은 전방 반고리관, 2는 측방 반고리관, 3은 후방 반고리관, 4는 달팽이관, d는 내림프관, s는 구형낭, u는 낭형낭. 전정기관 중 구형낭에서 소리를 검출하는 달팽이관이 조류에서부터 나와 인간으로 오면서 크게 발달한다.

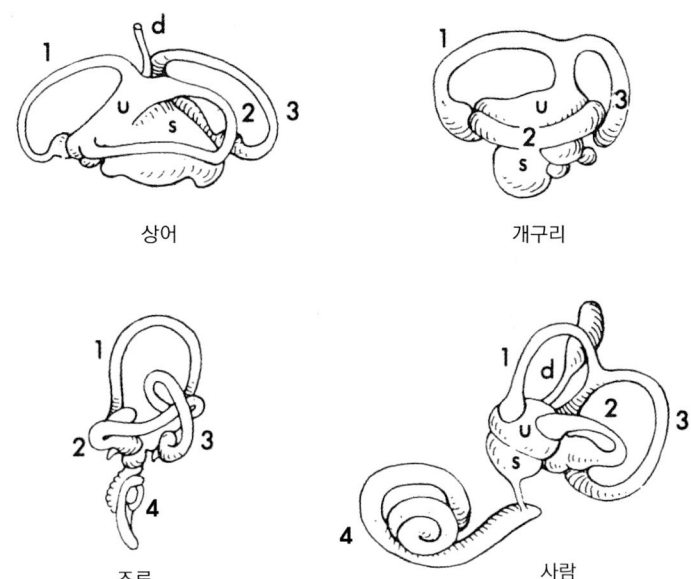

상어 개구리
조류 사람

 그런데 전정기관과 달팽이관은 발생학적으로 붙어 있습니다. 균형 감각과 청각이 동일한 기원, 물고기의 측선기관에서 나온 거죠.

 구형낭, 낭형낭, 팽대부 등 세 전정기관에서 하는 핵심적인 기능은 가속도를 검출하는 것이죠. 동일한 속도로 운동할 때는 검출이 안 됩니다. 감각기관이 감각 입력의 변화에 민감한 대표적인 예죠. 가속운동을 할 때만, 속도의 차이가 있을 때만 강한 신호가 검출됩니다.

 감각기관은 본질적으로 여러 형태의 에너지 차이만 검출합니다. 변함없이 동일한 자극은 무시합니다. 심지어 냉장고 소음이 계속되어도 인식하지 못하다가 소음이 중단되어 조용해지면 소리가 사라진 것을 깨닫게 되죠.

 달팽이관에서는 어떻게 소리를 잡아내느냐? 즉 세포가 어떻게 소리를 포착하느냐? 드럼을 생각하면 됩니다. 14-3 그림을 보면 아래위

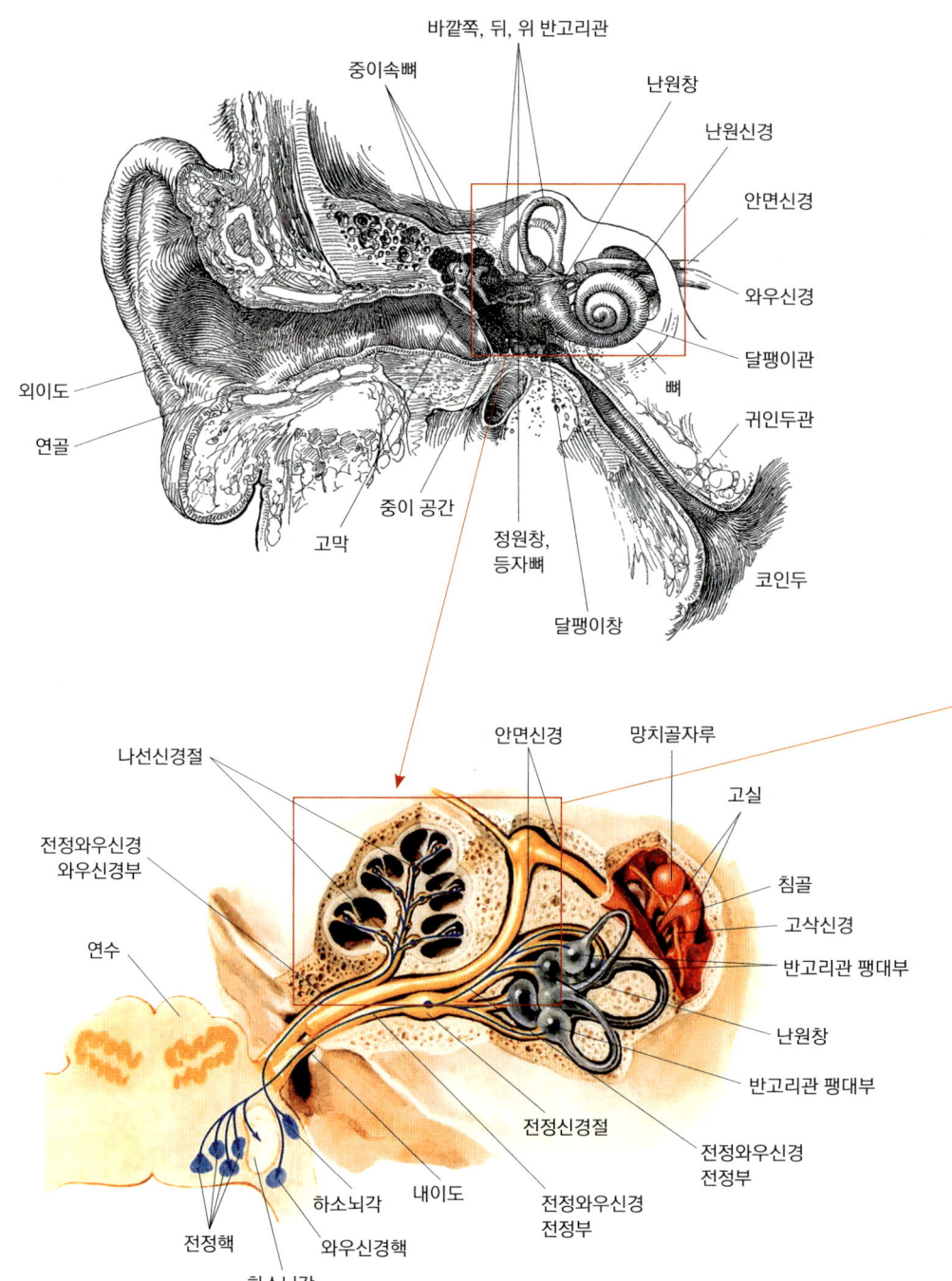

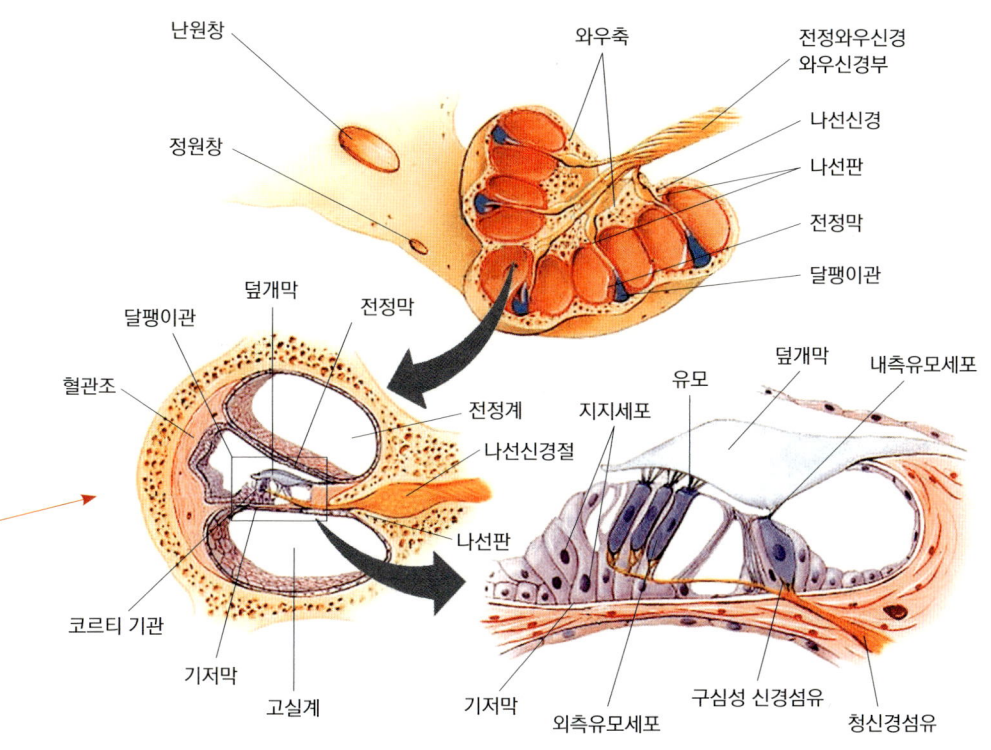

14-2
청각기관과 전정기관의 전체 구조와 세부 구조

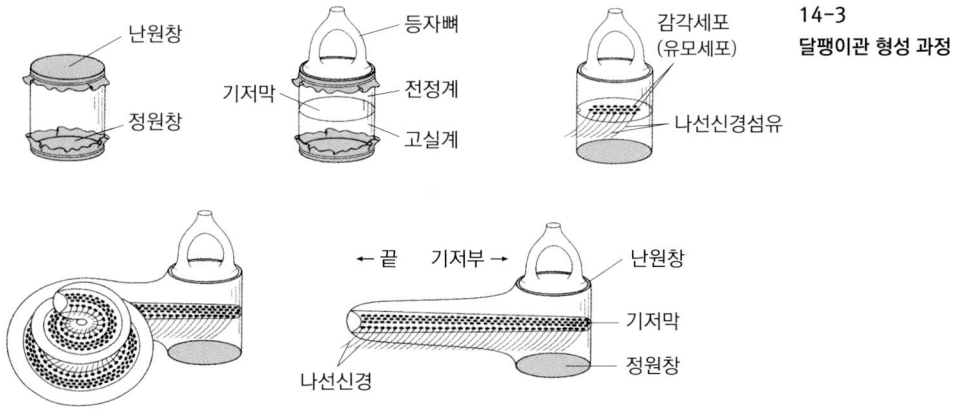

14-3
달팽이관 형성 과정

에 막이 있죠. 위쪽 막을 달걀처럼 생겼다고 해서 난원창이라고 하고, 아래쪽 막을 구형에 가까워서 정원창이라고 합니다. 달팽이관은 이 두 개의 막으로 되어 있습니다. 두 개의 막 가운데는 얇은 기저막이 있죠. 이것을 입체적으로 그려보면 드럼의 가운데 부분이 한쪽으로 길며, 끝 부위가 넓고 그 반대편으로 갈수록 폭이 좁아지죠.

귀에는 속뼈들이 있죠. 등자뼈, 망치뼈, 모루뼈 등의 속뼈들이 고막하고 연결되어 있습니다. 고막이 진동을 하면 등자뼈가 진동하죠. 그리고 등자뼈와 접촉해 있는 난원창 막도 같이 진동합니다. 달팽이관 안에는 림프액, 내림프액으로 가득 차 있죠. 등자뼈가 움직이면 위쪽 난원창이 진동하고, 그 기계적인 움직임이 액체를 통해서 통 위에서부터 기저막을 타고 돌아 통 아래 정원창으로 확산되어 나갑니다. 고막 진동의 액체적 흐름이 이렇게 만들어지는 거죠.

여기서 기저막이 굉장히 중요합니다. 기저막의 양쪽 끝부분에서의 폭은 100μm와 500μm 정도죠. 이 막이 소리를, 궁극적으로 청각 신호를 만들어주는 것입니다.

포유동물에서는 기저막 아래 네 줄로 세포들이 쫙 들어 있습니다. 유모세포죠. 바깥에 있는 세 줄은 외측유모세포고, 안쪽에는 한 줄로 내측유모세포가 있습니다. 이런 기저막이 액체의 파동에 의해서 아주 율동적으로 움직입니다. 그래서 막에서 진행파가 형성됩니다. 공학적으로 이야기하면 진행파 traveling wave 죠.

음파 주파수에 따라 다른 영역에서 각각 진행파가 최대가 되는 부위가 생기죠. 우리 인간이 20Hz에서 2만 Hz의 음파를 검출하는데, 막의 좁은 부위에서 최고 고주파인 20만 Hz를 형성하고 넓은 부위에서 20Hz의 저주파를 만들죠. 그래서 좁은 부위는 막이 아주 단단하고 넓은 부위는 막이 아주 유연합니다.

이 진행파가 나갈 때 율동하는 부위가 다 다르죠. 바깥쪽에 세 열, 안쪽 한 열로 줄지어 배열된 유모세포에서 나오는 신경섬유가 모여서 청신경을 형성합니다. 유모세포는 어디에 있느냐? 달팽이관 안에 있는 코르티 Corti 기관이라는 곳에서 찾을 수 있습니다. 소리를 신경 펄스로 바꾸는 부위죠. 1851년에 이탈리아의 해부학자 코르티 Alfonso Corti, 1822-88 가 이를 발견했죠.

코르티 기관에서는 세포들의 기계적 움직임을 전기 신호로 바꿉니다. 기계적 움직임은 고막의 움직임에서 출발합니다. 고막의 움직임이 림프액을 흔들고, 그 림프액이 밑에 있는 기저막을 다시 진동시켜 그 진동으로 기계적 에너지가 유모세포에 의한 신경 전압 펄스로 바뀌는 거죠.

결국 이 모든 것은 진핵세포가 출연함으로써 가능하게 된 것입니다. 앞쪽 14-2의 내이內耳 그림을 보면 달팽이관, 전정계, 고실계로 되어 있습니다. 전정계든 달팽이관이든 고실계든 벽을 형성하고 있는 것들이 다 세포들이죠. 결국 우리는 다양한 세포들의 오케스트라를 보고 있는 겁니다. 청각 시스템 전체를 보기 전에 우선 세포 하나하나의 기능을 봅시다.

유모세포들의 협연

달팽이관을 잘라보면 기저막이 있고, 기저막에 세포들이 있죠. 세포 하나를 확대해보면, 털 모양의 돌기가 나 있죠. 유모(有毛)세포입니다. 그 밑에는 다른 세포에서 오는 신경 축삭이 있어요. 그리고 이 유모세포를 덮고 있는 덮개, 어떤 기계적인 판이 누르고 있습니다.

액체의 율동이 쭉 돌아 밑으로 가서 기저막을 움직여준다고 했죠. 기저막, 유모세포, 덮개막의 순서로 접촉된 구조에서 맨 아래 기저막이 움직이면 유모세포의 털들이 고정된 덮개막에 눌리면서 휘게 되는 것이죠. 휘면 털 모양 돌기와 기계적으로 연결된 유모세포의 이온 채널이 열리게 됩니다. 아주 미세하게 이온 채널이 열려 다음 14-4 그림처럼 칼륨 이온(K^+)이 안으로 들어가고 이어서 칼슘 이온(Ca^{2+}) 채널이 열립니다. 일련의 작용 결과로 신경 펄스가 나오게 되죠. 기계적 충격이 전기적 펄스로 바뀌는 겁니다. 여기서 중요한 것은 신경 펄스가 나오기까지 고막에서 울려주는 소리의 진동을 그대로 따라간다는 것이죠.

유모세포에서 중요한 것은 털 모양 돌기 내부에 세포 내 골격이 들어가 있다는 겁니다. 큰 것 하나는 운동모, 작은 것들은 입체모(부동

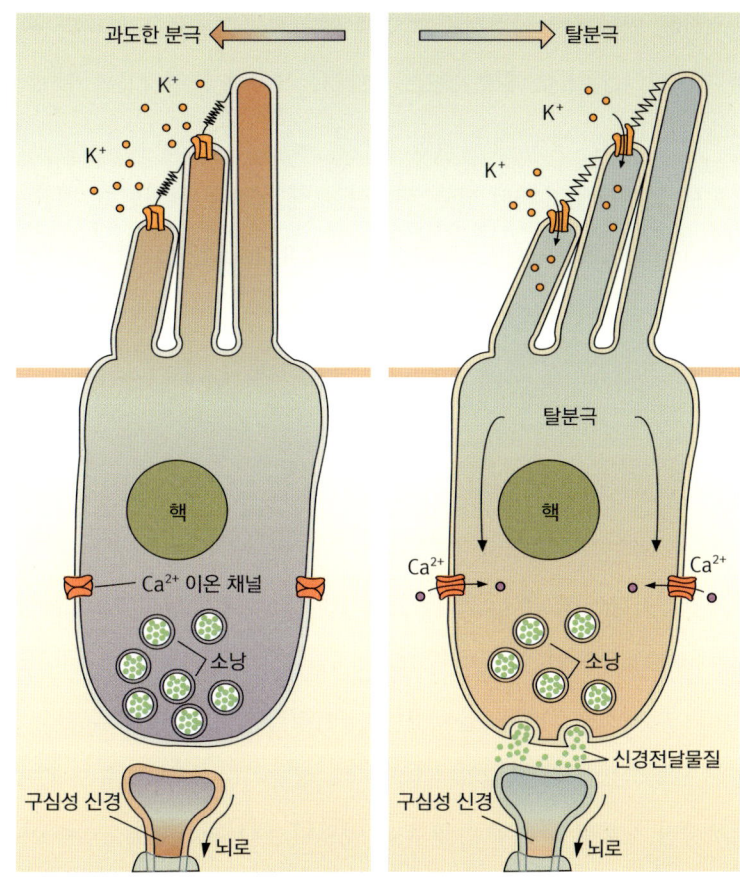

14-4
유모세포의 칼륨 이온 유입 경로

모)인데, 운동모에 들어가 있는 것이 바로 미세소관 구조입니다. 입체 모에는 세포 내 근육 역할을 하는 액틴 필라멘트가 있죠.

세포들의 위대한 협연입니다. 참 감탄스럽습니다. 무수하게 많은 세포가 모여서 소리를 전압 펄스로 바꾸고 있습니다. 전부 세포들이죠. 외측유모세포, 내측유모세포, 기저막 밑에도 세포들이 죽 있죠. 달팽이관에는 세포내액과 같은 성질의 내림프액이 있고, 전정계하고 고실계에는 뇌척수액 같은 성질의 림프액이 있습니다.

소리를 만들든지 균형감각을 만들든지 궁극적으로는 하나의 세포에 귀결됩니다. 바로 유모세포죠. 그래서 청각과 균형감각을 알기 위해서는 유모세포에 대해 철저히 살펴볼 필요가 있습니다.

유모세포 안에는 핵이 있고, 큰 운동모에 미세소관이 있고, 작은 입체모에 액틴 필라멘트가 있다고 했죠. 운동모와 입체모의 세포와 세포 사이는 단백질 사슬로 연결되어 있습니다. 그 위로 덮개막이 있고, 유모세포 아래 신경 축삭이 있고, 옆으로 지지세포들이 있습니다. 모두가 세포들로 되어 있죠.

유모세포의 운동에 바탕을 이루는 것이 바로 기저막입니다. 기저막이 액체 속에 잠겨 있으면서 림프액의 진동에 따라 움직이는 것이죠. 바이브레이션을 합니다. 그러면 운동모와 입체모의 털이 한쪽으로 굽죠. 수직으로 서 있던 것이 덮개막에 눌리면서 굽게 되는 겁니다. 액틴이나 미세소관 역시 기울어집니다. 이것들이 팁 링크Tip-link라고 해서 스프링식으로 이온 채널과 연결되어 있습니다. 그래서 유모세포가 넘어지면 스프링 작용에 의해 문이 열립니다. 기계적으로 문, 즉 이온 채널이 열려서 칼륨 이온이 세포 안으로 유입되죠.

유모세포에는 기저막 바깥쪽에 있는 외측유모세포, 안쪽에 있는 내측유모세포 등 두 가지가 있죠. 소리를 전달해주는 청신경 작용은 거의 전적으로 내측유모세포가 합니다. 내측유모세포에서 나온 신경 중 90% 이상이 청신경을 형성하죠.

그러면 외측유모세포가 하는 일은 무엇이냐? 음을 증폭시켜줍니다. 내측유모세포는 크기가 바뀌지 않는 반면 외측유모세포는 기저막의 진동으로 덮개막과 접촉하며 바이브레이션합니다. 기계적으로 크기가 커졌다 작아졌다 하는 거죠. 그러면서 다시금 이 기저막을 움직여

14-5
유모세포를 중심으로 본 내이(위)와 유모세포들의 협연(아래)

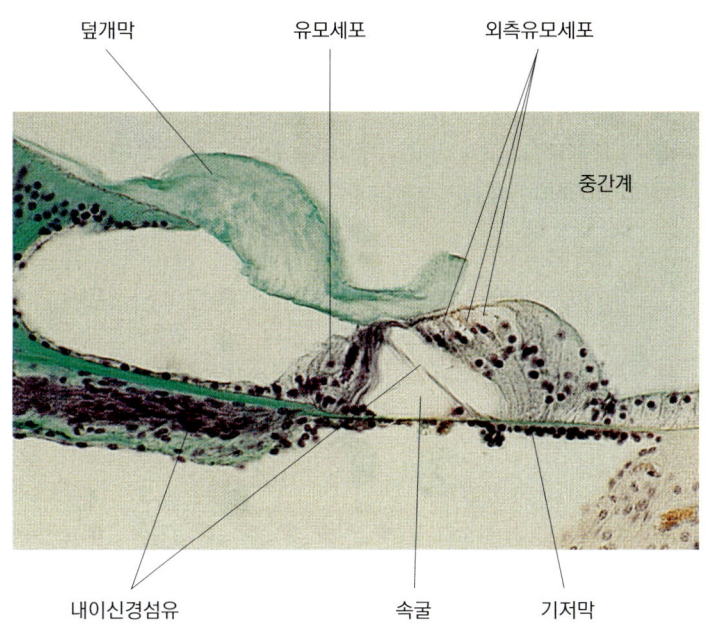

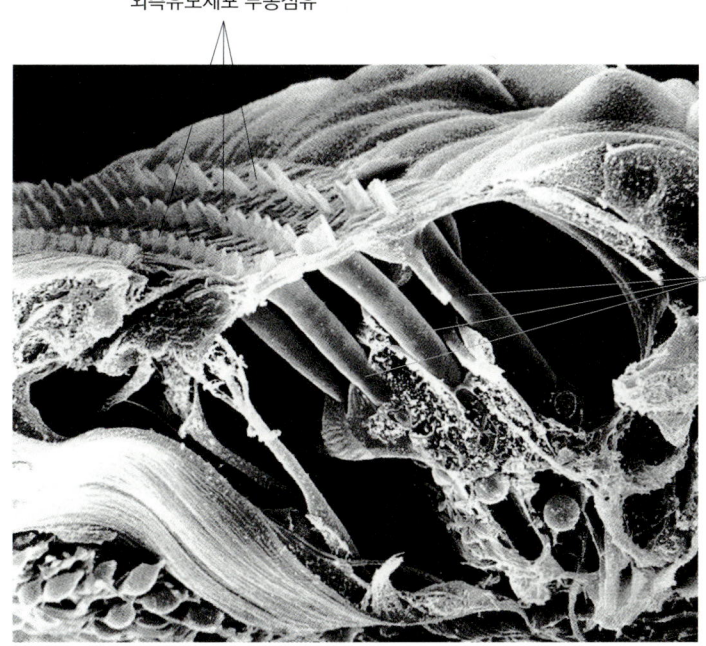

줘요. 그 결과 림프액이 전정계에서 고실계로 순환하면서 흐르게 되죠. 흐르는 림프액에서 오는 율동은 고막에서 오는 소리의 율동과 같습니다.

무슨 말이냐? 한쪽 귀에 대고 크게 소리를 지른 후 고막에 아주 정밀한 마이크로폰을 대면 고막에서 소리가 납니다. 속귀음향방사검사를 생각하면 됩니다. 유아들의 청력이 정상인가 아닌가 검사할 때 말을 잘 못하니까 소리가 들렸는지 안 들렸는지 물어보기 어렵죠. 그래서 나온 방법 중 하나가 속귀음향방사검사라는 겁니다. 외측유모세포의 진동, 즉 외측유모세포가 덮개막에 눌려 커졌다 줄어들었다 하는 움직임에 의해 기저막이 진동하여 다시금 고막을 울려주는 원리에서 나온 거죠. 아주 정밀한 마이크로폰을 이용하면 고막에서 일어나는 소리의 움직임을 들을 수 있습니다. 귀에서 나는 소리를 들을 수가 있는 겁니다.

이것은 우리 청신경의 아주 핵심적인 원리입니다. 외측유모세포의 기계적인 운동에 의해서 소리가 거의 10만 배 정도 증폭되어서 들릴 수 있다는 거죠. 이를 액티브 메커니즘Active Mechanism이라고 합니다. 그 전에 나온 것이 정상파 이론이었는데, 진행파 이론과 더불어 액티브 메커니즘이 노벨상을 받았죠.

우리가 소리를 느끼기까지

청각 펄스는 나선신경, 즉 와우신경(달팽이신경)에서 가장 먼저 일어나죠. 달팽이관에서 죽 나오는 음파에 의해 생성된 신경 자극을 전달하는 신경입니다. 이것들이 모이는 곳이 와우신경절이죠. 거기에서 연수의 와우신경핵으로 가고 그 일부가 연수 피라미드 쪽의 상올리브핵으로 갑니다. 상올리브핵에서 청각을 매개하는 중뇌 하구를 거쳐 시상의 내측슬상체로 가죠. 최종적으로는 1차 청각 피질로 갑니다. 상올리브핵을 경유해 하구로 가는 과정에서 양쪽 귀로 들어가는 청각 신호의 도달 시간 차를 감지하여 물체의 위치를 알게 됩니다.

청각의 이동 양상은 시각과 비슷합니다. 청각은 하구, 시각은 상구로 가죠. 시상에서는 어떻습니까? 청각은 내측슬상체, 시각은 외측슬상체로 갑니다. 마지막으로 청각은 1차 청각 피질, 시각은 1차 시각 피질로 가죠. 정리하면 이렇습니다.

청각: 와우신경절 → 연수 와우신경핵 → 연수 상올리브핵 → 중뇌 하구 → 시상 내측슬상체 → 1차 청각 피질

시각: 망막 신경절세포 → 중뇌 상구 → 시상 외측슬상체 → 1차 시각 피질

비슷한 것이 있습니다. 시각의 상구와 청각의 하구의 신경세포 배열이 모두 맵 형태로 되어 있다는 겁니다. 신경들의 배열이 지도화되어 있는 것, 아주 중요하죠. 청각을 예로 들어 설명해보면 이렇습니다. 달팽이관에서 기저부의 넓은 끝 부분은 저주파를 감지하고, 기저부의 좁은 입구는 고주파를 감지하죠. 청각 같은 경우는 청신경에서 나온 그대로 20에서부터 2만 Hz까지 순차적으로 주파수 배열대로 지도화됩니다. 이것이 하구, 1차 청각 영역에 가서도 그 배열 그대로 있죠.

그리고 상구에서는 시각뿐만 아니라 청각에서 오는 신호도 받아들

14-6
청각 신호의 이동 경로

- 시상 내측슬상체
- 1차 청각 피질
- 하구
- 상올리브핵
- 와우신경핵
- 진동
- 코르티 기관
- 중뇌
- 외측섬유띠
- 연수
- 전정와우신경
- 와우신경 나선신경절

입니다. 상구 내부에서 청각하고 시각이 만나는 거죠. 청각과 시각은 소뇌에서도 만나게 됩니다.

  시각과 청각은 특수 감각입니다. 멀리서 오는 신호를 처리하죠. 후각과 미각, 체감각도 특수 감각이지만 접촉하는 감각입니다. 시각과 청각의 원거리 감각이 중요합니다. 이것 덕분에 시각과 청각 신호가 우리 눈과 귀에 도달할 때까지 걸리는 짧은 시간 동안 신호원을 예측할 수 있죠.

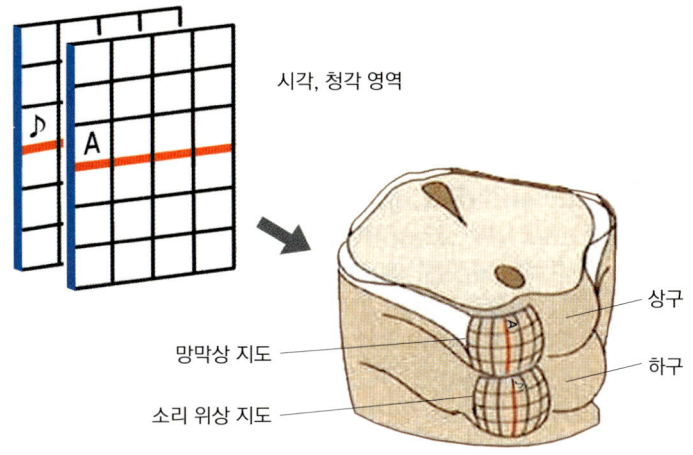

14-7
청각과 시각의 지도화

청각의 하구와 시각의 상구 모두 좌표 형태로 지도화되어 있다. 뇌의 관련 신경세포 배열을 설명하는 맵핑 관계를 보여준다.

진동, 전정척수반사 그리고 생각의 출현

눈을 가린 후 사람을 침대에 앉게 하고 침대만 기울여보면 어떤 일이 일어날까요? 사람 역시 침대와 함께 기울어집니다. 하지만 그대로 넘어지지 않고 척추가 똑바로 있죠. 자동으로, 무의식적으로 반사하는 겁니다. 이것이 전정척수반사입니다.

졸다가 고개가 아래로 떨어질 때도 우리는 반사적으로 느낍니다. 내이 전정기관의 평형석이 밑으로 내려오면서 유모세포의 털 부분이 자극을 받아 가속운동을 감지하는 겁니다.

이런 관점에서 이나스의 이야기를 다시 한번 보겠습니다.

단세포의 운동성이, 본질적인 진동 성질이 특이한 위상학적 재조직을 통해 연결망을 이용하여 진동 성질들을 결합시킴으로써 하나의 거시적인 사건을 만들어냈다.

《꿈꾸는 기계의 진화》에서 이렇게 이야기하죠. 아주 구체적인 예가 유모세포입니다. 여기서 말하는 위상학적 재조직 연결망이라는 것이 무엇이냐? 상구, 하구에서 맵 형태로 되어 있는 신경세포의 연결망을 말하는 것이죠. 이 발달 단계를 이야기하면서 이나스는 전정계를 언급합니다.

전정계란 운동신경망에게 운동성의 성질들에 관한 정보를 주는 평형기관이다. 내가 똑바로 헤엄치고 있을까, 아니면 거꾸로 헤엄치고 있을까? 전정계는 동물이 지구 중력에 수직으로 운동하는 관성적 결과와 같이 자신의 몸보다 더 큰 좌표계를 고려하여 상하좌우를 생각해서 자신의 운동성을 조직하도록 돕는다.

우리 몸이 갖고 있는 좌표계가 있죠. 또 우리가 바깥으로 나왔을 때 울퉁불퉁한 육지 표면과 중력의 작용 아래 형성되는 거시적 환경에 의한 좌표계가 있습니다. 전정기관이 왜 필요하냐? 중력하에 있는 거시적 좌표계를 신경계를 통해 내면화하는 데 필요한 것이죠. 그래서 궁극적으로 이렇게 되는 겁니다.

이러한 성질은 본질적 진동성과 전기적 결합을 통해 신경 축을 타고 올라가 대뇌화 중인 뇌 안으로 들어간다.

구체적인 예가 바로 유모세포, 특히 외측유모세포의 본질적 진동으

14-8
머리 수직 가속운동에 의한 유모세포의 반응

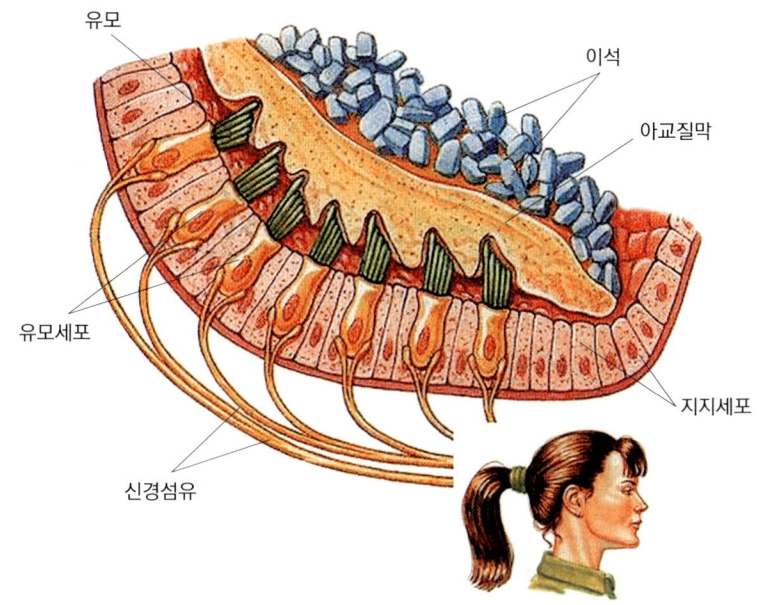

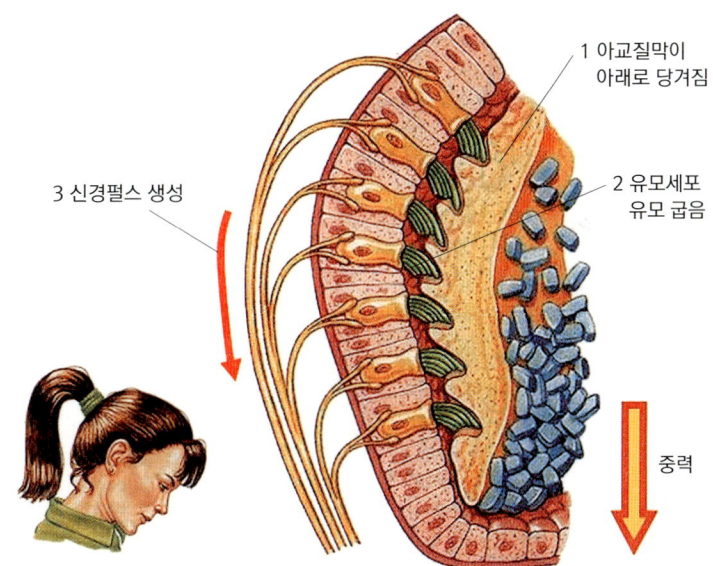

로 이온 채널이 열려서 생성된 신경 펄스를 통해 전기적 결합이 일어나는 것이죠. 신경 펄스에 의해 만들어진 전압 펄스가 축삭을 타고 올라가서 대뇌화(척수, 연수, 중뇌, 시상하부, 시상, 대뇌피질의 순으로 정교하고 중요한 기능일수록 하위 구조에서 상위 구조로 옮겨 가는 현상) 중인 뇌 안으로 들어가는 겁니다. 1차 청각 영역으로 가죠. 그래서 단세포가 가지고 있는 바이브레이션, 즉 본질적 진동이 내면화되어서 중추신경계로 연결되는 과정이 바로 이나스가 주장하는 생각의 출현인 것입니다.

그래서 우리가 새로이 가지게 된 것은 무엇인가? 생각하는 능력, 그것은 바로 운동의 내면화로부터 일어나게 된 것이다.

생각이란 무엇입니까? 언어라는 상징 체계에 의해 매개된 추론, 판단, 예측에 작용하는 의식의 일부분이죠. 의식은 어디에서 왔느냐? 척수-뇌간 시스템에 의해서 의식의 상태가 정해지면, 시각이나 청각, 촉각, 체감각 피질에 의식의 내용이 채워집니다. 이런 것들이 다 모여 그 위의 단계로 가서 느낌이나 기억과 연계해 의식을 만들어내죠. 그래서 의식을 알려면 각각의 개별 감각에 의해 형성된 환경 자극에 대해 운동 출력으로 반응하는 전 과정을 이해해야 하는 것입니다.

5억 4천만 년 전 캄브리아기에 생명의 대폭발이 있었고 그후로 환경에 적응한 다양한 형태의 생물이 나왔지만, 생명의 가장 기본적인 특성들은 모두 하나하나의 세포에 귀결됩니다. 물고기 측선기관에서 출발한 인간의 전정기관과 달팽이관 내의 유모세포도 마찬가지입니다. 소리를 어떻게 감지하느냐, 균형감각을 어떻게 감지하느냐 하는 것도 다 유모세포에서 시작되는 것이죠. 소리와 균형감각도 따져보면 하나의 세포적 속성에 기인하는 겁니다.

 이러한 성질은 본질적 진동성과 전기적 결합을 통해 신경 축을 타고 올라가 대뇌화 중인 뇌 안으로 들어간다고 했죠. 그래서 우리가 새로이 가지게 된 것은 무엇인가? 우리가 획득한 것이 뭐죠? 운동의 내면화를 통해 일어나게 된 것, 즉 생각하는 능력이죠. 이를 이나스가 이렇게 표현합니다.

 운동신경세포를 자극하면, 감각의 메아리를 얻는다.

15강 느끼다, 감정의 뇌 1

인간에 이르러 운동신경세포의 비율은 감각신경세포 열 개에 하나 정도라 합니다. 외부로 운동을 내보낼 때 그만큼 신중해졌다는 것이죠. 우리 뇌의 대부분은 매개 뉴런인 연합신경세포로 되어 있습니다. 대뇌피질에서 지연된 반응을 만들어주는 것도 연합신경세포죠.

마투라나와 바렐라의 《앎의 나무》에 따르면, 감각신경세포, 운동신경세포, 연합신경세포의 비율은 '10:1:90' 정도죠. 열 개의 감각에 대해 하나의 운동이 나가고, 감각 입력과 운동 출력 사이에서 10만 개나 되는 연합신경세포들이 작용합니다. 정교한 예측이나 판단, 비교 같은 많은 계산 후에 운동 출력을 내보내는 것이죠. 그만큼 우리의 운동은 의식할 수 없지만 많은 계산을 거쳐 일어납니다. 뇌 활동의 중간 처리 단계는 무의식적이며 처리 결과만 의식 수준으로 올라간다는 것이 뇌 작동의 주요 특징입니다. 다양하고 아주 섬세한 감각을 바탕으로 많은 무의식적 계산 후 능숙한 운동 출력을 내보내는 거죠.

감각이 섬세하다는 것

정밀하고, 능숙한 운동을 하기 위해 필요한 것이 섬세한 감각이죠. 감각이 섬세하다. 이런 말을 하지 않습니까? 또 여러 사람 중에 보면 섬세하고 느낌이 밝고 예민한 사람들이 있죠. 그런 사람들은 판단력이 아주 뛰어납니다. 거의 예외 없습니다.

"시시덕이는 재를 넘지만 새침데기는 골로 빠진다"는 속담이 있죠. 시시덕이는 뭐냐 하면, 흔히 말하는 떠버리죠. 떠버리들은 어디를 가도 술술 이야기하고 서슴없이 커뮤니케이션도 잘하죠. 그런 사람들이 어려운 상황을 만났을 때 산을 넘어서 정확한 목적지에 도착한다는 것입니다. 어떻게? 그 사람들은 여러 사람의 의견을 듣고 종합하여 최선의 선택을 하죠. 떠버리처럼 보이지만 실은 오픈 시스템입니다.

그런데 정작 이해타산이 빠르고 꼼꼼하게 보이는 새침데기는 어떻게 되느냐? 어려운 상황을 딱 마주하면 골짜기로 빠져버리는 겁니다. 엉뚱한 선택, 엉뚱한 판단을 내리는 거죠. 다른 사람들과 의견을 주고받지 않아서 그런 거죠. 우리 주변을 봐도 이해타산적이고 꼼꼼한 사람들은 이성적으로 보이지만 사실은 그렇지 않습니다.

다마지오를 찾은 엘리엇은 은행가였습니다. 전두엽에 종양이 생긴 이 사람은 결국 어떻게 되었습니까? 감정이 없어졌죠. 그래서 어떻게 됩니까? 파산까지 겪죠. 30대 중반의 은행가였던 그 사람이 감정이 훼손되니 전처럼 사리 분별하여 정확하게 판단을 내리지 못하고 친구를 사귀어도 사기꾼만 만나는 거예요. 만나는 사람에게서 풍기는 미묘한 분위기를 간파하지 못한 거죠.

사기꾼이라는 사람들은 어떻습니까? 짧은 논리를 강조해서 사건을 전체적으로 조망하지 못하게 하죠. 꿰뚫어 보면 사기꾼인지 금방 알지 않습니까? 믿을 만한 사람인지 어떻게 압니까? 논리적으로 압니까? 아니죠. 입력 정보가 비표준적이고 아주 다양할 때 우리는 이성적으로, 논리적으로 따질 수 있습니까? 아니죠. 그러나 우리는 매순간 판단합니다. 알죠. 즉각적으로 알죠. 어떻게? 느낌이라는 뇌의 고차적인 기능을 통해서.

사람들은 언제나 각자의 고유한 분위기를 표출합니다. 다마지오는 이를 가리켜 '기질적 표상'이라고 하죠. 그런 개개인의 고유한 기질적 표상은 금방 알 수 있죠. 느낌이야말로 인간 대뇌피질의 고유한 능력입니다. 다마지오의 뒤를 이은 많은 연구자의 연구 결과를 보면 뇌 과학적으로 느낌과 판단력의 상관관계가 명확합니다.

정보를 모으고 느낌을 생성하는 건 전대상회라든지 배내측전전두엽 등 전두엽의 상위 피질에서 하는 일이죠. 전대상회나 배내측전전두엽 등에서 느낌을 만들어냅니다. 그러나 기본 감정을 행동으로 반응하게 하는 곳은 뇌간입니다. 그래서 울기도 하고 웃기도 하는 등 여러 가지 감정의 신체적 반응이 나타나는 것이죠.

느낌과 감정의 프로세스

느낌과 감정의 프로세스를 다시 한번 보죠. 척수 단면을 보면 신경섬유다발이 대부분 바깥으로 지나가는데, 그 가운데서 가장 넓은 영역을 차지하는 것이 후섬유단이라 했죠. 자극이 후섬유단-내측섬유띠를 통해서 올라가 1차 체감각 영역으로 방사됩니다.

내려올 때는 어떻습니까? 많은 계산을 거쳐서 전 운동 영역에서 1차 운동 영역, 1차 운동 영역에서 척수로 죽 내려옵니다. 이것이 바로 피질척수로죠. 후섬유단-내측섬유띠를 통해 섬세한 감각 입력이, 피질척수로를 통해 능숙한 운동 출력이 가능하게 된 거죠.

운동 출력과 관계된 것으로 연수, 교뇌, 중뇌의 뇌간에 그물형성체와 적핵, 뇌간에서도 연수 쪽에 전정핵이 있습니다. 중뇌의 위쪽 언덕인 상구와 아래쪽 언덕인 하구도 있죠.

그물형성체는 물고기에서 시작되죠. 강하고 빠른 동작은 그물형성체와 연관되어 있습니다. 물에서 육지로 올라가 진화한 사지동물이 운동하기 위해서 전정핵과 계산하는 소뇌로 균형을 잡죠. 균형과 관련된 영역은 시각, 평형감각, 1차 체감각 등 세 가지입니다. 이 세 가지 중 두 가지 이상이 동작할 때 균형을 잡죠. 하나만 동작하면 넘어집니다. 육지로 올라간 동물이 균형을 잡은 다음 어디론가 움직이려면 목표가 정해져야 하고 장애물이라도 있는지 앞을 봐야 합니다. 그때 필요한 것이 시각덮개, 즉 시개죠. 상구에 해당하는 것입니다. 그러고는 적핵과 중뇌 보행 중추를 통해 네 다리를 조화롭게 움직이죠.

인간으로 오면 특별하게 발달된 하행 신경로인 피질척수로가 나타나죠. 1차 운동 영역에서부터 시작해 교뇌 영역을 통과하여 연수에서 이 신경섬유다발이 교차하고 척수로 내려가죠.

척수의 후섬유단과 내측섬유띠로 이어지는 길을 통해 1차 체감각 영역으로 올라가는 상행 운동으로 결국 섬세한 감각이 가능하다고 했습니다. 그리고 이 섬세한 감각이 피질척수로를 통해 내려가면서 손가락이나 입술 등등 사지 말단까지 능숙하게 운동할 수 있는 것이죠.

목표를 향한 운동은 원격감각 telesensory을 바탕으로 미리 추측하여 움직이는 것입니다. 능숙하게 빨리 움직이기 위해서 필요한 것이 예측을 통한 제어장치죠. 빨리 움직이는 교통수단일수록 변화하는 상황을 예측하고, 신속히 방향을 전환하는 제어장치들이 완전해야 합니다. 그물척수로에서 운동성을 얻고, 전정척수로에서 몸의 균형을 잡고, 시개척수로에서 목표물을 보고, 적색척수로에서 원위부(몸통) 운동을 하고, 피질척수로에서 직접 운동신경원을 구동합니다. 피질척수로까지 와서야 우리 몸의 정밀하고 능숙한 운동이 가능해진 것이죠. 이렇게 여러 번 강조하여 척수를 통한 운동 처리 과정을 설명하는 것은 뇌의 가장 중요한 기능이 운동을 만드는 것이기 때문이죠.

촉각의 3차 신경로

신경의 주요 루트로 후섬유단-내측섬유띠가 있죠. 시상의 배쪽후외핵, 즉 VPL을 중계로 해서 1차 체감각 영역으로 올라가는 촉각의 루트죠. 또 다른 감각의 루트인 척수시상로는 통증을 전달하는데, 시상에서 통증의 일부를 느낄 수 있다고 합니다. 이를 신척수시상로라고 합니다. 계통발생학적으로 오래된 척수그물로는 구척수시상로라고 하죠.

촉각, 압력, 진동, 온도, 통증 등 여러 일반 감각을 받아들이는 감각수용기의 말단은 축삭으로 되어 있습니다. 그중에서도 느린 통증을 전달하는 것은 무수축삭이죠. 유수신경은 축삭에 미엘린 수초가 감겨 있죠. 감각신경의 말단에서는 수초가 탈락되고 축삭이 그대로 피부 표면까지 이르러 있습니다. 물론 피낭이 막으로 싸인 경우도 있고 자

15-1
3차 신경과 안면신경로

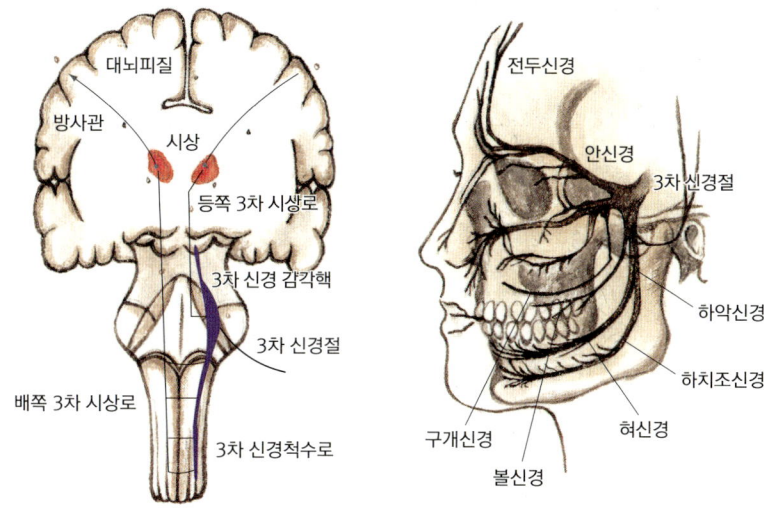

유 노출된 상태도 있는데, 중요한 것은 신경섬유의 축삭이 피부 표면 근처로 나와 있다는 겁니다.

얼굴에는 여러 뇌 신경핵이 있죠. 내장기관에서 올라가는 미주신경, 표정을 만드는 안면신경, 눈동자 움직임과 관계된 활차신경과 동안신경 등 뇌 신경이 열 개 정도 있습니다. 여러 뇌 신경핵에서도 3차 신경핵이 특히 중요합니다. 턱을 움직이는 상악신경(위턱신경), 하치조신경(아래이틀신경), 혀를 움직이는 혀신경, 이마 쪽으로 가는 전두신경이 모두 3차 신경절에서 출발합니다. 얼굴에서 들어가는 체감각, 촉각과 관계된 것들은 거의 대부분 3차 신경과 연결되어 있습니다. 얼굴 촉각이 그만큼 중요하죠.

3차 신경이 관여하는 얼굴 부위는 아주 넓습니다. 3차 신경절은 세 개의 가지가 나왔다는 의미죠. 뇌간과 연결되어 있습니다. 3차 신경 시상로, 3차 신경 운동핵, 3차 신경 주감각핵도 모두 뇌간 쪽에 죽 있죠. 3차 신경로를 보면, 3차 신경핵에서 등쪽 3차 시상로, 배쪽 3차 시상로로 시상을 다 거쳐 대뇌피질로 방사됩니다.

3차 신경로는 후섬유단과 함께하며 내낭을 통과해 체감각 영역으로 죽 가죠. 미각과 관계있는 고립로핵도 그 출발점이 연수입니다. 고립로핵은 혀신경과 연결되어 혀 밑으로 들어가 있죠. 미주신경, 부안핵, 고립로핵 등 연수 쪽으로 가는 것들은 뇌섬엽 구조를 거쳐 배내측 전전두엽, 대상회 쪽으로 가면서 미각 관련 느낌 생성 영역이 됩니다.

환각, 환청, 환시 그리고 인식 불능

2002년 9월 30일 자 《뉴욕타임스New York Times》에 이런 기사가 났죠. 뇌전증에 걸린 43세의 여자 환자가 뇌 수술 도중에 놀라운 경험을 했답니다. 의사가 탐침을 가지고 병의 원인 부위를 추적하는데 탐침에서 나온 전류가 어느 부위를 건드렸죠. 그랬더니 이 환자 눈에 자기 몸이 둥실 떠서 수술실 천장에서 수술받고 있는 자신의 모습이 보인다고 놀라워했죠. 아웃 오브 보디 익스피어리언스out of body experience, 유체이탈 경험이죠. 변화된 의식에 관한 것으로 뇌 과학에서 간혹 언급되는 분야입니다. 매트 웹Mat Webb과 톰 스태포드Tom Stafford의 《마인드 해킹: 인간의 뇌와 마음을 엿보는 해킹 실험 100장면Mind Hacks 100》을 보면 유체이탈 실험이 잘 설명되어 있습니다. 각자 해볼 수 있죠.

우리의 감각이라는 것, 특히 인체 내부에서 일어나는 감각, 즉 체감각은 쉽게 환각을 불러일으킬 수 있습니다. 물론 시각, 청각도 환각이 일어납니다. 착시와 환청이죠. 이것들은 병적인 현상입니다. 하지만 체감각에 의한 환각은 굉장히 보편적인 현상이죠. 그럴 수밖에 없는 것이 느낌이라는 건 사실 다른 뇌 영역에 의해서 쉽게 간섭받을 수 있습니다. 이는 우리 인간에게 있어 매우 중요한 겁니다. 공감과 감정이입을 가능하게 해주기 때문이죠.

전두엽의 여러 영역이 서로 정보를 주고받기 때문에 우리는 '시원섭섭하다', '미운 정 고운 정' 같은 서로 간섭받는 고차원의 느낌을 가질 수 있습니다. 그러나 정신분열증이나 동물의 경우, 전두엽의 영역 간 연결이 미약해서 단순하고 명료한 정서만 가능하죠.

시각이나 청각은 채널적인 정보죠. 들어가는 루트가 확실합니다. 망막에서부터 1차 시각 영역까지 시각의 통로가 죽 있지 않습니까? 체감각과 다르게 간섭받기 어려운 구조로 되어 있습니다. 청각도 마찬가지고. 그래서 시각이나 청각의 환상은 병적일 수 있다는 겁니다. 이와 달리 체감각의 영역들은 뇌의 다른 부위와 다중으로 연결되어 있죠. 그러니 체감각의 환각은 본질적인 현상이고 항상 있을 수 있는 겁니다. 대뇌피질 영역의 상호작용 결과 미묘하고 다양한 느낌이 생성되죠.

《스피노자의 뇌: 기쁨, 슬픔, 느낌의 뇌 과학 Looking for Spinoza: Joy, Sorrow and the Feeling Brain》에 이런 실험이 나옵니다. 실험 대상자들을 분류해서 사람의 표정을 찍은 사진들을 보여주고 사진 속 사람의 느낌이 어떠냐고 물었죠. 보통 사람들은 표정만 봐도 금방 다 압니다. 웃는 얼굴을 보면 웃는다고 하고 슬픈 표정이면 슬픈 느낌을 받죠.

그런데 두 종류의 환자들은 사진들을 보고 어떤 느낌인지 대답을 못 했답니다. 첫 번째 환자들은 시각 정보를 모아서 전체 그림을 만들어주는 2차 시각 영역이 고장 나서 대답을 못 했고, 두 번째 환자들은 체감각 연합과 연관된 뇌섬엽에 문제가 생겨서 못 했답니다. 뇌섬엽 구조는 체감각 연합 영역에서 중요한 부위이고, 운동 영역과 바로 붙어 있으며 내부로 연결되어 있습니다. 유체이탈을 경험한 경우도 두 번째 환자들과 비슷한 맥락이죠.

그리고 체감각 연합 영역에 문제가 생겨도 인지하는 데 곤란을 겪습니다. 호주머니에 손을 넣어 동전을 만졌을 때 이것이 동전인 줄 몰라요. 눈으로 보면 아는데 만지기만 했을 때는 인지를 못 하는 겁니다. 체감각 연합에서 기억을 불러와 동전과 관련된 이미지를 머릿속에서 그리죠. 그것하고 지금 느끼는 촉각을 연계해서 동전임을 아는 건데, 체감각 연합 영역이 잘못되면 기억하고 연결시키지 못하는 거죠. 두정엽의 연합 영역에 문제가 있으면 인식 불능 증상이 생기는 겁니다.

시각의 착각

시각과 관련된 중요한 실험이 있습니다. 평판에 전구를 방사선 패턴으로 배열하여 점멸한 후 원숭이를 마취시키고 방사선 추적 물질을 가지고 시각 영역을 추적해봤죠. 그랬더니 빛의 방사 패턴과 같은 위상구조topology가 원숭이의 시각 피질에 그대로 나타났습니다. 시각에 관련된 후두엽 세포들이 패턴을 그리는 겁니다. 다시 말해 시각에서 망막을 통해 투사된 바깥세상을 지도화하여 우리가 바깥세상을 그대로 볼 수 있다는 것이죠. 물론 고차로 올라가면서 다른 입력들과 연계되어 다양하게 바뀌죠. 시각의 착시 현상이 존재한다는 것은 뇌가 외

15-2
사람 얼굴의 인식

부 세계상을 재구성한다는 증거죠. 착시를 통해서 시각 처리 과정을 엿볼 수 있습니다.

15-2 그림 두 장이 뭐가 다른지 유심히 살펴봅시다. 얼굴 인식에 우리 뇌가 얼마나 민감한지를 보여주는 예인데, 오른쪽에 거꾸로 놓인 그림을 보면 무슨 그림인지 도무지 알 수 없지만 동일한 그림을 왼쪽처럼 바로 놓으면 우리는 얼굴을 찾아내죠. 사람의 얼굴에 대해서 인간 뇌는 하측두엽에 특정 영역을 할당하죠. 그래서 미묘한 얼굴 표정도 하측두엽에서 자세히 처리되어 세밀한 차이도 인지할 수 있는 겁니다.

또한 시각은 구성적이죠. 15-3은 아주 애매한 그림인데, 이 그림에서 우리가 얼굴을 하나 만들어내지 않습니까? 실재하지 않는 사람 얼굴을 뇌가 만들어낸 거죠. 인간의 얼굴은 감정 표현에 중요하여 구름

15-3
시각의 구성

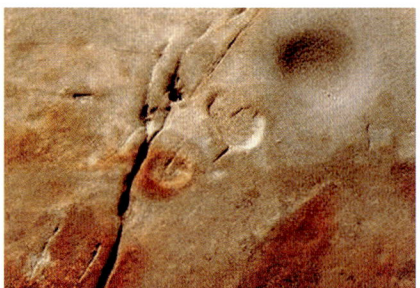

15-4
튀어나옴과 들어감

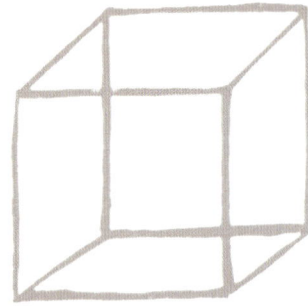

15-5
움직이는 원형 휠

15-6
앞뒷면이 바뀌는 네커의 정육면체

이나 산마루의 모양에서도 사람의 얼굴을 찾아내려는 경향이 있죠. 큰 바위 얼굴의 전설은 얼굴의 표정이 갖는 강력한 느낌을 나타낸 것입니다. 뇌 안에서 윤곽을 따라서, 또는 여러 부품을 모아서 실재하지 않은 것도 구성적으로 생성해낼 수 있다는 겁니다.

시각은 움직임에 대해서 특히 민감합니다. 시개척수로의 상구가 움직이는 물체를 인지하죠. 조금만 움직여도 알아챕니다. 그림 15-4는 우리 뇌가 미리 알고 있는 정보를 사용하여 이미지를 해석한다는 증거입니다. 즉 동일한 사진인데도 '튀어나온 것'과 '안으로 들어간 것'으로 다르게 보이죠. 해가 위에서 사물을 내리비춘다는 사실을 이용하여 우리 뇌가 무의식적으로 해석했기 때문입니다.

시각은 환상을 만들어내기도 합니다. 15-5 그림을 자세히 보세요. 원형으로 된 휠들이 계속 움직입니다. 실제로 그런가요? 아니죠. 돌아가지 않습니다. 시각적인 착각이죠.

네커의 정육면체는 뇌 신경 처리 방식을 엿볼 수 있는 중요한 예입니다. 15-6의 정육면체를 넋 놓고 한 1분쯤 보다 보면 뭔가 이상하다는 것을 금방 느낄 겁니다. 보는 위치에 따라 전면과 후면이 바뀌고 있습니다. 중간 단계는 없습니다. 뇌는 결과만 인식하죠. 뇌 전체에서 많은 서브모듈이 계산을 합니다만, 의식 수준으로 올라오는 것은 계산 결과뿐입니다. 그렇기 때문에 네커의 정육면체에서 앞면 또는 뒷면으로 선택한 최종 결과만 우리가 의식하게 되죠.

얼굴에 민감한 시각 체계, 미리 알고 있는 정보를 이용하여 감각 입력을 해석하고 재구성하는 뇌의 처리 과정을 살펴보았습니다. 연합체감각 영역과 뇌섬엽에서 미각과 미묘한 체감각, 전전두엽에서 사회적인 의식 등이 만들어지는 과정도 살폈습니다.

　환각, 환청, 환시, 인식 불능이 어떻게 일어났죠? 두정엽 연합 감각 영역과 측두엽 연합 영역이 관련되죠. 뭔가를 느낀다는 것은 매우 섬세한 활동이고 판단으로 이어집니다. 또한 이 활동은 뇌뿐만 아니라 인체의 각 부위와 놀랍도록 유기적으로 연결되어 있습니다.

16강 예측하다, 감정의 뇌 2

인간의 의식 활동의 대부분은 감정에 물들어 있다고 말할 수 있죠. 의식 활동의 주요한 내용 대부분은 감정 중립적일 수가 없습니다.

감정은 뇌 안에서 특히 해마, 편도 등의 변연계를 중심으로 폐루프를 그리고 있습니다. 입력이 들어가서 이 루프를 도는 동안 증폭되는 현상이 생기죠. 변연계 자체가 전전두엽하고 직접 연결되어 있고 또 다른 부위들과도 관련을 맺고 있는 등 뇌의 여러 피질이 연계되어 서로 영향을 줍니다. 뇌 신호 처리 방식은 집중화된 센터라기보다는 서로 연결된 병렬식이죠. 그래서 감정이 영향은 받지만 명령을 받지는 않습니다.

동물에서 감정은 어떻게 진화되어왔을까요? 동물은 결국 움직이는 존재고, 움직이려면 방향성이 있어야 하죠. 그래서 필요한 게 뭐죠? 예측을 해야 한다는 것이죠. 예측은 동물에 있어서 본질적인 능력입니다. 또한 자연은, 환경은 방향성이 없지만 동물은 어디론가 나아가야 하니 방향성이 있고 목적 지향적일 수밖에 없습니다. 그러한 목적 지향적인 행동을 하기 위해서는 판단을 해야 하는데, 판단의 중요한 근거로 진화해온 것이 감정과 느낌입니다.

감정과 느낌, 특히 느낌은 표준화되지 않는 불확실한 입력에 대해 반응하기 위한 도구로 진화되어왔죠. 대부분의 조건반사는 입력이 비슷하고 반복적이어서 예측 가능하죠. 그럴 경우 동일한 반응을 보이면 되는데, 인간의 경우에는 사회를 이루고 문화를 만들며 살다 보니 예기치 않은 입력들이 계속 들어옵니다. 정례화되어 있지 않은 입력에 효과적으로 대처하기 위해서는 감정과 느낌에 기반한 판단력이 필요하죠.

가설 부풀리기는 신피질이 만드는 경향인데, 가설을 부풀린다는 것은 신피질이 상상을 가능하게 한다는 것이죠. 신피질이 인간 감정과 관련된 변연계와 상호 연결되어서 감정적 신호에 계속 자극받는 겁니다. 결국 그것은 뇌에 부담을 주게 됩니다. 변연계는 외부에서 들어가는 감각 경험과 신피질이 상상으로 만들어낸 것을 구분하지 못하기 때문에, 신피질이 가설을 부풀리면 감정이 반복적으로 자극을 받아 신체에도 무리를 주는 거죠. 감정이 폐회로를 계속 돌면서 증폭되고 왜곡된 결과로 나타나는 겁니다. 우리가 흔히 경험하는 일이죠.

존재를 위한 정보 수용기, 생명을 위한 정보 처리기

다마지오는 《스피노자의 뇌》를 통해 감정, 느낌, 욕구, 정서, 마음에 대한 학설과 가설을 집요하게 파고들어 설명합니다. 다마지오의 감정

16-1
인체 안팎의 신경 정보들

	체액성 정보	신경성 정보
내수용적 정보	체내 정보	체내 정보 내부 장기 평활근 전정기관(평형감각)
외수용적 정보		화학적 접촉(후각, 미각) 물리적 접촉(촉각) 원격감각(청각, 시각)

이론을 중심으로 감정의 뇌에 대해 이야기해보죠.

'인체에서 이용 가능한 신호 체계가 무엇이냐'라는 질문으로 시작해보겠습니다. 결국 인간의 뇌라는 것은 신호를 처리하는 시스템이죠. 인체에서 이용 가능한 정보원은 다마지오에 따르면 크게 두 가지로 분류할 수 있습니다. 하나는 혈류血流를 통해 온몸에 전달되는 체액성 정보의 흐름, 다른 하나는 신경성 정보의 흐름이죠. 또 신경성 정보의 흐름을 세분화해서 보면 체내 정보, 내부 장기, 평활근(민무늬근), 전정기관, 화학적 접촉, 물리적 접촉, 원격감각이 있습니다.

여기서 내부 장기는 내장을 포함한 우리 몸 안의 여러 장기죠. 그 내부 장기에서 신경성 정보가 나가는 것을 볼 수 있습니다. 화학적 접촉은 체내 정보, 내부 장기, 평활근, 전정기관의 정보와 좀 다릅니다. 화학적 접촉은 어떤 감각입니까? 분자에 의한 후각과 미각. 물리적 접촉으로 생긴 감각은 촉각이죠. 원격감각은 무엇이냐? 신호원이 멀리서 발신하는 빛과 소리의 감각이죠. 바로 청각하고 시각입니다.

또 다른 측면에서 이 정보원들을 두 가지로 분류해볼 수도 있습니다. 체내 정보, 내부 장기, 평활근, 전정기관까지는 내수용적 정보가 됩니다. 나머지 화학적 접촉, 물리적 접촉, 원격감각은 외부에서 오는 것이니 외수용적 정보가 되죠.

우리 인체에서 일어나고 있는 자극, 정보, 신호는 크게 이렇게 구분해볼 수 있습니다. 그중에서도 특히 몸 안에서 생성되었느냐, 몸 밖에서 들어가느냐 하는 내수용적 정보와 외수용적 정보를 구분하는 것이 중요합니다. 결국 감정과 느낌이라는 것은 내수용적 정보에 의해서 나타나는 것이죠.

《스피노자의 뇌》에서는 인체에서 세포 수준의 반응들이 바탕이 되어 느낌으로 발현되는 여러 단계를 만나게 됩니다. 다마지오에 따르면, 느낌의 출발점은 세포 수준의 세 가지 생명 반응이죠. 그 세 가지가 면역 반응과 기본 반사, 대사 조절입니다. 하나의 세포로, 하나의 생명체로 존재하기 위해 기본이 되는 중요한 요소들입니다.

하나의 세포, 생명현상에서 가장 중요한 것은 안과 밖이죠. 안과 밖을 구별할 수 있어야 합니다. 막으로 둘러싸인 안쪽의 항상성을 유지하는 시스템이 생명의 아주 근본적인 속성인데, 이 안과 밖을 구분해주는 것이 면역 시스템입니다. 자기self와 비자기non-self를 끊임없이 구별해서 외래에서 침입하는 이물질을 끊임없이 막아내는 것이죠.

기본 반사는 외부에서 들어가는 자극에 생물학적인 반응을 하는 겁니다. 우리 몸에는 척수를 중심으로 해서 많은 기본 반사 회로가 있죠. 우리 뇌 안쪽에는 기본 반사 회로들이 좀 더 고급화된 CPG, 즉 센트럴 패턴 제너레이터central pattern generator라는 부위도 있습니다. 사지동물이 끊임없이 걸어갈 수 있게끔 자동 보행해주는 것도 일종의 반사 작용이라고 볼 수 있죠.

하나의 세포로, 항상성을 유지하는 생명체로 존재하기 위해서 또

16-2
항상성 시스템

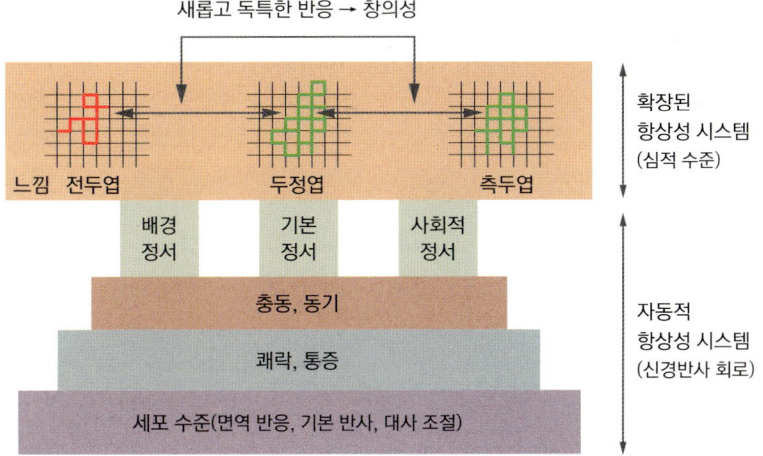

하나 중요한 것은 대사 조절 작용입니다. 물질을 섭취해서 에너지를 흡수한 후 배출하는 것이죠. 물질의 섭취와 배출 사이에는 동화작용(에너지원을 섭취하여 고유의 성분으로 바꾸는 일)이 있겠죠. 물질이 들어가고 나가는 흐름을 끊임없이 조절하는 시스템이 바로 대사 조절에 해당하는 겁니다.

통증과 쾌락, 동기와 충동 그리고 자각

자기와 비자기를 구분하는 면역 반응, 자극이 들어갔을 때 그 자극에 반응하는 기본 반사의 여러 회로, 끊임없이 물질이 유입되어 에너지를 흡수한 후 배출하며 균형을 잡아주는 대사 조절. 다마지오의 이론에 따르면, 이 생명의 기본 활동 세 가지가 통합되어 표출되는 것이 통증과 쾌락입니다. 고통이 아니고 통증이죠. 고통과 통증은 미묘하게 다릅니다. 여기서 중요한 것은 고통에 대뇌피질이 관여한다는 겁니다. 통증은 있는데 고통이 사라지는 경우가 있죠.

통증은 어떤 것입니까? 생물학적으로 근본적인 임펄스$_{impulse}$적 현상입니다. 충격적으로 오는 것이죠. 통증의 대부분은 준비 없이 갑자기 찾아옵니다. 우리 몸에 어떤 항상성이 있는데 조절할 수 없는 입력이 들어가면 통증으로 느끼는 겁니다. 통증은 즉각적 반응이라는 점에서 대뇌피질에서 오랫동안 지속되는 고통과는 다르죠.

쾌락, 즉 좋은 느낌을 불러일으키는 자극을 보면 주기적입니다. 주기적으로 율동을 하죠. 쾌락도 통증도 하나의 세포 단위에서 봤을 때 면역 반응, 기본 반사, 대사 조절을 바탕으로 나타남을 알 수 있습니다.

느낌으로 가는 중간 단계로 쾌락과 통증이 각각 모여서 동기와 충동이 생기죠. 통증인 경우에는 회피하려는 욕구가 생기고, 쾌락인 경우에는 계속하고 싶은 욕구가 생기는 것입니다. 그래서 통증과 쾌락에 이어 동기가 유발되고 충동적인 행동력이 나오는 거죠. 이러한 것들이 좁은 의미의 정서를 만들어냅니다.

2007년 《사이언스》지에 뇌에 관한 주목할 만한 연구들이 소개되었습니다. 그중 하나가 69명의 흡연자를 대상으로 한 실험입니다. 13명이 뇌섬엽 구조에 손상을 입고 나서 담배를 그냥 끊었답니다. 금단 현상 하나 없이요. 참 놀라운 이야기죠. 그 끊기 어렵다는 담배를 뇌섬엽 손상만으로 금단 증세 없이 며칠 만에 끊었다니요. 결국 뇌섬엽은 주기적 자극 신호를 욕구 신호로 변환시켜서 배고픔이나 통증, 탐닉, 중독 등 주관적 느낌을 만들어주는 부위인 것이죠. 이 연구팀이 실험을 통해 이 사실을 밝혀낸 겁니다.

느낌으로 가는 데 매우 중요한 뇌섬엽 구조를 다마지오의 이론에 따라 살펴보면, 맨 위에 배내측전전두엽과 전대상회가 있습니다. 배내측전전두엽에서 전대상회로 가는 중간에 있는 것이 전방뇌섬엽이죠. 바로 그 아래로 후방뇌섬엽이 있습니다. 그 밑에 시상의 배측후중심핵(VPMc)이 있습니다. 신경섬유 Aδ하고 C신경섬유의 신호가 그 부위로 올라가죠. 다른 편으로 연수의 미주신경에서 내장 정보가 죽 올라가서 시상하부와 시상 VPMb하고 연결되고, 이것이 후방뇌섬엽으로 갑니다. 결국 뇌섬엽이 사회적 정서의 중추인 배내측전전두엽과 전대상회로까지 연결되는 겁니다.

감정이란 게 다양하듯이 우리 내부의 정서 시스템도 굉장히 많죠. 다양한 정서 시스템의 여러 모듈, 여러 구성 성분이 통합되어 의식의 수준까지 올라가서 자각할 수 있게 합니다. 느낌이란 것은 자각하는 것이죠. 의식하는 것이죠. 여러 정서적 흐름이 의식의 수준 위로 올라갈 때 우리가 그것을 느낌으로 알아채는 겁니다.

느낌이 어떻게 발현되는지 정리해보면, 그림 16-2에 도식화한 것처럼 우선 생물학적 기본 현상이 바탕이 되어 나오는 쾌락과 통증이 먼저 있습니다. 그리고 동기와 충동이 뒤를 잇죠. 이런 것들이 작용하면서 정서를 형성하고 최종적으로 느낌을 만들어냅니다. 여기서 우리가 유심히 봐야 할 점은 느낌이라는 것이 생물학적 현상이라는 겁니다. 생명체에서 나타나는 아주 본질적인 현상이라는 거죠. 다마지오에 따르면 느낌은 감정, 충동-동기, 통증-쾌락과 근본적으로 다릅니다. 느낌은 여러 대뇌피질이 관여하는 의식적인 과정이며, 감정과 충동-동기 그리고 통증-쾌락은 반사회로와 관계된 무의식 과정이라는 것이죠.

기본 반사를 바탕으로 예측하다

척추동물이 진화하면서 기본 반사 역시 다양한 형태로 정교해지고 복잡해집니다. 우리 주변의 동물들을 잘 관찰해보면 기본 반사가 어떤 식으로 진화해왔는지 알 수 있습니다.

무생물을 생각해보죠. 무생물은 자극에 그냥 반작용을 나타냅니다. 탁구공을 탁 놓는다고 생각해보세요. 이때의 반작용은 즉각적인 무조건 반사처럼 보이죠. 뉴턴의 법칙에 의해서 수학적으로 계산될 수 있는 것입니다. 입력이 들어가면 지연 시간 없이 곧장 반응을 내보내는 것이죠. 출력을 선택할 수 없습니다. 물리 법칙에 따라 입력이 정해지면 출력으로 결정되죠. 무생물의 시스템입니다.

동물 시스템에서는 어떻게 되느냐? 입력이 들어갔을 때 출력을 내보내는 반응이 좀 더 지연되어가는 모습을 볼 수 있습니다. 예를 들면 메뚜기, 가을철 메뚜기를 떠올려보세요. 풀만 탁 건드려도 폴짝 날아가죠. 메뚜기가 행동하는 데 시간적 지연이 있나요? 자극이 들어가면 그대로 출력을 내보내죠. 조금 더 큰 비둘기를 생각해봅시다. 10미터 바깥에서 비둘기가 우리를 보잖아요. 가까이 가도 우리를 한참 보고만 있다가 바로 근처에 이르러서야 날아가죠. 메뚜기보다 입력이 들어갔을 때 출력을 내보내는 시간이 조금 더 길고 조금 더 계산을 한다는 느낌이 듭니다.

우리 인간에 이르면 어떻습니까? 입력이 들어갔을 때 출력을 그냥 내보냅니까? 그렇지 않죠. 들어간 입력을 곧장 내보내는 반사회로만 있다면, 기본 반사만 있다면 인간의 문화나 사회 시스템은 존재할 수가 없죠. 화가 났다고 해서 화를 그냥 분출한다든지 하면 인간관계라는 게 원천적으로 거의 불가능하죠. 그러니 입력이 들어갔을 때 출력, 즉 반응을 어느 정도 지연시킬 수 있는가가 관건이 됩니다. 당연히 의미 없이 지연만 하는 게 아니고 뇌, 특히 대뇌에서 많은 계산을 하는 거죠. 다양한 정보를 바탕으로 계산을 해서 반응을 내보내는 겁니다.

그래서 지연된 반응의 관점에서 기본 반사를 이해해야 합니다. 물론 대사 조절, 면역 반응 역시 다양해져가죠. 이렇게 인간에게는 정례화, 표준화되어 있지 않은 갑작스런 자극에 끊임없이 반응해야 한다는 것이 생물학적으로 매우 중요합니다. 불확실한 입력에 대응하기 위해 느낌이란 고차적 뇌 기능이 진화해온 것이죠. 이는 예기치 않은 입력에 대해 기존의 기억을 다양하게 조합하여 새롭고 독특한 출력을 만들어내는 겁니다.

입력에 대해 새롭고 독특한 출력이 바로 창의성입니다. 기억에 축적된 학습량으로 위기에 대처한다는 것이죠. 그러므로 우리가 예측을 정확하게 하기 위해서는 대규모 기억 정보가 있어야 합니다.

생물학적으로뿐만 아니라 사회 시스템에서도 중요한 게 미래에 대한 예측이죠. 예전에는 10년, 20년 단위로 미래를 예측했는데 지금은 10년 후는커녕 1년 후도 어떻게 될지 모르는 상황이죠. 그만큼 어렵습니다. 그럼에도 불구하고 미래를 예측하는 사람들의 공통적인 특징이 있죠. 정보가 넘쳐나는 세상에서 그들은 거의 예외 없이 신문 읽기를 하고 있습니다. 뇌 과학적으로 봐도 신문 읽기야말로 미래를 예측하는 데 가장 효과적인 방법인 거죠.

《메가트렌드 Megatrends: Ten New Directions Transforming Our Lives》의 저자 나이스비트 John Naisbitt, 1929-2021가 이런 질문을 받은 적이 있습니다. 10년, 20년 후를 내다본다는 예측이 어떻게 해서 가능한가, 당신이 하는 방법이 뭔가? 그는 이렇게 답했죠. "내가 하는 만큼 한다면 누구나 미래를 읽을 수 있다. 나는 하루에 6~7시간 신문을 읽는다."

이 사람은 신문을 읽는 것이 일이에요. 다른 사람들은 회사 일 때문에 못 하지만 미래학자들은 온종일 신문을 읽는 거죠. 현실 세계에 대한 최대한의 정보를 모으는 겁니다. 이 사람은 《마인드 세트Mind Set!: Reset Your Thinking and See the Future》라는 책에서도 "미래를 덮고 있는 커튼을 걷어내는 데 가장 필요한 지식의 원천은 신문"이라고 했죠. 앨빈 토플러Alvin Toffler, 1928-2016도 한 인터뷰에서 신문을 "세계가 돌아가는 소식과 새로운 지식이 넘쳐나는 지식과 정보의 보고"라고 규정하고, 매일 6~7종의 신문을 샅샅이 읽어본다고 했죠. 신문 예닐곱 종을 보려면 아마 대여섯 시간은 걸릴 겁니다. 이게 미래학자들의 일이죠.

벤처 1세대, 벤처 신화로 유명한 정문술 전 미래산업 회장 역시 삶의 노하우를 묻는 기자들의 질문에 신문 읽기라고 답한다고 합니다. 미래산업이라는 상호를 떠올리게 된 계기도 우연히 읽게 된 경제신문의 기획 기사를 통해서고, 사업의 방향도 신문을 죽 보면서 아주 사소한 전조들을 낚아채서 결정한다고 합니다. 신문을 면밀히 보다 보면 사회적 트렌드에서 사회 전체 시스템이 어디로 갈 것이라는 느낌, 전조를 금방 알아챌 수 있다는 것이죠.

요동하는 복잡계에서 목적 지향적 복합계로

미래를 예측하는 데 신문이 이렇게 효과를 발휘하는 데는 몇 가지 이유가 있습니다. 복잡성 관점에서 세계는 크게 두 가지 시스템으로 구분해볼 수 있습니다. 복잡계와 복합계죠. 비슷해 보이는 둘을 구별해야 합니다.

복잡계에는 다양한 소스가 있습니다. 다양한 하위 모듈sub-module이 마구 섞여 있는데, 이것들이 무작위로 상호작용합니다. 그런데 이 시스템 전체를 외부에서 보면 어디로 가지를 않습니다. 술 취한 사람이 동쪽으로 갔다 서쪽으로 갔다 남쪽으로 갔다 북쪽으로 갔다를 계속 반복하다가 결국에는 제자리에서 요동만 하죠. 이것이 바로 복잡계입니다.

복잡계는 내부를 구성하는 여러 하위 시스템 사이에서 다양하게 상호작용하는데, 전체로 봤을 때 벡터 합이 거의 제로에 가깝기 때문에 목적 지향적일 수 없습니다. 목적과는 관계가 없는 시스템입니다. 그래서 복잡계는 일정한 방향으로 나아가지 못합니다. 수십 년 지나도 비슷하게 보이는 나라들이 있죠. 복잡한 사건만 계속 일어나고 있죠.

복합계도 복잡계처럼 많은 하위 시스템으로 되어 있지만 결과는 다릅니다. 200여 명의 승객을 싣고 태평양을 건너는 점보제트기를 생각해보세요. 여행하면서 비행기 안을 자주 살펴보는데, 그 안에는 많은 시스템이 있죠. TV도 있고, 의자와 담요가 있고, 때마다 음식이 제공되죠. 거실을 그대로 옮겨놓은 것처럼 되어 있습니다.

그런데 비행기 안에서는 이 시스템이 어디로 가는지 모르죠. 비행기가 어디로 가고 있는지 알 수 없습니다. 비행기 안은 복잡계와 같습니다. 안에서는 여러 시스템이 서로 주고받으며 작용하는 가운데 다양한 활동이 일어납니다. 하지만 비행기 바깥에서 보면 어떻습니까. 어디로 가지 않습니까? 하나의 방향성을 갖습니다. 내부 시스템들이 상호작용하지만 벡터를 다 합해보면 일정한 방향성을 갖는 겁니다.

이것이 바로 복합계입니다. 일정한 목적 지향적 시스템이죠.

복합계의 대표적인 예가 바로 인간의 뇌입니다. 이 점이 참 중요한데, 험한 환경으로 갈수록 우리 뇌에 더 고차원적인 복합계가 요구됩니다. 인공위성과 비행기 시스템의 복합도를 생각해보세요. 비행기보다 인공위성에 훨씬 더 많은 하위 모듈이 있죠. 아주 정교하게 조율된 모듈들이 있습니다. 우리가 좀 더 어려운 목적 지향적 행위를 할 때 더 성숙된 복합계가 요구되는 것입니다. 우리 사회를 한번 보세요. 교육 시스템, 교통 시스템 등 온갖 종류의 시스템이 다 모여서 바깥에서 봤을 때 하나의 방향성을 가져야 하죠.

방향성을 지닌 많은 사람이 모여서 사회를 만들 경우 사회 바깥에서 봤을 때, 하나의 벡터로 합했을 때 앞으로 나아갈 수 있는 하나의 방향성을 만들어줘야 합니다. 그래서 사회에서 가장 중요한 문제가 '어디로 나아갈 것인가'죠. 요즘 하는 말로 '비전'이라는 겁니다. 왜 요즘에 와서 비전이라는 말을 그렇게나 많이 쓰느냐? 인간 사회는 점점 복잡해지는데 우리는 내부에 있으니까 어디로 나아가야 할지 안 보이는 거죠. 내부에 있으니 꼭 복잡계처럼 보이는 겁니다. 상호작용은 다중적으로 발생하는데 이것이 어디로 갈지는 안 보이는 것이죠. 그럼 어떻게 해야 합니까? 바깥에 나가서 전체 시스템을 봐야 하죠.

우리 은하 안에서는 은하 전체의 모습을 볼 수 없죠. 2천억 개로 별로 되어 있는 은하수, 즉 우리 은하의 조감도는 우리 은하를 벗어나야만 볼 수가 있습니다. 그래서 겨우 할 수 있는 것이 여러 방향의 수소 원자 분포를 측정해 전 공간에 배열하여 은하의 나선 팔을, 우리 은하의 조감도를 그린 것입니다. 우리 은하를 그리려면 우리 은하에서 빠져나와야 하죠. 외부에서 보아야만 안드로메다 은하처럼 조감을 할 수가 있는 겁니다.

사회 전체에서 빠져나와서 사회 전체 내용을 보는 가장 효과적인 방법은 신문 읽기입니다. 사회 전체가 나아가고 있는 방향을 그대로 담고 있죠. 온갖 종류의 인간 활동들의 방향성이 신문지상에 다 나옵니다. 문화면, 사회면, 스포츠면, 경제면 등에서 인간이란 종에서 가능한 모든 행동 양태의 전모를 파악할 수 있죠. 그래서 하루에 대여섯 시간씩 1년, 2년 계속 신문을 보다 보면, 인간 행동의 총체적 결과인 사회적 현상의 방향성을 알 수 있게 됩니다.

제대로 된 사회, 발전하는 사회는 복합계가 되어야 하고 어디론가 나아가야 합니다. 우리 사회도 당연히 정확한 미래 예측을 통해 내부적으로는 다양한 상호작용이 이루어지고 외부적으로는 하나의 목적, 좀 더 나은 삶을 위해서 나아가야 하는 것이죠. 그런 방향성 모색, 즉 비전 제시는 바로 척추동물의 목적 지향성과 인간에 와서야 표출되는 느낌을 통해서 가능한 것입니다.

예측의 경로

목적 지향성 동물 시스템은 어디에서 출발하나요? 뇌죠. 발생부터 다시 봅시다. 척추동물에서 중요한 게 뭡니까? 척수죠. 척수가 형성되고 많은 신경절이 모여드는 곳이 머리 신경절인 대뇌입니다. 반대편에는 꼬리가 있죠. 움직이는 생명체, 동물입니다. 방향성을 생성하는 것은 바로 머리죠. 그래서 운동과 관련된 감각 기관이 앞쪽으로, 척수의 앞쪽 말단인 얼굴 쪽으로 모이는 겁니다. 그래서 어떤 해부학 책도

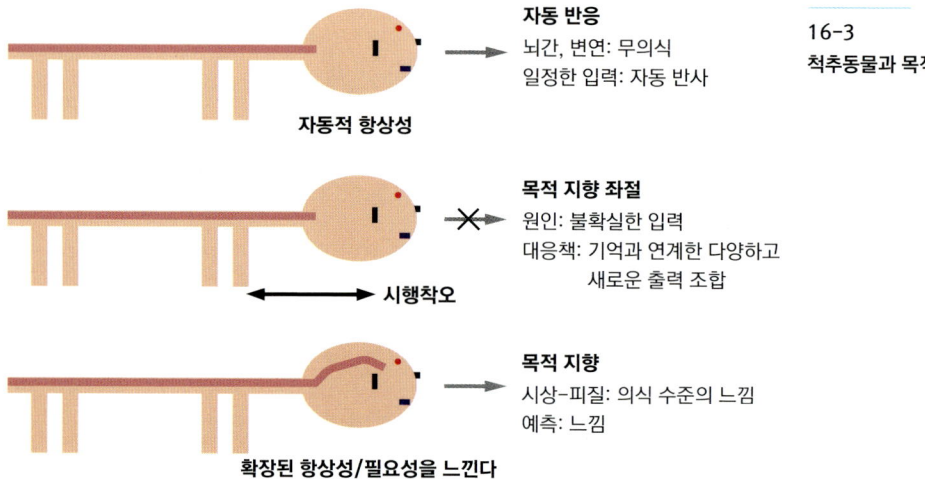

16-3
척추동물과 목적 지향성

대부분 앞과 뒤의 구분으로 시작됩니다.

동물은 탄생부터 목적 지향적 시스템이죠. 어디론가 가는 겁니다. 가만히 봅시다. 목적 없이 움직이는 동물이 있나요? 없죠. 동물이 움직인다는 전제 속에는 '어디', 즉 목적지가 있습니다. 어디론가 갈 때 가야 할 상황에 대해 아주 짧은 시간 동안 미리 예측을 해야 하고요.

화학적 접촉으로 생기는 감각이 뭐라고 했죠? 후각과 미각이죠. 물리적 접촉에 의해서는 촉각이 생기죠. 그다음이 원격감각. 원격감각이 뭐죠? 청각하고 시각입니다. 이것은 다른 감각하고 구분해볼 필요가 있어요.

인간으로 오면서 왜 청각과 시각이 중요해졌나 생각해봅시다. 청각은 소스가 있습니다. 발원지가 있는 것이죠. 소리가 어디서 난다든지 하는 방향성이 있지 않습니까. 신호가 발원지, 즉 신호원에서부터 우리 인체까지 오는 동안에 밀리세컨드(밀리 초)든 세컨드(초)든 시간이 걸립니다. 신호를 낸 물체가 우리에게 와서 충돌하기 전 아주 짧은 순간에 우리가 미리 신호를 받는 거죠. 자동차가 저쪽에서 경적을 울리면 들리지 않습니까? 그런데 충돌하는 것은 몇 초 후라는 거죠. 그 몇 초, 지연된 반응을 위한 운동 출력을 계산하여 상황을 예측할 시간이 있는 것이죠.

시각, 청각, 촉각, 평형감각. 이것들이 진화해가는 과정에 대해서는 죽 설명했죠. 촉각은 1차 체감각 영역으로 올라가고, 균형감각은 소뇌에서 주로 처리하고, 시각과 청각은 대부분 대뇌로 올라갑니다. 시각의 일부인 무의식적 자동 시각은 중뇌 상구 쪽에, 청각 역시 일부를 중뇌 하구 쪽에 중계센터로 남겨두지만, 청각과 시각은 우리 인간으로 오면서 대뇌피질에서 많은 영역을 차지하며 정밀하게 처리됩니다. 왜? 예측을 하기 위해서죠. 신호원이, 자동차가, 사건이, 무엇이 닥치기 전에 예측을 해야 하는 것이죠.

예측으로 고통을 극복하다

이나스는 《꿈꾸는 기계의 진화》 첫 장에서 예측이 얼마나 중요한지 강하게 주장합니다.

> 지각이 하는 일의 바탕이 되는 것은 예측, 즉 쓸모를 염두에 두고 아직 일어나지 않은 사건을 기대하는 것이다. 예측이야말로 반사와 전혀 다르게 본질적으로 목표 지향적인 뇌 기능의 핵심이다.

예측이 반사와 다르다는 것은, 반사는 무의식적 자동 반응이고 예측은 느낌을 바탕으로 생성되는 의식적 반응이라는 것이죠. 무생물에서부터 메뚜기, 비둘기는 입력이 들어가면 바로 출력을 내보냅니다. 이것이 반사죠. 우리 몸에도 반사가 있습니다. 위급한 상황에서 척수를 중심으로 하여 즉각적으로 출력을 내보내죠. 하지만 예측은 반사에서 생기는 것이 아니고 그보다 더 위로 올라가서 대뇌피질에서 가능한 것입니다.

반사가 가장 궁극적으로 구현된 것이 예측이라고 보면 됩니다. 반사는 즉각적 반응이라서 운동 출력을 선택할 여지가 없고, 예측은 지연된 반응으로 출력을 선택할 다양한 가능성이 있죠. 그래서 성공적인 운동을 보장하는 것은 운동 방향에 따라 계속적으로 바뀌게 될 외부 환경 변화를 예측할 수 있는 능력인 겁니다.

목적 지향적인 동물 시스템에서 몸을 움직이기 위해 매 순간 하는 것이 예측입니다. 갑작스런 놀람, 갑작스런 통증 등은 예측하지 못한 입력에 대한 생체 반응이죠.

몇 년 전에 본 어떤 다큐멘터리에서 대못을 죽 박아 그 위에 눕기도 하고 불이 있는 곳도 통과하는 차력사에게 영국의 신경과학자가 물었습니다. 고통스럽지 않냐고, 어떻게 그런 고통스러운 순간들을 견딜 수 있냐고요. 그 사람이 인터뷰에서 하는 말이 고통스럽다는 겁니다. 그런데 자기는 그 고통을 이길 방법을 안다는 거죠. 어떻게 하느냐고 물으니 예측을 한답니다. 대못이 죽 박힌 곳에 누웠을 때 고통의 정도를 하나하나 아주 집요하게 미리 생각해본다는 겁니다. 어느 정도 아플 것이다 하고요. 아주 집요하게 아픔의 정도를 예측하고 대못이 박힌 데 누우면 자기가 예측한 범위 안에서는 모두 견딜 수 있다는 겁니다. 즉, 인내의 한계는 예측의 한계인 겁니다.

사회가 복잡해지고 입력 변수가 빠르게 변할수록 비전을 제시하는 힘이 필요합니다. 그 바탕에는 복잡계가 아닌 복합계의 뇌 시스템이 있습니다. 복합계에서는 필연적으로 방향을 예측하고 그 방향을 향해 움직이는 동력이 작용하고 있죠. 정확하게 예측할 뿐만 아니라 비전을 제시하기 위해서는 풍부한 감정, 느낌이 필요합니다. 이러한 예측을 위해 필요한 것이 많은 정보죠. 많은 정보를 얻을 방법 중 하나가 뭐라고 했습니까? 그렇죠. 신문 읽기입니다.

17강 움직인다는 것, 뇌와 운동

운동 출력은 의식과 어떤 관련이 있을까요? 별 관련이 없을 것같이도 보입니다. 하지만 의식으로 가는 여정에서 감각 입력보다 운동 출력을 관찰하다 보면 지름길을 발견할 수 있습니다. 특수 감각이든 일반 감각이든 여러 가지 감각의 프로세서를 통합하고 다양한 기억과 연계하여 운동 출력을 준비하는 전두엽 쪽 작용들을 보면 굉장히 복잡합니다. 대뇌 전체로 봤을 때는 더 심하죠. 이것을 감각 중심으로 보지 말고 근육운동에서 시작해 운동 중심으로 거슬러 추적해가면 문제의 본질에 더 가까이 간다는 생각이 들 겁니다.

이런 주장을 담은 책이 이나스의 《꿈꾸는 기계의 진화》죠. 이 노학자가 평생 신경세포를 연구하면서 운동을 관찰해야 한다고 말합니다. 운동 하나로 모든 걸 설명할 수 있다는 거죠. 단세포의 세포 골격에 의한 운동을 면밀히 살피면 감정이나 심지어 언어까지도 유추해볼 수 있다는 겁니다. 도약이 심해 보이지만 단계별로 잘 설명한 그 책을 보면 단단한 과학적 바탕이 보입니다.

'뇌는 왜 예측을 해야 할까', '예측과 운동의 조절', '운동의 불연속적 본성'. 우리 근육의 운동이 연속적이지 않다는 거죠. '때맞춘 운동의 결합과 예측의 검증', '협동근육은 시간을 절약한다', '운동의 불연속 조절'. 운동의 불연속적인 움직임에서 타이밍을 맞춰주는 것이 하올리브와 소뇌의 작용입니다. 그리고 이나스는 운동 조절에 관한 원리와 개념을 중심으로 감정과 언어 등을 운동이라는 관점에서 이야기하죠.

운동은 곧 의식이다

운동과 의식에는 비슷한 점이 있습니다. 근육운동은 갑자기 어떤 필요에 의해서 근육의 집합이 신경 자극을 받아 함께 움직이는 것이죠. 갑자기 모여서 어떤 동작을 하고 다시 근육 협연이 해체됩니다. 우리가 수의운동을 할 때, 예를 들면 물을 마시고 싶다는 생각이 떠오르면 여러 근육이 협동 운동을 해서 손을 뻗고 물컵을 잡습니다. 잡고 난 후에도 계속 다른 일을 하기 위해서 또 다른 근육들의 집합이 불려오죠. 모여서 또 다른 일을 합니다. 한 단위의 운동을 위해 근육 집단이 함께 동작하고 작업이 완수되면 또 다른 동작에 초점이 맞춰지죠. 운동이란 이러한 불연속적인 단위 동작들의 집합입니다.

우리의 의식도 마찬가지죠. 불교에서는 분별망념分別妄念이라고 하는데, 생각이 끊임없이 요동치지 않습니까? 수많은 생각의 가닥이 의식의 흐름을 만듭니다. 우리가 일할 때를 생각해보죠. 의식들이 한

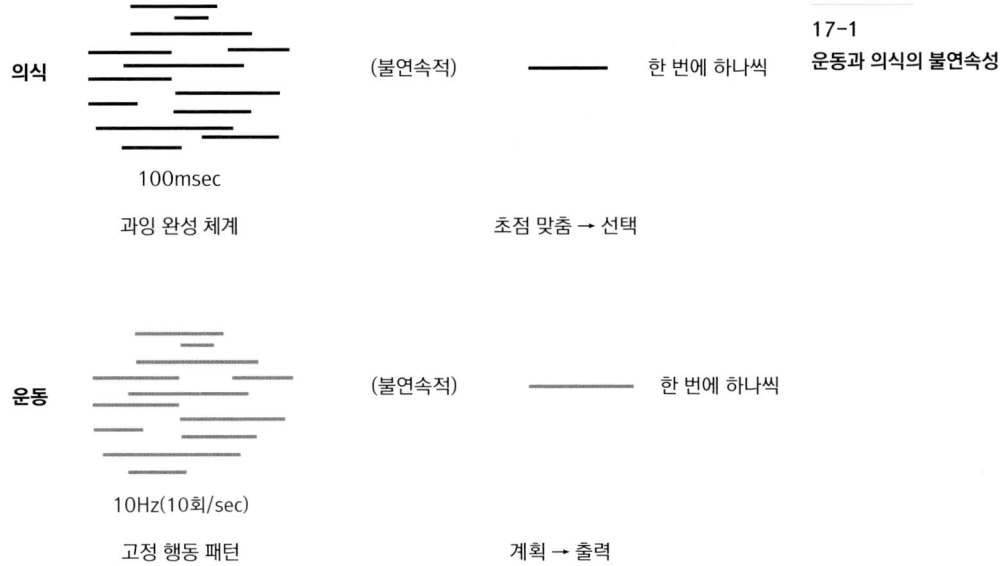

17-1
운동과 의식의 불연속성

곳에 확 모아져서 간단한 단위 운동들을 하죠. 예를 들면 일하다가 잠깐 일어서서 옆의 동료를 찾아갔다가 다시 돌아와서 다른 일을 하고, 그 일을 하다가 또 다른 일을 하고. 이렇게 반복되면서 무수하게 변형되는 운동, 그리고 한군데로 초점이 맞춰졌다가 흐려지고 다시 다른 일을 할 때 초점이 모였다가 흩어지는 의식. 근육도, 의식도 불연속적인 단위들의 순간적인 모임과 흩어짐이 연속되죠. 이나스는 이것을 이렇게 표현합니다.

그런 의미에서 생각해볼 때, 뇌는 어느 시점에서나 '오직 이 순간에 무엇을 아는 것이 중요한가'를 기초로 작용한다는 것이 분명하다. 실제로 선택의 여지가 없다. 뇌는 다른 것을 할 시간이 없다!

그림 17-1에 나타낸 것처럼 매 순간 초점이 모였다가 흩어지고 다시 모였다가 흩어지는 게 우리의 의식이라는 거죠. 한 가지 목적을 위해서 근육들이 모였다가 풀어지고 모였다가 풀어지는 운동도 마찬가지고요. 이나스의 말을 인용하면, 임무가 주어지고 목적 지향적인 일이 생겼을 때 "협동 근육을 소집하고 사용하고 바로 해산시키는 방식과 의식의 수준에서 상황에 따라 의식의 초점이 매번 재구성되는 방식은 하나이며 동일하다"는 겁니다. 여기서 "쉽게 해체되는 빠른 초점 재구성의 원동력"이 바로 예측입니다. 이나스는 말하죠.

> 운동과 인지를 위해 서로 다른 전략을 사용한다면, 그것은 이상한 뇌가 될 것이다.

근육과 신경이 만났을 때

《네이처》에 실렸던 원숭이의 시각 반응 실험을 봅시다. 원숭이가 눈으로 사과를 보고 손을 뻗어서 사과를 잡기까지 뇌 안에서 신경 펄스가 어떻게 진행되는지를 두개골을 열고 뇌에 탐침을 꽂아서 관찰했죠. 그림 17-2처럼 처음 20~40ms의 시간이 지나면 망막에 사과의 상이 맺힙니다. 당연히 이때는 의식에 떠오르지 않죠. 그다음 통과하는 것이 외측슬상체. 외측슬상체를 통해 후두의 1차 시각 영역 V1으로 갑니다. 그리고 V2 영역, V3 영역을 지나 V4 영역에 가서야 비로소 사과라는 형태가 프로세스를 거쳐 나타나죠. 의식에 떠오르는 겁니다. 적어도 70ms는 지나야 무엇이 있었다는 느낌이 생기는 거죠.

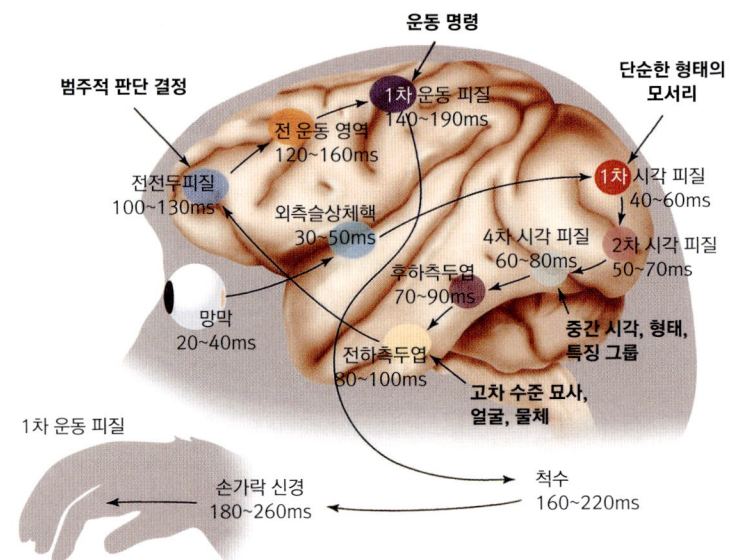

17-2
원숭이의 시각 입력에서 운동 출력까지의 과정

그제야 순간적으로 무언가 지각되죠.

　V4 영역을 지나서 후하측두엽, 전하측두엽쯤 가면 다중감각 연합 영역으로 들어가게 됩니다. 다중감각 영역까지 가서야 색깔과 모양이 결합하여 사과라는 것이 모두 인식되죠. 그러고 나서 전전두엽, 전 운동 영역을 차례로 거칩니다. 전 운동 영역으로 가는 것은 운동을 하기 위해서죠. 사과 쪽으로 손을 뻗기 전 단계로서 정확히 운동을 계획하는 겁니다. 어느 정도 손을 뻗쳐야 할지 등을요.

　그다음 190ms정도 지나면 1차 운동 영역으로 갑니다. 1차 운동 영역까지 간 신호는 멈춤 없이 뇌 한가운데를 거쳐 척수로 가서 척추를 타고 팔을 통해서 손으로 나갑니다. 그러니까 처음 자극이 들어간 지 250ms쯤 후에, 즉 4분의 1초쯤 후에 사과를 보고 손을 뻗게 되는 것이죠.

이렇게 운동 출력은 시각 프로세스를 종합해서 나옵니다. 측두엽에서 시각의 종합화가 이루어진 후 전전두엽에서 운동을 계획하죠. V1 영역에서 대뇌피질 전방으로 확산된 시각 프로세스는 최종적으로 1차 운동 영역에서 운동 출력을 위한 펄스를 발화해 척수로 가서 손을 움직이게 해줍니다. 척수까지 간 신호가 손가락 끝에 이르렀을 때, 손가락을 구성하고 있는 무수하게 많은 근육과 척수 전각에서 나온 신경이 만났을 때 드디어 근육세포의 운동이 출력되죠.

또한 척수의 피질척수로를 통해 내려간 운동신경 펄스로 우리 몸의 여러 근육이 움직입니다. 그래서 우리가 움직이는 생명체, 즉 동물이 되는 거고 단일한 운동성도 획득하죠. 그리고 척수에서 나온 신경 자극은 손가락뿐만 아니라 자율신경계를 통해서 모든 장기의 활동성을 조절합니다.

감각 입력이 뇌의 계산 결과로 운동 출력으로 최종 표출되는 곳은 우리 몸을 구성하고 있는 골격근이죠. 골격근을 형성하는 근육의 형태를 보면 이렇습니다. 근원섬유는 액틴 단백질 사슬에 미오신 단백질이 필라멘트 구조를 형성하여 서로 포개져서 수축합니다. 이러한 근원섬유가 다발로 모여서 근섬유를 구성하죠.

> 당신들을 이루는 세포들 자체가 우리 세균들이 10억 년 전에 발견한 낡은 기술을 똑같이 재현하는 세균체들이기 때문이다.

《조상 이야기》에서 도킨스가 한 이 말을 밑바닥에 놓고 근본적인 부분을 보면 좀 더 쉽게 이해할 수 있을 겁니다.

뼈에 근육이 붙어 있는 부분은 건$_{tendon}$이라고 하죠. 그 전체를 근외

17-3
근섬유와 근원섬유의 구조

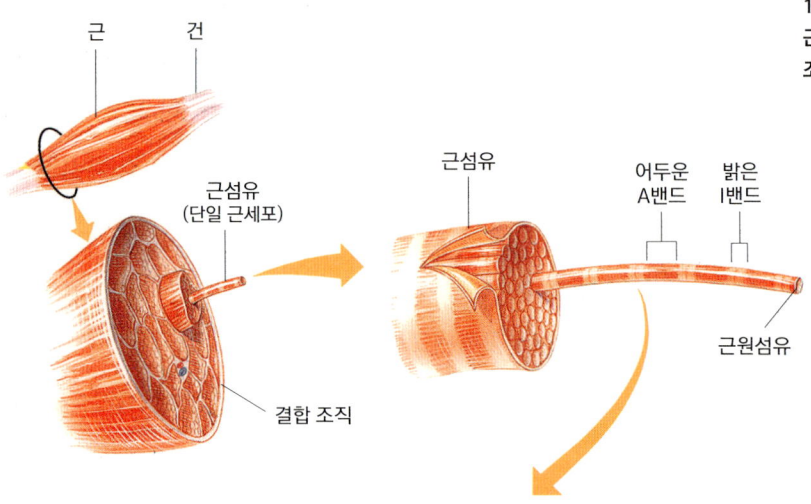

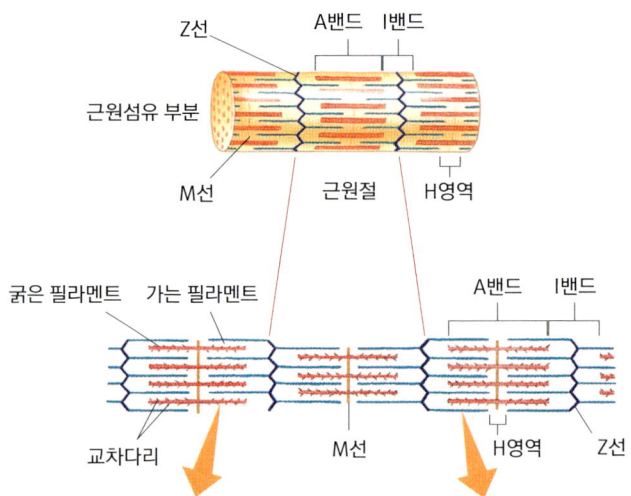

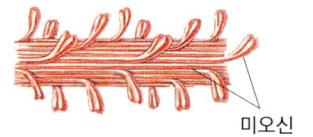
굵은 필라멘트

가는 필라멘트

막epimysium이 싸고 있고, 근육, 그 안에는 근내막endomysium, 근주막perimysium, 근속fascicle, 근섬유, 근원섬유가 있습니다.

근원섬유에서 일어나고 있는 운동 메커니즘을 살펴보죠. 운동신경세포가 근육세포와 시냅스를 하면 말단에서 신경전달물질인 아세틸콜린이 나옵니다. 거기에서 촉발된 칼슘이 근형질세막에서 근육세포 안으로 아주 짧은 시간에 급격히 분비되죠. 그러면 미오신 필라멘트 머리 부위가 액틴 필라멘트에 부착되어서 근육의 움직임이 일어나게 됩니다. 이 과정을 죽 추적해보면, 결국 척수에서 전각, 전각에서 운동신경세포, 운동신경세포에서 근육세포로 시냅스하고 있죠.

근육세포의 운동이 어떻게 생각으로 연결되는가

척수를 통해 신경 말단, 즉 근육으로까지 간 감각이 운동으로 출력되는 모습을 좀 더 구체적으로 들여다봅시다. 형광물질을 투여해 근육세포 안을 보면, 세포 골격들이 가득 차 있음을 알 수 있죠. 그렇죠. 근육세포 역시 세포입니다. 인간 몸을 구성하는 세포는 진핵세포죠. 진핵세포는 어떻게 구성됩니까? 우선 핵이 있고, 미세소관과 액틴 필라멘트, 미오신 단백질이 선형으로 연결된 무수히 많은 단백질 사슬이 있죠. 그리고 미토콘드리아, 소포체 등 세포 내 소기관들이 일정한 형태로 나열됩니다. 이렇게 될 때까지도 근육이라는 개념이 없습니다. 단지 세포 자체의 변형만 있을 뿐이죠.

그러다가 선형으로 연결된 액틴하고 그 가운데 있는 미오신, 두 단백질 사슬의 상호작용에 의해서 아주 강력하고 분주하게 보일 만큼 다이내믹한 운동성이 생깁니다. 미오신 머리 부위와 액틴의 작용에 의해 액틴과 미오신 결합체의 길이가 계속 변합니다. 즉 운동성이 생기는 거죠. 운동성은 모든 단세포가 본질적으로 가진 것입니다.

근육세포라는 것이 별다른 게 아니고 세포 내 골격, 즉 단백질 사슬들을 한 방향으로 모아서 다발로 만든, 움직임을 위해 특화된 세포라고 보면 됩니다. 운동성을 극대화하기 위해 한 방향으로 단백질 사슬들이 빽빽하게 연결된 것이죠. 세포 내부가 나란히 가지런하게 정렬된 단백질 사슬로 가득 찬 세포가 바로 근육세포입니다. 근육세포 내의 수많은 미토콘드리아와 핵은 액틴과 미오신 사슬에 밀려 한구석에 있죠. 물고기에서부터 도마뱀 등 다양한 동물들의 운동 양태를 봐도 상당히 일률적입니다. 골격근과 마찬가지로 내장근육 운동의 메커니즘도 액틴과 미오신의 상호작용으로 일어납니다.

여기서 세포가 또 다른 세포에 연접하면 운동성이 더 커지죠. 신경 축삭 말단이 단백질 사슬이 일렬로 배열된 세포와 접속했을 때 운동신경세포의 전기적 충격이 근육세포로 연결됩니다. 근육세포들은 근세포망, 즉 소포체에 싸여 있죠. 소포체 안은 세포질과는 달리 칼슘이 고농도로 농축되어 있습니다. 전기적 펄스의 작용으로 이 칼슘 이온들이 짧은 시간에 가지런히 배열된 단백질 속으로 방출되면 근세포에 어떤 현상이 일어나느냐? 단백질 사슬 사이의 상호작용이 가능해지죠. 세포가 동일한 방향으로 커졌다 작아졌다 하며 바이브레이션하게 되는 겁니다.

세포가 가진 운동성이 신경 펄스, 즉 전기적 펄스를 잘 만드는 세포와 접속해서 칼슘 성분을 세포질 내로 짧은 시간 동안 분출하고, 그 칼슘 성분에 의해 미오신 머리 부위의 결합 영역이 액틴 사슬에 결합합니다. 미오신 머리 부위가 액틴 사슬에 접촉할 수 있게끔 하는 거죠. 따라서 미오신 머리가 액틴 사슬에 결합하고 풀리는 일이 반복되면서 미오신 머리는 액틴 사슬 위로 수 나노미터만큼 움직일 수 있게 되죠(334쪽 17-4 그림 참고). 이것이 동물 운동의 메커니즘이죠.

근육의 움직임은 액틴 사슬과 미오신 사슬의 슬라이딩 동작이 연속되어 일어납니다. 액틴 사슬과 미오신 사슬이 양 손가락을 편 채로 깍지를 꼈다 푸는 것처럼 어긋나게 움직이며 포개지는 거죠. 우리 근육의 가장 세밀한 부분에서 이런 메커니즘이 작동되고 있습니다. 이것들이 포개졌을 때, 같은 방향으로 힘이 벡터적으로 모였을 때 근육의 수축을 볼 수 있는 겁니다. 전기적 신경 조절의 형태로 운동이 조절되기 시작하는 거죠.

세포성 운동의 다음 단계는 어떻게 되겠습니까? 이러한 신경세포들이 모인 곳이 어디죠? 척수죠. 척수를 통해 오랫동안 단세포가 가지고 있던 운동성이 신경세포와 연접하면서 척수신경으로 통합됩니다. 단세포의 운동성이 척수를 통해 조절되기 시작하는 것이죠. 척수는 뇌간과 변연계 그리고 마지막으로 대뇌피질과 연결되어 있죠. 결국 근육세포의 움직임은 척수신경을 통해 중앙화되는 겁니다. 진화적으로 생각은, 의식은 내면화된 운동이다! 이나스가 끊임없이 이렇게 이야기하죠.

내면화되어 올라가면 어떻게 됩니까? 척추동물이 만들어지는 거죠. 드디어 이러한 세포들의 운동성이 내면화되면서 척추동물이 출현합니다. 이 운동성이 척추동물에서는 어떻게 일어납니까? 척수가 있으면 척수와 연결된 대뇌가 있죠. 대뇌의 뒤쪽은 감각, 앞쪽은 운동이지 않습니까? 뇌 가운데 영역인 내측두엽은 기억에 할당됩니다. 척수를 통해 감각 자극이 들어가면 감각이 처리되면서 운동으로 넘어가죠. 운동을 계획하게 되는 겁니다. 그래서 감각 입력에 대한 반응으로 운동 출력이 나옵니다.

여기서 핵심은 감각-운동 이미지입니다. 결국 대뇌피질은 척수를 통해서 유입되는 감각-운동 신호를 처리하는 연합신경세포들의 거대한 연결망이죠. 감각-운동 이미지가 바로 마음과 동의어입니다. 등이 간지럽다고 합시다. 그것 하나하나는 확실한 감각-운동 이미지죠. 등의 넓은 부위 중 한 부위에서 자극이 왔을 때 우리는 끊임없이 움직입니다. 가려운 부분을 긁는, 피할 수 없는 감각-운동 이미지가 결국 마음이고, 순간적인 의식의 출현이죠.

근육을 움직이는 ATP 합성 머신

근육에서 우리가 이해해야 할 것은 액틴 필라멘트, 액틴과 머리가 양 방향으로 나 있는 미오신이 만나는 부위, 칼슘의 역할 등 세 가지입니다. 생명현상에서 중요한 원소 중 두 가지가 인(P)과 칼슘 2가 이온(Ca^{2+})입니다. 세포 내부의 기질과 세포 내 소기관에는 단백질이 많이 있죠. 그 단백질에 인산기(PO_4^{3-})가 붙는 것. 이것을 단백질의 인산화라고 합니다. 그러면 단백질이 활성화되어 움직이기 시작하죠. 단백질의 인산화는 세포 내 많은 생화학 작용의 출발점이 됩니다. 이러한 세포 내 단백질 작용의 긴 연쇄 과정을 '세포생화학의 패스웨이pathway'라 합니다.

근육 세포 기질과 근세포망에서 칼슘 농도는 거의 1만 배 이상 차이 납니다. 세포 안의 칼슘 농도가 굉장히 낮죠. 그런데 칼슘이 꼭 피해야 할 것이 인입니다. 칼슘하고 인이 같이 있으면 인산칼슘. 인산칼슘은 뼈의 성분이죠. 뼈는 딱딱한 고체 덩어리입니다. 생명은 유동流動, 끊임없이 움직이는 것인데 세포 내 인산과 칼슘이 만나면 딱딱하게 굳은 움직일 수 없는 세포가 되어버리는 것이죠.

그래서 이나스에 따르면, 세포 진화사에서 획기적인 사건 중 하나가 진화 초기에 인산과 칼슘을 분리하는 능력을 획득한 겁니다. 분리한 후 어떻게 되느냐? 분리된 칼슘을 세포 내에 있는 소포체에 가둬놓습니다. 엄청나게 많이 가둬두었다가 외부에서 전기적 펄스가 들어가면 세포질 내로 칼슘을 내보내는 거죠. 세포질 안에는 무엇이 있습니까? 액틴하고 미오신이 있죠. 칼슘이 들어감으로 해서 드디어 액틴과 미오신의 작용이 시작되는 것입니다. 칼슘이 없을 때는 액틴과 미오신의 슬라이딩 작업이 일어나지 않죠. 액틴과 미오신의 슬라이딩 메커니즘은 자세히 밝혀져 있습니다.

사슬로 꼬여 있는 액틴 분자들과 미오신이 만날 때 미오신의 머리 부분이 결합되어야 되는데, 칼슘이 없을 때는 안 됩니다. 다른 단백질 분자 사슬, 즉 트로포미오신tropomyosin이라는 수축 억제 단백질이 결합을 방해하기 때문이죠. 그러다가 세포질 내에 칼슘이 들어가면 칼슘이 트로포미오신 안에 있는 또 하나의 단백질인 트로포닌troponin과 결합합니다. 그러면 전체를 막고 있던 트로포미오신이 사슬을 움직여주죠. 비로소 액틴 필라멘트와 미오신 머리가 결합할 수 있는 겁니다.

결합을 한 후에야 ATP 분자가 미오신 머리에 가서 붙습니다. 그러면 ATP가 미오신 머리에서 ADP와 인산기로 가수분해되고, 분리된 인산기가 바깥으로 방출될 때 미오신 머리가 액틴과 결합되었던 곳에

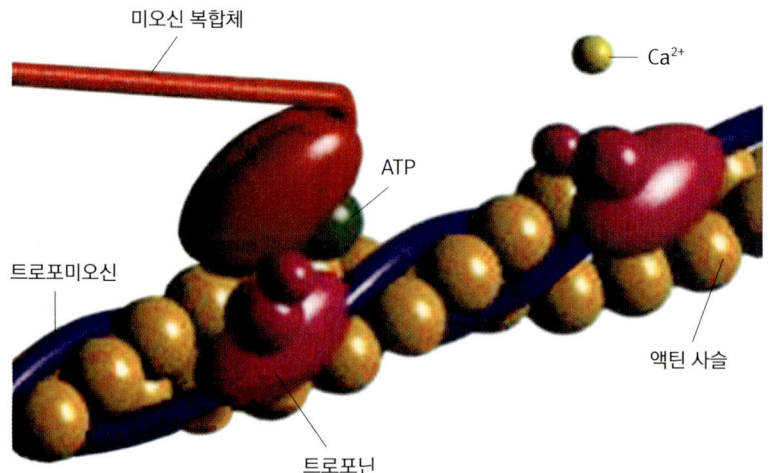

**17-4
근육세포 운동의 메커니즘**

근육세포질 안에 들어간 칼슘(노란색)이 트로포닌(자주색)과 결합하면 트로포미오신(파란색)이 움직이면서 액틴 필라멘트(주황색)와 미오신 머리(붉은색)가 합쳐진다. 이때 ATP 분자(초록색)가 미오신 머리에 붙으면서 ATP가 ADP와 인산기(PO_4^{3-})로 분리되어 인산기는 밖으로 밀려나 그다음 액틴 사슬로 이동하여 결합하면서 한 단계 움직여 나아간다.

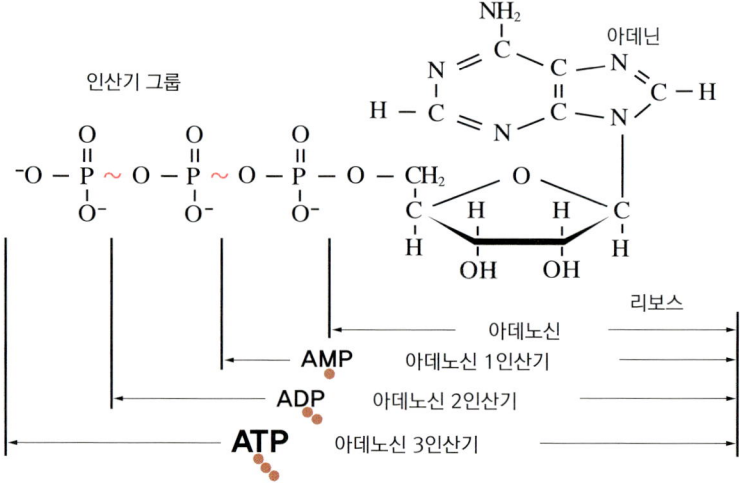

**17-5
ATP 분자구조**

ATP는 아데노신 3인산, 아데노신은 아데닌과 리보스가 결합된 것. ATP에서 인산기 하나가 떨어지면 ADP, 두 개가 떨어지면 AMP가 된다.

서 그다음 액틴 사슬로 이동하여 다시 액틴과 결합하게 되죠. 한 단계씩 수 나노미터 움직여가는 겁니다. 그제야 비로소 근육이 수축하기 시작합니다.

의식의 출현에 바탕이 되는 ATP 합성 메커니즘은 생명의 역사에서 거의 초기 단계에 만들어진 것입니다. 미토콘드리아 내막뿐만 아니라 식물 엽록체의 틸라코이드 막에도 있고 박테리아 세포막에도 ATP 합성효소가 무수히 있죠. ATP 합성 메커니즘이야말로 생명체가 만들어준 나노 머신들 중 가장 정교한 것입니다. 그리고 가장 먼저 생겼죠. 여러 가지 분석 장비를 가지고 ATP 구조를 최근에야 밝혀냈는데, 단세포 박테리아들은 이미 35억 년 전에 이렇게 복잡한 나노 머신을 만들었어요. 인류는 이제야 나노 테크놀로지를 이야기하는데 말이죠.

ATP 합성효소를 이해하면 DNA를 중심으로 생명현상을 보는 관점이 보완되고 더 확장될 수 있습니다. ATP 합성효소가 생명현상의 바탕을 이루는 기본적인 생화학 작용들을 만들어냈죠. 도킨스가 "모든 생물은 박테리아 세포막의 거품에 불과하다"는 이야기를 했습니다. 그것은 과장이 아니죠. 그래서 생명은 단세포 박테리아 이후로 그 본질에서는 한 발도 움직여본 적이 없다는 느낌이 들기까지 합니다.

ATP 합성 나노 머신이 동작하는 근본 원리는 무엇이냐? 간단히 말하면 양성자 펌프입니다. 양성자를 내막에서 외막으로, 기질 바깥으로 계속 퍼냅니다. 그리고 양성자가 기질 바깥에서 농축되면 막으로, 미토콘드리아 내막 안으로 확산해 들어오려고 하죠. 그 과정에서 ATP가 합성되는 겁니다.

지금까지도 인류가 흉내도 못 내는 ATP 합성 머신이야말로 빅뱅 초기에 생겼던 업 쿼크 두 개에 다운 쿼크 한 개로 이루어진 양성자를 그대로 쓰고 있습니다. 지금 우주에서 가장 흔하고 기본적인 입자인 양성자, 그 양성자가 바로 생체에너지 ATP 합성의 본질이죠.

도킨스의 《조상 이야기》를 읽다 보면 굉장히 다양한 이야기가 담겨 있는 것 같은데, 사실은 하나의 주제를 따라가는 겁니다. 바로 이거죠.

생명현상을 만드는 것은 세포의 무한한 춤이다.

끊임없이 무한히 변형하는 세포의 춤을 통해 다세포로 모이고 여러 가지 전자기적 현상으로 나타나는 것이 우리의 의식이죠. 세포의 춤을 가능하게 해준 것은 뭔가요? 그렇죠. 에너지의 변환입니다.

세포의 무한 변형에는 에너지가 필요합니다. 물질-에너지가 시공의 구조를 결정하듯이, 생체에너지 ATP가 세포의 구성 형태를 변화시켜줍니다. 그 에너지는 어디에서 나오나요? 미토콘드리아가 에너지 ATP를 합성할 수 있겠죠. 고에너지 전자를 함유한 피루브산을 만들어준 엽록체, 그 에너지를 받아서 운동성을 처음 발명해낸 것이 바로 세포 내 골격이죠. 그리고 이 모든 세포 내 구성요소는 바로 진핵세포에서 나타납니다.

하나의 주제에서 나오는 무한한 춤, 변주곡을 따라갈 필요는 없습니다. 너무 많죠. 변주곡이 나올 때마다 하나의 주제를 생각합시다. 세포라는 것. 생각, 의식을 알고 싶으면 세포를 공부하면 됩니다. 그 세포들 중에 연결과 소통을 전문으로 하는 세포가 바로 신경세포죠.

여기서도 신경이 중요한 게 아니고 세포에 주목해야 합니다. 세포라는 것이 더 중요합니다. 신경세포가 무수하게 많은 집합체, 이것이 대뇌죠. 대뇌의 작용으로 의식이 나왔습니다. 의식의 경로를 거슬러 올라가도 역시 그 바탕에 세포가 있습니다. 생명현상은 DNA와 ATP 합성효소라는 주제와 그 주제에서 나오는 세포의 무한 변용이라는 변주곡으로 이루어져 있는 겁니다.

18강 의식한다는 것, 뇌와 의식

뇌 과학자 수전 그린필드Susan Greenfield, 1950- 는 의식의 중요성을 이렇게 표현합니다.

> 의식은 마음에 생명을 부여한다. 신경과학자에게 의식은 궁극의 수수께끼이다. 의식이 무엇인지 서서히 드러나고 있으며 기대하던 해답이 어떤 것인지 조금씩 깨닫고 있는 중이다. 1970년대 이후로 놀라운 발전이 이룩되고 있다. 그러나 우리의 연구는 이제 막 시작되었을 뿐이다.

놀랍게도 1970년대에 들어서서야 뇌 과학의 궁극적인 목적인 의식이 연구되기 시작했습니다. 인류가 막 발을 디딘 미지의 영역인 거죠. 의식은 흔히 이야기하는 각성 상태라고 보면 됩니다. 언어가 통하는 상태, 수신된 언어를 이해할 수 있는 상태죠. 의식 작용에는 느낌이 있으며, 느낌의 좀 더 구체적인 형태는 감정입니다. 생각은 의식의 극히 일부이며, 언어가 매개된 구체적인 추론, 판단, 예측 영역에 작용하는 것이죠. 뇌 과학자들이 궁극적으로 알고 싶어하는 것은 의식입니다. 감각-운동 이미지에 이르는 신경세포의 연결망이 초래한 가장 놀라운 현상이 바로 이 의식이죠.

의식을 둘러싼 여러 접근

마음이 무엇이냐고 묻는 것은 뇌 과학에서 의식이 무엇이냐고 묻는 것과 같습니다. 마음, 즉 의식에 관한 과학으로 가는 도정에서 큰 획을 그은 몇 가지 이론을 보겠습니다.

우선 에덜먼의 뉴런 선택 이론neural selection theory. 나온 지 한참 되었지만 지금까지도 뇌 과학에서 가장 중요한 의식 이론으로 자리하고 있습니다. 이 이론을 내놓은 후 에덜먼은 네 권의 책을 썼고, 이를 통해 1차 의식과 고차 의식이 어떻게 출현했는가를 상세히 밝히고 있죠.

다마지오의 뇌 과학 이론도 있습니다. 의식보다는 감정과 느낌을 집요하게 분석하면서 기존의 이성적 뇌보다 감성적 뇌의 역할이 더 결정적임을 증명합니다.

그다음에 마투라나의 자가 생산autopoiesis. 철학적 개념이 담긴 생명에 관한 이야기입니다. 마투라나가 제자인 바렐라와 함께 주장한 것으로, 생명의 자가 생산과 인식 등에 새로운 시각을 제공합니다.

그리고 이나스의 뇌 모델. 신경세포인 뉴런에서 출발하여 다양한 운동에 관여하는 의식, 감각, 언어까지 설명합니다. 모든 것이 뉴런으로 수렴되는 운동 일원론이죠.

하버드 대학 수면센터 소장 앨런 홉슨Allan Hobson, 1933-2021의 꿈에 대한 이론. 꿈을 통해서 의식 작용을 유추해볼 수 있습니다. 1950년대부터 렘REM: Rapid eye movement 수면에 대한 연구들이 죽 진행되어왔는데, 1990년대부터는 앨런 홉슨이라든지 마크 솜즈 같은 사람들에 의해 꿈도 과학적으로 규명되고 있습니다.

좀 더 넓게 생물학 전체를 살펴보면, 진화론과 관련되어서는 도킨스의 밈meme 이론이 주목받고 있죠. 이 진화생물학 분야의 저술들을 보면 1975년에 나온 미국의 철학자 포더Jerry Alan Fodor, 1935-2017의 《Language of Thought(사고의 언어)》, 1976년에 출간된 도킨스의 《이기적 유전자The Selfish Gene》, 미국의 진화생물학자 스티븐 제이 굴드Stephen Jay Gould, 1941-2002의 《다윈 이후: 생물학 사상의 현대적 해석Ever Since Darwin》, 앞에서 세포 내 공생설과 세포의 진화를 이야기하며 여러 번 강조했던 린 마굴리스의 《Symbiosis and cell Evolution(공생과 세포 진화)》, 1987년에 출간된 에덜먼의 《Neural Darwinism(신경 다원주의)》이 있습니다. 그리고 1989년에 나온 앨런 홉슨의 꿈에 대한 이론 《The Dreaming Brain(꿈꾸는 뇌)》, 영국의 과학저술가 매트 리들리Matt Ridley, 1958-가 쓴 《붉은 여왕: 인간의 성과 진화에 숨겨진 비밀 The Red Queen》, 감정과 느낌에 대해서 집요하게 연구했던 다마지오의 《데카르트의 오류》, 《스피노자의 뇌》도 있죠. 1995년에 썼던 《데카르트의 오류》는 지금도 뇌 과학 책들에서 많이 인용됩니다. 감정이나 느낌을 공부하는 사람이라면 꼭 읽어야 하는 책이죠.

개리 마커스Gary Marcus, 1970-는 《마음이 태어나는 곳: 몇 개의 유전자에서 어떻게 복잡한 인간 정신이 태어나는가The Birth of the Mind》에서 유전자의 관점에서 학습과 의식을 밝혀내려고 하죠. 고고학 쪽에서 뇌에 대해 접근한 스티븐 미슨의 《마음의 역사》도 주목할 만합니다. 대칭의 경제학, 대칭의 철학, 대칭의 인류학을 펼치고 있는 일본의 철학자 나카자와 신이치中澤新一 이론의 기반이 된 책이죠. 나카자와 신이치는 《마음의 역사》에 나오는 '인식의 유동성'이란 개념을 전적으로 채택하고 있습니다. 그리고 월터 프리먼Walter Freeman 은 물리학을 바탕으로 카오스 이론 관점에서 의식을 연구하죠. 자신의 저서 《뇌의 마음: 당신의 마음은 어떻게 태어날까?How Brain Make up Their Minds》를 통해 특히 지향성 관점에서 의식의 출현을 잘 설명합니다.

이 가운데 의식에 대해서 가장 종합적으로 연구한 뇌 과학자는 에덜먼이죠. 의식을 1차 의식과 고차 의식으로 모델링하며 의식의 일반적인 속성을 정리했습니다.

- 의식의 상태는 일원적이고 통합적이며 뇌에 의해 구성된다.
- 의식의 상태는 다양한 감각 양식의 결합을 반영한다.
- 의식의 상태는 광범위한 내용의 지향성을 보여준다.

철학자들은 의식에서도 지향성을 많이 이야기하죠.

의식을 둘러싼 학계의 상황은 어떨까요? 1994년과 1996년에 애리조나 투손에서 의식학회가 열렸죠. 일본의 뇌 과학자 요로 다케시養老孟司가 이 학회에서 발표된 의식에 대한 다양한 학설들을 요약했습니다. 요로 다케시의 아홉 가지 분류에 따르면 이렇죠.

첫 번째, 현재 가장 큰 힘을 받고 있으며 많은 연구자가 속한 속칭 백의군단. 주로 신경과학자들인데, 주장하는 바는 아주 간단합니다.

"의식은 뇌의 산물이다. 그리고 신경과학적으로 접근해야 한다." 크릭, 처칠랜드, 에덜먼 등 이 책에 언급되는 대부분의 학자가 이 집단에 속합니다.

두 번째, 철학자 찰머스David John Chalmers, 1966- 등 하드 프라블럼Hard problem of consciousness, 즉 "문제는 어렵다"고 주장하는 파. "우리의 마음이란 무엇인가, 그것은 정확하게 어떤 것인가"가 문제라는 겁니다.

세 번째 학파는 "큰 문제 없다"고 주장하는 백의군단과 논리행동주의자들. 대니얼 데닛Daniel Clement Dennett, 1942-2024이 대표 주자죠. 데닛은 철학자인데도 뇌 과학자들보다 뇌 과학의 중요성을 더 집요하게 강조합니다.

네 번째로 인공지능주의자들과 인지학파들, 다섯 번째로 탄소중심주의자들과 창조적 계층 구조파들이 있습니다.

여섯 번째가 신비파. 신비파들이 주장하는 것이 이겁니다. "의식이라는 체험은 아직 잘 모른다. 알 수 없는 영역이다." 그렇지 않죠. 의식에 대해 점점 더 많은 것이 밝혀지고 있습니다.

일곱 번째가 꽤 오랫동안 주목받고 있는 양자신비파입니다. 영국의 수학자이며 물리학자인 펜로즈Roger Penrose, 1931-가 미세소관의 양자역학적quantum 바이브레이션이 의식의 가장 밑바탕에 깔려 있는 메커니즘이라고 주장하죠. 백의군단파와 뇌 신경학자들 대부분으로부터 비판을 받고 있습니다. 국내에도 소개된 《황제의 새 마음: 컴퓨터, 마음, 물리 법칙에 관하여The Emperor's New Mind》란 책에서 자세히 언급되었죠. 의식을 양자역학과 연결하려고 노력합니다.

여덟 번째가 명상파, 아홉 번째가 인문·민속심리파입니다. 인문·민속심리파가 일반적인 사람들이 대부분 속해 있는 부류죠. 요로 다케시가 이런 이야기를 합니다. "일본의 상황을 보면 명상파가 약간 있으며, 인문·민속심리파는 표면으로 드러난 것만 봐도 다수이다. 초능력파는 잠재적으로 굉장히 많다. 문과 계통의 인텔리들은 대부분 신비파에 속한다." 이 사람들은 비공식적인 자리에서 흔하게 들을 수 있는 그런 이야기들을 하는 거죠. 심리학 약간, 자기계발이나 종교적 신비주의 약간. 이런 것들을 섞어서요. 대부분의 사람이 근사하게 보이는 그들의 설명으로 의식에 대한 앎의 욕구를 만족시키고 있는 게 현실입니다.

여기서 다시 이야기하지만 이 책의 처음부터 끝까지 일관되게 흐르는 것은 신경과학 쪽에서 행한 과학적 실험의 결과와 과학적으로 발견된 사실입니다.

생각의 기본 조건

의식으로 나아가는 길에서 가장 주도적인 역할을 하고 있는 에덜먼. 의식에 대한 중요한 이론을 제공했죠. "나의 제안은 의식의 신경적 토대에 관한 제럴드 에덜먼의 관점, 즉 가치가 주입된 생물학적 자아의 인정과 중요한 특징을 같이한다. 그리고 에덜먼은 동시대 이론가 중 생물학적 체계라는 근본적인 가치에 의식을 일치시켜온 독보적인 존재다"라고 다마지오가 《데카르트의 오류》라는 책에서 에덜먼을 평하기도 했습니다.

에덜먼에 따르면, 의식의 출현은 생각의 출현과 같습니다. 에덜먼은 의식의 출현에는 세 가지 조건이 바탕이 된다고 말합니다.

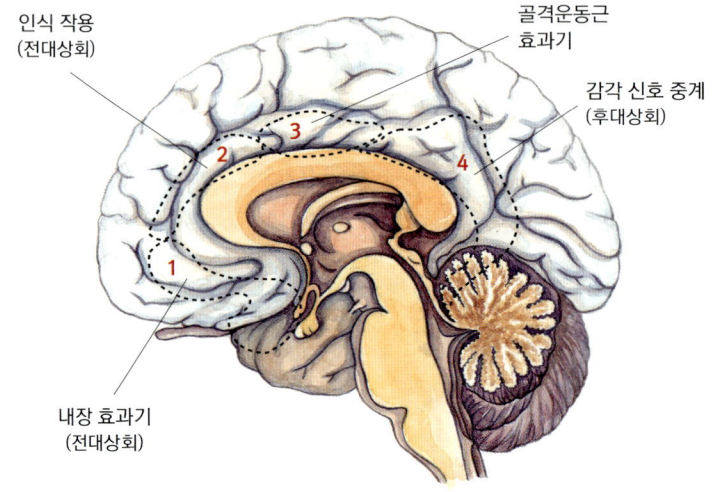

18-1
대상회의 기능 구분

1번 부위는 내장하고 관련이 있는 전대상회, 2번 부위는 인식 작용을 하는 전대상회, 3번이 골격근 운동과 연관되는 부위, 4번 부위 후대상회는 감각을 연결해준다. 후대상회는 꿈과 관련이 있는데, 꿈꾸는 동안에 연결되지 않는다.

 첫 번째는 새로운 피질 시스템의 진화입니다. 시상과 신피질이 발달해야 하는 것이죠. 두 번째는 가치-범주 기억이 발달해야 한다는 겁니다. 다시 말하면 가치에 물든 기억, 가치에 의해서 범주화된 기억 시스템이 형성되어야 한다는 거죠. 세 번째는 첫 번째 조건과 두 번째 조건이 서로 연결되어야 한다는 겁니다. 외부 자극을 처리하기 위해 급격히 진화한 시상-피질 시스템과 본능을 처리하는 내부 항상계인 뇌간-변연 시스템(가치에 물든 범주 기억)이 연결되면서 세 가지 조건을 모두 만족해야 에덜먼의 이야기처럼 장면이 출현하는 거죠.

 생각이 도대체 뭐죠? 의식이라는 것은 또 무엇입니까? 그렇죠. 하나의 온전한 덩어리로서의 장면이 떠오르는 것이죠. 오늘 아침 시간을 생각해봅시다. 아침을 먹으면서 가족이 이야기했던 것, 음식 냄새, 출근 준비하면서 일어났던 분주함……. 이런 움직임, 느낌, 생각이 인과관계로 엮여 하나의 덩어리로 떠오르지 않습니까? 응집력 있는 장면을 만들죠. 응집력 있는 장면이 생각나는 것, 외부 환경을 감각 입력 신호로 받아들여 하나의 인과로 연결된 장면을 구성할 수 있는 능력. 이것이 바로 1차 의식이죠.

그런데 장면은 말 그대로 하나로 고정된 것입니다. 시간상으로 흐르는 것이 아니고 한 장의 스냅사진 같은 거죠. 여기서 고차 의식으로 가면 장면에 시간이 도입됩니다. 장면들이 연속적으로 흐르게 되는 거죠. 스냅사진들을 계속 연결해서 하나의 드라마를 만드는 겁니다. 내면의 흐름은 장면의 연속이 계속되는 것입니다. 이 내면적 의식의 흐름이 바로 고차 의식입니다. 고차 의식은 브로카와 베르니케 영역을 중심으로 생성되는 언어가 출현하면서 비로소 가능해진 인간의 능력이죠.

다시, 의식의 상태가 무엇이냐? 한마디로 말해 말이 가능한 상태죠. 말을 듣고 말을 하고 말을 통해서 커뮤니케이션할 수 있는 상태, 언어를 매개로 여러 장면이 인과적으로 연계된, 즉 맥락을 갖는 단일한 내적 이미지의 흐름이 생성되는 것. 이것이 바로 의식의 핵심입니다.

생각의 1단계: 시상-피질계의 진화

앞의 9-2 뇌 전체 연결망 도표와 에덜먼의 모델을 연결시켜 생각이 어떻게 출현했는지 정리해보겠습니다.

생각이 출현하려면 시상-피질계가 먼저 진화되어야 하죠. 시상-피질계가 무엇이냐? 우선 대표적인 피질계는 9-2 도표에서 오른쪽 위 파란 상자로 묶인 부분입니다. 운동을 계획하는 전두엽이죠. 그리고 하얀 상자로 표시된 것들이 시상입니다. 시상의 중요성은 몇 번을 강조해도 부족합니다. 이 도표에도 시상이 열두 개의 구성 영역으로 나뉘어 뇌 전체 연결망에 들어가 있죠. 3cm 정도밖에 안 되는 이것이 감각을 대뇌피질로 중계하는 역할을 합니다. 많은 상행 섬유다발이 시상을 통과해서 피질로 가고 있죠. 급격하게 진화한 피질과 시상 사이에 강력한 연결망이 형성되는 겁니다. 뇌 전체를 통틀어 시상에서 피질로 가는 정보의 양이 가장 많습니다.

전두엽하고 시상이 죽 연결되어 있죠. 이러한 시상의 일부에 시상침이 있으며, 시상침 아래 감각 중계핵이 있습니다. 외측슬상체는 시각, 내측슬상체는 청각, 배쪽후외핵은 체감각을 매개해주죠. 참고로 시상의 껍질 부위에 있는 것이 그물핵인데, 억제 신호를 내어 시상 특수핵의 활동을 제어합니다.

9-2 도표에서 주의 깊게 보아야 할 것이 의식의 각성을 일으키는 신경조절물질인 아세틸콜린입니다. 의식에 결정적인 신경조절물질 하나를 꼽아본다면 아세틸콜린이 틀림없다고들 할 정도로 중요하며, 꿈에서 시각적 이미지 흐름을 생성하기도 합니다.

아세틸콜린과 의식이 어떤 식으로 관계되어 있느냐? 전두엽에서 끝나는 굵은 점선의 출발점은 시상의 수질판내핵입니다. 대뇌기저핵 아래 대뇌각교뇌핵에서 나온 아세틸콜린에 자극받은 부위죠. 시상 가운데 안쪽에 있으며, 의식에 관한 대부분의 책에서 언급할 정도로 중요한 곳입니다. 수질은 신경섬유다발로 구성되어 있으며, 주로 신경세포체로 된 피질에서 나온 축삭 다발이죠. 수질판내핵이란 판 형태로 된 수질 내부에 신경세포체로 구성된 핵이라는 뜻입니다. 여기서 아세틸콜린과 관계하여 주의 집중 시스템이 만들어지고 이것이 감각 영역 전체, 피질 영역 전체로 죽 연결되어 작동하게 되죠. 9-2 도표에서 점선으로 연결된 것이 주의 집중 시스템입니다. 또한 수질판내핵은 거대한 뇌에서 한두 부위만 건드려도 의식을 완전히 사라지게 만들 수 있는 부위 중 하나입니다. 뇌간 쪽을 건드려도 마찬가지죠.

생각의 2단계: 가치-범주 기억의 발달

생각의 출현의 두 번째 조건이 가치-범주 기억입니다. 기억의 생성은 해마가 담당한다고 했죠. 9-2 도표를 보면 해마방회, 해마, CA3, CA1, 해마지대 등 해마를 중심으로 한 해마 시스템이 있습니다. 이 해마 시스템은 내측두엽 쪽에 있죠.

내측두엽에서 유명한 게 뭡니까? 파페츠회로죠. 파페츠가 감정의 회로라 규명했던 그 회로를 다시 한번 따라가보겠습니다. 해마, 유두체에서 시상전핵, 시상전핵에서 대상회, 대상회에서 해마방회. 이렇게 루프를 그리고 있죠. 루프를 돌며 기억을 만듭니다. 시각, 청각, 체감각의 연합 감각들이 들어가서 대상회를 매개로 하여 해마로 가면 기억이 형성되는 거죠.

대상회는 18-1 그림에서도 알 수 있듯이 뇌량 주변을 띠처럼 둘러싼 대뇌피질의 한 부분이죠. 대상회에는 전대상회와 후대상회가 있습니다. 앞쪽의 전대상회는 내장하고 관계가 있죠. 내장과 연결된 내장 자율 중추 같은 것들이 느낌의 기반을 형성하고 있습니다. 후대상회는 주로 감각 신호를 피질에 전달해주는 역할을 합니다. 9-2 도표를 봐도 전대상회는 전두엽 쪽과, 후대상회는 감각 피질과 연결되어 있습니다. 대상회의 중간 부위는 골격운동과 관계되어 있죠.

가치-범주 기억에서 기억은 해마 시스템과 관련 있습니다. 가치가 뭐죠? 욕구, 욕망에 의해서 추진되는 도파민 시스템이죠. 9-2 도표 중간 부분의 중뇌 배쪽피개 영역과 대뇌기저부 배쪽창백 쪽의 중격의지핵(측좌핵) 영역에서 도파민이 생성되며, 도파민이 굉장히 많이 나오는 중뇌피개 영역과 해마가 연결되어 있습니다. 중뇌 배쪽피개 영역, 도파민 시스템, 대뇌기저부 중격의지핵과 기억 시스템. 이것들에 의해 가치에 물든 기억이 나오는 거죠. 중격의지핵은 쥐에게 전기 자극을 주었을 때 버튼을 계속 눌렀다는, 쾌감을 자극하는 부위죠. 쾌감의 도파민이 주로 관련된 시스템과 기억 시스템이 바로 가치-범주 시스템입니다.

생각의 3단계: 시상-피질계와 뇌간-변연계의 진화적 연결

에덜먼은 말하죠. "의식이 어떻게 진화해왔는지 이해하는 데 가장 중요한 두 가지 신경 시스템이 있다. 이 두 시스템의 조직은 상당히 다르다."

여기서 두 시스템 중 하나가 가치-범주 기억을 만드는 뇌간-변연계, 즉 쾌락계 hedonic value system 입니다. 우리는 배고픔, 성적인 것, 갈증 해소 등을 계속 추구하면서 살아갑니다. 자기가 좋아하는 것, 추구하는 뭔가가 있어야 생존할 수 있죠. 그것을 가능하게 하는 것이 뇌간-변연계입니다. 신체 기능을 돌보는 시스템이라 진화적으로도 먼저 발달되었죠.

두 번째는 시상-피질계. 뇌간-변연계가 만들어진 후에 개발된 것입니다. 시상과 피질을 한 덩어리로 말합니다. 시상-피질계는 시각, 청각, 주로 체감각 등 외부에서 들어가는 신속하게 변화하는 세계상을 처리하기 위해 만들어진 겁니다. 즉 숌즈가 말하는 '의식의 내용'을 만들어내는 거죠. 감각 수용판에서 신호를 받아들이고 수의근으로 신호를 보내는 방식으로 진화했죠. 두 시스템은 따로 떨어져 있는 게 아니며 동시에 작용하고 있습니다.

이 두 시스템이 진화적으로 연결되어 있다고 에덜먼은 끊임없이 말하죠. 이것이 바로 1차 의식입니다.

에덜먼의 이론으로 지금까지의 이야기를 정리해보죠.

> 지각 범주화 시스템과 달리 개념적 기억계는 뇌간-변연 가치계의 요구에 따라 지각 범주화를 수행하는 서로 다른 뇌 시스템의 반응들을 몇 가지로 분류할 수 있다. 그리고 가치-범주 기억은 시상-피질계와 뇌간-변연계 사이의 상호작용에 의해 개념적 반응이 일어나게 만든다. 그다음에 이러한 시상-피질계와 뇌간-변연계의 지속적인 재입력 신호를 허용한다.

개념적 반응이 바로 개념의 범주화죠. 그리고 재입력이 생각의 세 번째 조건입니다. 이것까지 전부 작동해서 1차 의식이 생성되죠.

1차 의식만 가진 동물들은 진행 중인 장면과 지각 활동을 연결시키지 못하죠. 개나 고양이하고 인간을 비교해보세요. 1차 의식이 있는 개나 고양이는 먹이를 추적할 때 그것만 보죠. 그런데 우리는 다르지 않습니까? 어떤 목적을 향해 가더라도 종합적인 상황 속에서, 즉 사건의 맥락 속에서 끊임없이 장면의 연속이 뇌 안에서 생성됩니다.

동물들의 뇌 프로세스는 포인트 투 포인트, 즉 점 대 점입니다. 외부 환경 자극과 반응이 일대일로 직접 연결되어 있죠. 기억된 현재들만이 매 순간 행동의 참조점이 됩니다. 강렬한 현재성이 바로 동물들, 특히 야생동물들의 가장 중요한 특징입니다. 시간이 흘러가지 않고 정지해 있는 단순하면서도 절박한 현재성 말이죠. 현재라는 압제에 묶여 있는 상태입니다.

그런데 인간의 경우에는 하나의 감각 입력이 뇌의 기억망을 자극하여 하나의 장면을 생성합니다. 의식이 주의 집중의 대상을 바꾸어갈 때마다 내면에서 장면들이 생성되죠. 많은 기억의 덩어리가 얽혀 있는 복합적인 고차 의식의 장면들이요. 이때 한 가지 생각에서 다른 생각으로 이동하면서 계속 다른 장면들이 이어지지 않습니까? 의미 있는 맥락으로 연결되는 거죠. 기억된 현재밖에 없는 1차 의식의 동물들과 언어를 매개로 하여 시간상으로 흐르는 고차 의식의 인간. 인간은 다른 동물들과 이 점에서 큰 차이가 있습니다.

우리의 의식이 시간상으로 흐를 수 있는 이유가 또 하나 있죠. '뇌의 채워 넣기'라는 것인데, 뇌를 이해하는 데 중요한 용어 중 하나입니다. 신경과학자 크리스토프 코흐Christof Koch, 1956~의 이야기를 빌려 설명해보겠습니다.

우리의 눈은 하루에 10만 번 정도 심장이 뛰는 횟수만큼 안구 도약을 합니다. 시선의 초점이 계속 움직여가는 것이죠. 안구 도약이 한 점에서 다른 점으로 옮겨가면서 스위칭하는 시간은 120~130ms 정도 됩니다. 120ms 곱하기 10만 번 하면 굉장한 시간인 거죠.

안구 도약으로 우리 눈이 이동하는 동안에는 시각이 일시적으로 차단됩니다. 그래서 저 바깥세상이 몇 분의 1초마다 제멋대로 흐려지고 날뛰는 느낌을 받지 않는 겁니다. 시각이 단순히 외부 환경을 기계적으로 수신한다면 짧은 순간 시각의 깜빡임을 느껴야 하는데 그렇지 않고 세계상이 온전하죠. 뇌에서 단절된 순간을 채워 넣기 때문에 가능한 겁니다. 안구 도약 간 통합 기제가 안구 도약 직전과 직후의 영상을 바탕으로 시각의 빈 구멍을 없애는 거죠.

일상을 구성하는 활동사진 중에서 하루에 눈을 깜박이는 동안 잃어버린 조각들만 모아도 자그마치 한 시간 반이나 된다고 합니다. 그런데도 안구가 움직이는 동안 상이 단절되는 한 시간 반 사이에 아무 문제도 일어나지 않죠. 왜냐? 불연속적이고 튀는 순간에도 우리 뇌가 스스로 전후 맥락을 참고하여 자극 입력이 중단된 부분을 가능성 높은 정보로 계속 채워 넣기 때문이죠.

감각 입력을 받아들여 전두엽에서 운동 출력을 계획하고, 대뇌기저핵에서 운동을 선택하고, 소뇌에서 운동의 타이밍을 맞춰주는 것. 이것이 뇌 전체의 동작 양식입니다. 결국 이것은 다섯 가지 운동 출력을 만들어내기 위해서 존재하는 것이죠. 다섯 가지 운동 출력이 뭐죠? 교뇌의 그물체에서 나가는 그물척수로, 교뇌의 전정핵에서 척수로 내려가는 전정척수로, 중뇌 상구와 하구에서 척수로 나가는 시개척수로, 중뇌 적핵에서 척수로 내려가는 적핵척수로, 운동 피질에서 척수를 타고 내려가는 피질척수로죠.

뇌 전체의 흐름, 의식의 출현에서 중요한 것이 전두엽과 시상, 즉 피질-시상계입니다. 여기서 전두엽이 시상하부와 연결되어 있다는 것이 중요합니다. 시상하부는 자율 중추 조절의 중심으로, 신체 내부의 장기들을 교감신경, 부교감신경으로 조절합니다. 즉 시상하부는 우리 몸의 항상성을 유지해주는 가치계의 중심입니다. 그리고 전두엽, 특히 전전두엽에서 가치계의 요구에 따라 범주화된 감각 입력을 운동 출력으로 표출하기 위한 비교, 예측, 추론이 이루어지죠. 그 결과는 계속해서 운동 피질로 진행됩니다. 운동계와 본능 욕구를 실행하는 가치계가 함께 연결될 수 있는 부위가 바로 전두엽인 거죠.

뇌 전체를 봤을 때 많은 영역이 서로 연결되었음을 알 수 있습니다. 우선 피질 전체가 서로 연결되어 있습니다. 거대한 감각 영역과 운동 영역이 피질-피질로 장거리로 죽 이어져 있죠. 그래서 중심열 뒤쪽의 감각 영역 신경 정보가 내측두엽의 기억 영역으로 모이고, 내측두엽에서 전두엽으로 가고, 전두엽에서 운동 영역으로 갑니다. 그 덕분에 의식의 시상-피질계와 가치-범주 기억의 뇌간-변연계가 진화적으로 재입력 신경 회로로 연결되어 1차 의식이 나타나는 겁니다.

다시 한번 강조하죠. 에델먼 이론의 핵심은 시상-피질계와 뇌간-변연계, 이 두 시스템이 진화적으로 만나서 1차 의식이 형성된다는 것입니다.

19강 꿈꾸다, 뇌와 꿈

수면은 일반적으로 서파徐波수면과 렘수면으로 이루어집니다. 깨어 있는 상태에서 맨 처음 잠으로 들어가는 서파수면은 네 단계로 나누어지죠. 그리고 이어지는 다섯 번째 상태가 렘수면입니다. 꿈의 대부분은 렘수면 상태에서 일어납니다. 물론 서파수면 상태에도 꿈이 보고되긴 합니다만, 꿈의 특징인 황당한 내용을 갖는 꿈은 렘수면에서 나타납니다.

어릴 때는 렘수면기가 성인보다 깁니다. 특히 갓난아기는 비렘수면과 렘수면의 비율이 거의 반반이죠. 그러다가 성인이 되면서 렘수면기가 점점 줄어들죠.

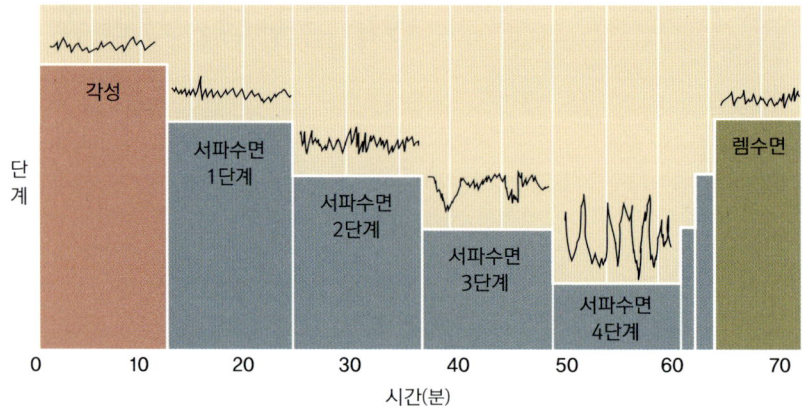

19-1
수면의 단계별 구분

네 단계의 서파수면에 꿈꾸는 렘수면이 이어진다.

꿈의 상행 활성화 시스템

렘수면이 발견된 1950년대에 꿈에 대한 연구가 획기적으로 진전되었습니다. 그후로 많이 지체되다가 1990년 무렵부터 여러 뇌 과학적 접근법이 나타나면서 꿈에 대한 연구가 활발해졌죠. 그 가운데서도 주도적인 역할을 한 사람이 하버드 대학 수면센터 소장인 앨런 홉슨입니다. 꿈에 대한 뇌 과학적 발견을 많이 했고, 특히 뇌간을 중심으로 하여 꿈이 어떻게 만들어지는가를 연구했죠. 신경조절물질과 꿈 사이의 관계를 과학적으로 밝히기도 했습니다. 그리고 프로이트의 학설과 많은 부분에서 상반되는 결과를 얻었죠. 학계에서도 많은 부분 받아들여지고 있으며 주류를 형성하고 있기도 합니다.

앨런 홉슨의 꿈 이론은 어디에서 출발하느냐? 교뇌입니다. 교뇌에서 신경조절물질을 분비하여 뇌 전체를 활성화하는 상행 활성계 activation system를 깨우죠.

19-2
연령별 수면기의 변화

성인이 되면서 렘수면의
길이가 점점 줄어든다.

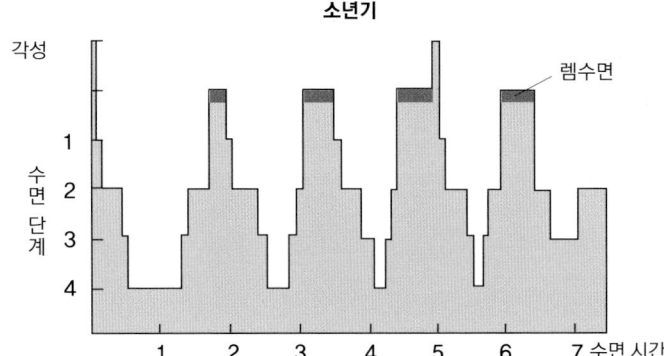

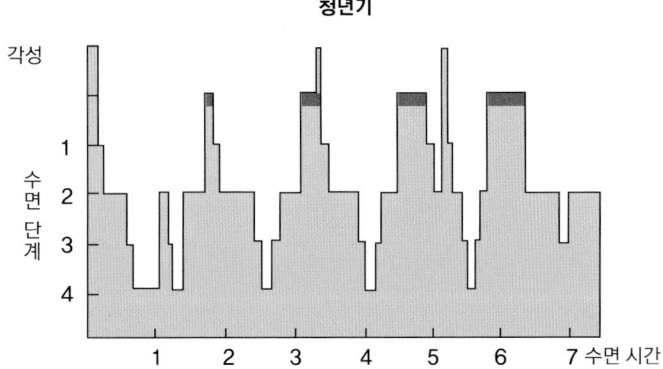

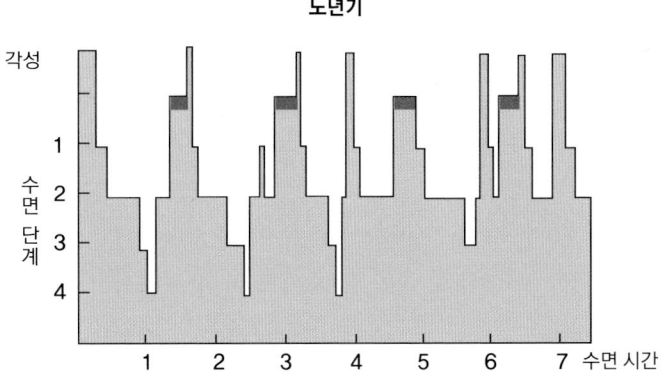

그다음에 올라가는 곳이 대뇌기저핵과 시상하부입니다. 대뇌기저핵은 무의식적 자동운동과 관련되어 있죠. 꿈에서도 마찬가지입니다. 전뇌기저핵의 마이네르트핵은 아세틸콜린이 가장 많이 분비되는 곳입니다.

대뇌기저핵은 꿈속에서 운동의 시작과 운동의 종료, 즉 하나의 운동 프로그램을 실행합니다. 꿈속에서 많이 등장하는 내용을 떠올려봅시다. 밤에 도둑이 들어왔다. 불이 났다. 곧 불이야 하고, 도둑이야 하고 소리치려고 하죠. 목소리가 입 밖으로 나가지 못하지만 계속 소리치려는 강박감이 있습니다. 여기서 소리 지르려는 순간이 핵심이죠. 운동이 막 활성화되고 있습니다. 이것이 대뇌기저핵의 역할이죠.

시상하부는 식욕, 성욕, 갈증 같은 본능적인 욕구를 다루죠. 말하자면 꿈은 본능에 의해서 진행되는 겁니다. 바로 프로이트 학설이죠. 앨런 홉슨의 학설에서 프로이트 학설과 접목되는 부분이 시상하부의 활성화에 의한 본능적 욕구 분출입니다. 이 점을 솜즈가 강조하죠.

그다음으로 올라가면 꽤 넓은 부위가 꿈에 관여하고 있습니다. 해마, 편도, 전대상회 그리고 해마방회. 여기서 벌써 짐작할 수 있죠. 내측두엽의 기억 관련 부위와 관계되어 있습니다. 꿈에서 기억을 많이 불러오죠. 게다가 편도하고 전대상회가 관여하면 감정이 채색됩니다.

꿈의 중요한 특징 중 하나가 정서적 현저성이라고 하죠. 꿈꾸다가 우는 사람이 많습니다. 보통 때 같으면 감정이 분출되지 않을 것도 꿈속에서는 마구 폭발하죠. 흔하죠. 울기도 하고 성내기도 하는 등 감정이 억제되지 않습니다. 편도와 전대상회의 강력한 작용 때문입니다. 그래서 꿈을 신경과학적으로 연구하는 많은 사람이 "꿈꾸는 중에 가장 활성화되는 것은 전대상회다"라고 이야기하기도 합니다.

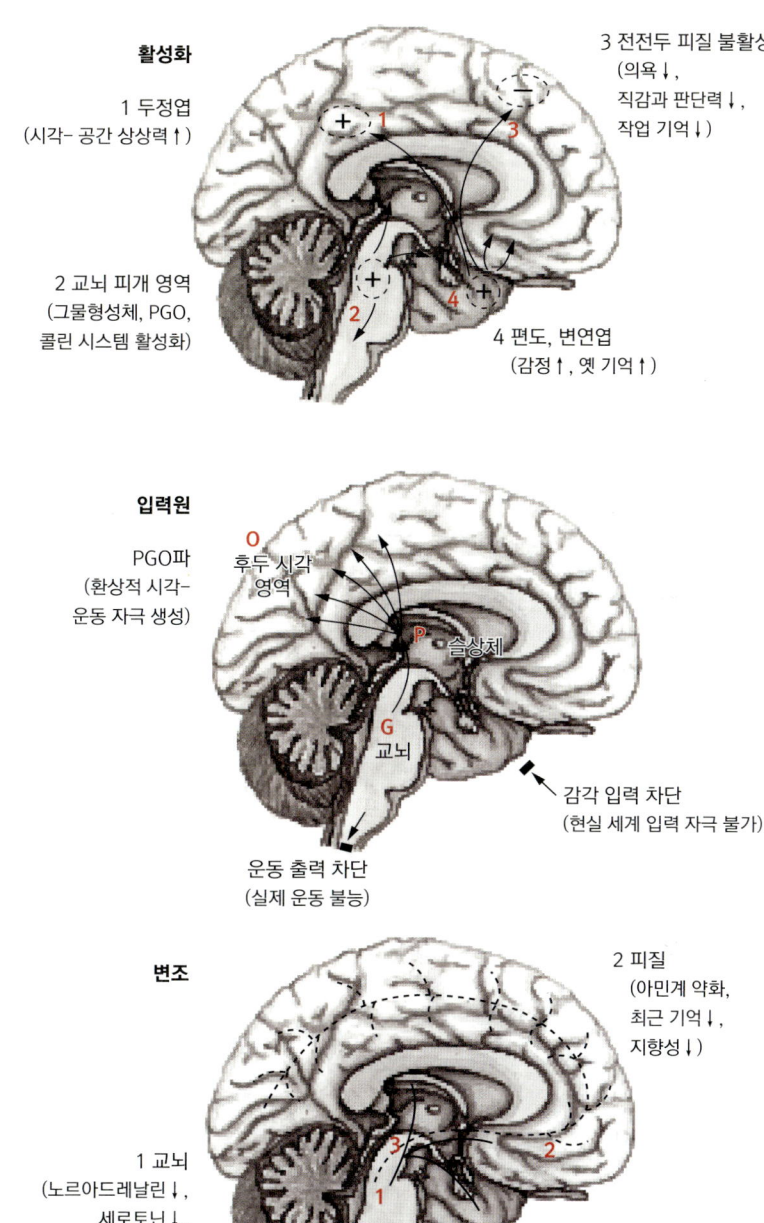

그다음 꿈과 관련된 부위가 시상, 특히 시상의 외측슬상체입니다. 꿈에서 주된 감각 입력은 시각입니다. 꿈은 대체로 시각으로 구성되어 있죠. 가만히 생각해보세요. 기억에 남는 꿈들을 회상해보면 대부분은 시각적 이미지죠. 언어도 거의 없습니다. 참 신기하죠. 숫자를 계산하는 일도 거의 없습니다. 꿈의 대부분은 황당할 정도로 과잉된 운동 동작으로 이어진 시각으로 만들어집니다. 그러한 과잉 연상의 시각 이미지가 저장되어 있는 창고가 어디죠? 그렇죠. 연합 시각 영역입니다.

꿈을 측정할 때 나타나는 것이 PGO$_{pons-geniculate-occipital}$파라는 펄스입니다. 교뇌, 시상, 연합 시각 영역. 이 세 영역이 강력하게 꿈속에서 활동하고 있다는 증거죠.

꿈꾸는 동안 강력하게 활성화되는 곳 중 하나가 하두정엽입니다. 하두정엽이 꿈에서 하는 일은 다양한 감각 신호를 공간상에서 종합하는 거죠. 꿈의 특징 중 하나가 공간상에서 놀라울 만큼 자유자재로 움직인다는 겁니다. 앨런 홉슨이 보고한 많은 꿈의 기록을 보면 그렇죠. 낙하산을 타고 땅으로 착륙하는 긴박한 상황에서 엉뚱하게 낙하산 줄을 잡고 암벽등반을 하듯이 위로 올라갑니다. 꿈 내용의 많은 부분이 공간상에서 일어나는 맥락 없는 기묘한 과잉 운동의 연속이죠.

소뇌도 꿈꾸는 동안 강력하게 활성화됩니다. 소뇌는 미세한 운동을 조절하죠. 하늘을 나는 꿈을 꿀 때 날갯짓을 하지 않습니까? 날갯짓을 하면서 스스로도 잠시 놀라죠. 그러면서 어, 되네, 날 수가 있네 하다가 계속 날아가면서 현실에서는 불가능한 이런 능력을 놀랍게 여기지 않죠.

꿈의 억제 시스템

꿈을 꿀 때 활성화되는 영역이 있는가 하면 억제되는 영역도 있습니다. 그 첫 번째가 배외측전전두엽입니다. 렘수면 동안 꿈을 꿀 때는 노르아드레날린과 세로토닌이 전두엽에서 거의 나오지 않죠.

꿈의 특징을 몇 가지 언급해보겠습니다. 인류가 꿈에 대해 공통적으로 느끼는 것이 무엇입니까? 첫 번째, 꿈속에서는 시간과 공간이 마구 뒤섞여 있죠. 순서대로 맥락에 맞게 나열되어 있지 않습니다. 꿈속의 장면을 떠올려봅시다. 공간하고 시간을 생각해보세요. 분명히 초등학교 운동장 같은데 모퉁이를 획 돌면 허름한 창고가 있고 시골 마을이 나타납니다. 공간이 섞여 있죠. 아무리 생각해도 초등학생 시절 여름방학 같은데 대학 시절 학기말 시험 장면이 나오는가 하면 순간적으로 직장 생활로 옮겨 가기도 하죠. 시간과 공간이 마구 섞여 있습니다.

두 번째 특징이 무엇이냐? 반성적 사고의 결핍입니다. 제가 잘 꾸는 꿈이 동전을 줍는 꿈입니다. 동전을 줍는데 바닥이 드러나지 않을 정도로 많아요. 땅을 팠더니 동전이 계속 나오네요. 동전을 자루에다가 마구 담으면서 처음에는 놀라죠. 하지만 땅을 파면 팔수록 돈이 계속 나오는데도 이거 이상하네 하는 생각을 안 해요. 깨어 있을 때는 그런 일이 일어날 수가 없죠. 낮 동안에 그러면 깜짝 놀라서 어떻게 이럴 수가 있느냐고 하며 논리적으로 상황을 이해하려고 여러 가지로 추론해볼 텐데, 꿈꾸는 동안에는 전혀 그렇지 않습니다. 반성적, 이성적, 논리적 사고가 진행되지 않기 때문이죠.

세 번째 특징은 꿈에서는 최근 기억을 거의 불러오지 않는다는 겁니다. 어렸을 적 기억 같은 장기 기억을 주로 불러오죠. 직장인이라면 직장에서 시간을 가장 많이 보내는데도 그런 상황, 그런 배경, 그런 분위기가 꿈에 거의 안 나타납니다. 일상의 일이 거의 나타나지 않는다는 게 참으로 놀랍죠. 또 외국 여행을 가서도 놀라운 것들을 많이 보고 오는데 그것들이 신기하게도 꿈에 잘 나타나지 않아요. 아주 예전 기억들은 꿈에 종종 되풀이해서 나오는데 말이죠.

이렇게 시공간이 뒤죽박죽이고 반성적 사고가 결핍된 근본적인 이유가 무엇이냐? 배외측전전두엽이 활성화되지 않아서죠. 배외측전전두엽이 하는 일이 뭡니까? 감각 기관, 기억 영역에서 들어가는 모든 정보를 비교, 예측, 판단하는 것이죠. 배외측전전두엽이 바로 작업 기억과 주의 집중 영역인 겁니다.

작업 기억은 현재의 입력을 처리합니다. 잠자는 동안에는 작업 기억이 동작하지 않고 동시에 주의 집중도 안 되죠. 꿈에서 계속되는 영상, 꿈속 드라마를 개인의 의지로 통제할 수 있습니까? 자각몽을 제외한 대부분의 꿈의 내용은 의식적으로 조절 불가능합니다. 주의가 분산되어 있고 끊임없이 흘러만 갑니다. 하지만 낮 동안에는 상황에 맞추어 생각이 모이고 선택되죠. 낮 동안은 주의 집중이 가능하기 때문에, 배외측전전두엽이 동작하기 때문에 우리가 원하는 대로 선택하여 집중할 수 있죠.

꿈꾸는 동안 봉쇄되는 것이 또 있습니다. 1차 운동 영역의 출력이 척수를 통해 운동 출력으로 나가는 것이 차단됩니다. 출력이 연결되어 있으면 우리가 움직여야 하는데, 그러니까 1차 운동 영역에서 신호가 척수로 내려가서 척수 전각에서 수의운동으로 출력되어야 하는데 뇌간에서 척수로 가는 신경 연결이 억제된 상태죠. 오프라인이 되

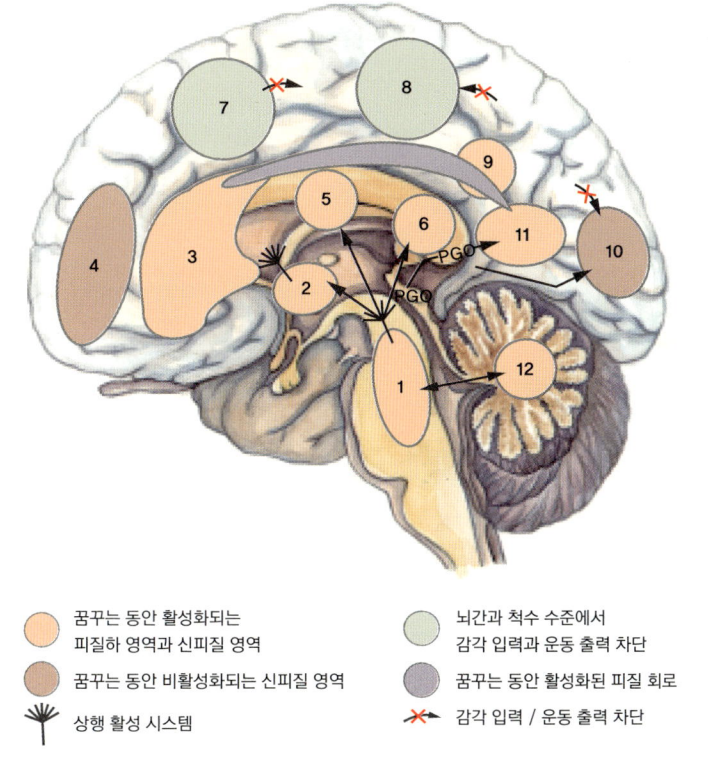

🟠 꿈꾸는 동안 활성화되는 피질하 영역과 신피질 영역	🟢 뇌간과 척수 수준에서 감각 입력과 운동 출력 차단
🟤 꿈꾸는 동안 비활성화되는 신피질 영역	⚪ 꿈꾸는 동안 활성화된 피질 회로
🌿 상행 활성 시스템	❌ 감각 입력 / 운동 출력 차단

19-4
앨런 홉슨의 꿈꾸는 동안의 뇌 작동 이론

1. 교뇌, 중뇌 상행 활성계 핵: 상행 활성계로 전뇌의 여러 영역 활성 / [꿈꿀 때] 의식, 교뇌-슬상체-후두 시각 신경계 운동 패턴(PGO파)
2. 간뇌 구조(시상하부, 전뇌기저부): 자율적, 본능적 피질 흥분 / [꿈꿀 때] 감정적 현저성, 본능적 요소
3. 전측 변연계(편도체, 전대상회, 해마방회, 해마, 내측전두엽): 자극의 감정적 표상, 목적 지향 행동, 운동 / [꿈꿀 때] 정서적 현저성, 운동성
4. 배외측전전두엽: 실행 기능, 논리, 계획 / [꿈꿀 때] 의지력, 논리, 지향성, 작업 기억 상실
5. 대뇌기저핵: 운동 행위 개시 / [꿈꿀 때] 가상적 운동의 시작
6. 시상핵: 감각 정보를 피질로 연결 / [꿈꿀 때] PGO 정보를 피질로 전달
7. 1차 운동 피질 & 8, 10. 감각피질: 감각 인식과 운동 명령 생성 / [꿈꿀 때] 감각-운동 환영
9. 하두정엽: 다양한 감각 양식의 공간적 통합 / [꿈꿀 때] 공간의 조직화
11. 연합 시각 피질: 이미지와 시각 인식의 고위 통합 / [꿈꿀 때] 시각적 환상
12. 소뇌: 운동의 미세 조절 / [꿈꿀 때] 가상적 운동

는 겁니다. 간혹 꿈의 내용이 운동으로 출력되는 경우가 있습니다. 바로 몽유병이죠.

또한 체감각과 청각 신호도 꿈꾸는 동안 차단됩니다. 이나스에 의하면 청각 신호가 시상까지 올라가도 시상에서 피질로 접속해주지 않죠. 진행 중인 꿈 자체의 맥락에 맞지 않는 입력 신호는 시상-피질계에 유입되지 않습니다. 조용한 방 안에서 눈 감고 누워 자는 동안에는 들리지도 않고 느껴지지도 않죠. 1차 시각 영역으로 들어가는 입력도 눈을 감았으니 당연히 차단됩니다.

앨런 홉스에 따르면, 꿈이란 정신분열증 상태와 유사하다고 합니다. 배외측전전두엽이 비활성 상태이므로 꿈의 내용이 지리멸렬하죠. 그러함에도 영상이 보이는 것은 꿈꾸는 동안 기억을 담당하는 해마, 편도 영역과 시각 연합 영역이 강하게 활동하기 때문입니다. 그래서 꿈꾸는 동안 시각 기억은 배외측전전두엽의 통제 없이 인출되어 시각 연상의 과잉이라는 특징을 갖죠. 꿈을 한번 생각해보세요. 다양한 시각 이미지들이 계속 흘러가고 있지 않습니까.

신경조절물질들이 만드는 꿈

꿈에는 독특한 특징이 있죠. 깨어 있으면서 활동할 때의 뇌파와 렘수면 상태일 때의 뇌파가 거의 같습니다. 놀랍죠. 그래서 꿈은 활발한 뇌의 활동이라고 하는 겁니다. 단 감각 입력과 운동 출력이 차단된 상태죠.

꿈을 이해하는 데 있어서 신경 화학적으로 중요한 것이 있습니다.

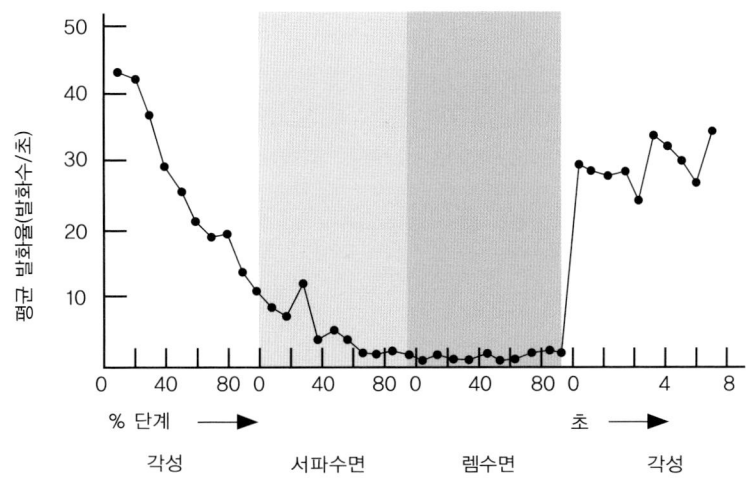

19-5 쥐의 수면-각성 시 세로토닌과 노르아드레날린 신경세포의 활동성

세로축을 세로토닌이나 노르아드레날린 신경세포의 발화율, 가로축을 시간이라 했을 때 각성 시에서 서파수면, 즉 비렘수면으로 가면 발화율이 거의 50% 줄어들고, 렘수면일 때는 0% 가까이 떨어진다.

꿈을 만드는 일은 세 가지 신경조절물질이 관여하고 있죠. 세로토닌, 노르아드레날린 그리고 아세틸콜린. 세로토닌과 노르아드레날린은 아민amine(암모니아에서 유도되는 질소를 포함한 알칼리성 유기화합물)계라고 합니다. 아세틸콜린은 콜린choline(활성 면에서 비타민과 관련된 질소를 포함한 인지질의 한 성분으로 세포막을 이루는 요소, 미생물과 고등동물의 필수 영양소, 물질대사와 신경 작용에 관여하는 성분)계라고 하는데, 이것이 바로 꿈을 만듭니다.

우리가 깨어 있을 때는 아세틸콜린, 노르아드레날린, 도파민, 세로토닌 같은 신경조절물질들이 균형을 이루죠. 그런데 꿈꾸는 동안에는 특이한 현상이 일어납니다. 19-5 그래프에서처럼 각성 시에 비해 서파수면, 즉 비렘non-REM수면일 때 세로토닌이나 노르아드레날린 같은 아민계 신경세포의 활동이 절반으로 줄어듭니다. 그러다가 렘수면일 때는 거의 나오지 않죠. 그래서 꿈의 내용을 기억할 수 없는 겁니다. 또다시 각성 상태가 되면 아민계 신경세포의 활동이 활발해지죠.

19-6
뇌간 신경세포에 의한 렘 수면 주기 조절

여기서 기억해야 할 것이 아민계 신경조절물질과 달리 아세틸콜린 수치는 오히려 렘수면일 때 높아진다는 겁니다. 하루의 꿈 주기 동안에 다섯 차례, 90분 정도 렘수면을 하는데, 이때 아세틸콜린이 분출되죠. 발화율이 높아집니다. 새벽에 가까워질수록 렘수면 시간이 길어지죠.

아세틸콜린이 가지고 오는 것이 뭡니까? 기억의 강한 인출이죠. 아세틸콜린은 기억하고 관련이 있습니다. 그래서 아세틸콜린이 분출되는 렘수면 상태에서 과거 기억들이 영상 이미지로 떠오르는 겁니다.

꿈의 진화사

꿈은 3억 년 전 어류의 원시 수면에서 시작되었다고 봅니다. 원시 수면, 즉 원시 상태의 수면은 대체로 세 단계로 구분됩니다.

1단계 원시 수면은 이런 것입니다. 어떤 물고기를 보면 쉬는 동안에 상당히 굳어져 있어요. 이 상태에서 꼬리를 툭 건드리면 이 물고기가 확 휘어지죠. 그리고 휘어진 상태로 있습니다.

19-7
꿈의 진화 과정

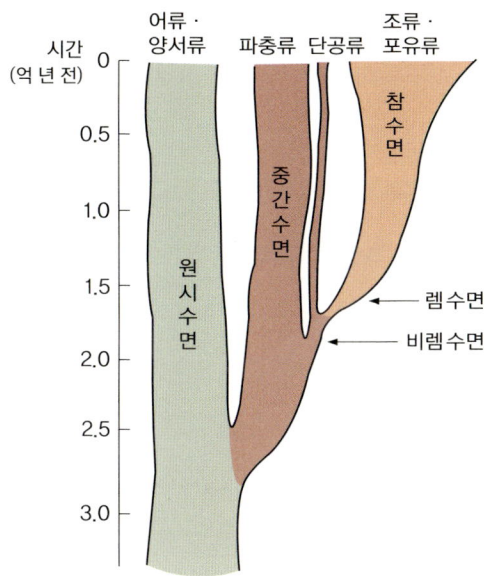

2단계 원시 수면은 통나무처럼 완전히 굳어진 것이죠. 그래서 밀거나 당겨도 통나무처럼 굳어진 상태 그대로 있습니다. 몸의 근육이 휴식을 취하고 있는 거죠.

3단계 원시 수면은 완전 이완입니다. 우리의 꿈이 3단계 수면과 관련 있습니다. 완전 이완 상태의 원시 수면에서 조류와 포유동물 등으로 진화하면서 1단계하고 2단계는 거의 사라졌어요. 이 3단계 완전 이완 상태가 비렘수면과 렘수면으로 발전했다고 보고 있습니다.

19-7 도표에서도 볼 수 있죠. 일본의 수면학자 이노우에 쇼지로井上昌次郎의 책 《수면과 뇌: 사람은 왜 자야 하는가》 중 수면과 진화 부분에 잘 설명되어 있습니다. 원시 수면은 약 3억 년 전에 어류에서 출현했습니다. 비렘수면에서 렘수면으로 가는 중간 단계에는 단공류單孔類인 바늘두더지와 오리너구리 등 원시포유동물이 있죠.

바늘두더지의 수면 상태는 많이 연구되고 있습니다. 여기서 중요한 것이 바늘두더지의 전두엽이 대뇌의 다른 피질 영역에 비해 굉장히 크다는 겁니다. 피질 전체에서 차지하는 비율이 큰 거죠. 수면을 진화적으로 연구하는 학자들에 따르면, 바늘두더지는 렘수면이 없어서 온라인 상태로 현장 학습을 해야 한다고 합니다. 그러니까 학습을 위해 렘수면의 역할을 전두엽이 맡는다는 거죠. 그래서 바늘두더지 뇌의 피질에서 전두엽이 많은 부분을 차지하고 있는 겁니다.

렘수면은 오프라인 상태에서 학습과 관련된 중요한 기능을 한다고 했죠. 깨어 있는 동안에 위험한 상황에 처했다고 해봅시다. 그러면 우리는 우선 위험을 피합니다. 그 자리에서 생명을 구하기 위해서 회피 동작을 하죠. 현장에서 각인된 기억을 떠올리며 안전한 장소에서 자기가 겪었던 위험 상황을 뇌의 연상 작용으로 재현해봅니다. 이것이 바로 렘수면이고, 시뮬레이션하는 것이 전두엽입니다.

어떤 학자는 렘수면이 없을 때 우리 인간 수준의 학습 능력을 가지려면 전두엽이 수레에 가득 실을 정도가 되어야 한답니다. 그 많은 생존 정보를 현장에서 바로 기억과 연결시키고 학습해야 하니 큰 수레에 실을 만큼 거대해져야 한다는 거죠.

꿈이 꿈일 수밖에 없는 이유

꿈에 대해서 요약해보죠. 꿈은 신경조절물질인 노르아드레날린과 세로토닌이 거의 분출되지 않는 상태에서 아세틸콜린이 두드러지게 나와 강력한 연상 작용을 일으켜 시각 연합 영역에 기억된 다양하고 오래된 기억들이 자유로이 인출되는 상황이죠. 이때 배외측전전두엽이 활성화되지 않아서 인출된 기억들이 시간과 공간상에 의미 있게 조합되지 않습니다. 그래서 아주 기괴하고 반성적 사고라는 게 없죠.

꿈에서 주로 나오는 것들은 시각 이미지죠. 80%가 넘습니다. 언어가 꿈에 나오는 일은 거의 없습니다. 언어라기보다 위급한 상황에서 분출되는 아주 짧은 외마디죠. 진화적으로 보면 시각의 역사는 5억 년이나 됩니다. 동물 시스템에서 굉장히 오랜 역사를 가지고 있죠. 하지만 우리가 언어를 사용한 것은 100만 년이나 될까요? 동물의 역사에서 시각이 지배한 시기가 굉장히 긴 만큼 꿈에서도 영향력이 큰 겁니다. 또한 해마와 편도, 전대상회가 강력하게 동작하여 과잉 감정으로 분출되죠. 그리고 꿈꾸는 동안 연합 시각 영역과 대뇌기저핵, 후두정엽이 활성화되어 과잉 운동성을 띤 시각 이미지가 꿈 내용의 대부분을 차지하게 되죠.

이와 연결하여, 꿈은 왜 꿈일 수밖에 없을까요? 다음 세 가지 질문에 대한 답으로 정리할 수 있겠습니다.

첫 번째, 꿈은 왜 강력한 감각 운동적 특성을 지니고 있는 것일까? 꿈에서는 어떤 서커스 선수보다도 더 기기묘묘한 운동을 할 수가 있죠. 심지어 날 수도 있습니다. 바다 속으로 들어가 마음대로 움직일 수도 있고요. 깨어 있는 동안에는 도저히 불가능한 운동들이 운동성 과잉이라 생각될 정도로 표출될 수 있다는 것이죠. 이것이 어떻게 가능하냐? 배외측전전두엽이 동작하지 않는 상태에서 대뇌기저핵과 소뇌가 활동할 경우 대뇌기저핵의 운동성이 마음껏 발휘되는 것이죠.

두 번째, 꿈속에서는 왜 자기 반성이 나타나지 않는가? 인간의 사고 과정은 대부분 은유를 사용하는 언어 체계와 관련됩니다. 깨어 있는 동안의 생각이란 주로 언어로 구성되어 있어서 우리는 많은 시간 동안 내면의 언어 형태로 생각을 만듭니다. 그러나 꿈속에서는 언어를 거의 사용하지 않아서 인과적으로 연계된 생각, 즉 반성적 사고가 나타나지 않죠.

세 번째, 꿈은 왜 그렇게 자주 잊히는 것일까? 꿈은 본질적으로, 진화적으로 잊혀야 합니다. 그러지 않으면 어떻게 되겠습니까? 꿈꿨던 것들이 잊히지 않고 깨어 있는 동안 그대로 표출되어버리면 생존하기가 힘들게 돼요. 꿈을 꾸고 난 후 짧은 순간에 기억이 떠오를 때도 있지만 아주 희미하게 사라져버리죠. 그럴 수밖에 없는 것이 깨어 있는 동안에 꿈이 계속 기억되면 이 영상이 바깥에서 들어온 입력인지 나의 내부에서 만들어진 영상인지 구별이 안 됩니다. 꿈이라는 내부 신호와 현재의 환경 입력 사이에서 구분을 못 하는 상태가 되어버리는 거죠.

이러한 상태가 무엇이냐? 정신분열증이죠. 생존에 위협적입니다. 꿈꾸는 동안 백만장자가 된 것을 사실로 믿고 깨어 있는 동안에 돈을 마음대로 써버린다고 합시다. 큰일 나죠. 꿈과 현실을 분리하는 것이 생물학적으로 중요하기 때문에 꿈은 기억나지 않도록 진화된 것입니다. 그게 가능한 것이 꿈을 꾸고 있을 때 노르아드레날린이 거의 분출되지 않아서 기억되지 않죠.

꿈은 정신분열증하고 유사하다고 했습니다. 앨런 홉슨은 이런 이야기를 합니다. 당신이 꿈꾼 대로 행동해보라. 그러면 가까운 친구가 당신을 보고 뭐라고 하겠느냐? 당연히 미친 사람이라고 하겠죠. 꿈은 말 그대로 미친 현상인 겁니다. 앨런 홉슨의 말에 따르면, 매일 밤 일어나는 일시적인 정신분열 상태인 거죠. 따라서 민간에서 흔한 꿈 해몽이라는 것이 별 의미가 없는 겁니다. 꿈은 정신분열 상태와 같고 넌센스라는 게 앨런 홉슨의 주장입니다.

지금까지의 꿈에 관한 이야기는 앨런 홉슨의 이론을 바탕으로 한 것입니다. 앨런 홉슨은 끊임없이 프로이트와 상반된 주장을 하죠. 뇌과학적으로 프로이트 학설이 퇴조하고 있지만 그래도 프로이트 이론 가운데 몇 가지는 여전히 유효하다고 주장하는 심리학자들도 있습니다. 대표적인 사람이 마크 솜즈죠. 2001년 미국에서 올해의 심리학자로 선정된 사람이고, 프로이트의 강력한 옹호자입니다. 솜즈의 책이 한 권 번역되어 나와 있습니다.《뇌와 내부세계: 신경 정신분석학 입문 The Brain and the Inner World: An Introduction to the Neuroscience of Subjective Experience》인데, 감정과 의식 그리고 꿈이 어떻게 형성되는가를 과학적으로 잘 설명한 책입니다.

앨런 홉슨의 입장과 솜즈의 입장을 종합하면서 꿈을 어떻게 봐야 하는지를 이야기하는《꿈꾸는 뇌의 비밀: 꿈의 신비를 밝혀내는 놀라운 꿈의 과학 The Mind at Night: The New Science of How and Why We Dream》이라는 책도 있습니다. 저자는 안드레아 록 Andrea Rock 이라는 저널리스트인데, 꿈에 대해서 집요하게 자료를 모으고 많은 학자를 인터뷰했죠. 특히 이 책은 꿈의 진화에 대한 내용이 풍부하며, 스탠퍼드 대학의 신경과학자 라버지 Stephen LaBerge 의 자각몽 이론을 자세히 소개해놓았습니다.

자각몽은 꿈꾸는 동안에 자기가 꿈을 꾸고 있음을 아는 것이죠. 여러 사람이 동시에 자각몽을 꾸는 실험을 할 수가 있답니다. 꿈을 통한 하나의 세상이 만들어지는 거죠. 라버지는 연구 초기에 자각몽을 뉴에이지적으로 접근한다고 해서 신빙성을 의심받았죠. 그러나 30년간 집요하게 연구한 결과 의식과 꿈, 현실 전체를 아우르는 새로운 이론으로 학계에서 주목받고 있습니다.

그리고 현실 세상과 꿈을 통한 세상이 뇌 과학적으로 봤을 때는 크게 구별되지 않는다는 최근의 꿈 이론도 있습니다. 이나스도 꿈과 현실 모두가 뇌가 만들어내는 가상 실제라는 관점에서 거의 동일하다고 하죠.

꿈과 현실이 우리가 생각하는 만큼 그렇게 구별이 될까요? 여기서 한 가지 말할 수 있는 건 지금까지 꿈하고 현실을 부당하게 비교해왔다는 겁니다. 꿈은 다 지나간 이야기인데 현실은 지금 일어나고 있지 않습니까? 꿈하고 현실을 시간상으로 시점을 맞추지 않고 비교해왔죠. 그러면 꿈하고 비교할 수 있는 게 뭐냐? 그야말로 옛날 옛적에 지나간 일들이죠. 지난 일은 비현실적이라는 점에서 꿈과 비슷하죠. 그래서 "꿈같은 옛 시절이여"라고들 읊조리는 말이 그 이상의 의미가 있는 겁니다.

20강 현실 너머를 깨닫다, 뇌와 초월의식

여러 가지 명상뿐만 아니라 종교적인 초월의식 역시 뇌 과학의 주요 연구 분야입니다. 이에 대해 여러 해석이 있지만, 앤드류 뉴버그 Andrew Newberg의 이론과 템플 그랜딘Temple Grandin의 사례를 중심으로 이야기해보겠습니다.

뇌 시스템에도 위계가 있다

영국의 신경학자 휼링스 잭슨Hughlings Jackson, 1835-1911은 뇌 전체 시스템의 기능에 대해 이렇게 말합니다.

높은 차원의 신경 시스템이 낮은 차원의 신경 시스템을 제어한다.

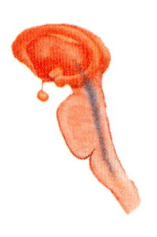 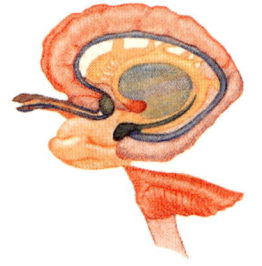 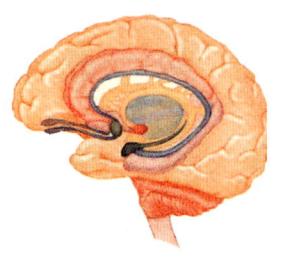

20-1
동물 뇌 시스템의 진화

본능의 파충류 뇌 　　기억과 감정의 고포유동물 뇌 　　통합적 사고의 신피질 뇌

　　전전두엽이 대상회나 그 밑에 있는 시상, 시상하부와 상호 연결되어 신호를 통합하죠. 그래서 높은 차원의 신경 시스템이 제 기능을 하지 못할 때 낮은 차원의 시스템의 동작이 드러나죠. 뇌 전체에 적용되는 기본적인 원리죠.

　　이를 염두에 두고 세 단계로 뇌의 시스템이 진화되어온 순서는 이렇습니다. 맨 처음 나타난 게 파충류 뇌reptilian brain죠. 뇌간을 중심으로 발달한 시스템입니다. 주로 호흡 작용이나 맥박 등과 관련되어 있죠. 그다음에 나타난 것이 고古포유동물의 뇌paleomammalian brain 입니다. 흔히 뇌의 삼위일체설(미국의 심리학자 폴 맥클린Paul MacLean이 인간의 뇌를 뇌간, 변연계, 대뇌피질 등 쉽게 식별 가능한 세 영역으로 나눌 수 있다고 주창한 것)을 이야기할 때 언급되는 감정을 생성하는 부위죠. 변연계를 중심으로 발달한, 원시포유동물이 갖고 있는 뇌입니다. 그리고 인간으로 진화하면서 대상회를 완전히 덮으며 신피질이 크게 발달하게 되죠.

　　휼링스 잭슨의 이야기처럼 뇌의 계층에서 맨 위를 차지하는 전두엽, 특히 배외측전전두엽이 외부 환경 변화의 패턴을 인식합니다. 그다음에 감정 입력과 기억에 관련된 변연계가 있고, 그 아래 자율신경을 총괄하는 자율 중추의 조절 중추인 시상하부가 있습니다. 다시 그 밑에는 뇌간을 중심으로 한 그물형성체가 있죠. 심장박동, 음식을 삼키는 것 등과 관련이 있습니다. 그다음으로 우리의 골격근과 내부 장기를 조절하는 척수신경계가 있죠. 이 가운데서 감정이나 느낌, 궁극적인 종교 현상인 초월의식까지 이해하는 데 관건이 되는 것이 변연계와 시상하부입니다.

인간 뇌 시스템의 위계

20-2 도표를 보면 대뇌피질하고 변연계가 시상하부와 연결되어 있습니다. 시상하부는 교감신경과 부교감신경의 중앙 통제소입니다. 시상하부는 전두엽과 직접 연결되어 몸 전체 자율신경의 본능적 신호들을 '~하고 싶다'는 의식으로 표현시킬 수 있죠. 시상하부 밑에는 뇌하수체라는 작은 구조물이 있습니다. "뇌하수체는 뇌 중의 뇌다"라고 이야기할 정도로 중요한 부위죠. 그다음에 교뇌가 있고 연수, 그리고 척수가 있습니다.

이 전체를 흔히 깔때기 모형으로 설명합니다. 전두엽하고 변연계에 있는 모든 정보가 깔때기를 통해 시상하부로 모이고, 그렇게 모여 응집된 정보들이 행동으로 나온다는 거죠. 감정이든 초월 현상이든 최종적으로는 강력한 행동으로 표출됩니다. 이런 것들이 시상하부와 직접 관련되어 있죠.

여기서 전두엽, 특히 전전두엽은 인간을 인간답게 만들어주는 영역

20-2
인간 뇌 시스템의 위계와 연결 양상

```
                    ┌─────────────────┐
              ┌────▶│    대뇌피질      │◀────┐
              │     └─────────────────┘     │
              │            ▲ │              │
              │            │ ▼              │
              │     ┌─────────────────┐     │
              │     │   변연계, 시상   │     │
              │     ├─────────────────┤     │
              │     │  감정, 감각 입력 │     │
              │     └─────────────────┘     │
              │            │                │
              │            ▼                │
              │     ┌─────────────────────────┐
              │     │        시상하부          │
              │     ├─────────────────────────┤
              │     │ 교감, 부교감신경계 통제 센터│
              │     └─────────────────────────┘
              │              │        │
              │              ▼        │
              │     ┌─────────────────┐│
              └─────│      뇌교        ││
                    ├─────────────────┤│
                    │ 심장박동, 삼킴, 기침,│
                    │    호흡 센터     ││
                    └─────────────────┘│
                         │      │     │
                         │      ▼     ▼
                         │   ┌─────────────────┐
                         │   │      연수        │
                         │   ├─────────────────┤
                         │   │ 내장 반사 처리 중추│
                         │   └─────────────────┘
                         │            │
                         │            ▼
                         │   ┌──────────────────┐
                         │   │   척수(T₁-L₂)    │
                         │   ├──────────────────┤
                         │   │ 내장 교감신경 반사 │
                         │   └──────────────────┘
                         ▼
                    ┌──────────────────┐
                    │   척수(S₂-S₄)    │
                    ├──────────────────┤
                    │내장 부교감신경 반사│
                    └──────────────────┘
```

입니다. 개념적 범주화와 시상하부를 통해 신체와 연결되는 본능 시스템이 만나는 곳이죠.

여기서 8강에서도 살폈던 뇌 전체의 구조를 떠올려봅시다. 좌뇌와 우뇌가 있고, 가운데서 둘을 연결하는 2억 개의 섬유다발인 뇌량이 있고, 그 아래 시상, 그 밑에 시상하부가 있고, 그 앞쪽 아래 뇌하수체가 있습니다.

시상하부 아랫부분을 확대해보면 큰 활 모양의 뇌궁도 보이고, 뇌궁의 앞쪽으로 유두체, 뒤쪽으로 해마형성체(해마체)가 있습니다. 또 앞쪽으로 뇌하수체, 전교련anterior commissure, 시신경이 지나가는 다발이 있죠. 뇌궁은 해마에서 처리된 신경 정보들이 주로 흘러 나가는 신경로입니다. 편도체에서의 출력로는 분계선조죠.

변연계에는 시상하부, 편도체, 이상엽, 해마방회, 해마형성체 등이 있습니다. 여기서 뇌량과 뇌궁 사이의 중격부, 시상 아래 시상하부, 그리고 해마와 편도의 변연 구역 등 세 부위는 감정하고 관련된 감정의 고속도로죠.

교감신경, 부교감신경을 총괄 지휘하는 시상하부를 좀 더 자세히 보면 10여 개에 달하는 신경핵으로 되어 있습니다. 그중에서도 특히 유념해서 봐야 할 것은 뇌실옆핵, 깔때기핵, 궁상핵입니다. 궁상핵에서는 베타 엔돌핀이 분출하면서 전전두엽으로 바로 신경전달물질을 보냅니다. 또 시상하부에는 기억과 관련된 유두체도 있고 시상전구역, 전시상하부핵, 시교차상핵도 보입니다. 시교차상핵은 1만 개 정도의 신경세포로 이루어진 1제곱밀리미터의 아주 미세한 영역인데, 밤낮의 주기와 관련된 생체 시계 역할을 합니다. 동물의 생체 리듬을 제어하죠.

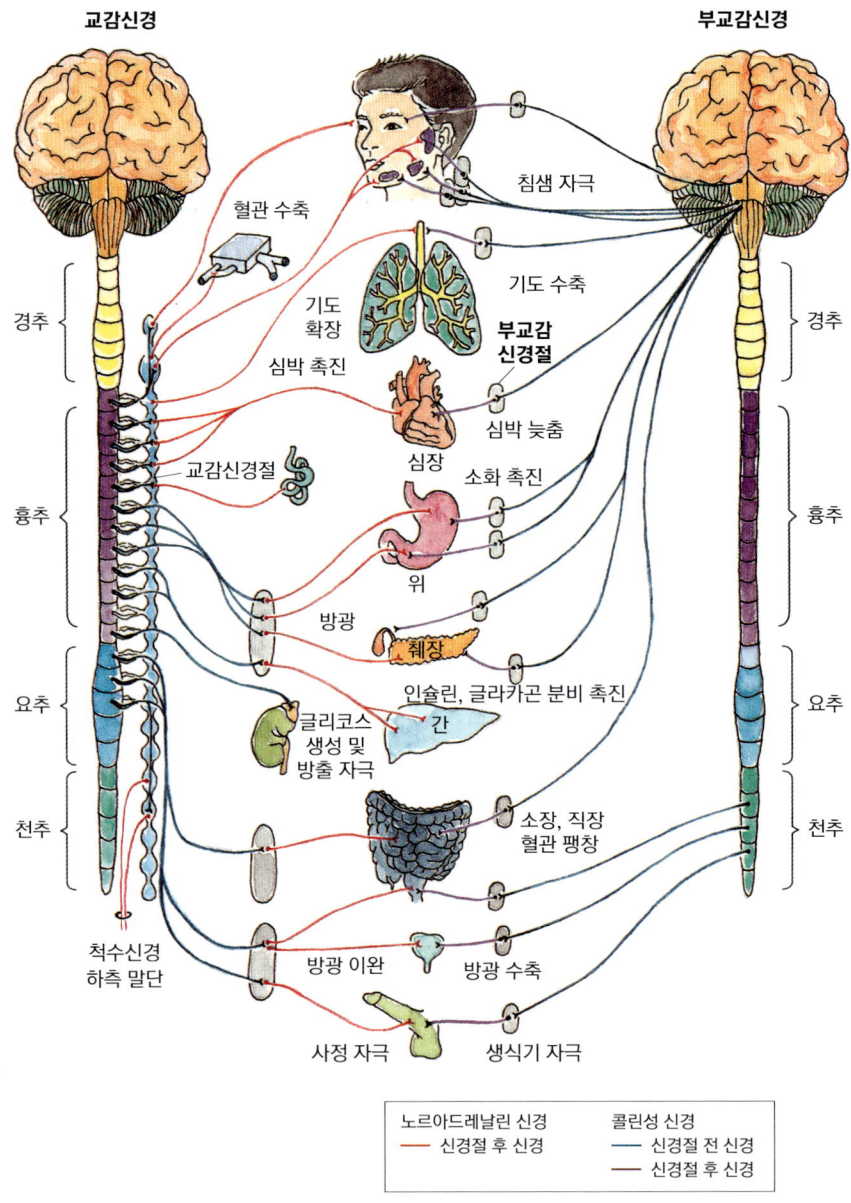

20-3
교감신경계와 부교감신경계의 작용

교감신경과 부교감신경의 자율적 조절을 통해 생체의 항상성이 유지되고 있다.

교뇌에 있는 핵들이 주로 심장박동이나 호흡, 삼키는 현상과 관련 있다면, 시상하부는 식욕 중추, 갈증 중추, 체온 조절 중추가 모두 모인 곳이죠. 교감신경과 부교감신경을 총괄합니다. 여기서 교감신경은 한마디로 외부 환경에 대해서 능동적인 반응을 일으키기 위해 활성화되는 시스템을 말합니다. 교감신경계는 행동으로 표출하게끔 관련된 신체 부위를 활동 모드로 전환하죠. 그래서 에너지가 많이 소모됩니다. 교감신경의 활동이 끝나면 곧장 부교감신경이 활동하여 에너지를 줄이는 방식으로 전환됩니다.

억제 회로가 돌면 자아가 사라진다

뇌 과학에서 말하는 초월 현상, 종교에서 말하는 궁극적인 깨달음이나 각성 상태, 종교적 흥분 상태의 출발점은 교감신경과 부교감신경입니다. 그것을 총괄하는 부위가 시상하부라 했죠. 이 시상하부에 중점을 두고 초월 현상을 살펴보겠습니다.

종교적 초월 현상은 전 세계 종교에서 비슷하죠. 이것은 크게 두 가지 형태로 이야기할 수 있습니다. 수동적 명상과 능동적 명상. 수동적 명상으로 불교의 삼매三昧 명상이라는 게 있습니다. 마음에서 생각, 잡념을 제거해서 의식적으로 무념 상태를 만들죠. 능동적 명상으로는 수피즘Sufism(금욕과 고행, 청빈한 생활로 대표되는 신비주의적 경향을 띤 이슬람교의 한 종파)의 원무를 들 수 있습니다. 강렬한 춤을 추면서 자아가 없는 상태까지 들어가죠.

초월 상태가 일어나는 뇌의 양상을 앤드류 뉴버그의 이론을 중심으로 살펴보죠. 앤드류 뉴버그는 종교적 초월 현상을 뇌 과학으로 연구해온 신경과학자죠.

20-4 도표는 앤드류 뉴버그의 논문에서 인용한 것으로, 종교적 초월 상태의 뇌 신경 메커니즘을 나타낸 것입니다. 우뇌의 전전두엽에서 출발해봅시다. 우뇌 전전두엽에서 나오는 신호를 먼저 처리하는 것이 시상의 그물핵입니다. 시상 그물핵에서 나온 신호를 제어하는 쪽은 두정엽(상후두정엽)이죠. 두정엽에서 나온 신호는 해마에서 편도체, 편도체에서 다시 시상하부로 가죠. 시상하부에서도 억제 신호와 관계된 배내측시상하부로 갑니다. 그리고 계속해서 부교감신경으로 내려가죠.

촛불 명상이나 화두 선처럼 무언가에 강하게 집중한다고 합시다. 집중하여 무념무상을 만들 때 잡념을 제거하겠다는 강력한 의지적 의식이 좌뇌 전전두엽의 주의 영역에서 작동하죠. 그 흐름이 시상 그물핵으로 내려와 신경전달물질 GABA에 의해 억제 신호를 두정엽으로 보냅니다. 마음에서 잡념을 제거하겠다고 계속 의식적으로 노력하면 이 억제 신호에 의해서 정보가 점점 차단되죠. 강한 신경 신호가 점점 부드러워지고 점점 억제되어서 거의 사라지게 되죠. 이쯤 되면 시상하부에 내려가 있는 거죠. 강력한 억제 신호는 동시에 시상하부에서 강렬한 흥분을 일으킵니다. 흥분이든 억제든 하나의 자극이 계속 들어가면 반대되는 분출이 일어나죠. 분출이 일어난 우뇌 신경 활동의 흐름이 결국에는 좌뇌 시스템과 곧장 연결됩니다.

좌뇌에도 시상하부가 있죠. 좌뇌의 시상하부는 외측시상하부와 연결되어 있습니다. 그리고 좌뇌 시스템 역시 편도체, 해마, 두정엽, 시상 그물핵, 주의 영역인 전전두엽으로 죽 연결되죠.

20-4
앤드류 뉴버그의 명상 상태와 관련한 뇌 연결 이론

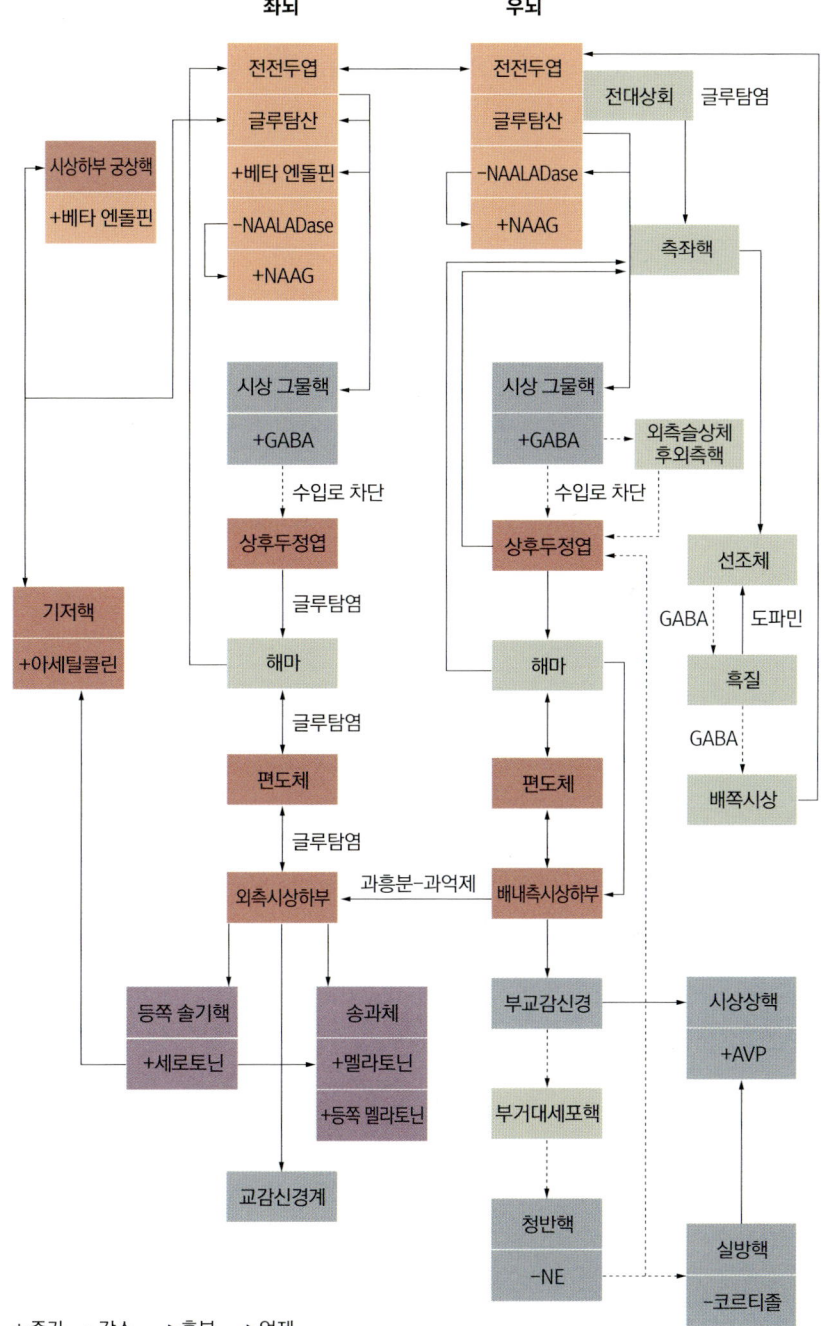

여기서 중요한 게 우뇌의 시상하부에서 좌뇌의 시상하부로 강력한 신경 자극이 분출된다는 겁니다. 이렇게 분출되는 신경 활동의 물결이 좌뇌 시스템을 타고 올라가는 것이죠. 그러면 일관된 흐름이 생깁니다. 편도체와 해마 사이, 해마와 두정엽 사이에서 양방향으로 작용이 일어나죠.

좌뇌 외측시상하부에서 교감신경으로 가는 루트도 있습니다. 교감신경에서 아세틸콜린 시스템이 있는 대뇌기저핵을 거쳐서 시상하부의 궁상핵으로 갑니다. 궁상핵에서 베타 엔돌핀이 나오고 다시 좌뇌 전전두엽으로 들어가죠. 그리고 좌뇌 전전두엽과 우뇌 전전두엽은 양방향으로 연결되어 있습니다.

이렇게 자극을 억제하는, 잡념을 제거하는 회로가 계속 돌아가면 어떤 현상이 일어나느냐? 여기서 중요한 것이 정위orientation 연합 영역입니다.

앤드류 뉴버그에 따르면, 우리 뇌 전체를 총괄하는 네 가지 연합 영역이 있습니다. 주의 연합 영역, 정위 연합 영역, 시각 연합 영역, 언어개념 연합 영역이죠. 주의 연합 영역은 전전두엽, 정위 연합 영역은 두정엽, 시각 연합 영역은 측두엽, 언어개념 연합 영역은 상측두엽이 관장하고 있죠. 여기서 우뇌에서 일어나는 초월 현상하고 관계되는 영역이 주의 연합 영역과 정위 연합 영역입니다.

정위 연합 영역은 좌뇌, 우뇌에 대칭으로 위치해 있습니다. 좌뇌 정위 연합 영역, 즉 왼쪽 두정엽의 역할은 우리 몸 안으로 들어가는 자극, 즉 체감각 신호를 받아들여서 처리하는 것이죠. 그래서 우리 몸이 지금 여기 있음을 아는 것입니다. 감각으로 형성된 몸을 3차원 공간 속에 위치시켜야 하죠. 3차원 공간 좌표를 만드는 곳이 바로 우뇌 정위 연합 영역, 즉 오른쪽 두정엽입니다. 우뇌는 공간지각하고 관련이 있죠.

극단적 명상 상태에 들어갈 때 오른쪽, 왼쪽 두정엽으로 유입되는 신호의 흐름이 변화합니다. 우선 양쪽 두정엽에서 신경 신호 수입로가 차단되면 더는 신경 입력이 들어가지 못하죠. 그렇게 되면 어떤 일이 일어나느냐? 오른쪽 두정엽은 공간지각을 만들어준다고 했죠. 수입로를 차단하면 공간지각이 사라집니다. 공간의 경계가 사라집니다. 동시에 우리 몸 왼쪽에서 올라가는 신호, 즉 자아감이 사라집니다.

자아라는 것은 결국 우리 몸의 감각을 중심으로 생기는 것입니다. 팔 안에 있는 것이, 팔의 거리 안에 있는 것이 내 몸이지 않습니까? 왼쪽 두정엽에서 정보가 차단되어 어떤 것도 검출할 수 없으면, 내 몸에서 올라가는 신경 자극이 없으면 내 몸의 존재감이 사라지죠. 그와 동시에 오른쪽 두정엽에서 자극이 안 올라가니까 공간이 사라져버립니다. 공간하고 시간은 바로 연결되어 있죠. 결국 시간과 공간이 모두 사라집니다.

초월 명상 상태를 겪은 선각자들이 공통적으로 느꼈다는 게 있죠. "천지와 내가 한 몸이 되었다." 앤드류 뉴버그는 이를 일컬어 '초월적 일체감'이라고 표현합니다. 공간이 사라지고, 시간도 사라지고, 천지가 사라지고, 나도 없어져버리는 것이죠. 천지에 아무것도 없는 막막한 상태가 되어버리는 겁니다.

십우도十牛圖(목동이 잃어버린 소를 찾아 헤매다가 발견하여 잘 길들인 후 그 소를 타고 집으로 돌아가는 10단계의 그림으로 참선의 과정을 표현한 것)를 보면 마지막 부분에 일원상이 있습니다. 천지에 고요한 달 하나를 그린 그림이죠. 소도 없고 목동도 사라진 상태입니다. 여기서 목동은 자아를 말하는 것이고, 소는 바로 자아 바깥의 경계 대상, 즉 세계상이죠. 경계 대상도 없어지고 나도 없어진 겁니다. 안팎의 모든 것이 사라지고 절대적 일체감, 무어라고 일컬을 수 없는 상태가 되는 겁니다. 뇌 과학적으로 말하면 마음에서 생각이 사라지고 언어가 사라지고 감각이 제거된 것이죠. 그러면 그 자리에 무엇이 남느냐? 순수한 인식 상태가 남죠. 이것이 바로 초월적 인식입니다.

그런데 내용은 아무것도 없습니다. 마음에서 내용이 다 사라져버린 것이죠. 내용이 무엇입니까? 생각, 언어, 감각이죠. 생각, 언어, 감각이 다 사라져버리고 순수한 인식 상태만 남는 것이죠. 여기서 중요한 귀결이 자아가 없이도 인식이 가능하다는 것입니다.

불교의 근본 교의인 삼법인三法印(제행무상諸行無常, 제법무아諸法無我, 열반적정涅槃寂靜)의 제법무아(세상의 모든 사물은 인연으로 생긴 것이며 변하지 않는 참다운 자아는 실재하지 않는다는 뜻) 상태가 분명히 뇌 과학적으로도 가능합니다. 혜능의 《육조단경》에서 이야기하는 "응무소주이생기심應無所住而生其心"이라는 상태도 바로 그것입니다. "머무른 바 없는 마음, 그 마음을 내어보아라"는 말이죠. 여기서 머무른다는 게 무엇입니까? 생각, 언어, 감각이죠. 생각, 언어, 감각에 머무르지 않는 그 마음은 무엇입니까? 순수한 인식 상태죠. 양쪽 두정엽에서 자극이 차단되어 공간, 시간, 자아도 사라지고 유일하게 순수한 인식 상태만 남는 거죠.

뇌 활동에서 '마음'과 같은 의미인 '의식'에는 '의식의 상태'와 '의식의 내용'이 있죠. 초월 상태는 바로 의식의 내용 없이 의식의 상태만 또렷한 현상입니다.

앤드류 뉴버그의 명상하는 뇌

앤드류 뉴버그는 티베트의 승려, 수녀 등 명상하는 사람들의 뇌를 오랫동안 촬영하고 그 결과를 발표했죠. 그는 명상 상태일 때 뇌의 부위들이 어떻게 동작하는지를 이야기합니다. 전두엽은 명상하는 동안 오프라인 상태가 됩니다. 여기서 중요한 것이 오프라인 상태라고 해서 자극이 없는 것이 아니고 내부에서 생성된 의도성이 강력히 동작하고 있다는 것이죠. 바깥의 자극은 일단 차단하고 촛불이나 화두에 의도적으로 몰입하는 것입니다. 몰입 의도를 만들어내는 것이 주의 연합 영역이고, 주의 연합 영역의 활동은 전두엽에서 일어나는 거죠. 외부 자극과는 관계없이 내부에서 생성된 의도를 가지고 진행되고 있습니다.

그걸 받아서 두정엽에서는 어떻게 되느냐? 두정엽에서는 초월 상태일 때 자극이 들어가는 신경 활동이 점점 줄어듭니다. 말 그대로 졸아드는 것이죠. 자료에 따르면 100분의 1초 만에 수입로가 완전히 차단되어버린답니다. 초월 상태에서 문턱 값을 넘어가는 순간에 좌뇌, 우뇌의 두정엽으로 들어가는 모든 자극이 멈춰버리는 것이죠. 그러면 의식의 내용이 사라지고 의식의 상태만 또렷해지죠. 초월적 일체감의 상태가 되는 것입니다.

시상에서는 어떻게 되느냐? 시상의 그물핵에서 억제 신경전달물질 GABA가 나와서 명상할 때 두정엽으로 가는 입력 신호를 점점 줄여주죠. 명상을 할 때 공통적으로 나타나는 것이 수동적 이완입니다. 각성 경보 신호의 톤이 낮아지는 것이죠. 그 일을 하는 곳이 뇌간의 그물형성체입니다. 이렇게 명상할 때 뇌 내부의 협동 작업으로 신경 자극의 페루프가 순환하면서 점점 궁극의 상태로 들어갑니다.

앤드류 뉴버그는《신은 왜 우리 곁을 떠나지 않는가: 최신 두뇌과학이 밝혀낸 종교의 실체Why God Won't Go Away》라는 책에서 인간 의식의 진화를 다루면서 궁극적으로 초월적 일체감이 어떻게 뇌에서 가능한지 밝히고 있습니다.

> 신경 신호의 완전한 차단은 오른쪽과 왼쪽 정위 영역 모두에 극적인 효과를 미친다. 우리가 물리적 공간으로 경험하는 신경학적 토대를 만들어내는 오른쪽 정위 영역은 그 속에서 자신의 위치를 정할 수 있는 공간적 내용을 만드는 데 필요한 정보를 결여하게 된다.

앤드류 뉴버그가 제시한 20-5-1과 20-5-2의 자료에 따르면, 단일 광자 단층촬영(SPECT)으로 표준 상태와 명상에 들어간 뇌를 찍어서 비교했을 때 공간적 감각을 만들어내는 정위 영역의 활동이 명상할 때는 완전히 줄어들고 있죠. 또 기도하고 있을 때를 일상생활을 할 때와 비교해보면, 상두정엽의 빨간 부분이 많이 줄어들었죠. 상두정엽의 활동, 즉 신경 자극이 줄어드는 겁니다.

앞의 20-4 도표를 다시 떠올려봅시다. 좀 복잡하지만 이 흐름은 많은 연구 결과를 바탕으로 한 것입니다. 각각의 모듈 당 서너 편의 연구 결과가 참고되었죠. 초월적 종교 현상도 뇌 과학으로 설명할 수 있는 겁니다.

이런 질문을 던질 수도 있습니다. 초월적 상태가 뇌의 화학 작용과 관련된다는 증거가 있느냐? 콜로라도 주립대학 동물학과 교수 템플

20-5-1
표준 상태(좌)와 명상 시 (우) 정위 영역 두정엽의 변화

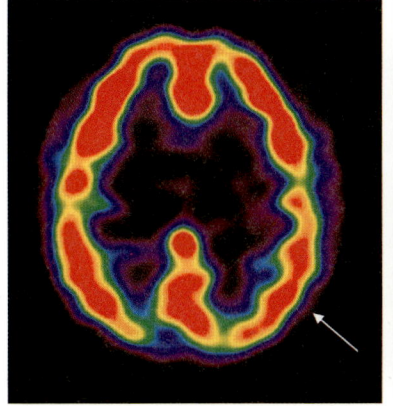 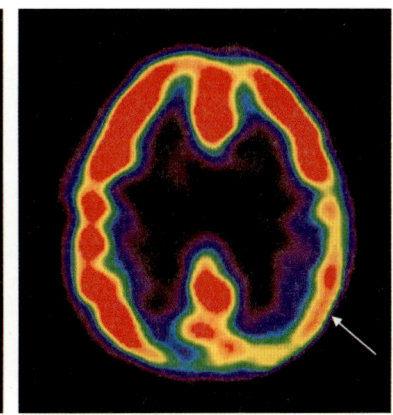

20-5-2
표준 상태(좌)와 기도 시 (우) 정위 영역 상두정엽의 변화

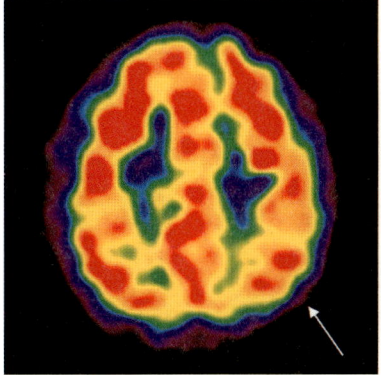 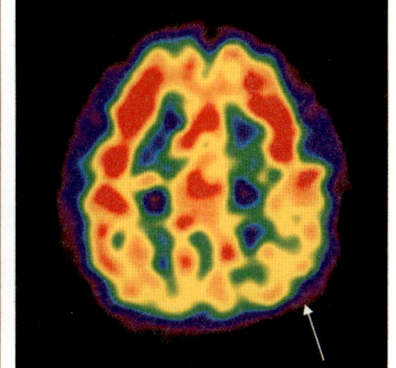

그랜딘은 《나는 그림으로 생각한다: 자폐인의 내면세계에 관한 모든 것Thinking in Pictures》이라는 자신의 책 뒷부분에서 평생을 자폐증과 함께 살아온 자기 삶을 이야기하며 보통 사람은 생각도 할 수 없는 놀라운 경험을 고백하죠.

1978년 여름, 그녀는 사람들의 주목을 끌어보려고 존 웨인 레드리버 농장 침액 탱크에서 헤엄을 쳤다고 합니다. 하지만 그 탱크 안에

유독한 유기인산 화합물이 있었어요. 그 안에서 헤엄을 쳤기 때문에 그 유독물질이 그녀의 몸에 들어가죠. 뇌까지 침입합니다. 그런데 이게 그녀의 정신 상태를 바꿔버립니다.

> 유기인산 화합물은 뇌 안의 아세틸콜린 등 신경조절물질의 농도를 변화시키는 것으로 알려져 있다. 나는 이 물질 때문에 생생하고 끔찍한 악몽에 시달렸다. 그렇지만 이 물질이 왜 종교적 경외심을 흔들어놓았는지 알 수가 없다. 모든 마법이 사라지고 실제 오즈의 마법사는 커튼 뒤에서 버튼이나 눌러대는 왜소한 할아버지라는 사실을 알게 된 것과 비슷하다.

템플 그랜딘은 종교에 대한 경외감이 일순간에 사라져버린 것에 놀라는 동시에 종교 현상도 뇌에서 일어나는 신경조절물질의 작용(아세틸콜린 시스템)과 연계되어 있음을 몸소 체험하게 된 것이죠. 이것 참 놀라운 일이죠. 그렇게 강력한 힘을 발휘하는 신앙심이 화학물질인 유기인산 때문에 바뀌다니요.

> 나는 또 신문에서 뉴욕 공공도서관 직원 한 사람이 지구상에서 영원 불멸성이 존재하는 곳은 도서관뿐이라고 말했다는 기사를 읽었다. 도서관은 인류의 축적된 기억이 존재하는 곳이다. 나는 이 말을 현판에 적어 책상 앞 벽에 걸어놓았다. 이 말 덕에 끝까지 포기하지 않고 결국 나는 박사 학위를 따냈다.

유기인산 화합물 탱크 속에서 헤엄 한번 친 후로 종교관뿐만 아니라 인생관까지 이렇게 바뀌었습니다. 그리고 궁극적으로 의지하고 싶고 영원히 자신의 생각을 남길 수 있으며 지상에서 영원불변하는 것은 종교가 아니라 기록된 인간 기억의 실체인 책이라는 사실을 자각합니다. 인간의 정신 활동에서 영원성을 획득한 것은 바로 문자로 기록된 마음, 시공의 제약에서 벗어나 언제 어디서나 반복해서 확인해 볼 수 있는 인류의 내면세계, 바로 책이라는 거죠.

21강 창조적으로 생각하다, 뇌와 창의성

창의성 또는 창의력. 우리 시대의 주요 관심사죠. 교육계뿐만 아니라 사회 전반적으로 창의성에 대한 관심이 뜨겁습니다. 도대체 창의성이라는 게 뭘까요? 우리는 이 창의성을 넓은 시야로, 그리고 변화하는 환경에 대한 생물학적 적응 반응의 관점에서 볼 필요가 있습니다.

창의적인 사람들은 뭐가 다를까

칙센트미하이Mihály Csíkszentmihályi, 1934-2021는 《창의성의 즐거움: 창의적 인간은 어떻게 만들어지는가?Creativity: Flow and the psychology of discovery and invention》에서 이렇게 이야기하죠.

인간에게 창의성이 없다면 세상은 지금과 매우 다른 곳이 되었을 것이다. 우리는 여전히 유전자의 지시에 따라 행동했을 것이고, 살아가면서 배우는 모든 것은 우리가 죽는 순간 잊혔을 것이다. 언어, 노래, 도구 그리고 사랑, 자유, 민주주의와 같은 개념도 존재하지 않았을 것이고, 삶에 대한 아무런 의미도 느끼지 못한 채 여타 다른 생명체와 별반 다름없이 살아갔을 것이다.

창의성이 없다면 우리는 대부분 유전자가 시키는 대로 하게 되죠. 본능이 지배하는 시스템이 되는 거죠. 발명을 한다든지 특출한 무언가를 고안해내는 것 같은 아주 좁은 의미의 창의성도 있지만, 전 인류적으로 봤을 때 인간에게 더 큰 의미의 창의성이 없었다면 언어나 민주주의, 시장경제 같은 것들이 만들어질 수 없었겠죠. 칙센트미하이는 창의성을 이렇게 설명합니다.

창의성은 인간의 삶에 있어 대단히 중요한 의미를 갖는다. 창의성이야말로 인간을 가장 인간답게 만드는 가장 근본적인 원인이기 때문이다. 창의성이란 문화 속에서 어떤 상징 영역을 변화시키는 과정을 의미한다. 새로운 노래, 새로운 사고, 새로운 기계는 창의성에서 만들어진다.

요약하면, 창의성이라는 것은 문화 속에서 상징 영역을 변화시키는 과정입니다. 상징 영역을 변화시킨다는 게 뭘까요? 새로운 개념에 해당되는 용어를 만들었다고 해봅시다. 예를 들면 유비쿼터스 같은 거요. 이 용어가 나옴으로써 새로운 상징적 영역이 만들어지지 않았습니까? 최재천 교수가 만든 '통섭統攝' 같은 새로운 상징 용어도 마찬가지입니다. 서로 무관해 보였던 많은 인간 활동 각각이 통섭이란 관점에서 상호작용하여 더 포괄적이고 생성력 있는 개념으로 범주화되는 겁니다. 거기에서 다시 새로운 상징 영역을 개척해가고 있죠.

이렇게 인간 삶에 절대적인 창의성을 뇌 과학에서는 어떻게 보는가? 창의성을 뇌 과학적으로 살피기 위해서는 뇌 과학과의 연결 지점을 찾아야 합니다.

> 창의적인 인물들은 끊임없이 놀라워한다. 마치 주위에서 일어나고 있는 일들을 이해할 수 없다는 식이다. 그들은 우리가 보기에 너무나 당연한 일에도 의문을 갖는다. 그러나 자신이 행복한지 아닌지도 모르는 사람이 많다. 그들의 삶은 경험이 두루뭉술하게 지나가는 것처럼, 무관심이라는 안개 속에서 간신히 인식되는 사건의 연속으로 끝난다.

칙센트미하이에 따르면 두루뭉술한 사건의 연속으로 삶을 끝내는 보통 사람들과는 달리 창의적인 사람들은 이런 특징이 있다고 하죠.

> 일반인들의 상태와는 달리 창의적인 사람들은 매우 예민하게 감정을 느낀다.

"감정을 느낀다." 이것이 뇌 과학과 창의성의 접촉, 만남의 지점입니다. 이러한 관점에서 창의성에 이르는 과정을 설명해보겠습니다.

창의성은 어디서 오는가

다마지오의 《스피노자의 뇌》 이론을 계속 따라가봅시다.

우리 의식의 단계별 처리 과정을 나무로 비유할 수 있습니다(309쪽 16-2 도표 참고). 나무가 죽 올라가면서 두 갈래로 갈라지고 많은 곁가지가 나오죠. 이 나무의 밑동에 해당하는 부분이 면역 반응, 기본 반사, 대사 조절입니다. 엽록체와 미토콘드리아에서 일어나고 있는 에너지 생성 과정이 대사 조절의 출발점에 해당됩니다. 그물척수로, 전정척수로, 시개척수로, 적핵척수로, 피질척수로 등 다섯 가지 하행로를 이야기했었죠. 그게 바로 반사 동작에서 출발한 운동신경의 진화 과정입니다. 면역 반응, 기본 반사, 대사 조절은 대부분 세포 단위에서 일어나죠. 환경 자극에 의해서 세포막에서 다양한 생화학 반응이 일어나는 겁니다.

이 세 가지 인간의 기본적인 생체 활동의 다음 단계는 무엇이냐? 통증과 쾌락(쾌감)이겠죠. 통증과 쾌락은 회피와 접근 반응으로 표현되죠. 우리는 통증이 일어나는 자극은 회피하고, 쾌감을 일으키는 자극에는 접근합니다.

여기서 더 올라가면 드디어 행동이 구체적으로 표출되는 단계가 나옵니다. 충동과 동기의 단계죠. 우리 내부에서 일어나고 있는 욕구의 덩어리가 강하게 추진되는 힘으로서 어느 순간 드러나는 겁니다. 그 바탕에는 접근이나 회피, 통증이나 쾌감이 깔려 있는 거죠.

충동과 동기의 지점에서 중간 가지들이 나옵니다. 좁은 의미의 정서죠. 정서와 감정은 같은 의미입니다. 다마지오의 이론에 따르면, 좁은 의미의 정서는 크게 세 가지로 나눌 수 있습니다. 기본 정서, 사회적 정서, 배경 정서. 우리가 흔히 이야기하는 정서, 감정이 바로 기본 정서죠. 분노, 공포, 즐거움 이런 것들이 기본 정서입니다. 사회적 정서는 명예, 자부심, 수치, 갈등처럼 무리 지어 살면서 형성된 것이죠. 배경 정서는 내장과 관절에서 올라가는 고유 감각이 우리 신체를 전체적으로 모니터링하여 감각의 바탕 상태를 형성하는 것입니다. 그래서 누군가 기분이 어떤지 물으면 즉시 대답할 수 있죠. 그 대답은 대부분 몸 상태와 직접 관련됩니다.

결국 창의성도 우리 몸 전체가 만들어낸 것입니다. 그것이 뇌 전체 피질에서 발현되기는 하지만 뿌리를 추적해보면 몸에서 일어나고 있는 작용을 벗어나지 않습니다. 맨 밑의 면역 반응, 기본 반사, 대사 조절이 그 위의 통증, 쾌락으로 표현되고 쾌락의 접근, 통증에 대한 회피 반응이 모여서 충동, 동기로 나타나고 그것이 좀 더 위로 통합되면서 정서로 표출되는 거죠. 그 위에 나타나는 빽빽한 밀림을 만드는 무수히 많은 잔가지가 뭐냐? 이것이 바로 창의성과 아주 밀접한 느낌입니다.

느낌까지 도달하면서 거쳐야 하는 단계들은 각각이 중요합니다. 느낌 이전까지를 '자동적 항상성 시스템'이라고 하죠. 느낌은 무엇이냐? 비자동적인 확장된 항상성 시스템입니다. 생명체가 생존한다는 것은 결국 항상성이 유지되고 있다는 것이죠. 우리가 의식할 수 없지만 유전자에 의해서 결정되는 자동적 항상성 시스템이 하루 24시간 내내 계속 동작하고 있는 겁니다.

그런 항상성 시스템의 대부분은 의식화되지 않는 자동적 신경회로 수준에서 일어납니다. 심지어 어떤 회로들은 전전두엽을 쓰고는 있지만 무의식적 반사 동작일 수 있죠. 무의식적인 뇌의 상태. 코흐Christof

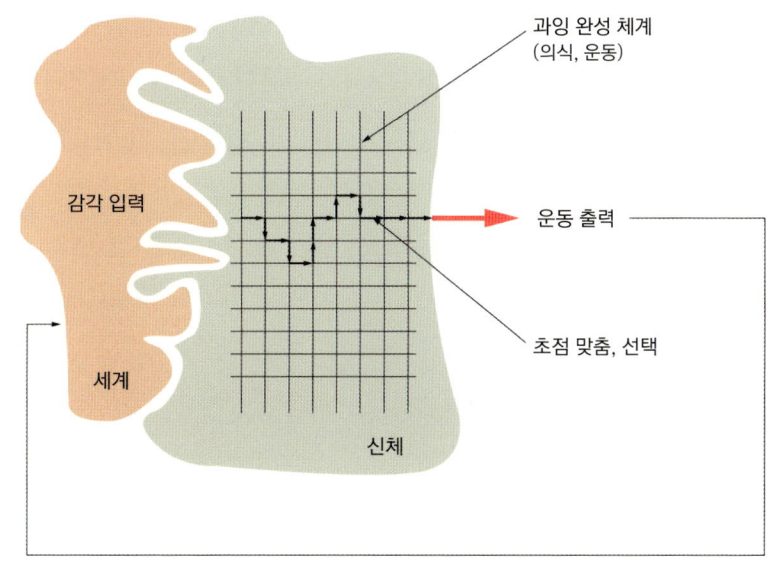

21-1
운동 과잉 완성 체계에서의 운동 선택

자기와 세계가 연결되어 결합된 것이 자아 그 자체가 되며, 의식과 운동은 모두 과잉 완성 체계로 순간의 맥락에서 초점이 맞추어져 이용되고 버려지는 순간적인 기능 모듈이다.

Koch, 1956- 의 이론에서 좀비Zombie 시스템이 바로 이겁니다. 느낌으로 올라오는 비자동적 항상성 시스템은 무엇이냐 하면 바로 심적 상태입니다. 이것이 핵심입니다. 마음의 상태, 즉 의식의 상태까지 올라왔다는 것이죠. 심적 상태가 할 수 있는 것하고 자동적 무의식적 반사 반응이 할 수 있는 것을 구별할 수 있으면, 느낌이라는 것이 인간에 이르러 개발된 강력한 환경 적응 기능임을 이해하게 될 겁니다. 다마지오에 따르면, 느낌이 심적 상태가 됨으로써 발휘되는 많은 능력 중 첫 번째가 다양한 감각 입력을 통합할 수 있다는 것입니다. 두 번째는 대규모의 정보들을 적시에 통합할 수 있다는 거죠. 의식 상태에 이르러야만 그것이 가능하다는 겁니다.

사실 뇌의 활동에서 의식의 영역은 5%에 불과합니다. 의식의 지평으로 올라오지 않는 무의식이 나머지 95%를 차지하죠. 이 95%의 무의식 영역이 바로 자동적 항상성 시스템과 관련 있습니다. 나머지 5%만이 의식 상태가 되는 거죠. 의식은 뇌의 굉장히 중요한 자원입니다. 5%의 의식 상태에서만 다양한 감각 입력이 통합됩니다. 더 중요한 것은 뇌로 들어간 많은 입력 정보가 적시에 통합될 수 있다는 거죠. 그러면 그것이 바로 느낌이 되고, 느낌이 바로 의식적 활동, 즉 의식 상태가 되는 겁니다.

여기서 감정이 아닌 느낌에서 가능해진 의식 상태, 그렇게 강력한 뇌의 능력이 생겨난 이유는 무엇일까요? 불확실성에 대처하기 위해서입니다. 불확실한 입력 정보에 대처하기 위해서 느낌이 진화되어온 거죠. 다시 한번 강조하면, 왜 그렇게 느낌이 중요하냐? 불확실하고 예측 불가능한 돌발적인 환경 입력에 대처할 수 있는 인지적 능력이기 때문입니다.

어떤 느낌이 들 때 이런 말을 하죠. "왠지?" 또는 "왠지!". 왠지 뒤에 물음표가 와도 되고 느낌표가 와도 되죠. 누군가를 만났을 때의 느낌, "아, 그 사람 왠지 그래". 현안이 된 사건을 듣고 난 느낌, "왠지 어떤 느낌이 들어". 왠지 뭐뭐 하다는 우리말이 느낌의 속성을 아주 잘 표현하고 있죠. 구체적으로 설명할 수는 없지만 우리는 압니다. 내 몸 전체가 알고 있죠. 즉 느낌의 세계는 우리가 왠지, 뭔가를 알고 있는 세계죠. 의식되고 있다는 겁니다. 5%의 의식을 쓰기 때문에 왠지 뭐뭐 한, 뭔가 하는 느낌이 나오는 거죠. 이것이 바로 다가올 상황에 대해 미리 낌새를 알아채는 전조가 됩니다. 예측할 수 있는 거죠. 예측이 뭡니까? 그렇죠. 불확실성에 대처할 수 있는 것! 느낌을 통해 구현되는 예측이야말로 우리가 불확실성에 대처할 수 있는 방법이죠.

그런데 느낌에 대한 구체적인 내용을 바로 언급하는 게 왜 힘들까

21-2
예측의 중심으로 작용하는 자아

예측 중심 붕괴(통합 실조증)
→ 지각 통합 실패(정신질환)

예측 중심(The I of the vortex)
→ 움직임 통합

요? 그것은 바로 느낌이라는 것이 세포 하나하나에서 일어나는 것, 신경 펄스, 충동, 통증, 쾌락 등의 무수히 다양하고 많은 자동적 항상성 시스템 전체가 마음의 수준에서, 의식의 조명 아래서 표현되기 때문입니다. 그래서 느낌의 내용을 구성하는 개별 원인들을 구별해내기 어려운 것이죠. 하지만 그 개별 사실들의 총체적 정보가 지향하는 것은 알 수 있습니다.

다마지오에 따르면 우리 내부 기관, 여러 가지 척수 시스템이나 뇌간 같은 근본적인 무의식의 단계에서 일어나고 있는 것도 느낌을 통해서 알 수 있다고 합니다. 느낌의 층으로 올라가면 이것이 순간적으로 의식 상태가 되어 어떤 형태로든지 표출될 수 있다는 거죠.

의식 상태가 된다는 것은 많은 뇌 신경 자료를 쓰는 것이라고 했습니다. 대뇌피질 영역의 많은 부분을 사용하는 것이죠. 느낌은 체감각과 일차적으로 관련되며, 체감각 연합 영역, 뇌섬엽 구조를 통해 우리 몸에서 올라가는 항상성 시스템의 정보가 실시간으로 모니터링되고 있습니다. 이때 올라가는 불확실한 충동, 어떤 낌새 같은 정보들이 모여서 느낌의 옷을 입는 순간 대뇌피질이 작동하여 의식화되는 겁니다.

우리 뇌를 보면 기쁨, 분노, 불안, 공포, 불쾌 등의 감정이 해당되는 특정 부위가 있습니다. 하지만 재미있게도 이성에 해당되는 뇌의 부위는 어디라고 구체적으로 이야기하기 어렵습니다. 전두엽이나 전전두엽이라고 볼 수도 있겠지만 구체적으로 관련된 영역을 찾기는 어렵죠. 이성은 예측, 추론, 판단 등이 모여서 만들어진 겁니다. 반면에 감정은 불쾌는 편도체, 불안은 시상하부, 공포는 편도체, 분노는 시상하부 등 속성에 따른 특정 부위들이 있죠.

창의성의 세계 = 느낌의 세계

1930년대 신경과학자 파페츠가 감정의 회로를 발견했습니다. 시상에서 유두시상로, 유두체, 다시 시상으로 가서 시상피질방사, 대상이랑, 해마 주변 영역을 거쳐서 해마체로 들어가는 파페츠회로 말이죠. 발견 당시에는 이것이 감정의 회로라고 생각했었는데, 이후에 이것이 기억에 더 많이 관여한다는 사실이 밝혀졌습니다.

시사하는 바가 참으로 크죠. 감정과 기억은 대부분 동일한 회로를 사용합니다. 그래서 감정과 기억은 서로를 강화해주며, 어떤 감정은 기억 인출에 도움을 주죠. 감정이 풍부한 사람이 기억력이 탁월한 것입니다. 그리고 기억력이 탁월한 사람은 좋은 학습자가 되죠.

느낌의 차원, 의식의 차원에서는 뇌 전체에 있는 기억 정보들을 사용합니다. 느낌에 와서야 비로소 발현되는 의식 상태가 강력한 이유가 뭐죠? 그렇죠. 뇌 전체 기능의 5%밖에 안 되는 의식 상태라는 뇌의 상태가 불확실한 입력이 초래한 문제를 해결하기 위해 과거의 기억을 다양하고 새롭게 연결하여 상상과 추론을 한 결과 새롭고 독특한 출력을 만들어내기 때문이죠. 그런 뇌의 능력을 바로 창의성이라 하는 겁니다. 새롭고 독특한 출력이 바로 창의성과 동의어인 거죠.

상상과 추론이 뭡니까? 느낌에 의해 작동되는 의식의 수준이 되면 지금 입력된 문제와 대뇌피질의 여러 부위에 저장된 기억을 연결하여 미래를 예측하는 거죠. 결국 의식 단계에서 과거와 현재, 미래를 통합적으로 바라보는 것이 가능해지는 겁니다. 과거와 지금 들어간 현재 그리고 추론의 미래가 한 마음의 상태에서 동시에 일어나고 있습니다. 그래서 불확실한 입력에 대처할 수 있는 거죠. 다마지오는 이렇게 표현합니다.

> 마음의 상태를 만들어주는 느낌은 바로 구원 타자다.

아주 적절한 표현이죠. 느낌이 바로 구원 타자라는 것입니다. 투수가 변화구를 던지면 공이 어디서 날아올지 모르니까 정상적인 스윙을 하는 타자는 홈런을 칠 수 없죠. 불확실한, 비표준적인 입력이 들어갔을 때는 자동적 항상성 시스템이 별 도움이 안 되는 겁니다. 이때 느낌이라는 것이 구원 타자로 나와서 무의식적 자동적 항상 시스템의 신경회로에 '주의'라는 도장을 탕탕 찍습니다. 그러면 어떻게 되느냐? 뇌 전체 작용이 준비 자세를 취하는 거죠. 모든 시선이 입력 쪽으로 가는 겁니다. 그 상태에서 구원 타자인 느낌이 의식 수준의 확장된 항상성 시스템으로 불확실성의 문제를 해결하죠.

느낌의 세계가 어떤 것인지 일례를 들어보겠습니다. 엣지(www.edge.org)라는 미국의 인터넷사이트가 있습니다. 각 분야의 석학들이 일 년에 한두 차례 외딴 곳에 모여서 전 인류를 대상으로 새로이 나타나는 불확실한 문제에 대해 집단적 토론을 벌이며 해결책을 제시하는 사이트죠. 그곳에 모이는 사람들의 면면을 살펴보면, 천문학자 앨런 구스Alan Guth, 심리학자 니콜라스 험프리Nicholas Humphrey, 철학자 대니얼 데닛, 심리학자 스티븐 핑거Steven Finger도 있죠. 석학들이 모여서 허물없이 지내면서 느낌을 주고받으며 열띤 토론을 합니다.

엣지 사이트에 올라와 있는 집단 토론 사진을 보면 느낌이 오죠. 아주 외딴 숲 속 호젓한 농장에서 여러 분야의 석학들이 토론하며 느낌을 주고받으면서 인류 사회의 불확실하지만 중요한 문제들에 대한 답을 모색하고 있죠. 자연 속에서요. 그에 비해서 우리나라 회의 장면은 어떻습니까? 호텔에서 비싼 돈 내고 서빙을 받아가면서 하지 않습니까? 가끔 그런 회의에 참가할 때가 있는데, 그렇게 복잡하고 분주하고 시끄러운 데서 과연 느낌을 얼마나 주고받을 수 있을지, 무슨 의견들을 진솔하게 주고받을 수 있을지 회의감이 듭니다. 모두 느낌에 관한 문제들이죠.

그러한 느낌들은 복잡성 그리고 복합성과 비교해볼 수 있습니다. 앞에서 복잡계는 세부 구성요소는 많은데 각각의 방향이 제각기인 것이고, 복합계는 각 구성요소가 동일한 방향을 향하되 세분화되어 있는 것이라고 했습니다. 복잡계는 내부의 벡터들이 서로 상쇄되어서 우리를 어디로도 데려가지 않습니다. 왜? 목적이 없으니까요. 지향성이 생기지 않으니까요. 그와 반대로 복합계는 내부 구성요소들이 개성을 그대로 가지고 있고 개성을 표출하는 것들이 하모니를 이루어서 어떤 한 방향을 향하고 있습니다. 목적이 분명합니다.

복잡계와 복합계의 전 단계도 있습니다. 통일은 되어 있지만 세분

21-3
복잡계, 단순계, 낮은 차원
복합계, 높은 차원 복합계
비교

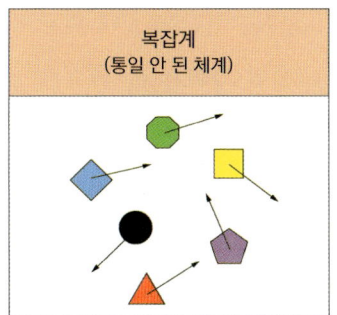

복잡계
(통일 안 된 체계)

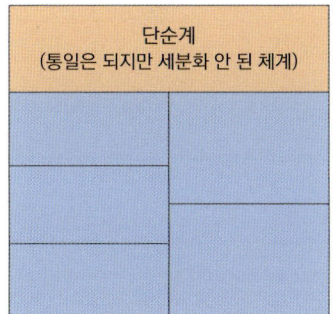

단순계
(통일은 되지만 세분화 안 된 체계)

낮은 차원 복합계

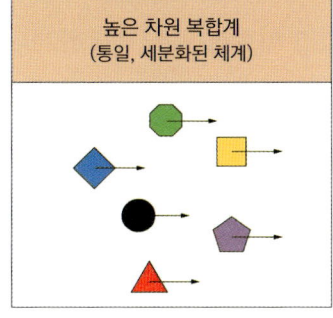

높은 차원 복합계
(통일, 세분화된 체계)

화되지 않은 단순 시스템이죠. 단순 시스템은 인간 지능에 별로 도움이 안 됩니다. 단순하기 때문에 굳이 정신적 자원을 쓸 필요도 없이 그냥 예측할 수 있는 거죠.

그러면 정신적 자원을 가장 많이 쓰는 시스템이 뭐냐? 복합계죠. 다양한 구성요소가 각기 상호작용을 하면서 화합합니다. 21-3처럼 사진으로 표현하면 단순계. 동일한 색깔의 장미들이 있는 것이죠. 거기서 어느 정도 분화된 낮은 차원의 복합계. 다양한 색깔의 장미들이 있습니다. 그런데 21-3 오른쪽 맨 아래 르동 Odilon Redon, 1840-1916 의 그림 〈꽃병의 꽃 Vase de Fleurs〉은 어떨까요? 높은 차원의 복합계죠. 꽃들이 종류도 다양하고 색깔도 여러 가지지만 분산되지 않고 하나의 미적 감각을 지닌 융화된 느낌으로 승화된 것이죠. 바로 이 느낌, 설명할 수는 없지만 예술 작품은 우리가 보는 순간 아는 것이죠. 그 진가를 아는 겁니다. 높은 차원으로 통합된 복합계이기 때문에 가능한 거죠.

동물들이 지니는 느낌은 어떤 것일까요? 상어, 퓨마, 사람 모두 분노를 표출할 때는 동일한 표정을 짓습니다. 분노라는 감정은 생물학적으로 같은 기원을 갖고 있죠.

동물 집단에는 사회적 감정이 있습니다. 최근에 사진으로 본 것인데, 길 가던 개가 차에 치었습니다. 동료 개가 구출하죠. 개를 친 트럭과 비슷한 차가 지나갈 때마다 계속 짖습니다. 동물, 포유류, 개에게도 강렬한 감정, 사회적 감정이 있다는 거죠.

조금 더 올라가서 충동, 동기까지 가면 어떻게 되느냐? 조증이라는 게 있죠. 성질이 급한 사람들에게서 나타납니다. 상식과는 달리 성질이 급하거나 화를 잘 내는 것이 판단력에 도움됩니다. 도널드 트럼프, 오프라 윈프리, 마사 스튜어트같이 사회적으로 크게 성공한 사람들의 심리학적 배경이 약간의 조증이라는 기사도 있었죠. 사회적으로 허용되는 조금은 과잉된 충동성에 의해서 성공을 이룰 수 있는 겁니다. 동시에 그들에게서 그보다 높은 단계인 협의의 정서도 볼 수 있습니다. 협의의 정서 중에서도 사회적 정서죠. 사회적 정서가 긍정적인 반응을 보일 때 사회적으로 성공하는 겁니다.

그런데 이것들은 느낌의 세계의 전 단계입니다. 느낌의 세계에서는 개별적인 구성요소를 보기가 힘들어요. 느낌은 왠지, 무언지로 표출되는 세계고 창의력하고 곧장 연결되며 많은 뇌 자원을 씁니다.

느낌의 세계가 잘 표현된 그림을 보겠습니다. 21-4 그림 르동의 〈붓다 Le Bouddha〉. 유심히 한번 보세요. 느낌이 오죠. 뭔지 모르지만 느낌이 옵니다. 위대한 인물 붓다가 들길을 산책하고 있습니다. 온갖 꽃들이, 말 그대로 화엄에서 이야기하는 백 가지 잡화가 붓다 주위를 에워싸고 있고 그 뒤 하늘, 하늘 위의 후광들, 고목나무 등 모든 것이 어우러져서, 다양한 복합계가 다 어우러져서 붓다의 위대한 침묵에 초점을 맞추면서 하나의 느낌의 세계를 표출하고 있죠. 이것이 바로 창작, 창의성이 발휘되는 예술이 지향하는 세계입니다.

느낌의 세계는 진화적으로 봤을 때 불완전한 환경에 적응하기 위해서 개발되었습니다. 이 느낌이 인간에게서 창의성으로 표출됩니다. 불확실한 상황에 대처하기 위해서는 인류가 지금까지 가지고 있지 않았던 것을 만들어내야 하는 거죠. 이때 표출되는 것이 의식 수준에서 과거의 기억과 지금의 상상과 미래를 향한 추론을 한순간에 강력하게 통합하고 방대한 정보량을 처리하여 말 그대로 구원 투수로 나타나는 창의성입니다. 이러한 창의성이 느낌에 의해 강력하게 표출되는 것이 바로 예술의 세계죠.

21-4
〈붓다〉, 오딜롱 르동, 1905

정보의 양이 창의성의 질을 바꾼다

창의성에 관한 책을 몇 권 소개해보면, 우선 칙센트미하이의 《창의성의 즐거움》과 《몰입의 즐거움 Finding Flow》이 있습니다. 《창의성의 즐거움》은 창의성을 학문적으로 다룬 책이고, 《몰입의 즐거움》은 벌써 고전처럼 되었죠.

최근에 나온 뇌 과학자 모기 겐이치로茂木健一郎의 《창조성의 비밀: 번뜩이는 생각들은 도대체 어디서 오는 걸까?》도 있습니다. 한 장章의 제목이 '불확실하기 때문에 번뜩인다'입니다. 번뜩이는 것이 바로 창의성이죠. 전구가 번쩍 하고 켜지는 것처럼 생각이 떠오르는 것입니다. 왜? 불확실한 것에 대처하기 위해서. 우리가 아하 하고 무릎을 칠 때 그 대상이 뭡니까? 답을 구하고 있던 불확실한 질문들이죠. 그래서 창의성의 비밀은 무엇이냐? 불확실성을 견디기 위해 감정이 출현했다는 겁니다. 우리 뇌는 불확실성을 사랑하고 적절한 맥락을 가진 그 불확실성을 계속 모니터링한다는 거죠.

이 책에서 특히 주목해야 할 것이 충분한 학습량이 있어야 번뜩임이 일어난다는 겁니다. 복합계를 이야기하면서도 강조했는데, 창의성 역시 머리 좋은 사람이 아무런 정보도 없이 어느 날 갑자기 뚝딱 하고 만들어낼 수 있는 게 아닙니다. 진정한 창의성과는 반대되는 이야기죠. 창의성도 정보의 양이 먼저 충분해야 합니다. 그래서 어느 분야든 창의적인 결과물을 내려면 10년 이상 학습에 몰입하여 집대성해야 합니다. 이 점을 간과해선 안 됩니다.

창의성의 전제 조건은 공부의 양입니다. 일단 정보량이 임계치를 넘어서야 합니다. 임계치를 넘은 정보는 질로 바뀝니다. 모기 겐이치로도 이렇게 말하죠.

> 충분한 학습량이 있어야 번뜩임이 일어난다.

그리고 이 번뜩임은 강렬한 감정과 연결됩니다. 그러면 어떤 사람이 공부를 잘하느냐? 많은 관찰을 통해서 느낀 것이 있습니다. 공부를 잘하는 사람은, 창의적인 사람은 감정이 풍부해야 합니다. 그래서 자녀를 공부 잘하는 학생으로 만들고 싶다면 어릴 때부터 감정을 풍부하게 하는 법을 가르쳐야 합니다. 이것이 우선입니다. 감정과 기억은 거의 비슷한 뇌 영역에서 생성됩니다. 즉 감정이 풍부하면 기억력이 좋죠.

《창조성의 비밀》을 보면 '기억의 편집'이라는 또 한 가지 흥미로운 이야기가 나옵니다. 창의성이 뛰어난 사람이 되려면 임계치에 해당하는 10년 이상 정보를 모으고, 모은 정보를 편집해야 한다는 것이죠. 정보와 정보를 변형시키고 새로운 정보와 정보를 연결시키는 정보의 편집이 바로 창의성을 키우는 과정이라는 겁니다. 창의성은 어디서 갑자기 툭 떨어져서 생겨나는 것이 아닙니다. 쌓인 정보에서 편집이 일어나고 새로운 정보가 더해지는 과정에서 새로운 문제에 대한 해답을 내는 것, 이것이 바로 창의성입니다.

과학칼럼니스트 이인식 씨가 어느 실험 데이터를 설명하면서 "천재는 머리보다 땀"이라는 말을 한 적이 있습니다. 흔히 천재라는 사람들은 특별한 방식으로 사고하고 추론할 것이라 생각했는데 그렇지 않다는 거죠. 천재들이야말로 특별한 방식이 아니라 방대한 데이터베이스를 먼저 확보하고 있었던 겁니다. 우라늄을 농축해서 임계질량을 넘어서야 핵분열이 일어나지 않습니까? 인간 지능도 똑같아요. 양이 임계치를 넘는 순간 질로 바뀌는 것이죠. 그전까지는 어떻게 해도 질로 바뀌기가 어렵습니다.

정보의 양이라는 관점에서 다산 정약용의 생애는 주목할 만하죠. 다산이 강진 읍내에서 7년, 다산초당에서 11년 해서 18년 동안 유배 생활을 했습니다. 다산은 우리나라 역사상 가장 많은 저술을 남겼죠. 책을 짓는다는 것이 결코 간단한 일이 아닌데 어떻게 유배 간 사람이 방대한 양의 책을 지어낼 수 있었을까요? 다산초당에 있었던 11년 동안 엄청난 데이터베이스에 접속하고 있었어요. 그 데이터베이스가 바로 해남 윤씨들이 축적한 1천여 권 이상 되는 장서죠. 중국을 왕래하면서 모은 그 당시의 서양 과학책들도 있었습니다. 정약용의 외가 쪽으로 죽 올라가면 고산 윤선도가 있는데, 정약용의 외가가 바로 해남 윤씨 종가입니다.

다산이야말로 조선시대에 공부할 수 있는 조건을 다 갖춘 사람이었어요. 하나는 방대한 정보량, 또 하나는 정보를 읽고 맥락에 맞게 연결하는 면밀한 관찰력. 다산이 관료였거나 정권 근처에 오래 있었으면 그럴 수 있었을까요? 격동하는 당쟁 속에서는 평정심을 지킬 수가 없죠. 그런데 유배지 다산초당에 있던 동안에는 자신의 의지대로 시간을 관리할 수 있었고 환경도 고요했죠. 방대한 데이터베이스와 고요한 내적 평정(내적 느낌). 그 균형의 세계에서 많은 정보를 섭렵하고 체계화하며 양을 질로 바꾼 것입니다. 결국 천재와 보통 사람 사이의 지적 능력 차이는 질보다 양의 문제일 수 있는 겁니다.

4부

우주라는 시공간에서 깨어진 대칭은 다시 대칭으로 돌아간다.
우주 생명체인 인간 역시
생각의 대칭을 깨고 다시 대칭으로 향하고
또다시 생각의 대칭을 깨고 대칭으로 돌아가며
바로 지금 이 순간보다 완전한 존재를 향해 움직인다.

창조하는 뇌,
대칭이 깨어지고
생각이 확장되다

22강 대칭이 깨어진 세계에서

1강에 나왔던 에셔의 그림을 떠올려봅시다. 완벽한 대칭에서 개별 생명체로 분화되는 한 방향과 반대로 대칭성을 회복해가는 또 다른 방향을 볼 수 있죠. 이 두 방향을 시간이 흘러 온 순서로 보면 이렇습니다. 빅뱅에서 대칭이 깨어지고, 우주의 네 가지 힘으로 분화되고, 중성미자와 광자에 대하여 우주가 투명해지며, 수소 원자와 헬륨 원자핵인 알파 입자가 형성되어 은하와 별이 형성되고, 항성 내부에서 핵융합과 초신성 폭발이 일어나 수소와 헬륨 이외의 주기율표 원소 대부분이 생성됩니다. 그리고 그런 원소들로 행성과 생명이 출현하죠.

생명 시스템에서 중요한 것은 원핵 생명체 세포 내부로 미토콘드리아와 엽록체의 세포 내 공생이 일어나 진핵세포가 출현한 것입니다. 이후 다세포 생명체로 진화하여 생명의 많은 진화 가지에서 인간의 의식 작용에까지 이르게 됩니다.

빅뱅 이후

우주 전체를 조망해봅시다. 우리 은하가 보입니다. 무수하게 많은 별을 지나면서 은하수 전체 조감도가 보입니다. 대마젤란 은하, 안드로메다 은하 등 우리 은하 부근의 20여 개 국부 은하가 확확 나타나고 있죠. 수천 개의 점, 수천 개의 은하가 마구 모여들고 있습니다. 지금 우리는 팽창하는 우주를 거꾸로 여행하고 있습니다.

초기에 은하들을 형성했던 우주 물질들의 불균일한 분포가 보입니다. WMAP 관측위성이 포착했던 우주 초기 38만 년의 모습이죠. 빅뱅에 가까워지고 있네요. 드디어 눈앞이 하얗게 되면서 엄청난 폭발이 일어납니다. 빅뱅이죠. 그러나 인류가 지금까지 관찰한 가장 초기의 우주는 빅뱅 후 38만 년 지나 전자가 수소 원자핵에 구속된 결과 빛이 우주에 대해 투명해진 시점의 모습입니다.

1965년에 벨연구소의 천문학자 윌슨과 펜지어스가 전파망원경으로 빅뱅에서 기원한 우주배경복사를 지상에서 측정했죠. 지상에서 측정한 마이크로파 파장에 대한 수신광의 세기를 표시해 얻은 에너지 분포 곡선으로 이때의 온도가 몇 도인지 알 수 있었습니다. 열역학의 빈의 공식으로 계산할 수 있죠. 절대온도 2.75K가 나왔죠. 지구 표면에서 잰 우주의 온도가 2.75K, 지구의 온도 단위로 하면 대략 -270℃인 겁니다. -270℃쯤 되면 공기 속의 질소가 액체가 되고, 3K 정도 되면 기체 헬륨도 액체가 되어버립니다.

여기서 -270℃라는 극히 낮은 온도의 전자기파가 우주 모든 곳에서 균일하게 수신되었죠. 그 온도가 너무 낮아서 어느 정도인지 상상할 수도 없을 겁니다. 우리 지구만 봐도 열대지방이 40℃나 되고, 우리 몸의 온도도 36℃나 되지 않습니까. 이러니 이런 우주의 극저온 평균 온도를 어떻게 받아들일 수 있겠습니까. 그러나 이것이야말로 천문 현상을 보는 한 가늠자입니다. 지구나 태양은 우주 전체에서 말 그대로 한 점에 불과합니다. 우주 전체 온도에 아무런 영향을 못 미치죠. 영원히 침묵하는 절대 진공의 우주 공간 전체의 온도는 -270℃입니다.

2.75K 우주배경복사의 발견. 20세기 천문학에서 가장 위대한 업적이죠. 노벨상도 받았습니다. 그러고 나서 대기에 의한 감쇄를 피하기 위해서 1992년에 우주 공간의 인공위성에서 온도를 측정했죠. 이것이 유명한 코비위성입니다. 코비위성으로 우주 공간의 온도를 재봤더니 놀랍게도 지구 지표면에서 잰 것과 거의 동일했습니다.

여기서 천문학자들이 왜 우주의 온도를 계속 재려고 하느냐 하는 의문이 들 겁니다. 우주 여러 곳에서 빅뱅파를 정밀하게 측정하기 위해서죠. 우주 전체의 온도가 완전히 균일하다면 은하와 별은 형성되기 어렵습니다. 우주에서 은하가 형성되고 지금 우리의 존재를 설명하기 위해서는 초기 우주가 영역에 따라서 미세한 온도 편차를 보여야 합니다. 10만분의 1도 정도로 영역별로 온도 차가 존재해야만 지금의 은하 같은 물질들의 응집을 설명할 수 있는 겁니다.

2001년에 쏘아 올린 WMAP 관측위성이 빅뱅 후 38만 년 지난 시점에서 38만 년의 온도를 측정한 결과가 2003년 11월에 공개되었습니다. 2003년 《사이언스》가 선정한 그해의 10대 과학적 발견 중 첫 번째로 꼽혔죠.

그 결과에 따르면, 이때의 에너지 분포 값들을 2차원 구면 좌표로 옮겼을 때 우주 전체에서 온도가 높은 곳하고 낮은 곳의 온도 차가 10

만분의 1도 정도밖에 안 됩니다. 10만분의 1도라는 온도 차가 미미한 것 같지만, 이것이 우주 초기의 온도 분포라는 것을 생각해야 합니다. 137억 년 지나는 동안 이 미세한 온도 차에 의해 온도가 높고 낮음에 따라 물질 덩어리들이 형성되죠. 그 초기 물질의 덩어리들이 현재 관측되는 은하보다 더 크고요.

2006년에는 코비위성 연구팀의 조지 스무트가 지구 궤도에서 빅뱅 잔류파를 측정한 것으로 노벨 물리학상을 받았습니다. 우리 우주가 빅뱅이라는 태초의 현상에서 시작되었다는 빅뱅이론은 오랫동안 가설이었으나 이제는 빅뱅에 관한 것은 단순한 이론이 아니죠. 실험적 관측 결과를 바탕으로 증명된 확고한 사실입니다. 이 말은 곧 우주론이 실험 데이터가 없는 분야가 아니라 과학적으로 규명할 수 있는 측정 가능한 정상 과학 영역, 정밀과학의 영역으로 들어왔다는 것입니다. 과학의 역사에서 일대 획기적인 사건입니다. 스티븐 호킹이 우주 배경복사의 정밀 측정을 "1세기에 하나 있을 만한 위대한 발견이다"라고 이야기하기도 했죠.

이것으로 빅뱅은 과학계에 강력한 우주론으로 등장하게 되었습니다. 사이먼 싱Simon Singh, 1964- 의 《빅뱅Big bang: The origin of the Universe》이란 책은 지난 500년간의 천문적 역사를 통하여 빅뱅이론이 어떻게 검증되었는가를 잘 설명하고 있죠. 빅뱅 우주론을 가장 강력하게 뒷받침한 초기 우주론 중 하나가 앨런 구스의 인플레이션 이론inflation theory (급팽창이론)입니다. 빅뱅 후 곧 우주가 10^{50}배로 팽창했다는 것이죠. 그동안 우주 팽창에 관한 많은 이론이 있었는데, 이 인플레이션 이론이야말로 WMAP 관측위성의 측정 결과에 가장 근접한 것입니다.

빅뱅이 터진 후 아주 찰나에 네 가지 힘이 분화되어 나온다고 했죠.

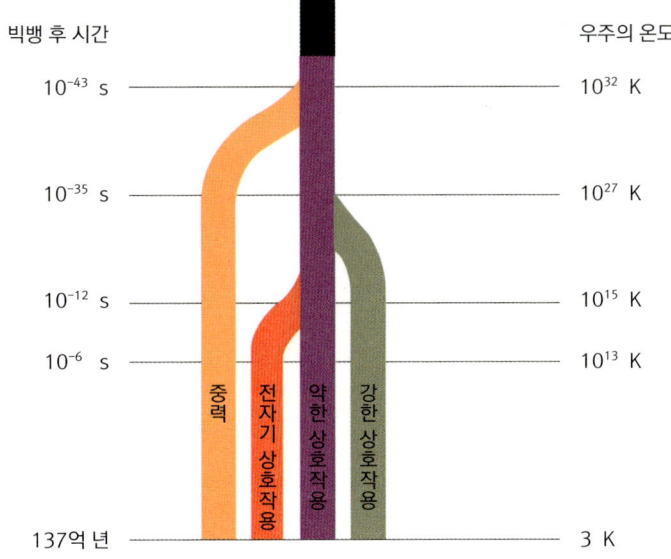

22-1 우주의 네 가지 힘의 분화

네 가지 힘이 우주 속에서는 하나였다가 극히 찰나의 시간에 분화된다. 빅뱅 10^{-43}초 후 중력이 먼저 분화되고, 강한 상호작용, 약한 상호작용, 전자기 상호작용의 분화가 이어진다.

 그때의 시간이 10^{-43}초, 플랑크 타임이라고 하죠. 이때 차별화되어 분리된 힘이 중력입니다. 그러다가 또 하나의 힘인 강한 상호작용이 분화되어 나오죠. 그다음에 약한 상호작용과 전자기 상호작용이 서로 분리됩니다. 여기서 상호작용은 입자 상호 간 작용하는 힘과 같은 의미입니다.

 태양계 같은 행성계를 만드는 데는 중력이, 지구처럼 행성에서 생명이 발현되는 데는 전자기 상호작용이 중요합니다. 전자기 상호작용은 크게 네 가지 결합력으로 나눌 수 있습니다. 공유 결합, 이온 결합, 금속 결합, 수소 결합. 이 가운데 특히 생명과 관련된 것은 수소 결합과 공유 결합입니다. 수소 결합은 DNA 2중 나선을 결합하는 힘이고, 공유 결합은 지구 맨틀 층과 지표면에 있는 이산화규소(SiO_2)나 우리 몸의 여러 유기분자의 구조를 만들어내는 힘입니다. 그리고 이온 결

22-2
온도 변화에 따라 일어난 우주의 사건들

온도(K) 축: 10^{35} 중력 분리, 10^{27} 강한 상호작용 분리, 10^{15} 약한 상호작용, 전자기 상호작용 분리, 10^{13} 쿼크 결합, 10^{10} 중성미자 투명화, 10^6 헬륨, 원자핵 생성, 10^3 광자 투명화, 2.75 1천억 개 은하 형성

시간(년) 축: 10^{-43}, 10^{-35}, 10^{-12}, 10^{-6}, 1초, 3분, 38만 년, 137억 년

합은 염화나트륨(NaCl)처럼 전기를 띤 원자인 이온 간의 정전기적 결합력으로 화합물을 만드는 힘이죠. 금속 결합은 금속에 고루 퍼진 전자들과 이온들이 서로 전기적으로 잡아당겨 전도성 강한 금속 상태를 이루는 전자기적 결합입니다.

스티브 와인버그의 《태초의 3분》 기억나십니까? 네 가지 힘의 분화에 이어지는 게 '최초의 3분'간의 일이죠. 빅뱅이 터지고 나서 쿼크가 세 개 모여서 하드론을 형성하여 수소 원자핵이 만들어지고 중성자 두 개와 양성자 두 개로 이루어진 헬륨 원자핵까지 형성됩니다. 수소와 헬륨, 두 가지는 우주의 가장 중요한 구성 요소죠. 지금 우주의 별을 구성하고 있는 원소들을 보면 수소가 70%, 헬륨이 25%를 차지할 정도입니다.

별과 행성뿐만 아니라 생명체를 구성하는 데도 수소와 헬륨은 매우 중요합니다. 행성 시스템이나 생명 시스템은 어쩌면 수소가 타고 남

은 재에서 생겨난 부차적인 현상이라 볼 수 있습니다. 수소와 헬륨 외 92번 우라늄까지의 원소들은 초신성 폭발로 만들어지거나 항성 내부의 핵융합의 원소 합성 과정으로 만들어집니다.

수소 원자핵이 있습니다. 이 원자핵을 중심으로 전자가 주위 공간의 열에너지에 의해서 굉장히 빠른 속도로 자유롭게 열운동하고 있습니다. 그 결과 우주가 팽창하면서 식어가게 되고, 전자의 열운동 속도도 떨어집니다. 그러면 전자가 수소 원자핵인 양성자의 전자기 상호작용에 의해 속박됩니다. 즉 전하를 띤 입자 간의 결합력인 쿨롱 힘에 의해 전자와 양성자가 하나의 짝을 이루게 되는 겁니다. 그래서 수소 원자가 탄생되죠. 수소 원자의 전자가 에너지를 흡수하여 자유전자가 되는 현상을 이온화라 합니다. 수소 원자가 이온화된 수소 이온 농도의 역수에 상용로그를 취한 값이 바로 산과 알칼리의 기준량이 되는 pH 값이죠.

전자가 자유로운 상태였을 때로 돌아가봅시다. 우주 공간에서 자유롭고 아주 분주하게 움직이죠. 빛 알갱이 포톤이 전자에서 난반사해서 빠져나올 수 없습니다. 이때 "우주가 안개 같은 상태다", "빛에 불투명한 우주다"라고 표현하죠. 그런데 온도가 3,000K쯤 되었을 때 우주가 팽창한 결과 온도가 떨어지고, 그래서 전자의 운동 속도도 점점 떨어지면서 양성자의 플러스 전하와 전자의 마이너스 전하 사이의 전기적 인력에 의해 전자가 수소 원자핵에 갇히게 됩니다. 수소 원자핵에 속박되면서 전자가 더는 공간에서 분주하게 운동하지 않고 아주 작은 구역에만 존재하게 되죠. 어디에? 원자 속에만 존재하게 되는 겁니다.

전자가 양성자에 포획되어 수소 원자가 형성되면서 빛과 난반사하던 장애물, 즉 자유전자가 없어지면 포톤 입장에서 봤을 때 우주가 투명해져버립니다. 그러면 포톤이 더는 충돌하지 않고 광속도로 우주 팽창과 더불어 쏜살같이 나오죠. 그 시점이 바로 빅뱅 후 38만 년 지났을 때입니다.

2003년에 WMAP 관측위성 마이크로웨이브 관측기가 이때 쏟아져 나온 빛을 관측한 결과를 공개했죠. 최초의 우주, 베이비 우주를 거쳐 양자 요동 quantum fluctuation 에 의해서 (인플레이션 이론에 따르면) 10^{50}배로 우주 전체가 팽창한 겁니다. 거의 양성자 크기만 했던 우주의 10^{50}배 팽창은 거대한 우주의 균등성을 설명해줍니다.

우주 전체의 균일한 물질 분포 속에 국부적 물질 편차가 있죠. 바로 은하 집단들입니다. 우주 초기에 10만분의 1의 온도 편차가 생깁니다. 아주 미세하지만 이 불균일이 씨앗이 되어서 중력의 편차가 생기죠. 물질이 많이 모이는 곳과 물질이 성긴 곳으로 구분되면서 많이 모이는 곳에서 별이 만들어지고 은하를 형성하게 됩니다. 최초의 별은 우주가 생기고 나서 2억 년 후에 만들어지죠. 우주가 생겨나 137억 년이 흐른 지금 1천억 개의 은하가 형성되었습니다.

10만분의 1의 편차가 우주 공간에서 얼마나 놀라운 현상인지 지구와 비교해보면 바로 알 수 있을 겁니다. 지구에서 온도 편차는 어떻습니까? 극지방은 -40℃, 적도는 40℃. 편차가 거의 80℃에 가깝죠. 실내에 있을 때만 해도 그 차가 얼마나 큽니까? 사람은 37℃, 공기 중은 20℃. 온도 편차가 한 17℃ 됩니다. 우주 전체, 우주 공간 전체의 온도는 어떻습니까? 온도가 떨어진 지금은 -270℃입니다. 절대온도 2.75K. 지금 우주 공간의 온도죠.

22-3 그림 아래의 타원이 태초에 빅뱅이 터지고 38만 년 지났을 때

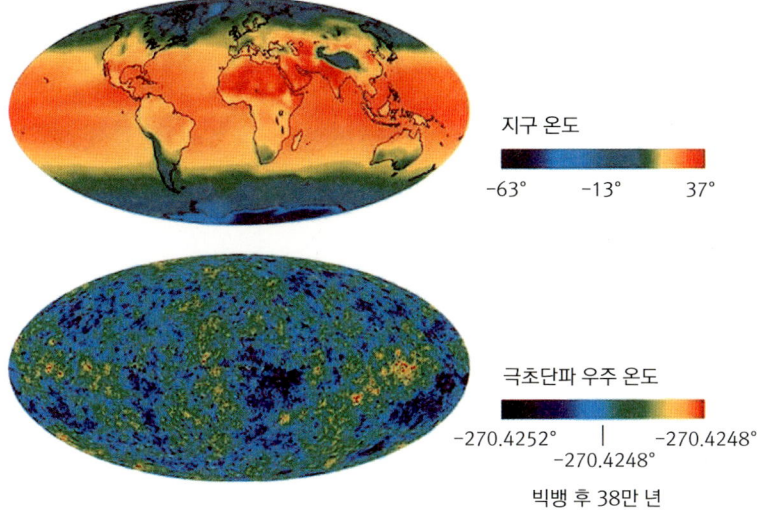

22-3
지구와 빅뱅 후 38만 년 우주의 온도 분포

우주의 모습입니다. 여기서 파란색과 노란색의 온도 차는 10만분의 1도입니다. 거의 균일하다고 봐도 될 정도입니다. 그리고 이 10만분의 1의 온도 차가 물질의 응축을 가져올 수 있고, 이것으로 137억 년이 지난 현재 우주의 은하와 별 그리고 우리의 기원을 설명할 수 있죠.

실제로 38만 년 때 우주 물질 분포로 형성된 시공의 곡률을 시뮬레이션한 것과 측정 결과를 비교해본 결과 137년이 지난 지금 우주는 평평하다는 결론을 얻었습니다. 22-4 그림처럼 왼쪽의 시뮬레이션 데이터들을 맨 오른쪽에 있는 WMAP 관측 데이터와 비교해보면 가장 근접한 것이 평평한 우주와 가깝습니다.

22-4
평평한 우주

대칭의 깨어짐에서 생명이 만들어지다

과학 칼럼니스트 콜K. C. Cole의 《우주의 구멍The hole in the universe》이라는 책을 보면 이런 이야기가 나옵니다.

> 공간은 수많은 방향과 차원으로 움직일 수 있다. 그러나 시간을 제거하면 원인과 결과는 산산조각이 난다. 물리학자들이 우주를 이해하면 할수록 점점 더 대칭으로 보인다. 150년 전만 해도 전기와 자기는 완전히 별개로 여겨졌지만 지금은 그것들이 같은 현상의 다른 측면임을 알고 있다.

1강에서 "그것이 그것이다"라고 했던 전기와 자기, 물질과 에너지, 중력과 시공의 곡률 등이 결국 같은 현상이라는 거죠. 다시 말해서 같은 현상으로 돌아가는 것은 대칭을 회복한다는 말입니다.

반대로 조지 스무트의 《우주의 역사》의 원제가 링클스 오브 타임, 시간에 있어서의 굴곡이죠. 시공이 평평한 것, 그것은 결국 물질과 에너지가 전혀 없는 '무'입니다. 아무것도 존재하지 않는 완벽한 유클리드 기하학(평면이나 찌그러짐 없는 공간에서의 물체의 성질을 다루는 것이 헬레니즘 시대 알렉산드리아의 수학자 에우클레이데스BC 365-BC 275가 구축한 유클리드 기하학이고, 곡면이나 휘어진 공간에서의 물체의 성질을 다루는 것이 비유클리드 기하학)의 세계죠. 하지만 시간의 굴곡이라는 말은 시공에 어떤 흔들림이 있다는 겁니다. 그 흔들림이 물질을 만듭니다. 아인슈타인의 중력장 방정식에 따르면, 시공의 곡률과 물질-에너지 텐서가 서로가 서로를 규정하기 때문이죠. 콜은《우주의 구멍》에서 우주 배경복사를 이렇게 설명합니다.

> 시간과 공간, 즉 무無의 조각인 태초의 인스탄톤(순간자 또는 시공의 조각)이 있다고 하자. 이것은 양자역학적으로 요동한다. 그다음에 인스탄톤은 팽창하여 우주가 된다. 그러면 원자보다 미세한 이 흔들림은 어떻게 될까? 우주와 함께 어마어마한 크기로 뻥튀기된다. 이 미세한 요동은 오늘날 은하계보다 더 커졌다. 따라서 이제까지 태어난 모든 사람은 자신들의 몸을 구성하는 원자들 속에 태초의 요동의 흔적을 간직하고 있다고 말할 수 있다. 이 요동은 우주 최초의 빛인 대폭발의 잔광에 흔적을 남겼고, 우리는 그것을 볼 수 있다.

태초의 38만 년이 지나고 나서 온도 편차에 의해 나타난 미세한 요동의 흔적은 은하 형성 과정에서도 볼 수 있습니다. 물질들의 망들, 수백억에서 수천억 개의 별이 모여서 중력으로 결합한 것이 거대한 은하죠.

은하 내에서 별들의 일생은 초기 질량에 의해 크게 세 가지로 구분됩니다. 태양보다 30배 이상 더 큰 별들은 초신성 폭발을 거쳐서 마지막에 블랙홀이 되고, 태양 질량의 1.4배인 찬드라세카르 한계 이하의 별들은 백색왜성이 되죠. 60억 년 후 태양 역시 마지막에 백색왜성이 될 것이라고 합니다. 태양 질량의 3배에서 10배쯤 되는 별들은 초신성을 거쳐서 코어 영역이 중성자로 이루어진 별, 중성자성을 형성합니다.

최근 측정한 것에 따르면 초기 질량이 태양의 100배쯤 되는 별도 있었죠. 초기 질량이 커지면 별의 수명이 이와 반비례해서 굉장히 짧아지는데, 생긴 지 수십만 년, 수백만 년 만에 일생이 끝나는 별들도 있습니다. 최근 굉장히 무거운 별들의 폭발 현상이 관측되었죠.

별들은 다양한 형태로 분포되어 있습니다. 은하, 성단(클러스터라고 하며, 산개성단 open cluster 과 구상성단 globular cluster 이 모두 포함된 것), 성운 등이 담긴 메시에 목록을 봐도 알 수 있습니다. 메시에 넘버 1이 유명한 게성운 crab nebulae 이죠. 1054년에 우리 은하에서 폭발한 초신성인데, 중국 송나라 사서史書에 23일 동안 대낮에도 밝게 보였다고 기록되어 있습니다. 메시에 넘버 31이 우리 은하가 포함된 국부 은하계에서 가장 큰 안드로메다 은하입니다.

최근에는 별이 형성되는 구체적인 모습까지 관측할 수 있습니다. 핵융합이 막 일어나는 초기 단계에서 바이폴라 이젝션 bipolar ejection, 즉 극 방향으로 물질의 강력한 분출이 일어납니다. 그것으로 스타 탄생이 이루어지는 것이죠. 스타, 즉 별이라는 것은 핵융합으로 불타는 수소 가스들입니다. 태양 같은 별도 그렇게 형성되죠. 이때 가벼운 수소가 안쪽으로 모이고 무거운 원소들이 바깥으로 돌아 태양계가 만들어집니다.

최근 천문학자들이 실제로 관측한 300만 개의 은하를 가지고 2차원 지도를 그려봤어요. 그랬더니 놀랍게도 은하의 분포가 거의 균일하게 나타났습니다. 현대 천문학에서 중요한 관측 결과 중 하나죠. 우주 전체라는 거시적 수준에서는 아직도 물질이 균일하게 분포한다는 겁니다. 그러한 우주적 규모의 균일성에도 불구하고 태양계 같은 국부적인 지역, 특히 지구 표면에서 네 가지 힘 가운데 주로 전자기 상호작용과 중력의 작용으로 생명체가 발현되었다는 게 참으로 놀라운 거죠.

지구 생명의 조물주, 미토콘드리아

에델먼이 《신경과학과 마음의 세계》에서 "대칭이 깨어질 때만, 화학작용이 일어날 때만, 크고 안정된 분자들이 나타날 때만, 환경에 영향을 받지 않는 사건이 선택적으로 일어날 때만 기억은 마음이 출현하게 이끈다"고 했죠. 대칭은 물리학자들에게도 중요하게 다루어지는 것입니다. 브라이언 그린Brian Greene의 《우주의 구조The Fabric of the Cosmos: Space, Time, and the Texture of Reality》에 이런 구절이 있습니다.

> 리처드 파인만이 이런 말을 한 적이 있다. "현대과학이 이룩한 모든 업적 중에서 가장 중요한 것을 골라 하나의 문장으로 요약하라면, 나는 '이 세계는 원자로 이루어져 있다'는 문장을 꼽을 것이다. 그런데 여기에 또 하나의 문장을 추가할 여지가 남아 있다면 아마도 대부분의 과학자들은 '우주가 운영되는 법칙의 저변에는 대칭성이 깔려 있다'는 문장을 선택할 것이다."

생명현상 역시 대칭성과 무관할 수 없습니다. 우주 대칭이 깨어져 네 가지 힘이 분화되어 전자기 상호작용이 출현한 후에야 지구 생명현상의 발현으로까지 연결되니까요.

대략 35억 년 전 지구상에서 태초의 생명현상이 일어났죠. 그 무렵에 생명 진화 역사에서 중대한 랑데부가 하나 있었습니다. 미토콘드리아라는 하나의 생명체가 커다란 아메바성 생명체와 세포 내 공생관계를 형성하면서 다세포 생명체로 나아가는 길을 열어준 것이죠. 루이스 토머스Lewis Thomas, 1913-93라는 미국의 생물학자가 쓴《세포라는 대우주The lives of a cell》라는 책에 생명체에 있어서 미토콘드리아가 갖는 중요한 역할이 무엇인지 잘 기술되어 있습니다.

> 미토콘드리아 속에 있는 리보솜도 박테리아의 것을 닮아 있으며 동물의 리보솜과는 다르다. 미토콘드리아는 세포 속에서 새로이 생겨나는 것이 아니다. 그들은 언제나 그곳에 존재하고 세포의 복제와는 관계없이 스스로의 힘으로 자신을 복제한다. 그들은 난자로부터 신생아로 전해진다.

유명한 미토콘드리아 이브 프로젝트라는 것이 여기에서 나옵니다. 정자가 수정란으로 들어갈 때 정자 꼬리에 있는 미토콘드리아는 대부분 잘려서 들어가지 못합니다. 그 결과 우리 몸을 구성하는 미토콘드리아는 대부분 여성의 난자를 통해 전해집니다. 그래서 미토콘드리아의 유전자를 계속 추적해보면 전 인류가 어느 집단에서 나왔는지 알 수 있다는 것이죠.

보편적인 견해에 따르면 미토콘드리아는 스스로 호흡할 수 없는 세포에게 ATP를 공급하기 때문에, 또는 광합성 장치를 갖추지 않은 세포에게 탄수화물이나 산소를 마련해주기 때문에 붙들려서 노예가 된 생물체로 인정되고 있다.

미토콘드리아가 하는 중요한 일이 무엇이냐 하면, 세포 내에서 식물이 만든 포도당을 마지막으로 산화해서 에너지 ATP를 만드는 것이죠. 호흡 작용이라고도 합니다.

계산할 수는 없지만 건조량으로 볼 때 미토콘드리아의 양은 내 몸의 나머지 양과 맞먹을 정도가 아닌가 싶다. 그렇게 보면 나는 호흡하는 박테리아의 대단히 커다란 움직이는 식민지라고 할 수 있다. 그리고 그 박테리아가 그들의 동료들을 즐겁게 하며 생명을 유지시키기 위해서 세포핵과 소기관과 신경세포로 이루어진 복잡한 시스템을 운전하고 지금 이 순간에는 타자기를 두들기고 있는 것이 된다.

루이스 토머스는 세포를 관찰하면서 공포를 느낍니다. 물을 제외한 자기 몸의 약 50%를 독립된 생명체 미토콘드리아가 차지하고 있다는 생각에요. 그리고 그것이 어쩌면 자기를 식민지로 삼고 있는지도 모른다는 겁니다. 미토콘드리아에 대한 이 놀라운 사실을 타이핑하는 순간에도 바로 그 미토콘드리아가 자기를 식민지로 삼아 손가락까지 움직이게 한다는 거죠. 미토콘드리아 때문에 그는 자신의 주체성에 의문을 갖게 됩니다.

내가 하등생물의 자손인 것을 처음 들었을 때도 나는 개의치 않았다. 그러한 것들이 종의 개량의 일부를 이루고 있다고 생각하면 만족할 수 있었다. 하지만 이것은 전혀 다른 이야기가 된다. 내가 핵이 없는 단일세포의 후손이라고 기대한 적은 없었다. 만약 그것뿐이라면 나는 아직 참을 수 있다. 이러한 상황이므로 위엄을 갖추려 해도 허사이고 그러한 것은 지키려 하지 않는 편이 낫다. 차라리 그것은 하나의 신비이다. 그들은 그곳에 있어서 내 세포질 속을 돌아다니고 내 육체를 위해서 호흡하고 있다. 그러나 그들은 타인인 것이다.

그들은 서로서로 타인처럼 느끼고 있지만 생각해보면 같은 생명체이고, 정확히 같은 생명체가 갈매기나 고래나 해변의 사구에 돋아난 풀이나 해초나 집게류 따위의 세포 속에 들어 있는 것이다. 좀 더 내륙으로 들어서면 나의 집 뒤뜰 너도밤나무의 잎사귀나 그 뒤편 울타리 밑에 서식하는 스컹크 일족이나 창문에 앉은 파리의 세포 속에도 미토콘드리아가 있는 것이다. 그들을 통해서 나는 다른 것들과 연결되어 있다.

모든 생명체가 미토콘드리아로 연결되어 있음을 토머스 루이스는 순간적으로 깨닫습니다. 미토콘드리아를 알면 알수록 공포감에서 신비감으로 바뀌면서 전율이 느껴집니다.

도처에 언젠가 이사 간 가까운 나의 친척들이 있다. 의식을 집중시키면 그들의 존재를 느낄 수 있는 것만 같다. 그들에 대해서 내가 좀 더 알 수만 있다면, 더 나아가서 그들이 어떻게 해서 우리 몸의 동조성을 유지할 수 있는지 알 수만 있다면, 나는 나 자신에게 음악을 설명할 새로운 방법을 알아낼 수 있을 것이다.

우리 몸 모든 세포에 있는 지금도 꿈틀거리는 듯한 미토콘드리아에 대해서 좀 더 알 수만 있다면, 수십억 년 동안 우리 세포 속에서 완벽하게 공생하고 있는 미토콘드리아의 동조성을 이해할 수 있다면 우리의 존재를 이야기할 수 있을 겁니다. 생명의 근원적 리듬을 이해할 수 있는 거죠.

도킨스도《조상 이야기》에서 이렇게 말합니다.

> 세포 공생은 '위대한 랑데부'다. …… 진핵생물들은 세균들의 표면에 있는 변덕스러운 거품에 불과하다.

세포 공생에 비해 진핵생물에 대한 평가가 좀 심하다 싶죠. 진핵생물은 육안으로 보이는 식물, 동물, 균류 등의 모든 생명체입니다. 그 모든 생물이 원핵 생명체 미토콘드리아가 큰 아메바성 세포와 공생 관계를 통해 나타난 것임을 이야기한 것입니다.

그러면 우리 몸 어디에 미토콘드리아가 있는 걸까요? 한마디로 말하면 없는 곳이 없죠. 거의 모든 세포에 있다고 보면 됩니다. 모세혈관의 세포를 봐도 핵과 함께 미토콘드리아가 들어 있죠. 신경 축삭의 가장 많은 부분을 차지하는 것도 미토콘드리아입니다. 신경세포의 어떤 부위를 잘라도 나오는 것이 미토콘드리아죠. 신경세포가 연접되는 수상돌기 주변에도 많은 미토콘드리아가 보입니다. 축삭 말단의 시냅스에서도 미토콘드리아를 볼 수 있죠. 특히 우리 몸에서 운동을 요하는 부위에 미토콘드리아가 많습니다. 마라톤 연습을 하면 다리 근육

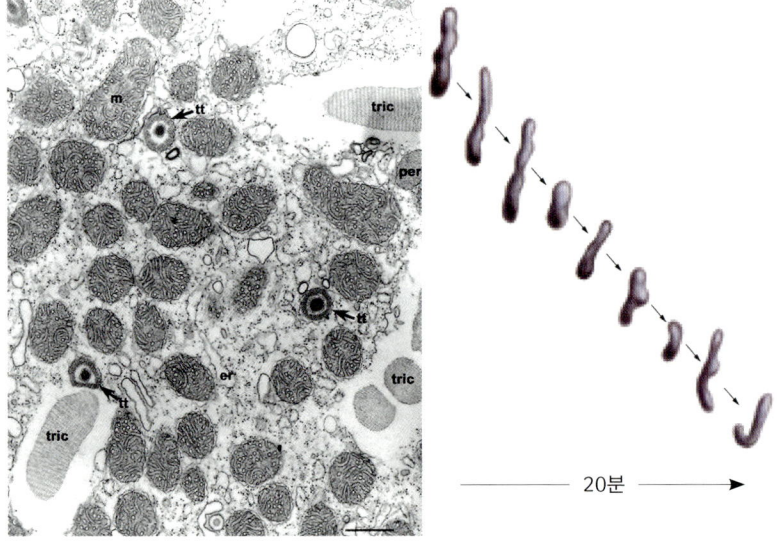

22-5
미토콘드리아의 구조

22-6
미토콘드리아의 실제 모습(왼쪽-검은 원형들)과 운동하는 모습

20분

세포에서 미토콘드리아 개수가 확 늘어나죠. 짧은 시간 내에 많은 미토콘드리아가 근육세포에서 2분법으로 분열하여 복제하는 겁니다. 따라서 근육세포의 능력도 미토콘드리아와 관련 있습니다.

TEM(빛 대신 전자로 수 나노미터대의 아주 작은 원자 배열까지 볼 수 있는 투과전자현미경)이라는 장비로 세포를 보면, 시냅스들이 있고 세포에 수백 개라고 해도 과언이 아닐 정도로 엄청나게 많은 미토콘드리아로 가득 차 있습니다. 미토콘드리아를 확대해보면 막 구조가 보입니다. 미토콘드리아는 2중 막으로 되어 있다고 했죠. 이 안쪽 막에서 여러 가지 생화학 반응이 일어나고 있습니다.

"모든 진핵생물들은 세균들의 표면에 있는 변덕스러운 거품에 불과하다"는 도킨스의 말에서 표면의 거품이라는 것이 사실은 이 막이죠. 미토콘드리아 막에서 에너지가 생기고 신경세포 막에서 신경 전달이 이루어지는 등 생명현상의 중요 과정들이 막에서 일어나는 겁니다.

생명의 에너지원 ATP 합성 머신

이렇게 동물 세포 내에 무수히 많은 미토콘드리아는 식물의 엽록체가 만들어낸 포도당, 즉 글루코스를 산화시켜서 ATP를 만들죠. ATP는 아데노신 3인산. 여기서 인산기(PO_4^{3-})를 하나씩 떼어낼 때마다 에너지가 방출되고, 그 에너지로 우리는 걷고 말하고 생각까지 할 수 있게 되었습니다.

ATP 합성 기제는 생명현상에서 맨 처음에 진화되어 나왔죠. 엽록체의 광합성과 미토콘드리아의 호흡 작용. 두 원핵 생명체의 작용이야말로 우리 생명 시스템을 떠받치고 있는 두 개의 기둥입니다. 다세포동물이 한 일은 거의 없습니다. 유일하게 한 것이 있다면 세포들을 결합해서 다세포 생명체로 나아간 것이죠.

ATP는 사실 연구 역사가 굉장히 깊습니다. ATP 연구로 노벨상이 두 번이나 수여되었죠. 1929년에 처음 카를 로흐만Karl Lohmann, 1898-1978이라는 독일의 화학자가 ATP를 발견했죠. 1937년에는 헤르만 칼카르Herman Kalckar, 1908-91라는 덴마크의 화학자가 ATP 합성효소와 세포 호흡이 연계됨을 밝혔습니다. 1939년에는 구 소련의 화학자 블라디미르 벨리체Vladimir Belitser와 치바코바E. T. Tsibakova에 의해 세포에 있어서 화학에너지를 담고 있는 것이 바로 ATP의 결합에 있음을 알게 되었습니다. 1948년에는 알렉산더 토드Alexander Todd, 1907-97라는 영국의 화학자가 ATP의 화학적 합성에 성공했죠.

1961년에는 세포 삼투압 가설, 화학 삼투압 가설을 내놓은 영국의 생화학자 피터 미첼Peter Mitchell, 1920-92이 ATP 연구의 가설을 세웠습니다. 앞에서 여러 차례 이야기했던 양성자 펌프죠. 그때까지 ATP를 이해하는 데 중간 고에너지 물질을 찾는 것이 관건이었죠. 그런데 이 사람이 양성자 이온 농도 차에 따른 전위 차 에너지가 바로 세포가 가지고 있는 에너지이며, 양성자 농도 차에 의한 전위 차 에너지가 결국은 ATP 합성효소의 터빈을 돌려서 ATP를 합성한다는 가설을 세웠던 겁니다.

ATP 합성 머신이 간단한 기계적 전기 모터, 즉 터빈이라고 했죠. 이렇게 터빈같이 돌아감을 결정적으로 밝힌 게 2004년 일본에서였습니다. 처음으로 ATP 합성효소 F1 구조에서 기계적인 구조가 구동되는 것을 보여주었죠.

1997년에는 미국의 생화학자 폴 보이어Pual D. Boyer, 1918~2018와 영국의 분자생물학자 존 워커John E. Walker, 1941~가 ATP 합성효소를 발견한 것으로, 덴마크의 생리학자 옌스 스코Jens C. Skou가 세포 내 분자 펌프를 최초로 발견하여 공동으로 노벨 화학상을 수상했습니다. ATP 분자 구조에서 인산기 3개가 중요하죠. 여기서 인산기가 하나 떨어지면 ADP가 됩니다. 또 하나가 떨어지면 AMP가 되죠. 1971년 미국의 생리학자 서덜랜드Earl Sutherland가 이 사이클릭cyclic AMP 연구로 노벨 화학상을 받기도 했습니다.

요점은 이렇습니다. 생명현상은 단독 주인공의 공연이 아니라 DNA와 ATP 합성효소라는 공동 주연이 펼치는 한바탕의 세포의 춤이라는 겁니다.

생명현상에서 가장 기본적인 것이 미토콘드리아죠. 미토콘드리아의 ATP 합성 머신이 에너지를 만들면서 쓰는 것이 수소 원자핵의 양성자 펌프입니다. 우리를 고등 생명체라고 하면서 박테리아를 원시적이라 여기는데, 이런 관점은 근본을 망각한 거죠. 아직도 우리 몸의 에너지를 생성하는 기본 메커니즘은 우주 초기에 생성된 양성자 펌프입니다. 업 쿼크 두 개와 다운 쿼크 하나가 모여서 우주 태초에 만들어진 양성자가 그대로 우리 세포 내에서 사용되고 있는 겁니다. 그래서 생명현상이라는 것은 최소 5억 년을 한순간으로 봐야 하고, 근원을 찾아가면 35억 년 동안의 진화 과정에서 초기 수억 년 내 등장한 원핵세포가 중요하다는 겁니다.

죽음의 발명

원핵세포에서 진핵세포로 진화하면서 유일하게 한 일이 여러 세포를 한 덩어리로 모은 것이라고 했습니다. 이때 나타나는 중요한 현상이 죽음이죠. 죽음이란 현상을 발명해낸 겁니다. 죽음이 뭡니까? 간이라든지 심장이라든지 우리 몸을 구성하는 60조 개의 모든 세포가 짧은 시간 내에 함께 활동을 멈추는 거죠. 단세포, 원핵세포, 세균에는 죽음이라는 것이 없습니다. 2분법으로 영원히 분열하죠. 조건만 맞으면 수 톤에 달하는 박테리아들이 짧은 시간 내에 만들어질 수도 있습니다. 우리 몸속의 대장균도 그렇죠.

미국의 세포생물학자 구디너프Ursula Goodenough 의 《자연의 신성한 깊이: 존재의 기원과 의미에 대한 명상적 에세이The Sacred Depths of Nature》라는 책을 보면 죽음이란 메커니즘을 진화적으로 표현하고 있습니다.

> 일단 생식세포와 체세포로 된 생명 주기를 갖고 있으면 불멸성은 생식세포에게 양도된다. 이것은 체세포에게 생식체를 만들 의무를 면제하고 생식체를 전달하는 전략에만 집중할 수 있게 한다. 그리고 생식체를 만들어야 하는 압박에서 자유로워진 다세포 진핵생물은 상상할 수도 없는 온갖 복잡한 구조를 만들었다.
>
> 신체 기관들은 생식세포의 전달을 책임지기 위해 최선을 다하고 죽게 되어 있다. 우리의 뇌도. 따라서 우리의 정신은 나머지 체세포와 함께 죽게 되어 있다. 이때 우리는 인간 존재의 핵심적인 아이러니의 하나에 도달한다. 즉 지각력 있는 우리의 뇌는 자기 죽음의 전망에 대한 깊은 실망과 슬픔, 두려움을 느낄 수 있는 유일한 기

관이라는 것이다. 그러나 우리 뇌의 존재는 바로 생식세포와 체세포를 분리하기로 결정하고 죽음을 발명했기 때문에 가능하게 된 것이다.

우리 몸은 체세포와 수정란을 만드는 난자와 정자 같은 생식세포로 이루어져 있죠. 생식세포는 어떤 면에서 영원히 사는 겁니다. 끊임없이 암수가 만나서 수정란을 통해 유전정보가 다음 세대로 수직으로 전달되죠. 그러나 체세포는 생식세포를 잘 전달하기 위한 전략에만 집중하고 결국 다 사라집니다. 생식세포를 잘 전달하기 위해서 체세포들이 진선미의 아름다움을 추구하고 공부도 열심히 해서 좋은 직장을 갖고 그러는 거죠. 수백만의 생물 종이 어떻게 나타나게 되었습니까? 생식세포를 잘 전달하기 위해서 환경에 적응한 결과죠.

60조 개나 되는 우리 몸의 세포 중 유일하게 우리의 사라짐을 자각하는 세포가 뇌세포입니다. 그래서 궁극적으로 의식이 출현하게 되었습니다.

죽음은 의미가 있는 것일까? 그렇다. 의미가 있다. 죽음이 없는 성性은 단세포 해조류와 균류를 만든다.

다세포동물은 다 죽습니다. 죽지 않으려면 단세포 해조류나 곰팡이 박테리아로 살면 되죠. 우리가 다세포동물인 이상 죽음을 피할 수는 없는 겁니다.

죽음은 나무, 조개, 새, 메뚜기가 되기 위해 치른 대가이다. 나의 육체적 삶은 다가오는 죽음이 만든 경이로운 선물이다.

동물들의 체세포가 환경에 적응하기 위해 형태를 진화시킨 긴 여정을 생각해봅니다. 생식세포를 끊임없이 전달하기 위해서 수억 년 동안 환경에 적응하여 생존하려고 얼마나 모습을 바꿔왔는지…….

노벨 물리학상 수상자이며 국내에도 널리 알려진 리처드 파인만. 《발견하는 즐거움》에서 생명현상을 이렇게 말합니다.

바닷가에 홀로 서서 생각하기를 시작합니다. 파도가 밀려옵니다. 분자들의 산더미가, 저마다 골똘히 자기 일에만 몰두하며, 몇조 개나 되는 분자들이 따로 그러나 함께, 하얀 파도를 일으키며. 세월이 흐르고 또 흐르고 보아줄 어떤 눈이 열리기도 전에, 해가 가고 또 가고 지금처럼 파도는 벽력같이 해변을 때립니다.
반겨주는 생명 하나 없는, 죽음의 행성에서 누구를 위해, 왜라는 물음도 없이 우주 공간에 헛되이 경이롭도록 쏟아지는 태양 빛, 그 에너지에 신음하며 파도는 쉼 없이 용틀임합니다. 지극히 작은 것 하나가 바다를 포효하게 합니다.

그림이 그려지죠. 파인만이 바닷가에 우두커니 섰습니다. 파도가 밀려옵니다. 무수하게 많은 물 분자의 광란의 춤을 보는 거죠. 분자들이 함께, 또는 따로 포말을 일으키면서 몰려오고 있습니다.
세월이 갑니다. 태초의 지구의 바다를 생각합시다. 생명이 있기 전의 바다. 많은 무생물 분자의 흐름. 많은 세월이 흐르고 나서 아무 생명체도 없는 우주 공간에 헛되이 태양에너지가 흩뿌려지고 있는데 그 태양 빛 속에서, 그 바다 속에서 지극히 작은 것 하나가 생겨납니다. 생명현상 태초의 막, 즉 세포가 생긴 겁니다.

> 바다 깊숙이, 모든 분자가 서로 닮은꼴을 나타내고 또 나타내며 이윽고 새로운 복잡한 분자가 모습을 갖춥니다. 새로운 것들은 자기와 닮은 것들을 만들어내고, 새로운 춤이 시작됩니다.
> 점점 더 커지고 더 복잡해지며 살아 있는 것들이, 원자 덩어리가, DNA가, 단백질이 더욱 복잡한 모습으로 춤을 춥니다. 요람에서 벗어나 마른 땅에 올라선 의식을 지닌 원자들…….

생명의 가장 근본적인 복제 현상이 나타납니다. 새로운 복제 현상에서 새로운 생명의 다양한 형태가 분출합니다. 그리고 생명이 육지로 진출합니다.

> 호기심으로 충만한 물결이 이 자리에 서 있습니다. 경이를 경이로워하며, 나는 그리고 원자들의 한 우주는, 그 우주 속의 한 원자는…….

원시 바다에서 세포, 세포막이 생기고 세포막이 자기를 복제할 수 있는 능력을 획득하고 바다 속에서 많은 생명체를 만듭니다. 이것이 5억 4천만 년 전에 있었던 캄브리아기 생명의 대폭발이죠.
지금의 동물들이 다 생겨나서 육지로 진출하고 사지동물로 오면서 척수에 의해 신경 시스템이 생겨나고 결국 다시 생명의 근원인 그 바닷가로 돌아가서 이러한 일련의 과정을 이제야 비로소 이해하게 된

한 인간인 리처드 파인만이 서 있습니다. 몸속의 한 원자를 생각하면서, 그리고 그 원자로 이루어진 거대한 우주를 생각하면서, 경이를 경이로워하면서 생명의 바닷가에 서 있습니다.

23강 뷰티풀 마이크로코스모스

신경세포든 시냅스 막이든 모든 것은 결국 원자로 되어 있습니다. 원자의 세계는 물리학, 특히 입자물리학의 수많은 과학자가 20세기 내내 연구했던 분야죠. 입자물리학은 양자역학을 바탕으로 인류의 지적 혁명을 주도했었습니다.

뇌 영상을 촬영하는 PET라는 첨단 장비에도 반입자가 사용됩니다. PET의 P가 positron, 즉 양전자죠. 양전자를 전자와 결합시켜서 포톤으로 바꾼 후 방출해 우리 뇌의 어느 부위에서 영양 물질이 많이 소모되는지 추적하여 뇌에서 활동 중인 영역을 찾아내죠.

그래서 뇌와 생각을 온전히 알기 위해서는 생물학, 신경과학적 접근뿐만 아니라 물리학적 접근 방식도 필요합니다. 에덜먼도 "물리학과 신경과학은 대칭의 원리와 기억 원리 사이의 관계를 더 완전히 파악하는 데 하나가 될 것이다"라고 했었죠.

우주 구성 입자들은 어떻게 우주의 힘들과 연계되는가

물리학, 특히 입자물리학의 세계로 들어가기에 앞서 물질 시스템에 대해 간단히 살펴보겠습니다. 어떤 물질 덩어리가 있다고 합시다. 이 물질 덩어리는 우리 주변에 존재하는 모든 것이죠. 이 물질 덩어리는 분자로 이루어져 있고, 화학 결합에 의해 연결된 무수히 많은 원자로 되어 있습니다. 원자의 크기는 아주 작습니다. 수소 원자의 경우에 직경이 0.5Å (옹스트롬, 빛의 파장을 재는 데 쓰는 길이의 단위로 1Å은 10^{-10}m)입니다. 또 원자는 핵과 전자로 이루어져 있죠. 고전물리학에서는 전자가 핵 주위를 공전한다고 설명하고 양자역학에서는 전자가 존재할 확률로 표현합니다.

원자핵이 무엇인가요? 우라늄 원자핵을 예로 들어보죠. 원자폭탄을 만들거나 원자력발전소에서 에너지를 만드는 데 필요한 우라늄은 원소 번호가 92번이고 질량수가 235입니다. 이 우라늄 원자핵은 양성자 92개와 중성자 143개로 되어 있습니다. 원자 질량의 대부분을 핵이 차지하죠. 양성자는 양의 전하로 하전된 것이고 중성자에는 전하가 없습니다.

수소 원자 같은 경우는 양성자 하나가 원자핵이 되죠. 양성자 크기가 10^{-15}m입니다. 이것을 1f(페르미, 핵물리학에서 쓰는 길이의 단위로서 이탈리아계 미국인 물리학자 엔리케 페르미 Enrico Fermi, 1901-54에 의해 이름 붙여졌다)라고 하죠.

1980년대 이전에는 원자가 양성자, 중성자, 전자로 이루어져 있다고 알려져 있었습니다. 하지만 1980년대 이후 여러 실험 결과를 바탕으로 나온 결론이 양성자나 중성자 내부에 구성 물질인 쿼크가 있다는 겁니다. 쿼크 모델은 미국의 물리학자 머레이 겔만Murray Gell-Mann, 1929-2019에 의해 만들어졌습니다.

양성자는 쿼크들 중 가장 가벼운 업 쿼크 두 개와 두 번째로 가벼운 다운 쿼크 한 개로 되어 있습니다. 업, 업, 다운(u+u+d). 이 양성자 주위를 전자가 돌고 있습니다. 전자의 전하량은 1.6×10^{-19}C[쿨롱의 법칙으로 유명한 프랑스의 물리학자 샤를 오귀스탱 드 쿨롱Charles Augustin de Coulomb, 1736-1806의 이름에서 비롯된 것으로, 1C(쿨롱)은 1A(암페어)의 전류가 1초 동안 전달하는 전하량]이죠.

양성자의 업 쿼크는 전자 전하의 $\frac{2}{3}$로 분수 전하입니다. 그리고 다운 쿼크는 전자 전하의 $-\frac{1}{3}$이죠. 그래서 양성자 전체의 전하량이 +1C이 됩니다.

양성자의 전하량

$$u+u+d = \frac{2}{3} + \frac{2}{3} - \frac{1}{3} = \frac{3}{3} = 1$$

그러므로 양성자의 전하량은 전자의 전하량과 크기는 같고 부호만 다르죠. 중성자는 다운 쿼크 둘, 업 쿼크 하나 등 세 개의 쿼크로 되어 있습니다. 다운, 다운, 업(d+d+u)이죠. 그래서 중성자의 전하량은 제로가 됩니다.

중성자의 전하량

$$d+d+u = -\frac{1}{3} - \frac{1}{3} + \frac{2}{3} = 0$$

이처럼 물질의 가장 기본 단위는 쿼크이고, 양성자나 중성자와 같이 세 개의 쿼크로 구성된 입자가 하드론hadron(강입자라고도 하며, 강한 상호작용으로 반응하는 원자의 구성 입자)입니다. 파이온 같은 입자는 중간자라고 하는데, 모든 중간자는 쿼크와 반쿼크 두 개로 구성되어 있습니다. 그러면 지금 우주에 존재하는 입자들로는 무엇이 있느냐?

지난 몇십 년간 입자물리학에서 여러 가속기를 이용해 입자를 분쇄하면서 우주에 존재하는 쿼크와 글루온의 전체적인 윤곽을 그려냈습니다. 그래서 업up 쿼크(u), 참charm 쿼크(c), 톱top 쿼크(t), 그리고 다운down 쿼크(d), 스트레인지strange 쿼크(s), 보텀bottom 쿼크(b) 등 여섯 가지 쿼크를 밝혀냈죠. 그리고 렙톤이라는 가벼운 입자들이 있습니다. 전자(e), 뮤온(μ), 타우 입자(τ)가 렙톤에 속하죠. 그다음으로 뉴트리노라는 중성미자가 있습니다. 중성미자는 전자 중성미자, 뮤온 중성미자, 타우 중성미자 등 세 가지 종류밖에 없습니다. 업 쿼크과 다운 쿼크 이외의 쿼크로 구성된 하드론은 매우 짧은 시간 동안만 존재하는 불안정한 입자들입니다. 그래서 항상 관찰되는 하드론은 양성자와 중성자죠.

물질을 구성하는 기본 입자들만 있다면 우주가 형성되지 않을 겁니다. 입자와 입자 사이를 붙여주는 아교풀에 해당하는 매개 입자가 있어야죠. 지금까지 밝혀진 매개 입자는 포톤(γ), 즉 빛하고 w입자, z입자, 그리고 글루온(g)입니다. 이것들을 물질과 물질을 연결하고 힘을 매개해준다고 하여 아교 입자, 인도의 물리학자 보즈의 이름을 따서 보존이라고 하죠. 쿼크 모델에서 보존을 제외한 것들은 페르미의 이름을 따서 페르미온이라고 합니다. 페르미온과 보존의 '온'은 입자를 뜻합니다.

여기서 페르미온과 보존을 구분하는 가장 중요한 물리적 속성은 스핀spin입니다. 입자의 각운동량에 관련된 고유량이죠. 보존의 스핀은 (h/2π 단위로) 0, 1, 2 등 정수입니다. 페르미온의 스핀은 $\frac{1}{2}$, $\frac{3}{2}$ 등으로 반정수죠. 전자기 상호작용을 매개하는 보존은 빛 알갱이, 즉 빛입니다. 빛이 스핀 1이 되죠. 중력자graviton(중력장의 전달자로 가정되는 양자로서 질량도 전하도 없고, 광속으로 움직이며, 질량이 엄청나게 큰 물체가 크게 가속할 때만 방출된다)가 스핀 2입니다.

그리고 페르미온은 1, 2, 3세대로 나뉘는데 뒤 세대로 갈수록 에너지가 높아지고 입자의 질량이 증가합니다. 업 쿼크, 다운 쿼크, 전자 중성미자, 전자를 1세대 입자라고 하고, 참 쿼크, 스트레인지 쿼크, 뮤온 중성미자, 뮤온을 2세대 입자, 톱 쿼크, 보텀 쿼크, 타우 중성미자, 타우를 3세대 입자라고 합니다. 이 가운데 가장 마지막에 1994년 페르미연구소에서 발견된 쿼크가 톱 쿼크인데, 양성자 질량의 거의 100배나 되죠.

입자들의 수명은 크게 세 가지로 나눌 수 있습니다. 무한대인 것, 10^{-10}초인 것, 10^{-23}초인 것. 마지막 것은 찰나처럼 있다가 사라져버리는 거죠.

붕괴되기 전까지 존재하는 입자의 수명은 양성자의 경우 거의 무한대입니다. '거의'라는 표현을 쓴 이유는 대통일장 이론에 근거하여 양성자가 붕괴할 수 있다는 가설을 바탕으로 거대한 입자 검출기로 실험을 했는데 아직까지도 실험적 증거를 얻지 못했기 때문입니다. 그래서 양성자의 수명은 예측 불가능하며 무한대라고 보고 있죠. 전자도 수명이 깁니다. 100만분의 1초 동안 생존했다면 수명이 긴 편에 속합니다. 뮤온이 그렇죠. 자유중성자는 수명이 15분 정도입니다. 하지만 2, 3세대 입자들은 아주 순간적으로만 존재합니다. 찰나적 존재들이죠.

우리가 알고 있는 물질 시스템 우주의 구성은 생각보다 아주 간단합니다. 지금까지 이야기한 구성 입자 페르미온과 아교 입자 보존이 전부죠. 그중에서도 우리가 꼭 알아야 할 것은 네 가지입니다. 업 쿼크, 다운 쿼크, 전자, 중성미자. 이것이 별, 지구, 인간 등 생명체를 구성하고 있는 아주 기본적인 입자들이죠.

여기서 우리에게 중요한 것은 우주의 구성 입자들이 우주의 힘과 연계되는 양상입니다. 우주에 존재하는 힘은 네 가지 뿐이죠. 가끔 제5의 힘을 발견했다는 뉴스가 나오기도 하는데 과학계에서 검증된 건 아무것도 없습니다. 네 가지 힘의 첫 번째는 중력, 두 번째는 전자기 상호작용, 세 번째는 약한 상호작용, 네 번째는 강한 상호작용입니다.

후자 둘을 어려운 물리학 용어 말고 일반적인 말로 바꾸면, 약한 상호작용은 방사선 붕괴 때 나오는 방사선과 관련된 힘입니다. 알파(α)선, 베타(β)선, 감마(γ)선이죠. 그중에서도 특히 방사선이 붕괴할 때 나오는 건 베타선과 관계가 있죠. 강한 상호작용은 쉽게 이야기하면 핵융합과 핵분열에 관련된 원자력, 즉 핵력입니다.

우주의 힘을 매개해주는 건 보존이죠. 보존은 우주의 네 가지 힘과 어떻게 연결되느냐? 우선 첫 번째 전자기력은 빛과 연결됩니다. 포톤, 즉 빛 알갱이가 바로 전자기력을 매개해주는 입자입니다. 1905년에 아인슈타인이 광전 효과 photoelectric effect로 노벨 물리학상을 받았죠.

약한 상호작용은 w입자, z입자와 관련이 있습니다. w입자는 w^-, w^+의 두 가지가 있죠. 즉 w^-, w^+, z^0의 세 가지 입자가 약한 상호작용을 매개해줍니다. 이탈리아의 물리학자 카를로 루비아 Carlo Rubbia, 1934-

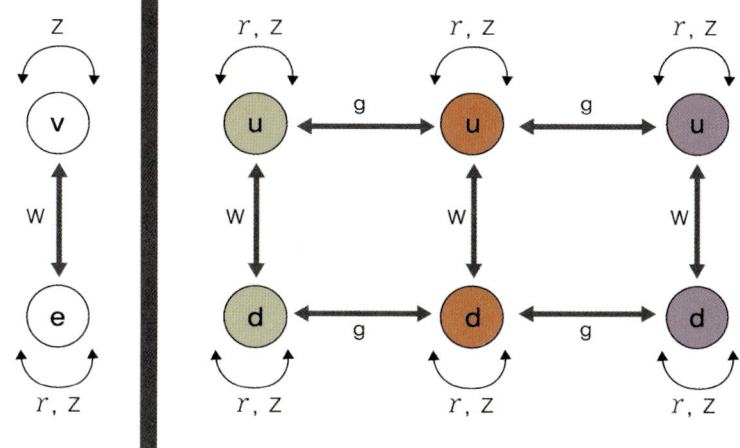

23-2 게이지 보존에 의한 쿼크와 렙톤의 상호 변환

글루온 g에 의해 쿼크의 색전하가 바뀌고, W보존에 의해 업 쿼크가 다운 쿼크로 변환하며 뉴트리노 v가 전자 e로 바뀐다. 광자 γ와 중성 게이지 Z는 전하가 없어서 입자를 같은 입자로 변환시킨다

와 네덜란드의 물리학자 시몬 반 데르 메르Simon van der Meer, 1925-2011가 w, z입자를 발견하여 1984년에 노벨 물리학상을 받기도 했습니다. 페르미온과 게이지 보존(γ, z, w, g)과의 상호작용은 448쪽과 449쪽 사이의 그림 23-1로 요약할 수 있죠.

강한 상호작용은 원자핵의 쿼크와 쿼크 사이의 힘을 매개해주는 입자인 글루온과 연계됩니다. 중력은 스핀 2의 중력자가 매개한다고 여겨지는데 아직 발견되지는 않았습니다.

업 쿼크든 다운 쿼크든 빨강, 노랑, 파랑 등 세 가지 색깔을 띤 쿼크로 되어 있습니다. 업 쿼크와 업 쿼크, 업 쿼크와 다운 쿼크 사이에서 힘을 주고받을 때 글루온이 매개해줍니다. 전자나 양성자가 전기적 전하를 띤다면 쿼크는 색깔 전하를 띠는데, 글루온이 매개하면서 쿼크의 색깔, 즉 색전하를 바꿔주죠. 이를 QCD, 즉 양자색채역학quantum chromodynamics이라고 합니다. 양자색채역학에서는 색깔 전하가 중요합니다. 그래서 컬러 포스Color Force라는 말을 하죠. 컬러 포스는 강한 상호작용의 핵심입니다. 그리고 하드론을 이룰 때 빨강, 노랑, 파랑의 세 가지 색깔이 합쳐져서 무색이 됩니다. 무색이 될 때만 안정된 입자로 존재하죠.

기본 입자와 상호작용의 표준 모델에서 아직 발견되지 않은 입자가 힉스Higgs 보존입니다. 힉스 보존은 태초의 완벽한 대칭을 깨뜨려주는 촉진자를 말합니다. 힉스 메커니즘에 의해서 입자들이 질량을 갖게 된 거죠. 영국의 과학자 피터 힉스Peter Higgs, 1929~2024가 그 존재를 가장 처음 주장했죠. 지금 유럽의 CERN 연구소에서 엄청난 규모의 입자가속기 강입자 충돌장치Large Hadron Collider를 완공하여 실험을 통해 궁극적으로 찾아내려는 것이 이 힉스 입자입니다. 힉스 보존이 발견되면 표준 모델이 완결되는 겁니다.

우주 구성 입자의 세계

우주에 존재하는 중력과 원자력을 제외한 대부분의 물리현상, 생명현상은 세 가지로 거의 다 설명할 수 있다는 파인만의 이야기를 다시 떠올려봅시다.

첫 번째, 광자가 여기에서 저기로 움직인다.
두 번째, 전자가 여기에서 저기로 움직인다.
세 번째, 전자가 광자를 흡수하거나 방출할 수 있다.

식물 엽록체의 틸라코이드 막에서 일어나는 탄소동화작용은 모든 생명체 에너지의 기원이죠. 이것을 입자물리학의 관점에서 보면 이렇습니다. 탄소동화작용은 막 단백질에 의해서 일어나는 생화학 반응이죠. 물이 올라가지 않습니까? 물 분자가 빛 에너지에 의해 올라가서 분해됩니다. 그러면 수소 원자핵(양성자)이 나오고, 산소가 대기 중으로 분출되어 우리가 숨 쉬는 데 필요한 산소의 기원이 되죠. 여기서 중요한 것이 햇빛, 즉 광자입니다. 광자가 들어가 엽록체의 광계Ⅰ, 광계Ⅱ에서 흡수되어 물이 분해되고 부산물로 산소가 나갈 때까지 여러 가지 작용을 하는 거죠. 이것이 바로 첫 번째 문장, 광자가 여기서 저기로 움직이는 것입니다.

두 번째 문장이 전자가 여기에서 저기로 움직인다는 거죠. 막 단백질에서 일어나는 것이 전자의 이동입니다. 빛 에너지를 흡수해서 고에너지 상태가 된 전자가 막 단백질을 통해 에너지를 단계적으로 낮추면서 여러 가지 생화학 반응을 일으키는 거죠. 엽록체 틸라코이드 막과 미토콘드리아 내막에서 일어나고 있는 현상을 생화학자들은 전자 전달 시스템이라고 합니다. 광자가 태양에서 지구 표면 식물의 잎으로 이동하면, 빛을 흡수한 고에너지의 전자가 틸라코이드 막 여기에서 저기로 움직이는 거죠. 빛이 움직이고, 전자가 이동하며, 전자가 빛 에너지를 흡수하죠. 이것이 물리현상, 생명현상의 세 번째 이야기고, 바로 생명 에너지 생성의 출발점입니다. 그리고 높아진 전자의 에너지가 낮아지면서 그 차이에 해당하는 에너지를 식물이 광합성을 통해 포도당으로 저장하는 거죠. 광화학 반응으로 이산화탄소와 유기물이 합성되는 거고요.

이 모든 과정을 입자물리학으로 표현하면 이렇습니다. 광자, 즉 포톤이 여기에서 저기로 움직이고, 그것에 호응하여 전자가 여기에서 저기로 움직이고, 그 전자가 빛에서 오는 에너지를 흡수하거나 방출한다.

빅뱅 모델에서부터 시작한 우주의 전체 양상을 다시 한번 정리하죠. 빅뱅이 터지고 10^{-12}초의 찰나 동안에 쿼크, 글루온, 타우 입자, 뮤온 입자, 전자, 포톤이 있었죠. 태초의 3분이 지나면 포톤, 뉴트리노, 전자, 양성자, 헬륨 원자핵 같은 것들이 남습니다. 그리고 쿼크와 반反쿼크가 메존meson이라는 중간자가 되고, 쿼크 세 개가 모여서 하드론을 만듭니다.

업 쿼크와 반反다운 쿼크 등 두 개의 쿼크로 되어 있는 중간자 중에서 파이 플러스(π^+) 입자와 케이(K) 입자가 중요합니다. 하드론은 중성자(u+d+d로 구성)와 람다 입자(Λ, u+d+s로 구성), 오메가 마이너스 입자(Ω^-, s+s+s로 구성) 등 세 개의 쿼크로 되어 있죠. 각각의 쿼크는 색깔을 띠고 있는데 합쳐지면 무색이 되고, 무색이라는 조건을 충족하면 중성자나 양성자의 형태로 나타나죠.

쿼크, 메존, 쿼크가 있는 하드론, 전자, 포톤, 뉴트리노에 이어 빅뱅 후 3분쯤 지나면 헬륨 원자핵인 알파(α) 입자가 형성됩니다. 그러고 나서 38만 년이 흐른 후 전자가 양성자에 포획되고, 그 결과 수소 원자가 만들어집니다. 자유롭게 움직이던 전자가 원자핵에 포획되면 우주가 투명해지죠. 투명해진 그 순간 우주 공간으로 쏜살같이 뻗어 가던 모든 포톤을 측정한 것이 2003년이었고, 초기 우주를 알게 되었죠.

초기 우주에서 은하가 형성되고 태양계가 만들어지는 등 137억 년의 역사가 전개됩니다. 137억 년 이야기의 요점은 빅뱅 후 3분 동안 형성된 수소와 헬륨 원자에 의해 일어나는 별의 생성과 별 내부의 핵융합일 것입니다.

페르미온이든 보존이든 모든 입자가 따르는 양자통계역학이 있습니다. 열역학(열heat, 일, 엔트로피와 과정의 자발성을 다루는 물리학으로 열역학적 평형, 에너지 보존법칙, 엔트로피, 절대 0도 등 네 가지 법칙 위에서 수립된다)에서 주로 다루었던 통계역학(소립자, 원자, 분자 같은 미립자의 운동을 역학과 확률론을 이용해 온도, 부피 등 거시적인 물리량을 통계적으로 설명하는 물리학의 한 분야)이 양자역학에서 입자들의 양자통계역학이 되었죠. 그 대표적인 통계 법칙의 첫 번째가 맥스웰-볼츠만 통계이고 두 번째가 페르미-디락 통계, 세 번째가 보즈-아인슈타인 통계입니다.

우주에 있는 입자들 중 스핀이 정수인 보존이 따르는 것은 보즈-아인슈타인 통계이고, 보통 기체들은 맥스웰-볼츠만 통계를 따르죠. 물질 구성 입자이며 스핀이 반정수인 페르미온이 따르는 것은 페르미-디락 통계입니다. 페르미온인 전자도 그렇죠. 그래서 물리전자공학에서는 페르미-디락 분포함수로 전자의 집단 운동인 전압과 전류에 관한 많은 공식을 유도합니다. 반도체의 여러 물성을 정량적으로 계산할 수도 있는데, 고체물리학과 반도체물리의 바탕을 추적해보면 바로 이 페르미-디락 통계를 만날 수 있습니다.

보즈-아인슈타인 통계를 따르는 입자들은 중요한 성질을 띠고 있는데, 하나의 양자 상태에 무한히 많은 입자가 들어갈 수 있다는 것입니다. 반면 페르미-디락 통계를 따르는 물질 입자들을 보면, 벽돌 한 장이 들어갈 수 있는 공간이 정해져 있듯이 하나의 양자 상태에 하나의 입자만이 들어갈 수 있죠. 파울리 배타율Pauli's exclusion principle(전자가 많은 시스템에서 두 개 이상의 전자가 같은 양자 상태를 취하지 않는다는, 1924년 오스트리아의 이론물리학자 파울리Wolfgang Ernst Pauli, 1900-1958에 의해 발견된 법칙)이 적용되는 겁니다.

파울리 배타율과 양자 상태를 조합하여 주기율표 각 원소의 전자 배치를 구성할 수 있죠. 양성자가 들어갈 수 있는 상태가 하나, 전자가 들어갈 수 있는 상태가 하나입니다. 양성자 하나와 전자 하나가 모인 것이 주기율표의 첫 번째이며 가장 간단하고 가장 가벼운 수소 원자죠. 우주 은하의 70% 이상이 이 수소 원자로 되어 있습니다.

50년쯤 전 천문학자들이 관심을 가졌던 일이 우주 공간의 수소 분포 지도를 그리는 것이었습니다. 수소 분포 양상을 3차원 지도로 그려보면, 수소 원자가 많은 곳에 별이나 은하가 형성됨을 알 수 있죠.

수소 원자는 양성자와 전자로 구성되어 있죠. 양성자와 전자의 스핀이 같은 방향이 될 수도 있고 반대 방향이 될 수도 있는 두 개의 양자 상태를 가질 수 있습니다. 두 입자의 스핀이 같은 방향인 양자 상태와 반대 방향인 양자 상태는 에너지가 다릅니다. 양성자와 전자의 평행 상태보다 스핀이 반평행 상태일 때 에너지가 낮죠. 스핀 평행 상태와 스핀 반평행 상태는 미소하지만 에너지가 다릅니다. 미소한 차의 에너지를 파장으로 환산하면 21센티미터파 21cm radiation 가 됩니다. 그래서 지구상에 있는 전자망원경은 우주를 관찰할 수 있도록 21센티미터파에 맞춰져 있습니다. 다행히 지구 대기는 21센티미터파를 감쇄하지 않아서 21센티미터파를 통해 우주를 볼 수 있는 창문 역할을 하고 있죠.

그리고 중성자과 양성자는 에너지가 다릅니다. 중성자가 989MeV(메가일렉트론볼트), 양성자가 988MeV죠. 중성자의 에너지가 조금 더 높습니다. 그래서 자연스럽게 중성자가 붕괴되어 양성자로 변환됩니다. 이 과정이 바로 베타붕괴이며, 원소가 바뀔 수 있는 현대판 연금

술이 가능하죠.

그런데 왜 양성자는 붕괴되지 않느냐? 하드론에서 양성자보다 더 질량이 작은 게 없죠. 그러니 다른 것으로 변환될 수가 없는 겁니다. 전자 역시 붕괴되지 않습니다. 1쿨롱이라는 전하를 담고 있는 전자가 붕괴되면 이 전하를 다른 그릇에 담아야 하는데, 전자보다 작은 렙톤(전자, 뮤온, 타우)은 없습니다. 아직 발견되지 않았죠. 그래서 전자가 안정적인 겁니다.

우주의 대칭이 깨어져서 네 가지 힘이 나타나고 그중 전자기 상호작용에 의해 생명현상이 일어났죠. 생명현상의 기원을 알기 위해서는 네 가지 힘이 분화되기 이전의 완벽한 대칭 상태의 우주로 거슬러 가야 합니다. 그러기 위해서는 우주 초기의 10^{35}K의 고에너지 상태를 구현할 수 있어야 하죠. 그래서 물리학자들이 입자가속기를 만들었습니다. 입자들을 가속하면서 엄청난 에너지로 충돌시켜 우주 초기 온도에 근접한 에너지 수준으로 높이는 것입니다.

입자가속기의 입자 충돌 실험으로 수백 개의 하드론 입자가 발견되었죠. 시카고에 있는 페르미연구소(30개 나라, 130개 연구소, 1,500명의 물리학자가 공동 연구를 하고 있으며, 한국의 과학자들도 참여하고 있다)의 입자가속기를 예로 들어 그 원리를 설명해보겠습니다.

페르미 입자가속기는 양성자 생성기, 선형 가속기, 원형 가속기, 가속기 주 링, 반양성자 링으로 이루어져 있습니다. 가속기 주 링은 지하에 만들어진 터널이죠. 지름이 6km 정도 됩니다.

양성자 생성기에서 만들어진 양성자는 선형 가속기를 거쳐 원형 가속기로 갑니다. 원형 가속기에서 양성자가 1차로 가속되고, 가속된 양성자가 주 링으로 들어갑니다. 주 링과 연결된 링 시스템이 또 하나

23-3
윌슨의 입자 궤적 거품 장치

23-4
페르미연구소

23-1 우주 기본 입자들과 상호작용

페르미온

렙톤

이름		질량	전하량
ν_e	일렉트론 뉴트리노	<1×10⁻⁸	0
e	일렉트론 (전자)	0.000511	-1
ν_μ	뮤온 뉴트리노	<0.0002	0
μ	뮤온	0.106	-1
ν_τ	타우 뉴트리노	<0.02	0
τ	타우	1.7771	-1

쿼크

이름		질량	전하량
u	업	0.003	2/3
d	다운	0.006	-1/3
c	참	1.3	2/3
s	스트레인지	0.1	-1/3
t	톱	175	2/3
b	보텀	4.3	-1/3

원자의 구조

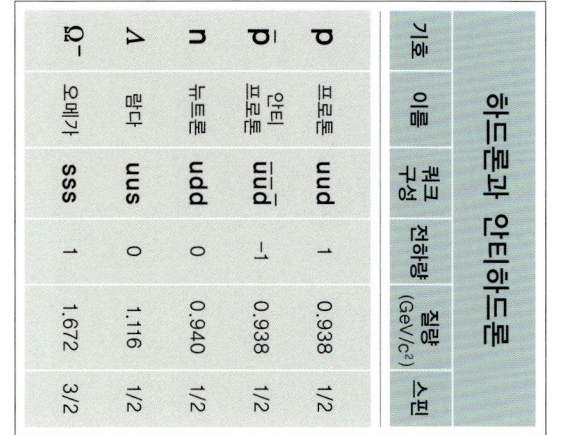

보존

약전(Electroweak) 통합력

이름		질량	전하량
γ (포톤)		0	0
W⁻		80.4	-1
W⁺		80.4	1
Z⁰		91.187	0

강한 상호작용

이름	질량	전하량
g (글루온)	0	0

하드론과 안티하드론

기호	이름	쿼크 구성	전하량	질량 (GeV/c²)	스핀
p	프로톤	uud	1	0.938	1/2
$\bar{p}$	안티프로톤	$\bar{u}\bar{u}\bar{d}$	-1	0.938	1/2
n	뉴트론	udd	0	0.940	1/2
Λ	람다	uds	0	1.116	1/2
Ω^-	오메가	sss	1	1.672	3/2

상호작용의 특성

상호작용	특성	매개입자	입자 경합	힘
중력	질량-에너지	중력자	모두	10⁻⁴¹
약한 상호작용	참(Flavor)	W⁺, W⁻, Z⁰	쿼크, 렙톤	0.8 10⁻⁴
전자기 상호작용	전하	γ	전기적 대전	1 1
강한 상호작용	색전하	글루온	쿼크, 글루온	25 60

범위 {10⁻¹⁸ ~ 3×10⁻¹⁷ m

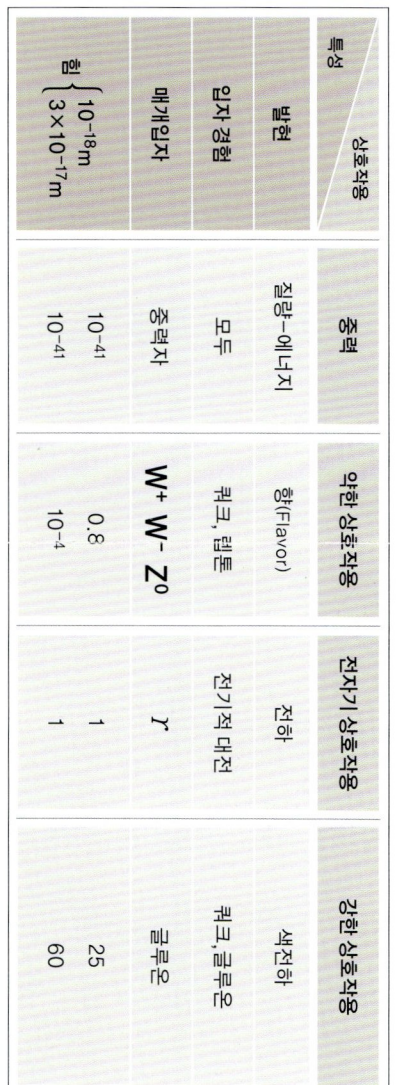

n → p e⁻ $\bar{\nu}_e$

e⁺ e⁻ → B⁰ $\bar{B}^0$

p p → Z⁰Z⁰ + 분류된 하드론

메존

기호	이름	쿼크 구성	전하량	질량	스핀
π^+	파이온	u$\bar{d}$	+1	0.140	0
K⁻	카온	s$\bar{u}$	-1	0.494	0
ρ^+	로	u$\bar{d}$	+1	0.770	1
B⁰	비 제로	d$\bar{b}$	0	5.279	0
η_c	에타-c (V)	c$\bar{c}$	0	2.980	0

23-5
CERN의 LHC(Large Hardron Collider) 입자 검출기

있는데 반양성자 링입니다. 반양성자를 받아서 저장했다가 주 링으로 내보내죠. 그러면 주 링에서 양성자와 반대 방향으로 가속시킵니다. 양성자와 반양성자를 반대 방향으로 1초에 30만 번 통과하게 하는 거죠. 그래서 링 형태의 진공 터널 속에서 충돌하게 합니다.

충돌하는 링의 단면, 양성자 다발의 단면을 보면 머리카락보다 조금 두꺼운 정도의 1mm 속에 양성자가 100억 개쯤 들어가 있답니다. 페르미연구소에서 연구에 참여했던 기록을 상세하게 적은 김동희 교수의 《톱쿼크 사냥》이라는 책을 보면 잘 나와 있습니다. 양성자를 축구공만 한 크기라고 가정하면 그 옆에 있는 양성자는 한 100m 정도 떨어져 있다는 건데, 수십만 번 충돌해야 겨우 한 개의 정면 충돌을 볼 수 있죠. 이 100억 개의 양성자와 100억 개의 반양성자가 1초에 30만 번 충돌한 후에는 무수하게 많은 입자가 흩어져 나옵니다. 그중에서 1994년에 발견한 것이 톱 쿼크죠.

입자물리학 초기에 사용된 입자의 검출기는 윌슨Charles Thomson Rees Wilson, 1869-1959의 안개상자입니다. 안개상자 안에서 전하를 띤 입자가 과포화된 상태로 개체를 지나가면서 형성된 이슬 맺히는 현상으로 입자의 궤적을 만들죠.

물리 세계를 이해하는 다섯 가지 방정식

우주를 이해하는 데 매우 중요한 물리학의 다섯 가지 방정식이 있습니다. 첫 번째가 그 유명한 뉴턴의 제2방정식인 F=ma. 물체(m)에 힘을 가할 때 생기는 가속도(a)의 방향은 힘(F)의 방향과 같으며, 그 힘의 크기는 질량과 가속도 곱에 비례한다는 것이죠. 물체가 힘을 통해 운동량을 교환한다는 의미를 포함하는 최초의 운동량 보존법칙입니다.

두 번째가 슈뢰딩거 방정식입니다. HΨ=EΨ로 표시하며, 양자역학의 출발점이 된 것이죠. 해밀토니안 연산자 H(입자나 장場 시스템의 에너지를 좌표와 운동량으로 표현한 것)를 파동함수 Ψ(프사이)에 연산시키면 원래 파동함수에 에너지(E)를 곱한 형태가 되는 파동함수를 구해서 입자의 운동을 예측하는 겁니다.

세 번째가 디락 방정식. $r^\mu(i\frac{\partial}{\partial x^\mu}-eA_\mu+m)\Psi=0$. 여기서 r^μ는 디락행렬, A_μ은 벡터포텐셜, e는 전자 전하량, m은 질량입니다. 디락 방정식은 슈뢰딩거 방정식을 특수상대성이론과 결합한 형태죠. 여기에서 처음으로 반물질, 반입자의 개념이 나옵니다. 빅뱅 초기에는 정입자와 반입자가 거의 같은 수로 존재했는데, 만나서 서로 소멸하고 포톤으로 바꾸어집니다. 이때 반입자 10억 개 중에 한 개 정도의 정입자가 살아남았죠. 정입자는 지금 우주를 구성하고 있는 입자입니다. 반입자는 정상 상태에서는 없지만 입자가속기로 만들 수도 있고, 우주선 속에 포함된 고에너지 입자들이 지구 대기와 충돌하여 2차 입자를 생성하는데 충돌 과정에서 반입자가 생성되기도 합니다.

디락 방정식을 풀면 네 가지 해답이 나옵니다. 두 가지는 전자의 스핀 업하고 스핀 다운이고, 나머지 두 가지는 에너지가 마이너스인 것과 에너지가 플러스인 것이죠. 여기서 에너지가 마이너스인 것을 해석하면서 반입자라는 개념이 생겼죠. 1932년에 미국의 실험물리학자 앤더슨Carl David Anderson 1905-91이 우주에서 날아오는 반양성자를 발견하여 4년 후 노벨 물리학상을 받기도 했습니다. 디락 방정식으로 반입자를 예언했던 영국의 물리학자 폴 디락Paul Dirac, 1902-84은 1933년에 노벨 물리학상을 수상했죠.

반양성자는 양성자와 질량 등 물리적 속성은 동일하고 전하만 반대인 것입니다. 양성자는 플러스 전하를 띠고 있는데, 반양성자는 마이너스 전하를 띠고 있죠. 그래서 검출 장치에서 양성자와 반지름이 같지만 반대 방향으로 곡선을 그립니다.

네 번째 방정식이 이것들을 다 포함하며 대칭 원리를 내세우는 양-밀즈 방정식입니다.

$$\frac{\partial f_{\mu\nu}}{\partial x_\nu} + 2\varepsilon(b_\nu \times f_{\mu\nu}) + J_\mu = 0$$

여기서 $f_{\mu\nu}$는 양-밀즈 장의 세기, $\frac{\partial}{\partial x_\nu}$는 장의 세기의 시공간 변화율,

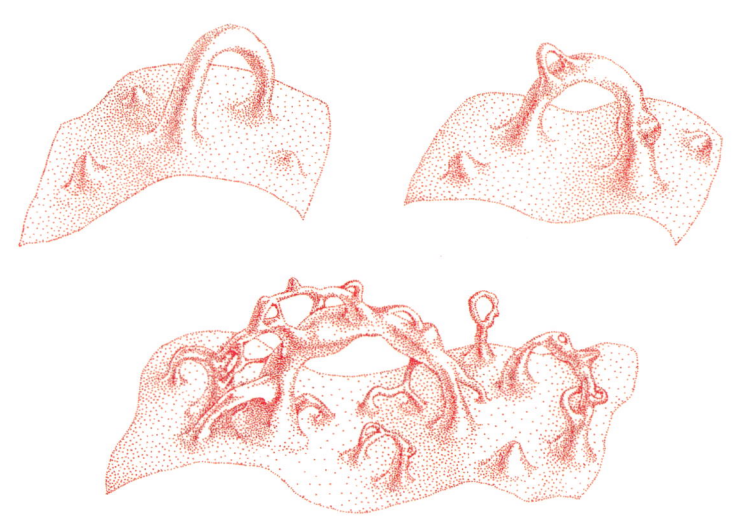

23-6
우주 시공의 곡률 변화

ε는 전하 역할, J_μ는 관계되는 전류, $b_\nu \times f_{\mu\nu}$는 양-밀즈 장이 그 자신에 의존하는 정도(맥스웰 방정식에서는 이 항이 0)입니다. 양-밀즈 방정식의 대칭성에서 쿼크의 모델, 약한 상호작용과 전자기 상호작용의 통합이 가능하게 됩니다. 이휘소 박사가 연구한 분야이기도 하죠.

다섯 번째, 이 네 개의 방정식 전체와 맞선 꼴로 있는 그 유명한 아인슈타인의 중력장 방정식입니다. 네 방정식에 맞서 거대한 하나의 학문 영역을 만들었죠. 그리고 이 다섯 가지 방정식을 모두 통합하는 것이 여전히 꿈으로 남아 있는 대통일장 이론입니다.

아인슈타인은 우주의 모든 힘을 기하학으로 설명합니다. 아래의 아인슈타인 중력장 방정식을 봐도 그렇죠.

$$R^{\mu\nu} - \frac{1}{2} g^{\mu\nu} R = \frac{8\pi G}{c^4} T^{\mu\nu}$$

여기서 좌변의 $R^{\mu\nu} - \frac{1}{2}g^{\mu\nu}R$은 시공의 곡률입니다. 아인슈타인은 물질과 우주 에너지가 우주 전체의 시공 구조를 결정한다고 생각했었죠. 기하학적인 시공의 곡률을 통해서요. 여기서 휘어진 시공의 곡률을 계산하는 데 이용된 텐서는 리만이 연구했던 리만 텐서를 아인슈타인이 중력장 방정식에 도입한 것입니다.

입자물리학에서 입자들은 모두 우변의 $T^{\mu\nu}$, 물질 에너지에 속합니다. 이것에 해당하는 것이 양자역학이죠. 아인슈타인은 이 양자역학을 끝까지 못마땅하게 생각했습니다. 좌변 $R^{\mu\nu} - \frac{1}{2}g^{\mu\nu}R$은 완벽한 기하학적 구조로 된 아름다운 궁전인데, 우변의 물질 시스템은 너무나 번잡스럽다는 것이죠. 입자물리학에서는 수백 개의 소립자가 발견되고 있고 굉장히 복잡합니다. 그래서 시공의 곡률과는 반대로 에너지 물질세계에서는 아름다운 대칭을 볼 수 없었죠.

그러다가 물질 구조에도 아름다운 대칭이 있음을 주창한 이론이 나타납니다. 1970년대 이후로 각광을 받았던 양-밀즈 이론이죠. 대칭 원리의 하나로서 양-밀즈 이론이 입자물리학 전체 시스템을 통합하기 시작합니다. 양-밀즈 이론과 살람의 대칭성 자발적 붕괴 이론까지 나오면서 결국 약한 상호작용과 전자기 상호작용이 통합되죠. 하나의 힘의 장에서 모든 것이 비롯된다는 겁니다. 그리고 물질 시스템의 아름다움이 쿼크 모델을 통해서 회복됩니다. 지금은 시공의 기하학적 아름다움과 물질 시스템의 대칭성 회복 원리에 의해 우주 전체의 아름다움이 완벽하게 나타난 상태죠.

중력장 방정식을 조금 더 설명하면, 이 중력장 방정식에서 모든 정보를 가지고 있는 것은 우변의 계량 텐서 $g^{\mu\nu}$입니다. 계량 텐서는 행의 수가 4개, 열의 수가 4개인 4×4행렬로 표현됩니다. 이 행렬의 대각선

항이 -1, 1, 1, 1인 형태가 유클리드 평면이죠. 완벽하게 평평한 시공간입니다. 물질 에너지가 있는 한 우주 공간에는 그런 시공이 존재하지 않습니다. 이처럼 시공의 곡률은 계량 텐서로 표현됩니다.

3차원 공간상의 어떤 점이든 x, y, z 방향의 기저 벡터(n차원 공간에서 임의의 벡터 표현을 가능하게 하는 기준이 되는 벡터)의 선형 결합으로 나타낼 수 있습니다. 그 결과 공간상 점의 시간적 궤적을 추적하는 동역학이 가능하게 되는데, 일반 중력장 방정식에서는 시공의 구좌표계에서 반지름과 경도, 위도에 해당하는 각 방향의 기저 벡터의 크기와 방향이 시공의 점에 따라서 모두 다른 값을 갖습니다. 이것은 우주 시공의 물질 에너지 분포가 변화하기 때문이며, 다시 말하면 시공의 각 점에서 일정한 상수가 아닌 변하는 함수 값을 갖는다는 것이죠. 계산이 굉장히 복잡해집니다.

계량 텐서를 시공에 대해 두 번 미분해줍니다. 두 번 미분해주면 시공의 곡률 텐서가 나옵니다. 이 시공의 곡률 텐서와 시공 각 점의 스칼라 텐서 합이 물질-에너지 텐서와 같다는 것이 바로 중력장 방정식이죠. 곡률 텐서와 스칼라 텐서 값들이 결국 시공 각 점의 물질 에너지 총량에 의해 결정된다는 것입니다.

아인슈타인은 시공과 물질 에너지를 확장된 계량 텐서로 나타내려고 했습니다. 위대한 꿈이었죠. 4×4 매트릭스였던 계량 텐서를 새롭게 구획하면 확장됩니다. 그러면 아인슈타인의 장, 맥스웰 장, 양-밀즈 장이 차례로 나옵니다. 여기서 아인슈타인 장은 중력을, 맥스웰 장은 전자기력(전자기 상호작용)을, 양-밀즈 장은 물질 에너지를 나타냅니다.

계량 텐서를 더 확장하면 중력장과 물질의 입자를 한꺼번에 설명할

23-7
통일이론의 구성

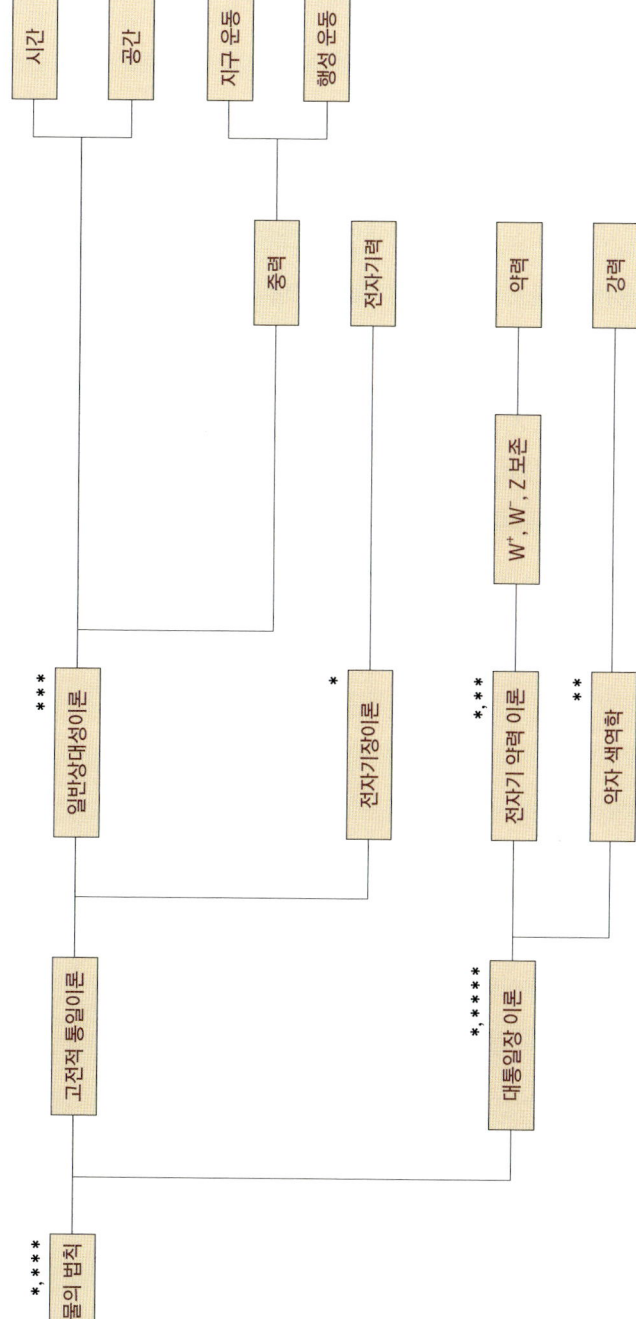

수 있는 쿼크-랩톤의 장이 됩니다. 계량 텐서가 11차원 이상으로 높아지면 고차원의 매트릭스로 확장해서 시공과 물질 에너지를 단 하나의 확장된 계량 텐서로 표현할 수 있습니다. 우주 전체를 하나의 확장된 계량 텐서의 매트릭스로 표현할 수 있는 거죠.

우주의 네 가지 힘이 하나씩 통합되어 왔습니다. 우선 맥스웰에 의해서 전기와 자기 현상이 통합되었고, 1970년대 살람, 와인버그에 의해서 전자기 상호작용(전자기력)과 약한 상호작용(약력)이 통합되었죠. 앞에서 이야기한 쿼크 모델은 여기에 강한 상호작용(강력)까지를 통합하는 과정에 있는 것입니다. 그리고 상대성이론에서 4차원 시공의 곡률과 물질 에너지의 등가 관계를 밝혀냈죠. 차원을 높이는 방법이 확장되어 공간 10차원과 시간 1차원을 합한 11차원에서 우주를 연구하는 것이 바로 초끈이론super string theory 입니다.

입자물리학의 대칭성

물리학에서 대칭이라는 것은 오랫동안 연구되어왔습니다. 물리학자 앤서니 지Anthony Zee, 1945- 도 《놀라운 대칭성Fearful Symmetry》에서 그 역사에 대해 이야기했죠.

이러한 탐구는 아인슈타인의 대칭에 대한 높은 평가와 국소적 변화에 대한 고집에서 시작되었다. 레터가 드러낸 심오한 정신적 진리에 감동한 바일이 이 횃불을 들고 들어갔다. 하이젠베르크는 내적인 기하학과 대칭성이라는 새로운 세계를 열었다. 양과 밀즈는 이러한 유산 위에 서 있다. 대칭의 자발적 깨짐에 대한 이해로 이 다양한 요소들은 모두가 궁극적으로 표준 모델 안으로 들어가게 되었다. 이 이론들을 지지했던 실험들은 엄청난 효과를 지니고 있다. 자연은 우리가 올바른 길 위에 서 있다고 이야기한다.

대칭의 자발적 붕괴와 숨겨진 대칭에 의해서 우주의 네 가지 힘이 다 설명됩니다. 우주 역사의 출발점은 대칭입니다.

오늘날 물리학자들은 중력적, 약한, 전자기적, 그리고 강한 상호작용 네 가지 모두가 이 게이지 장들에 기반을 두고 있다고 믿는다. 양-밀즈 게이지 장의 아이디어는 결과적으로 대칭성의 개념을 장의 개념보다 우선적으로 취급했다. 즉 게이지 장들이 대칭성의 결과이다.

게이지 장이라는 것은 결국 우주에 존재하는 네 가지 힘의 장이고, 그러한 힘의 장들이 입자화된 것이 중력자와 포톤, w입자, z입자, 글루온입니다. 대칭이 자발적으로 깨어지든지 대칭이 하드론 속 핵 속에 숨겨지든지 해서 네 가지 힘이 분화되기 시작했고, 우주를 구성하고 있는 기본 입자들 역시 대칭의 결과로 생성되었다는 것이죠.

우주의 역사를 다시 보면 맨 처음에 양자 중력quantum gravity 시대가 있죠. 양자역학과 상대성이론이 융합될 수 있는 시대, 즉 거의 빅뱅 초기가 됩니다. 플랑크 타임의 10^{-43}초 지점. 아주 찰나적인 순간입니다. 온도가 낮아지면서 중력이 먼저 분화되어 개별적인 힘으로 나오죠. 그리고 강한 상호작용, 약한 상호작용이 차례로 개별화되어 나옵니다.

그다음이 쿼크 속박quark confinement 시대입니다. 쿼크들이 양성자, 중성자를 만드는 것이죠. 하드론을 만드는 것입니다. 두 개의 쿼크가 모이면 중간자인 메존을, 세 개의 쿼크가 모이면 하드론을 만드는데, 그러한 쿼크들이 양성자나 중성자의 핵 속에 갇히는 것이죠. 이는 2004년에 노벨 물리학상을 받은 그로스David Gross, 1941-, 폴리처David Politzer, 1949-, 윌첵Frank Wilczek, 1951-의 점근성漸近性 자유라는 이론으로 유리된 쿼크를 발견할 수 없음을 설명할 수 있습니다.

중성자나 양성자 핵에 있는 쿼크를 끄집어내려고 할 때 거리가 멀어지면 멀어질수록 더 많은 힘이 작용합니다. 핵 안에 있을 때는 힘을 느끼지 못하는데, 핵 바깥으로 끄집어내려면 엄청난 힘을 주입해야 분리할 수 있는 거죠. 그래서 원자핵 속 쿼크가 아닌 자유 입자 형태의 쿼크를 아직도 발견하지 못하고 있습니다.

쿼크 속박 시대에 이어서 헬륨 원자핵인 알파 입자가 형성된 것이 태초의 3분이고, 빅뱅 후 38만 년 되어서야 우주의 온도가 3,000K쯤으로 식으면서 쿼크들이 유리된 상태에서 자유롭게 움직이다가 하드론 속에 갇히게 됩니다. 마이너스 전기를 띤 전자 역시 우주 공간을 자유롭게 운동하다가 전기를 띤 양성자에 포획됩니다. 우주가 광자에 대하여 투명해지는 거죠. 그러면 전자가 양성자에 갇히기 전에는 전자에 충돌해서 무수하게 난반사하던 포톤이 방해 없이 전 우주를 향해 계속 쏟아집니다. 투명한 우주로 쏟아지던 이 빛을 WMAP라는 위성이 2003년에 관측했던 거죠.

우주 전체 역사에 있어서 중요한 사건을 서너 개 꼽으라고 하면, 중력이 플랑크 타임 때 분화되어 나온 것, 약한 상호작용과 전자기 상호작용이 아주 찰나적으로 분화되어 나타난 것, 쿼크가 양성자와 중성자 속에 속박된 것, 우주가 중성미자에 대해 투명해진 것, 헬륨 원자핵인 α입자가 생성된 것, 38만 년쯤 되었을 때 우주가 빛에 대해서 투명해진 것을 이야기할 겁니다. 사실 그다음의 나머지 우주 역사는 기타 등등에 해당하죠. 은하가 생기고, 태양처럼 핵융합을 하는 별이 생기고, 그 주위로 태양계와 같은 행성계가 생기고, 그 행성계 속에서 적정한 온도와 물이 존재함으로써 생명체가 생기는 것 등등요. 모두가 수소가 타고 남은 재에서 생긴 부차적인 산물들입니다.

우주 전체 역사에서 가장 중요한 현상 하나만 꼽으라면, 당연히 자발적 대칭 붕괴죠. 대칭이 붕괴되거나 숨겨져서 아주 찰나적인 순간에 강한 상호작용, 약한 상호작용, 전자기 상호작용이 분화되어 지금과 같은 힘이 만들어졌고, 그 힘 중 하나인 전자기 상호작용에 의해서 지구상의 생명체가 출현했죠.

뇌와 생각의 탄생을 추적해가는 노정에서 세포를 만났고, 결국 그 세포를 구성하는 원자를 만났습니다. 원자를 구성하는 소립자는 최종적으로 보존과 페르미온으로 모아집니다. 보존과 페르미온의 출현은 자발적 대칭 붕괴와 관련됩니다. 결국 우리가 궁극에서 만나는 것은 대칭이죠. 앤서니 지는 《놀라운 대칭성》에서 우주 근본에 해당하는 대칭에 관해 이렇게 설명합니다. 우주의 네 가지 힘과 물질의 기원을 잘 설명한 내용이어서 좀 길지만 원문을 인용해보겠습니다.

> 구도가 완벽하게 대칭적이면 오직 하나의 상호작용만이 존재하게 될 것이다. 모든 기본적인 입자는 동일하며, 따라서 서로 구별되지 않는다. 그러한 세계는 가능하기는 하지만 아주 단순할 것이다. 원자나 별, 행성이나 꽃, 물리학자도 없을 것이다.

궁극적 설계자는 단일성과 다양성, 절대적 완벽함과 다양한 역동성, 대칭성과 대칭의 없음을 다 원한다. 그는 그 자신에게 불가능한 요구 조건을 내건 듯 보인다. 실제의 역사가 바닥에 혹이 있는 병 안의 구슬과 같이 작용이 불변인 대칭 변환에 대해 불변이 아닐 때, 물리학자들은 대칭성이 '자발적으로 깨졌다'고 한다. 대칭의 자발적 깨짐을 이용하여 궁극적 설계자는 그 문제를 해결할 수 있다. 그는 대칭을 보이기도 하고 대칭이 없음을 보이기도 하는 설계를 할 수 있다. 그는 완벽하게 대칭적인 작용을 써 내려가면서도 실제의 역사가 비대칭적이게 할 수 있다.

장의 크기는 병의 중심에서 구슬의 위치까지를 잰 거리에 해당한다. 장의 크기가 안정 상태에서 0이 아니라면 어떠한가? 이는 혹 있는 병 안의 구슬의 경우에 해당한다. 구슬은 정지했을 때 중심에서 0 아닌 거리에 위치하며, 따라서 선호하는 방향을 취한다. 안정 상태에서 0이 아닌 장을 힉스 장이라고 한다. 작용을 불변이게 하는 대칭 변환을 생각하자. 이러한 변환은 힉스 장을 변화시킨다. 혹 있는 병에서 병 축에 대한 회전은 병을 불변이게 하지만, 구슬의 위치를 변화시킨다. 구슬과 혹 있는 병의 상호작용은 회전에 대해 불변이지만, 정지해 있는 구슬의 배치는 그렇지 않다. 비슷하게 힉스 장을 변화시키는 대칭 변환은 자발적으로 깨진다.

대칭의 자발적인 깨어짐이 일어난 다음에 이 작용에서 유도되는 실제의 물리 법칙은 더 이상 대칭이 아니다. 별과 당신 그리고 나를 만드는 입자들은 물론 들뜸이다. 진공은 모든 들뜸이 제거된 세계다. 대칭의 자발적 깨어짐의 유형을 결정하기 위하여 물리학자들은 진공에 대한 연구를 하고 있다. 이제 기초 물리학은 무에 관한 연구로 환원되었다는 말도 듣게 된다.

강한 상호작용의 한 예는 원자력이죠. 원자력의 힘을 1이라고 했을 때, 전자기 상호작용의 힘은 137분의 1 정도입니다. 원자력의 약 100분의 1쯤으로 보면 됩니다. 그리고 방사선 붕괴에 관련된 약한 상호작용은 원자력의 100만분의 1 정도죠. 아주 약한 힘입니다. 중력은 약한 상호작용에도 비할 수 없이 약한 힘이죠.

아주 작은 못 위로 막대자석을 대고 당긴다고 가정해봅시다. 못과 지구가 당기는 힘이 중력이죠. 막대자석과 못이 당기는 힘이 전자기력입니다. 두 힘이 같다는 거죠. 그래서 공중에 떠 있게 되는 겁니다. 막대자석이 지구에 비해서 얼마나 작습니까. 그 작은 막대자석이 당기는 힘이 지구 전체가 못을 당기는 힘과 같다는 것이죠. 이것을 비율로 보면 전자기 상호작용에 비해 중력의 힘은 $\frac{1}{10^{39}}$ 입니다.

여기서 힘이 미치는 거리가 중요합니다. 강한 상호작용, 즉 원자력에서는 힘이 미치는 거리가 당연히 원자핵 크기입니다. 10^{-15}m. 그보다 먼 거리에서는 거의 느끼지 못하죠. 그래서 원자핵 속에서 일어나고 있는 것입니다. 원자핵 속에서 일어나고 있는 강한 상호작용의 힘을 매개해주는 것이 글루온이죠. 글루온은 완벽한 대칭이 아주 작은 공간 안에 숨겨진 형태입니다.

전자기 상호작용이 미치는 영역은 무한대입니다. 세기는 거의 제로에 가깝지만 그 힘은 제로가 아니라 무한대까지 미치는 거죠. 그럴 수밖에 없는 것이 빛이 전자기 상호작용을 매개해주지 않습니까? 빛은 정지질량이 없고, 스핀이 1이죠. 스핀이 정수이기 때문에 보존이고, 질량이 없기 때문에 광속도로 달려 무한한 영역까지 영향을 미칠 수 있는 겁니다.

약한 상호작용이 미치는 영역은 원자핵보다 더 작습니다. 10^{-18}m. 원자핵, 즉 양성자 크기의 1천분의 1 정도 영역에서만 매개합니다. 약한 상호작용을 매개해주는 입자가 w^+, w^-, z^0 입자인데, w^+, w^-의 질량은 80GeV, z^0 보존의 질량은 91GeV 정도로 무겁죠. 무거우니까 멀리 나아갈 수 없는 겁니다.

중력을 매개하는 중력자 역시 포톤처럼 질량이 제로라고 주장되고 있습니다. 질량이 제로인 입자가 매개하는 힘은 무한대로까지 미치게 되죠.

우주에 존재하는 이 네 가지 힘은 서로 연계되어 있습니다. 행성의 운동, 지구의 운동은 중력으로 모아지고, 시공에서 펼쳐지는 전체 양상은 일반상대성이론으로 통합됩니다. 전기력, 자기력이 통합된 전자기력이 맥스웰 방정식으로 아주 깔끔하게 정리되었죠. 또한 맥스웰 방정식의 결과로 우리 인류는 빛이 무엇인지 이해하게 되었습니다. 그리고 맥스웰 방정식으로 전자기 상호작용을 이해하게 되었죠.

맥스웰은 여러 가지 전기, 자기 유도 현상을 네 가지 공식으로 간결하게 총 정리했습니다. 네 가지 맥스웰 방정식을 조합해보면 전자기 상호작용이 전파되는 속도를 알 수 있습니다. 전자기 상호작용을 매개해주는 것은 결국 빛이죠. 빛의 속도, 전파의 속도가 맥스웰 방정식에서 이런 공식으로 유도됩니다.

$$c = \frac{1}{\sqrt{\varepsilon_0 \mu_0}}$$

이 공식에 따르면 엡실론 제로(ε_0), 뮤 제로(μ_0)는 진공의 유전율誘電

率(ε, 축전기 양판 사이에 전기적 유도 작용을 일으키는 유전체를 넣었을 때와 그러지 않았을 때 전기 용량의 비율이며, 전기장에 대한 유전체의 영향력을 나타내는 계수)과 진공의 투자율透磁率(μ, 자성체의 자기화 정도를 나타내는 물질 상수)을 말합니다. 그러니까 진공의 유전율과 진공의 투자율에 의해서 광속도가 정해진다는 것이죠. 결국 이 방정식으로 빛의 속도를 유도할 수 있습니다.

중력 쪽은 아인슈타인 한 사람에 의해서 대부분 개척되었죠. 그것을 밝힌 것이 일반상대성이론입니다. 양자역학에 수십 명 이상의 뛰어난 학자가 매달린 것과 대조적이죠. 일반상대성이론의 주 무대는 시공의 휘어짐입니다. 그리고 상대성이론이 예측하는 중력파를 측정하기 위해 과학자들이 엄청난 노력을 기울이고 있죠.

입자물리학에서의 대칭은 곧 보존법칙을 말합니다. 한 개의 대칭이 있을 때 한 개의 보존법칙이 있습니다. 우주에는 시간 대칭이 있죠. 시간 대칭에서 에너지가 나옵니다. 시간 독립 슈뢰딩거 방정식의 해가 바로 양자화된 에너지가 됩니다. 즉 시간 대칭에서 변하지 않는 대칭축에 해당하는 상수가 바로 에너지죠. 에너지 보존법칙이 바로 시간의 대칭입니다. 그리고 공간 대칭에서 운동량 보존법칙이 나오죠. 공간의 균일성에서 선운동량 보존법칙이 나오고 공간의 등방성에서 각운동량 보존법칙이 나옵니다. 국소 게이지 대칭에서는 전하 보존이 나옵니다. 국소 게이지 대칭이 결국 양-밀즈 이론에서 이야기하는 것이죠. 중입자, 경입자, 전하, 스트레인지니스strangeness(소립자 상태를 규정하는 양자수) 등 보존되는 양자수가 있습니다. 반응 전후에 보존 규칙이 지켜져야 입자 상호 간의 변환 과정이 일어나는 것이죠.

빛의 세계, $E=mc^2$

아인슈타인의 혁명적 이론인 특수상대성이론과 일반상대성이론을 몇 개의 수식으로 간단하게 이야기해보겠습니다. 공간, 즉 거리(l)라는 것은 결국 속도(v)에 관계되죠.

$$l = l_0 \sqrt{1-(\frac{v}{c})^2}$$

시간(t)이라는 것도 결국 움직이는 물체의 속도와 관련 있음을 보여줍니다.

$$t = \frac{t_0}{\sqrt{1-(\frac{v}{c})^2}}$$

질량(m)도 같은 식이죠.

$$m = \frac{m_0}{\sqrt{1-(\frac{v}{c})^2}}$$

이러한 특수상대성이론의 공식에서 l_0, m_0, t_0는 고유길이, 고유질량, 고유시간이고 l, m, t는 관찰자가 움직이는 물체를 보았을 때 관측되는 길이, 질량, 시간이죠. 이것이 그 유명한 특수상대성이론의 결론입니다. 일반상대성이론은 중력에 관한 이론입니다. 그 식은 이렇죠.

$$R^{\mu\nu} - \frac{1}{2}g^{\mu\nu}R = \frac{8\pi G}{c^4}T^{\mu\nu}$$

아인슈타인의 상대성이론은 이 네 개의 공식으로 요약할 수 있습니다.

움직이는 어떤 물체의 속도(v)가 광속(c)에 가까워지면 어떻게 됩니까? 거리와 시간과 질량의 방정식을 떠올려봅니다. 속도 v는 변수죠. v가 c가 되면 루트 안이 1-1, 즉 제로가 됩니다. 시간은 어떻게 됩니까? 무한대로 천천히 가죠. 질량 역시 무한대가 됩니다.

달리는 로켓을 지상에서 자세히 볼 수 있다고 가정해봅시다. 로켓의 속도가 광속에 가까워지면 루트 안의 값이 영으로 무한히 접근하죠. 따라서 로켓이 가고 있는 앞길, 즉 공간이 줄어들죠. 광속에 아주 가까워지면 공간이 줄어들어 로켓이 진행하는 방향의 공간이 사라져버립니다. 그리고 로켓이 광속이 되는 순간 로켓 내부의 시계도 멈춰버립니다.

여기서 중요한 것은 이 모두가 로켓 밖 지상의 정지된 관찰자에게 그렇게 보인다는 겁니다. 로켓 안의 승객의 관점에서는 시간과 공간이 지연되거나 축소되지 않죠. 정지된 관찰자가 광속으로 움직이는 로켓을 관찰하면 로켓이 광속이 되는 순간 로켓 진행 방향의 공간은 사라지고 시간은 흐르지 않습니다. 즉 시간이 무한히 천천히 흘러가는 겁니다. 빛의 속도가 되는 순간 로켓은 가야 할 길이 사라진 시공을 간 적이 없게 되죠. 그래서 빛은 빅뱅이 터졌을 때나 지금이나 결코 늙은 적이 없습니다.

특수상대성이론은 이것 말고도 중요한 귀결 하나를 가지고 옵니다. 에너지라는 것은 힘과 거리를 곱한 값입니다. 힘도 벡터고 거리도 벡터이니 곱을 하면 스칼라의 에너지가 되죠.

$$E = \vec{F} \cdot \vec{S}$$

미소한 에너지(dE)는 힘(F)과 미소한 거리(ds)를 곱한 값입니다.

$$dE = F \cdot ds$$

시간에 대해서 운동량을 미분해주면 힘이 나오죠.

$$F = \frac{dP}{dt}$$

이것을 위 식에 대입하면 이렇습니다.

$$dE = \frac{dP}{dt} \cdot ds$$

여기서 시간에 대해 거리를 미분해주고 운동량을 곱해 조금 변형해줍시다.

$$dE = \frac{ds}{dt} \cdot dP$$

그런데 이 미분 운동량 dP라는 것이 속도 곱하기 질량이 됩니다. 그래서 시간에 대해서 거리를 미분한 것($\frac{ds}{dt}$)이 바로 속도가 되고, P라는 것은 질량 곱하기 속도가 됩니다. 따라서 위 식은 다음 식으로 쓸 수 있죠.

$$dE = vd(mv)$$

이 식에서 $d(mv)$를 미분하면 이렇게 되죠.

$$dE = v(mdv + vdm)$$

이것을 풀어 쓰면 어떻게 됩니까?

$$dE = mvdv + v^2dm$$

에너지를 미분한 dE가 이렇게 표현됩니다. 이제 아인슈타인의 질량에 대한 공식을 풀어 써보겠습니다.

$$m = \frac{m_0}{\sqrt{1-(\frac{v}{c})^2}}$$

여기서 양변에 제곱을 하고 위치를 조금 옮겨주면 이렇게 되죠.

$$m_0^2 = m^2[1-(\frac{v}{c})^2]$$

양변에 c^2을 곱해주면 어떻게 됩니까?

$$m^2c^2 - m^2v^2 = m_0^2c^2$$

여기서 m_0도 상수이고, c도 상수이니 양변에 미분을 해봅시다.

m하고 v는 각각 변수이니 각각 미분해야죠.

$$2mc^2dm - (2mv^2dm + 2m^2vdv) = 0$$

우변이 상수이니 미분하면 0이 되죠.

$$2mc^2dm - 2mv^2dm - 2m^2vdv = 0$$

여기서 $-2mv^2dm - 2m^2vdv$를 뒤로 넘기고 공통분모 $2m$으로 나누어보세요.

$$c^2dm = v^2dm + mvdv$$

이 공식을 잘 보십시오. $v^2dm + mvdv$가 되었죠. 앞에서 미소한 에너지(dE)를 구한 값과 같지 않습니까? 그래서 이렇게 쓸 수 있습니다.

$$dE = c^2dm$$

여기서 양변을 적분해줍시다. c^2은 상수니까 앞으로 나오죠.

$$\int dE = \int C^2 dm = C^2 \int dm$$

적분을 해주면 에너지가 그대로 나오지 않습니까? 이 식을 좀 더 정리해보면 이렇게 되죠.

$$E = c^2 m$$

이것이 그 유명한 $E=mc^2$이죠. 미적분을 할 수 있는 사람이면 이 공식을 누구나 유도할 수 있습니다. 그전까지 많은 과학자가 이것을 왜 유도하지 못했느냐? 바로 아인슈타인의 특수상대성이론 공식이 없었기 때문이죠. $m = \dfrac{m_0}{\sqrt{1-(\frac{v}{c})^2}}$ 말입니다. 우리도 이 공식을 이용했기 때문에 몇 줄 만에 $E=mc^2$을 얻을 수 있었습니다.

원자력뿐만 아니라 우주에 있는 많은 별의 핵융합에서 나오는 에너지도 $E=mc^2$ 공식 하나로 설명해내지 않습니까? 아인슈타인의 상대성이론이 이렇게 위대한 것입니다.

앞에서도 언급한 적이 있지만 상대성이론의 세계관은 소광섭 교수가《물리학과 대승기신론》에서 잘 설명했죠. 지금까지는 3차원 공간상의 어떤 위치를 점유하는 물체의 집합을 세계라고 생각해왔는데, 사실 우리가 물체로 인식하는 것은 특정한 사건의 연속이라는 겁니다. 우주에 존재하는 것은 사건밖에 없다고 보면 됩니다. 그러니 상대성이론을 이해하려면, 세계를 이해하려면 물체 중심의 세계관에서 사건 중심의 세계관으로 옮겨가야 하는 겁니다.

아인슈타인이 임종의 순간 이런 이야기를 했다고 하죠. "죽음은 아무것도 의미하지 않는다. 과거, 현재, 미래라는 구분은 인간의 고집스런 관념에서 생긴 것이다." 브라이언 그린도《우주의 구조》에서 시간에 대한 이야기를 합니다.

모든 사건은 과거에 일어났고 현재에 일어나고 있고 미래에 일어날 예정이 아니라, 하나의 시공간 안에서 한꺼번에 존재한다. 이들은 시공간의 한 점을 점유한 채 영원히 그곳에 있을 것이다.

시간의 속성을 자세히 살펴보면, 끊임없이 흐르는 강물이라기보다는 모든 순간이 한꺼번에 꽁꽁 얼어붙은 거대한 얼음 덩어리에 가깝다는 것이죠. 우리는 시간이 흘러간다고 생각합니다. 공간은 고정되어 있습니다. 공간상에서는 모든 것이 명확하죠. 그냥 보입니다. 여기서 저기로 이동할 수가 있죠. 이것이 공간의 속성입니다. 그런데 시간상에서의 미래는 볼 수 없지 않습니까? 다만 시간이 흘러가면 미래와 만난다고 생각하죠. 그런데 그렇지 않다는 겁니다. 시간도 공간처럼 꽁꽁 얼어붙어 있다는 것이죠. 흐르는 강이 아니라 한꺼번에 모든 순간이 얼어붙어 있는 강이라는 것입니다.

우주 역사의 어느 순간 빅뱅이 일어났고, 우주의 네 가지 힘이 출현했습니다. 그중 전자기력은 우리와 아주 밀접하게 연계되어 있죠. 전자기력은 고분자를 만듭니다. DNA도 생체 고분자죠. 고분자는 세포도 만들고, 세포막에서 전자기 작용도 일으킵니다. 이러한 것들이 모여 유기체가 되고, 세포가 되고, 동물과 식물이 만들어집니다. 의식이라든지 생각이라든지 하는 것들은 전자기 상호작용의 결과죠.

뇌를 이해하고 생각의 출현을 이해하려면 전자기 상호작용에 의해 움직이는 생물학적인 뇌 자체뿐만 아니라 생명 진화의 긴 역사를 추적해보는 것이 필요하죠. 뇌를 통해 생각하고 움직이는 우리의 존재가 처음 시작된 곳이 어디인지를 알아야 합니다. 완벽한 대칭의 세계, 복잡하고 다양하며 온갖 현상이 풍성한 우주를 그 바탕에서부터 이해하려면 입자물리학에서 중요시하는 대칭성을 이해해야 합니다. 뭐라

형용할 수 없는 완벽한 입자물리학적 대칭의 세계를 알아야 합니다.

여기서 대칭성은 입자물리학의 가장 중요한 지도 원리입니다. 앤서니 지의 《놀라운 대칭성》에 입자물리학의 지도 원리로 대칭성의 역할이 잘 설명되어 있습니다. 한 물리학자가 대칭성이라는 원리 아래서 그 많은 입자를 분류하고 그것에 숨겨진 아름다움을 발견했습니다. 생명의 출발점인 수소 원자핵의 쿼크 역시 대칭성이 숨겨져 있죠.

빅뱅에서 순식간에 양성자와 중성자가 생성되고 수소 원자가 형성되어 별과 행성이 생기고, 그런 행성 지구에서 생명의 긴 역사를 통하여 의식이 출현한 과정을 이렇게 요약하고 싶군요. 시공의 춤, 원자의 춤, 세포의 춤. 그렇죠. 세 단계의 에너지 변환이란 '춤'을 통하여 무한한 다양성이 출현한 것이죠.

24강 자발적 대칭 파괴로 생각이 진화하다

지금까지 뇌의 구조나 뇌의 작용을 통해서 어떻게 의식, 생각, 느낌 등이 나타나는지 살펴봤습니다. 이와 함께 의식의 구조에서 바탕을 이루는 물리학, 특히 입자물리학의 세계도 들여다보았죠.

물리 근원의 대칭의 세계에서 시작하여 대칭 붕괴로 초래된 의식의 출현에까지 이르게 된 것입니다. 인간의 생각이라는 것도 대칭과 대칭의 붕괴를 끊임없이 일으키며 계속 움직여 갑니다. 생각의 대칭과 대칭 붕괴를 일으키는 가장 큰 원동력은 바로 학습입니다.

학습, 기억 그리고 생각을 바꾸다

다시 우리 뇌 시스템으로 돌아가서, 우리 인간의 기억은 크게 세 가지로 분류할 수 있습니다. 절차 기억, 신념 기억 그리고 학습 기억. 절

24-1
세 가지 기억의 뇌 회로

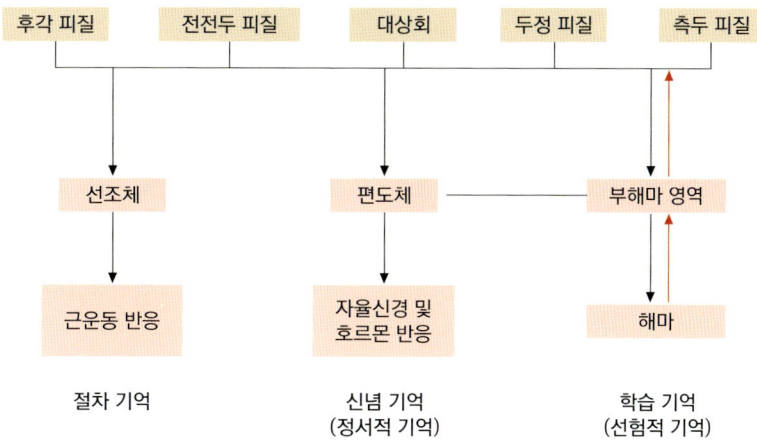

차 기억은 주로 대뇌기저핵의 선조체를 중심으로 일어나고, 신념 기억은 편도체와 자율신경 호르몬의 반응 등이 관여되죠. 학습 기억은 해마를 중심으로 해서 일어납니다.

학습 기억의 루트를 보면 해마와 피질이 쌍방향으로 연결되어 있죠. 그래서 학습 기억의 특징은 끊임없이 에러를 수정하는 것입니다. 한번 배우면 평생 잊지 않는 생존을 위한 절차 기억과 한번 형성되면 결코 바꾸지 않는 신념 기억과는 대조적이죠.

학습 기억은 10세 전후에 급격히 증가합니다. 25세쯤 되면 절정에 이르고, 35세쯤 되면 안정적이다가 60세 이후에는 급격하게 줄어듭니다.

학습을 하면 기억 시스템이 바뀝니다. 그리고 학습 형태를 중심으로 학습 부재형, 학습 최소형, 학습 주도형으로 학습의 관점에서 사람들을 살펴볼 수 있죠.

24-2
연령에 따른 기억의 성격과 세 가지 기억 비율에 따른 인간 유형

오픈 시스템, 즉 유연한 사고를 가진 사람들의 기억을 보면 학습 기억이 큰 비중을 차지합니다. 이 세 가지 기억의 비율이 생각의 유연성에 관한 인간형을 결정합니다. 예를 들면 20대 대학생의 경우 절차 기억이 10%, 신념 기억이 20%, 학습 기억이 70% 정도라 보면, 집중적으로 학습하는 대학 시절 이후에는 학습 기억이 30%로 줄어들면서 신념 기억이 60% 정도로 올라갑니다. 즉 나이 들어가면서 학습 부재형의 완고한 인간이 되는 거죠. 자기가 알고 있는 몇 가지 고정된 신념 체계가 생각의 유연성을 가로막는 겁니다. 종교나 정치적 도그마에 빠진 사람들이 그렇죠.

신념 기억은 어려운 환경을 극복하는 데 강력한 추진력을 주지만, 방향을 잘못 설정하면 다른 사람들과 충돌을 일으킵니다. 서로 다른

신념 시스템끼리 충돌하는 것은 우리 사회에서 흔히 보이는 일이죠. 새로운 학문을 끊임없이 공부해야만 우리 뇌가 학습 기억이 우세한 상태로 동작하여 유연하고 창의적인 인간이 됩니다.

학습 최소형은 생계를 유지하는 데 필요한 아주 최소한의 학습만 하는 사람입니다. 이런 사람들이 많죠. 책을 읽어도 현실적인 책만 읽습니다. 그런데 현실적인 독서는 현실적으로도 성공하지 못한다는 게 참 아이러니죠. 10년 전과 지금의 변화 속도는 너무나 다릅니다. 상상을 초월할 정도로 빨라졌죠. 그래서 현실적인 학습만 하면 현실을 따라가지 못합니다. 근시안적인 독서로는 현실의 변화에 대응할 수 없죠. 현실 변화의 방향은 현 상황을 구성하는 요인에서 생성된 것이고, 그런 현실 구성 요인들의 많은 부분이 외부에서 생성된 것입니다.

100명에 한두 명 있을까 말까 한 특이한 형태가 학습 주도형입니다. 학교를 졸업한 후에도 적극적으로 학습하는 사람들입니다. 대부분 독서를 통해서 배우죠. 오픈 시스템을 향해 살고 있는 이 사람들의 학습 기억은 가파르게 올라갑니다. 융통성과 판단력, 비전이 탁월해지죠. 학습 주도형의 사람에서는 신념 기억이 균형 잡힌 지식의 힘으로 제어되어 맹목성이 올바른 방향의 추진력이 되는 순기능을 하게 됩니다.

뇌의 대칭, 생각의 대칭을 깰 것

이렇게 융통성, 판단력, 비전이 탁월한 학습 주도형 인간이 되려면 어떻게 해야 하느냐? 첫째, 지식의 수준을 높여야 합니다. 베이스캠프가 낮으면 산 정상에 도달하는 게 더 힘들죠. 집요한 학습으로 지식의 총량이 많아지면, 즉 판단력의 기준 바탕이 높아지면 삶의 예측은 더 정확해집니다. 시간과 에너지를 자연과학의 고급 지식을 쌓는 데 투자해야 합니다. 뇌를 이해하기 위해서 물질 시스템과 시공 모두를 설명하는 양자역학과 상대성이론으로까지 이해의 영역을 넓혀야 하죠.

둘째, 질문을 품어서 성장시켜야 합니다. 질문은 함부로 하는 게 아니죠. 예부터 선사들이 하시는 말씀이 있습니다. "도를 깨치기 위해서는 의심 덩어리가 커야 하고, 강렬한 내적 에너지가 있어야 한다." 의심 덩어리를 함부로 노출한다든지 간단히 해결했을 때는 공부, 학습의 동력을 잃어버립니다. 그런 질문은 만들기도 어려우며 한번 얻은 질문은 적어도 5년, 10년 이상 내적으로 질문의 강도를 높여서 학습의 추진력으로 삼아야 합니다. 질문의 힘으로 대상을 보기 시작하면 결국 그 질문이 스스로 답을 찾죠.

세 번째, 학문에 미쳐야 합니다. 어느 수준에 도달할 때까지는 미친 듯이 몰아붙여야 하는 겁니다. 보통은 5년, 좀 어려운 분야는 10년 단위로 계획하여 스스로 각 분야를 조망할 만큼 학습을 해야 합니다. 그래서 예술이 되었든 철학이 되었든 자연과학이 되었든 어떤 분야를 5년, 10년씩 완결하여 50년 공부할 것 같으면 적어도 다섯 가지 이상의 다른 분야를 섭렵할 수 있습니다.

네 번째가 중요합니다. 학습의 균형을 잡아야 합니다. 자연과학 대 인문과학의 비율을 7대3 정도로 만들어야 합니다. 자연과학은 수학을 바탕으로 하는 학문입니다. 수학이라는 것은 숫자를 헤아리는 데서 출발하죠. 우리는 수 개념을 본능적으로 파악합니다. 우리 뇌의 진화

덕분이죠. 사람이 지나갈 때 서너 명 정도는 순간 알게 됩니다. 그러나 대여섯 명이 넘어가면 헤아려야 하죠. 십진법을 쓰지 않는 사회에서는 더 어려울 겁니다. 그래서 큰 숫자를 헤아릴 수 있으려면 학습을 해야 하는 것이죠. 숫자뿐만이 아니고 더 큰 시스템을 이해하기 위해서는 자연과학을 의도적으로 공부해야 합니다.

또한 자연과학은 40대가 되기 전에 공부해야 합니다. 나이가 들어서는 시작할 수 없습니다. 철학이나 문학 같은 분야는 나이가 들어서도 등단하는 사람들이 있지 않습니까? 하지만 미분, 적분, 일반상대성 이론을 60, 70 먹은 노인이 취미로 공부했다는 이야기는 들어본 적이 없을 겁니다.

다섯 번째, 목표량이 중요합니다. 임계치를 넘어서면 양은 질로 바뀝니다. 그 임계치를 책으로 치면 3천 권 정도 될 것입니다. 자연과학 대 인문과학, 7대3으로 해서요. 50대가 될 때까지 3천 권 정도 집요하게 읽다 보면 정보가 서로 링크되면서 정보들 사이에서 변화가 일어납니다. 양이 질로 바뀌는 거죠.

이에 덧붙여서 양질의 정보, 양질의 책을 선별할 수 있어야 합니다. "두 번 읽을 가치가 없는 책은 한 번 읽을 가치도 없다"고 합니다. 어렵지만 피해 갈 수 없는 기본 학습량을 습득하는 학습 독서만이 우리의 학습 근육을 강화시켜줍니다. 언젠가 하버드 대학 총장이 졸업생들에게 강연한 것을 글로 읽은 적이 있습니다. "하버드 대학 교육의 최종 목표는 좋은 책인지 그저 그런 책인지를 구별할 능력을 갖추도록 하는 것이다." 좋은 정보, 좋은 책을 구별할 수 있을 때부터 학습에 가속이 붙습니다.

결국 생각의 출현으로 가는 길에는 융통성과 판단력, 비전이 탁월한 학습 주도형의 인간이 서 있습니다. 스스로 대칭을 깨뜨리고 다시 대칭으로 향하는 것이죠. 우주 초기의 대칭이 깨어져서 나타난 것이 뇌, 의식의 출현 아니었습니까.

    뇌를 이해한다는 것은
    하나의 풍경화를 그리는 것.

    일생 동안 한순간도
    우리를 떠나 있지 않은 느낌과 감정과 생각들
    의식의 다층적이고 복잡 미묘함이
    투명한 가을 하늘처럼
    스스로 환해질 수는 없을까.

    감정과 운동을 살펴본다는 것은
    선조들의 35억 년간
    당혹과 좌절과 한숨을 헤아려보는 것.

    생각의 구조와 작용을 이해한다는 것은
    사회와 문화라는 틀 속에서
    전체와 부분을 반복적으로 살펴보는 것.

    언젠가는
    흐릿한 윤곽들이 스스로

뚜렷한 색감과 전체의 울림으로 드러나는

풍경화가 될 때까지

뇌가 그리는 생각의 풍경화를

감상할 수 있을 때까지

생각을, 생각하기를 멈추지 말 것.

참고문헌

뇌 과학의 기본 내용에 충실한 책

《감각과 지각》, E. 브루스 골드스타인 지음, 정찬섭 옮김, 시그마프레스, 1999.
《교양으로 읽는 뇌 과학》, 이케가야 유우지 지음, 이규원 옮김, 은행나무, 2005.
《꿈》, 앨런 홉슨 지음, 임지원 옮김, 아카넷, 2003.
《뇌 기억력을 키우다》, 이케가야 유우지 지음, 김민성 옮김, 지상사, 2003.
《뇌》, 리차드 F. 톰슨 지음, 김기석 옮김, 성원사, 1989.
《뇌로부터 마음을 읽는다》, 오키 고스케 지음, 김수용 옮김, 전파과학사, 1996.
《뇌와 기억의 수수께끼》, 야마모토 다이스케 지음, 이규은 옮김, 종문화사, 1997.
《뇌의 비밀》, 안드레아 록 지음, 윤상운 옮김, 지식의숲(넥서스), 2006.
《뇌의 설계도》, 이토오 마시오 지음, 민병일 옮김, 대한추나학회출판사, 1997.
《두뇌의 신비 자궁에서 무덤까지》, 강성종 지음, 전파과학사, 1999.
《마음을 움직이는 뇌 뇌를 움직이는 마음》, 민성길 지음, 해나무, 2004.
《브레인 스토리》, 수전 그린필드 지음, 정병선 옮김, 지호, 2004.
《생리심리학의 기초》, 닐 R. 칼슨 지음, 김현택 옮김, 시그마프레스, 1998.
《시냅스와 자아》, 조지프 르두 지음, 강봉균 옮김, 소소, 2005.
《신경심리학입문》, 존 스틸링 지음, 손영숙 옮김, 시그마프레스, 2003.
《신비한 인간 뇌 해부도 입문》, 존 P. 핀엘 지음, 조신웅 옮김, 학지사, 2001.
《십대들의 뇌에서는 무슨 일이 벌어지고 있나》, 바버라 스트로치 지음, 강수정 옮김, 해나무, 2004.
《알고 싶었던 뇌의 비밀》, 오오키 고오스케 지음, 박희준 옮김, 정신세계사, 1990.
《우리 아이 머리에선 무슨 일이 일어나고 있을까》, 리즈 엘리엇 지음, 안승철 옮김, 궁리출판, 2004.
《춤추는 뇌》, 김종성 지음, 사이언스북스, 2005.

뇌 과학으로 사고의 폭을 넓혀주는 책

《나는 그림으로 생각한다》, 템플 그랜딘 지음, 홍한별 옮김, 양철북, 2005.
《나의 뇌 뇌의 나 1》, 리처드 레스탁 지음, 김현택 외 옮김, 학지사, 2004.
《나의 뇌 뇌의 나 2》, 리처드 레스탁 지음, 김현택 외 옮김, 학지사, 1997.
《나이들수록 왜 시간은 빨리 흐르는가》, 다우베 드라이스마 지음, 김승욱 옮김,
　에코리브르, 2005.
《뇌를 통해본 아동의 정서》, 김유미 지음, 학지사, 2005.
《뇌와 기억 그리고 신념의 형성》, 다니엘 L. 샥터 지음, 한국신경인지기능연구회 옮김,
　시그마프레스, 2004.
《뇌와 내부세계》, 마크 솜즈 지음, 김종주 옮김, 하나의학사, 2005.
《당신의 뇌를 점검하라》, 다니엘 G. 에이멘 지음, 안한숙 옮김, 한문화, 2002.
《마음 盲》, 시몬 바론 코헨 지음, 김혜리 옮김, 시그마프레스, 2005.
《마음이 태어나는 곳》, 개리 마커스 지음, 김명남 옮김, 해나무, 2005.
《마인드 해킹》, 탐 스태포드 지음, 이남석 옮김, 황금부엉이, 2006.
《망각》, 데이비드 솅크 지음, 이진수 옮김, 민음사, 2003.
《부자가 되는 뇌의 비밀》, 유상우 지음, 21세기북스, 2004.
《사랑을 위한 과학》, 토머스 루이스 지음, 김한영 옮김, 사이언스북스, 2001.
《생각의 벽》, 요로 다케시 지음, 김순호 옮김, 고려문화사, 2005.
《아내를 모자로 착각한 남자》, 올리버 색스 지음, 조석현 옮김, 이마고, 2006.
《역동적 기억》, 로저 C. 생크 지음, 신현정 옮김, 시그마프레스, 2002.
《의학신경해부학》, 이원택·박경아 지음, 고려의학, 1996.
《지능의 발견》, 홀크 크루제 지음, 박규호 옮김, 해바라기, 2003.
《화성의 인류학자》, 올리버 색스 지음, 이은선 옮김, 바다출판사, 2005.

뇌 과학적 세계관을 보여주는 책

《공감의 심리학》, 요하임 바우어 지음, 이미옥 옮김, 에코리브르, 2006.
《꿈꾸는 기계의 진화》, 로돌포 R. 이나스 지음, 김미선 옮김, 북센스, 2007.
《나는 침대에서 내 다리를 주웠다》, 올리버 색스 지음, 한창호 옮김, 소소, 2006.
《놀라운 가설》, 프란시스 크릭 지음, 과학세대 옮김, 한뜻, 1996.
《뇌가 나의 마음을 만든다》, 빌라야누르 라마찬드란 지음, 이충 옮김, 바다출판사, 2006.
《뇌과학과 철학》, 패트리샤 처칠랜드 지음, 박제윤 옮김, 철학과현실사, 2006.

《뇌는 하늘보다 넓다》, 제럴드 에덜먼 지음, 김한영 옮김, 해나무, 2006.

《데카르트의 오류》, 안토니오 다마지오 지음, 김린 옮김, 중앙문화사, 1999.

《동물이 보는 세계, 인간이 보는 세계》, 히다카 도시다카 지음, 배우철 옮김, 청어람미디어, 2005.

《떡갈나무 바라보기》, 주디스 콜 지음, 후박나무 옮김, 사계절출판사, 2002.

《마음의 역사》, 스티븐 미슨 지음, 윤소영 옮김, 영림카디널, 2001.

《스피노자의 뇌》, 안토니오 다마지오 지음, 임지원 옮김, 사이언스북스, 2007.

《신경과학과 마음의 세계》, 제럴드 에델만 지음, 황희숙 옮김, 범양사, 1998.

《신은 왜 우리 곁을 떠나지 않는가》, 앤드류 뉴버그 지음, 이충호 옮김, 한울림, 2001.

《유뇌론》, 요로 다케시 지음, 김석희 옮김, 재인, 2006.

《의식과 자유》, 이정원 지음, 동녘, 1998.

《의식의 기원》, 줄리언 제인스 지음, 김득룡 옮김, 한길사, 2005.

《의식의 탐구》, 크리스토프 코흐 지음, 김미선 옮김, 시그마프레스, 2006.

《인식의 나무》, 움베르토 마투라나 지음, 최호영 옮김, 자작아카데미, 1995.

그 밖의 주요한 책들

《40억 년 간의 시나리오》, 존 메이나드 스미스 지음, 한국동물분류학회 옮김, 전파과학사, 2001.

《RNA 이야기》, 야나가와 히로시 지음, 김우호 옮김, 전파과학사, 1991.

《감성지능 EQ 상, 하》, 다니엘 골먼 지음, 황태호 옮김, 비전코리아, 1997.

《곰에서 왕으로》, 나카자와 신이치 지음, 김옥희 옮김, 동아시아, 2003.

《기본 천문학》, 한누 카르투넨 지음, 민영기 외 옮김, 형설출판사, 1991.

《놀라운 대칭성》, 앤서니 지 지음, 염도준 옮김, 범양사, 1994.

《뇌의 기억, 그리고 신념의 형성》, 다니엘 L. 섹터 지음, 한국신경인지기능연구회 옮김, 시그마프레스, 2004.

《뇌의 마음》, 월터 J. 프리먼 지음, 진성록 옮김, 부글북스, 2007.

《눈의 탄생》, 앤드루 파커 지음, 오숙은 옮김, 뿌리와이파리, 2007.

《단백질이란 무엇인가》, 후지모토 다이사브로 지음, 박택규 옮김, 전파과학사, 1987.

《대승기신론이야기》, 시게오 카마타 지음, 장휘옥 옮김, 장승, 1991.

《라마찬드란 박사의 두뇌 실험실》, 빌라야누르 라마찬드란 지음, 신상규 옮김, 바다출판, 2007.

《마이크로 코스모스》, 린 마굴리스 지음, 홍옥희 옮김, 범양사출판부, 1987.
《망각》, 데이비드 솅크 지음, 이진수 옮김, 민음사, 2003.
《몰입의 즐거움》, 미하이 칙센트미하이 지음, 이희재 옮김, 해냄출판사, 1999.
《물리학과 대승기신론》, 소광섭 지음, 서울대학교출판부, 1999.
《물리학을 뒤흔든 30년》, 조지 가모프 지음, 김정흠 옮김, 전파과학사, 1994.
《발생생물학》, 스콧 F. 길버트 지음, 강해묵 옮김, 라이프사이언스, 2004.
《블랙홀과 시간굴절》, 킵 S. 손 지음, 박일호 옮김, 이지북, 2005.
《빛과 우주》, 김형진 지음, 화산문화, 2004.
《사고와 학습 그리고 망각》, 프레데릭 베스터 지음, 박시룡 옮김, 범양사, 1993.
《산소》, 닉 레인 지음, 양은주 옮김, 파스칼북스, 2004.
《상대성이론》, 차동우 지음, 북스힐, 2003.
《생각하는 생물 1, 2》, 프랭크 H. 헤프너 지음, 윤소영 옮김, 도솔, 1993.
《생명 최초의 30억 년》, 앤드류 H. 놀 지음, 김명주 옮김, 뿌리와이파리, 2007.
《생명이란 무엇인가?》, 린 마굴리스 지음, 황현숙 옮김, 지호, 1999.
《생체막이란 무엇인가》, 간바라 다케시 지음, 박화진 옮김, 전파과학사, 1989.
《세포라는 대우주》, 루이스 토머스 지음, 강만식 옮김, 범양사출판부, 1987.
《수학의 유전자》, 케이스 데블린 지음, 전대호 옮김, 까치글방, 2002.
《시간공간의 물리학》, 이열 지음, 홍릉과학출판사, 2003.
《신역 화엄경》, 법정 지음, 동국대학교역경원, 1998.
《신의 방정식》, 아미르 D. 액설 지음, 김희봉 옮김, 지호, 2002.
《양자역학》, 송희성 지음, 교학연구사, 1992.
《엘러건트 유니버스》, 브라이언 그린 지음, 박병철 옮김, 승산, 2002.
《오리진》, 도널드 골드스미스 지음, 곽영직 옮김, 지호, 2005.
《외로운 산소 원자의 여행》, 로렌스 M. 크라우스 지음, 박일호 옮김, 이지북.
《우주의 구조》, 브라이언 그린 지음, 박병철 옮김, 승산, 2005.
《우주의 기원 빅뱅》, 사이먼 싱 지음, 곽영직 옮김, 영림카디널, 2008.
《우주의 역사》, 조지스무트 키데이비슨 지음, 과학세대 옮김, 까치글방, 1994.
《우주의 창조》, 팡리지 지음, 박승재 옮김, 전파과학사, 1996.
《원효사상》, 이기영 지음, 한국불교연구원, 1967.
《원효의 대승철학》, 김형효 지음, 소나무, 2006.
《의식의 재발견》, 마르틴 후베르트 지음, 원석영 옮김, 프로네시스, 2007.

《이브의 일곱 딸들》, 브라이언 사이키스 지음, 전성수 옮김, 따님, 2002.

《일반인을 위한 파인만의 QED 강의》, 리처드 파인만 지음, 박병철 옮김, 승산, 2001.

《자연의 신성한 깊이》, 어슐러 구디너프 지음, 김현성 옮김, 수수꽃다리, 2000.

《제3의 침팬지》, 재레드 다이아몬드 지음, 김정흠 옮김, 문학사상사, 1996.

《조상이야기》, 리처드 도킨스 지음, 이한음 옮김, 까치글방, 2005.

《중력과 시공간 1, 2》, 한스 오하니언 지음, 송두종 옮김, 아카넷, 2001.

《질량의 기원》, 히로세 다치시게 지음, 임승원 옮김, 전파과학사, 1996.

《창의성의 즐거움》, 미하이 칙센트미하이 지음, 노혜숙 옮김, 북로드, 2003.

《천문학 및 천체물리학 서론》, 마이클 자일릭 지음, 유경로 옮김, 대한교과서, 1997.

《총, 균, 쇠》, 재레드 다이아몬드 지음, 김진준 옮김, 문학사상사, 2005.

《최초의 3분》, 스티븐 와인버그 지음, 신상진 옮김, 양문, 2005.

《쿼크》, 난부 요이치로 지음, 김정흠 옮김, 전파과학사, 1983.

《필수 세포생물학》, 브루스 알버츠 외 지음, 박상대 옮김, 교보문고, 2000.

《하이데거와 마음의 철학》, 김형효 지음, 휴먼필드(청계출판사), 2000.

《화엄의 사상》, 카마타 시게오 지음, 한형조 옮김, 고려원, 1987.

《휴먼 브레인》, 수전 그린필드 지음, 박경한 옮김, 사이언스북스, 2005.

사진 · 도표 목록

1강 | 우주의 대칭이 깨어지다

1-1 우주배경복사 관측의 역사: 28쪽.

1-2 우주배경복사 스펙트럼: 29쪽.

1-3 빅뱅의 팽창과 WMAP 관측위성: 32쪽.

1-4 빅뱅 후 137억 년 우주 역사: 32쪽.

1-5 관측된 100만 개의 근적외선 은하들: 34쪽.

1-6 질량에 따른 별의 진화: 《빛과 우주》, 김형진 지음, 화산문화, 2004. 36쪽.

1-7 초신성 1987A: 37쪽.

1-8 허블우주망원경이 관측한 독수리자리의 거대분자구름에서 별이 생성되는 영역: NASA. 38쪽.

1-9 원소의 기원: NASA. 42쪽.

1-10 우주 구성 요소: 42쪽.

1-11 〈해방Liberation〉, 모리스 에셔, 1955: 47쪽.

2강 | 생명의 탄생

2-1 태양과 지구 크기 비교: 51쪽.

2-2 허블우주망원경이 관측한 오리온자리의 적색거성 베텔게우스 실제 크기: 51쪽.

2-3 우주에서 본 지구: NASA. 52쪽.

2-4 감각세포에서 운동세포, 신경세포가 분화하기까지: Dale Purves et al., *Neuroscience* (6th ed.), Oxford University Press, 2017. 신경발생(신경발달), 신경관 내부 세포 활동. ⓒ 박도진. 60쪽.

2-5 세포의 운동성이 내면화되어 생각이 생성되는 과정: 62쪽.

2-6 유수신경세포의 구조: 《인체해부학》, 차재명 외 지음, 고문사. 신경말초계. ⓒ 박도진. 66쪽.

3강 | 35억 년 전의 지구 생명체

3-1 생물의 분류: Neil A. Campbell et al., *Campbell Biology*, Pearson, chapter 26, 27, 28. 70쪽.

3-2 생명의 출현과 지구 대기의 산소 변화: 73쪽.

3-3 인공위성으로 본 호주 서해안: 74쪽.

3-4 호주 서해안의 붉은 대지: 74쪽.

3-5 원시 산소 생성 생물, 호주 샤크베이의 스트로마톨라이트: 75쪽.

3-6 호주 샤크베이의 붉은 철광산: 75쪽.

3-7 지구의 역사: 《생명 최초의 30억 년》, 앤드류 H. 놀 지음, 김명주 옮김, 뿌리와이파리, 2007. 79쪽.

3-8 엽록체와 미토콘드리아 세포 내 공생 과정: 81쪽.

3-9 원핵세포의 구조: 82쪽.

3-10 진핵세포의 구조(위는 식물 세포, 아래는 동물 세포): 83쪽.

3-11 세포막이 원형질 내부로 들어가서 핵막을 형성하고, 미토콘드리아와 엽록체의 세포 내 공생으로 진핵세포가 되는 과정: ⓒ 박도진. 84쪽.

4강 | 운동하는 신경세포

4-1 시냅스에서 전압 펄스가 나오기까지: 95쪽.

4-2 학습 후 수상돌기 소극의 변화 모습: 97쪽.

4-3 대뇌 수초화 순서: [컬러] Fuster J., 2003, [흑백] Flechsig P., 1920. 99쪽.

4-4 연령에 따른 유수신경화 순서: Yakovlev & Leeours, 1967. 100쪽.

5강 | 의식으로 가는 길

5-1 여섯 개의 신경세포층으로 된 대뇌 신피질: 107쪽.

5-2 감각 입력에서 운동 출력까지의 과정: 《의학신경해부학》, 이원택·박경아 지음, 고려의학,

1996. 113쪽.

5-3 전전두엽과 감각 연합 영역의 연결: 119쪽.

6강 | 신경전달물질의 대이동

6-1 액틴 필라멘트(좌), 미세소관(중간), 중간 필라멘트(우): 125쪽.

6-2 발생 과정에서의 신경세포: 126쪽.

6-3 신경세포 내 골격 구조: 127쪽.

6-4 신경 축삭에서 미세소관을 통한 신경전달물질의 이동: 《의학신경해부학》, 이원택·박경아 지음, 고려의학, 1996. ⓒ 박도진. 129쪽.

6-5 신경 시스템의 구조: 131쪽.

6-6 신경세포의 손상에서 재생까지: 《의학신경해부학》, 이원택·박경아 지음, 고려의학, 1996. ⓒ 박도진. 133쪽.

7강 | 시냅스 막, 생각이 시작되다

7-1 엽록체 틸라코이드 막에서의 ATP 생성 과정: 142쪽.

7-2 ATP 합성효소의 구조: 144쪽.

7-3 미토콘드리아, 엽록체, 박테리아 막 구조에서 ATP 합성효소의 작용: 146쪽.

8강 | 뇌의 발생과 뇌의 구조

8-1 에덜먼의 전면적 지도화 모델: 161쪽.

8-2 에덜먼의 고차 의식 모델: 《신경과학과 마음의 세계》, 제럴드 에델만 지음, 황희숙 옮김, 범양사, 1998. 162쪽.

8-3 인간 뇌의 전체 구조: ⓒ 박도진. 166쪽.

8-4 좌뇌 전체 구조 안: ⓒ 박도진. 166쪽.

8-5 옆에서 투시한 뇌: ⓒ 박도진. 166쪽.

8-6 뇌 세부 구조: ⓒ 박도진. 168쪽.

8-7 아래에서 본 뇌: ⓒ 박도진. 168쪽.

8-8 간뇌 구조: 169쪽.

8-9 뇌간, 소뇌 구조: 169쪽.

8-10 뇌의 횡단면: 169쪽.

8-11 마이네르트핵을 중심으로 본 전뇌 수직 단면: 170쪽.

8-12 태아의 발생 과정: T. W. Sadler, *Langman's Medical Embryology*, LWW. 수정, 착상, 배아발달, 원시선 형성, 신경관 형성. 173쪽.

8-13 발생 시 척수신경의 구조: 177쪽.

8-14 발생으로 보는 4개월까지 태아의 뇌 구조 변화: ⓒ 박도진. 178쪽.

9강 | 뇌, 상상하는 기계가 되다

9-1 발생 시 뇌의 변화: 183쪽.

9-2 뇌의 주요 부위와 연결망: Lisman, 2005.

9-3 각 영역별 뇌의 기능: ⓒ 박도진. 187쪽.

9-4 감정과 의식 관련 뇌의 주요 영역들: 190쪽.

9-5 대뇌기저핵 연결망: 193쪽.

9-6 시상의 핵들과 피질의 연결: 195쪽.

9-7 진화 순으로 본 척추동물의 뇌:《의학신경해부학》, 이원택·박경아 지음, 고려의학, 1996. 197쪽.

9-8 발생 중의 시상 영역:《의학신경해부학》, 이원택·박경아 지음, 고려의학, 1996. 199쪽.

9-9 발생 15일(좌)과 20일(우) 쥐의 시상과 대뇌기저핵의 변화:《의학신경해부학》, 이원택·박경아 지음, 고려의학, 1996. 199쪽.

10강 | 척수, 세밀한 감각에서 정교한 운동까지

10-1 척추와 척수의 구조: ⓒ 박도진. 205쪽.

10-2 척수의 수평 단면:《의학신경해부학》, 이원택·박경아 지음, 고려의학, 1996. ⓒ 박도진. 206쪽.

10-3 가상적인 원시 척추동물의 천정판과 감각신호 처리 영역: 208쪽.

10-4 척수의 발생 과정:《의학신경해부학》, 이원택·박경아 지음, 고려의학, 1996. 210쪽.

10-5 척수의 신경다발 구조:《의학신경해부학》, 이원택·박경아 지음, 고려의학, 1996. ⓒ 박도진. 212쪽.

10-6 척수의 신경로 수평 단면: 《의학신경해부학》, 이원택·박경아 지음, 고려의학, 1996. ⓒ 박도진. 212쪽.

10-7 피질척수로의 경로: ⓒ 박도진. 213쪽.

11강 | 각성과 수면의 뇌간 시스템

11-1 운동 출력과 감각 입력의 인체 연결 지도: ⓒ 박도진. 220쪽.

11-2 하행 신경로: 221쪽.

11-3 그물형성체의 상행 활성화 시스템: ⓒ 박도진. 224쪽.

11-4 척수에서의 감각 입력과 운동 출력의 양상: ⓒ 박도진. 226쪽.

11-5 중뇌 수평 단면: ⓒ 박도진. 228쪽.

11-6 교뇌 수평 단면: ⓒ 박도진. 228쪽.

11-7 연수 수평 단면: ⓒ 박도진. 228쪽.

11-8 후섬유단-내측섬유띠로의 경로: 229쪽.

12강 | 소뇌, 운동 계획에서 실행까지

12-1 소뇌 주요 부위의 역할: 231쪽.

12-2 교뇌와 소뇌의 연결: 233쪽.

12-3 소뇌의 입력(좌)과 출력(우): 234쪽.

12-4 소뇌피질 단면과 연결 구조: 《의학신경해부학》, 이원택·박경아 지음, 고려의학, 1996. ⓒ 박도진. 237쪽.

12-5 출생 후 푸르키녜세포의 변화와 실제 푸르키녜세포의 모습: 《의학신경해부학》, 이원택·박경아 지음, 고려의학, 1996. 241쪽.

12-6 소뇌와 하올리브핵 복합체의 연결: 《의학신경해부학》, 이원택·박경아 지음, 고려의학, 1996. 242쪽.

13강 | 보다, 시각과 뇌

13-1 인간 눈의 구조와 망막의 구조: 251쪽.

13-2 간상세포와 원추세포의 상세 구조: Santiago Ramón y Cajal, *Histologie due système* nerveux de l'homme et des vertébrés, vol 2, Paris, 1911. 252쪽.

13-3 빛의 수용 영역과 발화율: 《감각과 지각》, E. 브루스 골드스타인 지음, 정찬섭 옮김, 시그마프레스, 1999. 258쪽.

13-4 인간의 시신경 자극 전달 경로: 261쪽.

13-5 시각의 프로세스: 좌-Felleman & Van Essen, 1991, 시각피질 영역 간 연결, 우 - Riesenhuber & Poggio, 1990, HMAX 시각 인식 모델. 262쪽.

13-6 닐손과 펠게르가 예측한 카메라눈의 형성과 진화 과정 시뮬레이션: 267쪽.

14강 | 듣다, 청각과 뇌

14-1 척추동물의 전정, 청각기관 진화: 275쪽.

14-2 청각기관과 전정기관의 전체 구조와 세부 구조: Max Brödel et al., *Three unpublished drawings of the anatomy of the human ear*, Philadelphia, 1946, WB Saunders. 276~277쪽.

14-3 달팽이관 형성 과정: Kiang N. Y. S., "Stimulus representation in the discharge patterns of auditory neurons", *The Nervous System Human Communication and Its Disorders*, 3, 1975, 81-95. 278쪽.

14-4 유모세포의 칼륨 이온 유입 경로: Lewis and Hudspeth, 1983. 281쪽.

14-5 유모세포를 중심으로 본 내이(위)와 유모세포들의 협연(아래): 283쪽.

14-6 청각 신호의 이동 경로: 286쪽.

14-7 청각과 시각의 지도화: 287쪽.

14-8 머리 수직 가속운동에 의한 유모세포의 반응: 289쪽.

15강 | 느끼다, 감정의 뇌 1

15-1 3차 신경과 안면신경로: 297쪽.

15-2 사람 얼굴의 인식: Stephen E. Palmer, *Vision Science: Photons to Phenomenology*, The MIT Press, 1999. 301쪽.

15-3 시각의 구성: 〈인형풍경, 사내의 머리〉, 마테우스 메리안(아들), 1650. 302쪽.

15-4 튀어나옴과 들어감: 302쪽.

15-5 움직이는 원형 휠: 302쪽.

15-6 앞뒷면이 바뀌는 네커의 정육면체: 302쪽.

16강 | 예측하다, 감정의 뇌 2
16-1 인체 안팎의 신경 정보들: 307쪽.
16-2 항상성 시스템: 《스피노자의 뇌》, 안토니오 다마지오 지음, 임지원 옮김, 사이언스북스, 2007, 49쪽. 309쪽.
16-3 척추동물과 목적 지향성: 318쪽.

17강 | 움직인다는 것, 뇌와 운동
17-1 운동과 의식의 불연속성: 324쪽.
17-2 원숭이의 시각 입력에서 운동 출력까지의 과정: Dale Purves et al., *Neuroscience*(3rd ed.). 시각 자극에서 운동 반응. 326쪽.
17-3 근섬유와 근원섬유의 구조: 328쪽.
17-4 근육세포 운동의 메커니즘: 334쪽.
17-5 ATP 분자구조: 334쪽.

18강 | 의식한다는 것, 뇌와 의식
18-1 대상회의 기능 구분: ⓒ 박도진. 344쪽.

19강 | 꿈꾸다, 뇌와 꿈
19-1 수면의 단계별 구분: Rechtschaffen & Kales, AASM(미국수면의학회). 354쪽.
19-2 연령별 수면기의 변화: Bradley A. Edwards et al., "Aging and Sleep: Physiology and Pathophysiology", *Seminars in Respiratory and Critical Care Medicine*, 31(5), 2010, 618-633. 355쪽.
19-3 앨런 홉슨의 꿈의 활성화에서 변조까지: ⓒ 박도진. 357쪽.
19-4 앨런 홉슨의 꿈꾸는 동안의 뇌 작동 이론: ⓒ 박도진. 361쪽.
19-5 쥐의 수면-각성 시 세로토닌과 노르아드레날린 신경세포의 활동성: G. Aston-Jones

and F. E. Bloom, *The Journal of Neuroscience*, 1, 1981, 876-886. 363쪽.

19-6 뇌간 신경세포에 의한 렘수면 주기 조절: 364쪽.

19-7 꿈의 진화 과정: 《수면과 뇌: 사람은 왜 자야 하는가》, 이노우에 쇼지로 지음, 이영호 옮김, 대한교과서, 1991. 365쪽.

20강 | 현실 너머를 깨닫다, 뇌와 초월의식

20-1 동물 뇌 시스템의 진화: 372쪽.

20-2 인간 뇌 시스템의 위계와 연결 양상: 374쪽.

20-3 교감신경계와 부교감신경계의 작용: ⓒ 박도진. 376쪽.

20-4 앤드류 뉴버그의 명상 상태와 관련한 뇌 연결 이론: 379쪽.

20-5-1 표준 상태(좌)와 명상 시(우) 정위 영역 두정엽의 변화: 385쪽.

20-5-2 표준 상태(좌)와 기도 시(우) 정위 영역 상두정엽의 변화: 385쪽.

21강 | 창조적으로 생각하다, 뇌와 창의성

21-1 운동 과잉 완성 체계에서의 운동 선택: 니콜라이 A. 베른시테인의 운동제어이론. 393쪽.

21-2 예측의 중심으로 작용하는 자아: 395쪽.

21-3 복잡계, 단순계, 낮은 차원 복합계, 높은 차원 복합계 비교: 399쪽.

21-4 〈붓다〉, 오딜롱 르동, 1905: 402쪽.

22강 | 대칭이 깨어진 세계에서

22-1 우주의 네 가지 힘의 분화: 413쪽.

22-2 온도 변화에 따라 일어난 우주의 사건들: WMAP, 2003. 414쪽.

22-3 지구와 빅뱅 후 38만 년 우주의 온도 분포: CMB Skymap. 417쪽.

22-4 평평한 우주: 418쪽.

22-5 미토콘드리아의 구조: 426쪽.

22-6 미토콘드리아의 실제 모습(왼쪽-검은 원형들)과 운동하는 모습: 426쪽.

23강 | 뷰티풀 마이크로코스모스

23-1 우주 기본 입자들과 상호작용: http://CPEPweb.org.

23-2 게이지 보존에 의한 쿼크와 렙톤의 상호 변환: Francis Halzen and Alan D. Martin, *Quarks and Leptons: An Introductory Course in Modern Particle Physics*, John Wiley & Sons, 1984, 136 및 표준모형 개념도. 441쪽.

23-3 윌슨의 입자 궤적 거품 장치: 448쪽.

23-4 페르미연구소: 448쪽.

23-5 CERN의 LHC(Large Hardron Collider) 입자 검출기: 449쪽.

23-6 우주 시공의 곡률 변화: 452쪽.

23-7 통일이론의 구성: 《현대 물리학》, Serway·Moses·Moyer 지음, 김광철 외 옮김, 북스힐, 2007. 455쪽.

24강 | 자발적 대칭 파괴로 생각이 진화하다

24-1 세 가지 기억의 뇌 회로: 473쪽.

24-2 연령에 따른 기억의 성격과 세 가지 기억 비율에 따른 인간 유형: 474쪽.

찾아보기

ㄱ

간상세포 250~252, 254, 255, 257~260, 264, 265, 270

감각 입력 68, 104, 106, 107, 109, 113, 115, 120, 160, 161, 163, 182~184, 186, 187, 201, 205, 209, 211, 212, 215, 217, 219, 220, 223, 225, 226, 230, 234, 275, 292, 295, 322, 327, 332, 350~352, 357, 358, 361, 362, 393, 394

감각신경세포 292

강장동물 59, 64

강한 상호작용 41, 44, 413, 414, 438, 440~442, 456, 457, 459, 461

개념의 범주화 13, 106, 109, 117, 161, 162, 349, 375

거대분자구름 37, 38

거시자세운동 66, 188

계량 텐서 453, 454, 456

고립로핵 228, 298

고세균 54, 69~71, 78, 81, 87, 122

고원생대 78, 79

고유 감각 207, 218, 219, 233~235, 392

고차 의식 14, 68, 110, 111, 121, 162, 208, 339, 341, 345, 350

고피질 106, 107

골지체 71, 83, 123

과립세포 235~238, 242

과립세포층 235, 236

교감신경 352, 373, 375~377, 380

교감신경계 376, 377, 379

교감신경절 210~212, 376

교뇌 165~169, 175, 177, 178, 183, 184, 193, 197, 198, 213, 227~229, 232, 233, 241, 295, 351, 354, 357, 358, 361, 373, 377

교뇌소뇌 170

구연산 회로 151, 152

구피질 106, 165, 184

구형낭 273~275

균류 55, 79, 81, 87, 425, 431

그물형성체 100, 156, 166, 200, 202, 203, 211, 222~224, 227, 228, 233,

295, 357, 373, 383
근원섬유 131, 327~329
근육세포 60, 61, 91, 327, 329~331, 334, 427
글리아세포 130~135
기본 반사 308~310, 312, 313, 391, 392
기저막 277~284

ㄴ

날개판 172, 176, 183, 209, 210
낭형낭 274, 275
내배엽 172~174
내부 항상 시스템 107
내수용적 정보 307, 308
내절(간상세포와 원추세포) 254
내측슬상체 114, 169, 195, 196, 227, 253, 263, 285, 286, 346
내측유모세포 277, 279, 281, 282
내후각뇌피질 164
네커의 정육면체 302, 303
노르아드레날린 92, 200, 222~224, 357, 359, 363, 364, 366, 368, 376
뇌간-변연계 344, 348, 349, 352
뇌하수체 167~169, 174, 178, 184, 197, 373, 375
《눈의 탄생》 268, 269
뉴런 선택 이론 339
능동적 명상 377

ㄷ, ㄹ

다중감각 연합 영역 112, 114, 115, 326
단일 광자 단층촬영 384
대뇌각교뇌핵 171, 346
대뇌기저핵 105, 156, 174, 176, 184, 186, 188, 189, 191~193, 199, 200, 222, 240, 243, 257, 346, 351, 356, 361, 367, 380, 473
대칭성 자발적 붕괴 11, 14, 453, 457, 459
WMAP 관측위성 27, 28, 30, 31~33, 410~412, 416
도메인 58, 69, 71, 122
동물 13~15, 54~59, 64, 77~79, 81, 85~87, 89, 101, 102, 105, 110, 122, 137, 138, 144, 145, 151, 153, 181, 188, 201, 202, 217, 236, 240, 249, 256, 261, 265, 266, 268, 269, 288, 295, 299, 305, 312, 317, 318, 327, 330, 349, 350, 367, 375, 400, 425, 432, 433, 470
등쪽시상 194, 198, 199
디락 방정식 450, 451
레티날 255, 256, 260, 270
렌즈핵 165
렘수면 353~355, 359, 363~366
렙톤 438, 441, 447
리듬운동 66
리만 텐서 453

ㅁ

망막 93, 249~251, 253, 254, 258, 260, 261, 263~266, 270, 285, 299, 300, 325, 326
맥스웰 방정식 44, 452, 462
맥스웰-볼츠만 통계 445
메시에 목록 34, 420
목적 지향적 16, 306, 315, 316, 318~320, 325
무수신경 97, 98, 130
《물리학과 대승기신론》 45, 469
미상핵(꼬리핵) 165~167, 169, 170, 184
미세소관 83, 84, 124~130, 134, 135, 281, 282, 329, 342
미세운동 66, 188
미엘린 수초 130, 211, 296
미오신 61, 62, 90, 124, 327~334
미토콘드리아 54, 70, 71, 79~81, 83, 84, 123, 139, 141, 144~146, 148~155, 329, 330, 335, 336, 391, 409, 422~427, 429, 443
민감화 96

배쪽시상 194, 198, 199, 379
백색교통가지 210~212
베르니케 영역 110, 162, 186, 208, 272, 345
변연층 172, 174
별의 일생 35, 39, 419, 420
보완 운동 영역 113, 115, 116, 119, 164, 189, 193, 202, 234, 272
보존 43, 44, 438~441, 445, 459, 461, 462
보존법칙 14, 33, 445, 450, 463
보즈-아인슈타인 통계 445
복잡계/복합계 315~317, 321, 398~401, 403
부교감신경 224, 352, 373, 375~379
분별촉각 196, 207, 211, 218, 219
분자층 235, 236
브로카 영역 110, 162, 186, 208, 272, 345
빅뱅 10, 30, 32~34, 40, 41~43, 47, 335, 409~414, 416, 417, 444, 450, 457, 458, 465, 470, 471
빛의 속도 41, 462, 463, 465

ㅂ

바구니세포 236, 237
바늘구멍눈 266
배자원판 172, 173

ㅅ

사건의 다발 46
산만신경계 64
산소호흡 77, 80, 145

상대성이론 8, 12, 45, 46, 236, 450, 456, 457, 462~465, 469, 476, 477
샤크베이 75~77
성상세포 134
세로토닌 222, 224, 357, 359, 363, 364, 366, 379
세반고리관과 달팽이관 273~276
세포 내 골격 71, 81, 90, 91, 123~125, 127, 255, 280, 330, 336
세포 내 공생 54, 59, 79, 81, 84, 409, 422
소뇌벌레 167, 169, 231, 242, 243
소포체 71, 83, 123, 129, 131, 329, 330, 333
속세포덩이 171, 173
솔기핵 223, 379
수동적 명상 377
수상돌기 65, 66, 91~94, 96, 97, 104, 131, 235, 238, 240, 243, 425
수초화 98~100, 102, 104, 132, 211
수평세포 252, 258, 260, 270
슈뢰딩거 방정식 450, 463
스트로마톨라이트 75~77
습관화 12, 17, 96
시각 연합 영역 112, 113, 115, 116, 119, 358, 362, 366, 367, 380
시각로 195, 261, 271
시개/시개척수로 100, 200, 202, 203, 214, 215, 221, 226, 295, 296, 303, 351, 391
시공 구조 336, 453

시공의 곡률 10, 12, 45, 64, 417~419, 453, 454, 456
시상밑핵 167, 191, 193, 199
시상-피질계 344, 345, 349, 351, 352, 362
시상하부 106, 107, 162, 165, 166, 170, 175, 177, 178, 184, 194, 197~199, 208, 222, 227, 261, 290, 311, 351, 352, 356, 361, 372, 373, 375, 377~380, 396
시생누대 78, 79
시아노박테리아 72, 76, 141
시토크롬 산화효소 141
신경 축삭 말단 92, 94, 125, 128~130, 330, 425
신경성 정보 307
신경절세포 250~254, 260, 270
신념 기억 68, 472~475
신원생대 78, 79
신피질 106, 107, 165, 184, 186, 223, 235, 306, 344, 361, 372
쌍극세포 251~253, 259, 260, 270
쐐기핵 196, 208, 227, 229
CGMP 256

ㅇ

아마크린세포 252, 258, 260, 270
아세틸콜린 92, 171, 192, 200, 222~224,

329, 346, 356, 357, 363, 364, 366, 380, 386

아인슈타인 중력장 방정식 45, 419, 452~454

암흑물질 31, 33, 34, 44

암흑에너지 31, 32, 34, 44

액틴 61, 62, 84, 90, 124, 327~335

액틴 필라멘트 83, 124~128, 134, 135, 281, 282, 328, 329, 332~334

약한 상호작용 41, 44, 413, 414, 440, 452, 453, 456~459, 461, 462

얇은핵 196, 208, 227, 229

양-밀즈 방정식 451, 452

양자색채역학 441

양전자 435

억제 회로 243

언어개념 연합 영역 380

에델먼, 제럴드 M. 47, 106, 108~111, 117, 159~163, 192, 208, 236, 339~345, 348, 349, 352, 421, 435

$NADP^+$ 138, 140, 141~143

NADPH 138, 140, 142~144

M세포 263, 264

ADP 138~140, 143, 150, 333, 334, 429

ATP 81, 85, 138~145, 148~150, 153, 154, 333~336, 423, 427~429

ATP 합성효소 11, 139, 143~150, 153, 335, 337, 428, 429

연수 166, 165~169, 174~178, 183, 184, 193, 196~198, 209, 213, 227~229,
241, 276, 285, 286, 290, 295, 298, 311, 373

연합 영역 98, 100, 102, 112~117, 119, 120, 131, 132, 300, 303, 304, 326, 358, 362, 366, 367, 380, 381, 383, 395

연합신경세포 292, 332

예측 7, 14, 99, 108, 111, 115, 189, 231, 246, 290, 292, 296, 305, 306, 313, 314, 317~321, 323, 325, 339, 352, 360, 394~397, 400, 476

오리온 성운 39

오온 117, 118, 120

와우관 274

와우신경 276, 277, 284, 286

외골격 182

외배엽 172~174, 209

외수용적 정보 307, 308

외절(간상세포와 원추세포) 254~256, 260, 270

외측슬상체 114, 195, 196, 227, 253, 254, 261, 263, 270, 285, 325, 346, 358, 379

외측유모세포 277, 279, 281~284, 288

우주배경복사 28~30, 32, 410, 411

우주의 나이 27, 28, 31

운동 출력 59, 65, 68, 100, 104, 107, 113, 115, 116, 120, 156, 161, 163, 164, 183, 188~193, 200, 201, 205, 209~212, 215~217, 219~222, 225,

226, 230, 239, 240, 242, 290, 292, 295, 319, 320, 322, 326, 327, 329, 332, 351, 352, 357, 360~362, 393

운동신경세포 215, 291, 292, 329

원생누대 78, 79

원시 수면 364, 365

원시선 172, 173

원추세포 250~252, 254, 260, 264, 265, 270

원핵세포 10, 11, 24, 54, 58, 59, 73, 79~82, 84, 86, 88, 122~124, 153, 429, 430

유두시상로 164, 187, 188, 396

유로파 53

유모세포 273, 277~284, 287~291

유수신경 98, 130~132, 215, 296

의식의 내용 223, 224, 229, 290, 349, 382, 383

의식의 상태 119, 120, 156, 223, 224, 229, 233, 290, 341, 345, 382, 383, 393~396

이나스, 로돌프 R. 55~58, 62, 63, 71, 90, 91, 101, 136, 160, 163, 182, 185, 219, 225, 238, 239, 287, 288, 290, 291, 319, 322~325, 331, 333, 339, 362, 370

이온 채널 68, 82, 85, 92, 93, 136, 137, 150, 280~282, 290

인산기 143, 145, 332~334, 427, 429

인식 작용 15, 52, 100, 104, 117, 118, 186, 243, 344

인지질의 2중 층 82, 140, 255, 256

일반상대성이론 45, 462~464, 477

일반체 구심 성분 176

1차 의식 14, 68, 108~110, 121, 162, 339, 341, 345, 349, 350, 352

ㅈ

자각몽 360, 369

자동적 항상성 시스템 309, 318, 392, 394, 395, 397

자발적 대칭 파괴 41

자율운동 66, 188

적색거성 36, 39, 51, 53

적핵/적핵척수로 200, 202, 203, 215, 221, 226, 228, 233, 295, 351, 391

전 운동 영역 113, 115, 116, 120, 164, 188, 189, 193, 202, 213~215, 221, 222, 227, 234, 295, 326

전자 전달계 81, 145, 152

전자기 상호작용 14, 33, 41, 43, 44, 46, 48, 413~415, 421, 422, 439, 440, 447, 452~454, 456, 458, 459, 461, 462, 470

전전두엽의 수초화 98~100, 102, 132

전정신경핵(전정핵) 170, 202, 214, 219, 233, 234, 240, 276, 295, 351

절차 기억 472~474

접근성 자유 458
정위 연합 영역 380, 384, 385
제3뇌실 103, 167, 174, 178, 209, 227
제4뇌실 103, 167~169, 175, 178, 183, 209, 227, 228
주의 연합 영역 380, 383
중간 필라멘트 83, 124~127, 134, 135
중격의지핵 192, 348
중뇌 156, 165, 171, 174~178, 183, 184, 192, 193, 196, 198, 202, 226, 228, 241, 285, 286, 290, 295, 319, 348, 351, 361
중력 31, 33, 39, 41, 44, 46, 288, 413, 414, 416, 418, 419, 421, 440~442, 454, 457, 461~464
중배엽 172~174
중성자성 35, 36, 420
중원생대 78, 79
중추신경계 14, 61~63, 85, 130, 131, 167, 174, 176, 290
지각의 범주화 13, 106, 109, 117, 161, 162, 209, 349
GABA 223, 224, 242, 378, 379, 383
지향운동 66, 188
진공의 유전율 462, 463
진공의 투자율 463
진동감각 207, 211, 218
진정세균 54, 69~71, 78, 81, 87, 122
진핵생물 59, 69, 71, 78, 79, 87, 122, 153, 425, 427, 430

진핵세포 10, 11, 24, 54, 55, 58, 59, 62, 69~71, 73, 78~88, 90, 91, 97, 122~124, 128, 135, 255, 279, 329, 336, 409, 430
집중신경계 64

ㅊ, ㅋ, ㅌ

찬드라세카르 상수 35
창의성 309, 313, 388~390, 392, 397, 401, 403, 404
척삭동물 58, 63, 176
척수소뇌 170, 231, 232
척추동물 11~13, 16, 58, 61, 62, 73, 81, 91, 103, 104, 176, 182, 196, 197, 208, 216, 223, 225, 226, 249, 275, 312, 317, 318, 331
청각 연합 영역 112, 113, 115, 116, 119
체액성 정보 307
초끈이론 456
초신성 24, 35, 37, 39, 40, 42, 43, 48, 67, 420
초신성 잔류물 39~41
초신성 폭발 36, 39, 40, 43, 48, 409, 415, 420
초월의식 371, 373
추체로(피질척수로) 67, 100, 200~204, 206, 211~216, 220~223, 226~228, 295, 296, 327, 351, 391

측방향 억제 메커니즘 258, 259, 261
측선기관 272, 273, 275, 290
카메라눈 266~268
칼슘 이온 92, 280, 330
캄브리아기 생명의 대폭발 13, 72, 78, 86, 87, 268, 290, 433
코비위성 30, 411, 412
코페르니쿠스의 원리 49, 50, 52
쿼크 11, 335, 414, 429, 436~441, 444, 450, 452, 453, 456, 458, 471
쿼크 속박 시대 458
타이탄 53
텐서 매트릭스 239, 456
트로포닌 333, 334
트로포미오신 333, 334
특수 감각 196, 207~209, 218, 219, 286, 322
특수상대성이론 44, 450, 464, 465, 469
특수체 구심 성분 176
틸라코이드 막 138, 140~144, 148, 152, 153, 155, 335, 442, 443

ㅍ, ㅎ

파충류 뇌 372
파킨슨병 167, 192, 226
파페츠회로 112~114, 116, 163, 164, 186, 187, 347, 396
페르미-디락 통계 445
페르미연구소 439, 447~449
페르미온 43, 44, 438~441, 445, 459
편도체 112, 113, 119, 120, 162, 165~167, 184, 190, 191, 357, 361, 375, 378~380, 396, 473
평형감각 196, 200, 207, 208, 218, 219, 232, 274, 295, 307, 319
푸르키네세포 235~238, 240~243
플랑크 타임 41, 413, 457, 458
피루브산 150~152, 336
P세포 263, 264
PET 435
PGO파 357, 358, 361
하두정엽 358, 361
하드론 41, 43, 414, 438, 442, 444, 447, 457, 458
하울리브핵 228, 234, 235, 237, 238, 242, 243
학습 기억 68, 472~475
항상성 13, 106, 208, 308, 310, 352, 376, 392
허블 상수 27, 28
허블망원경 33, 37, 38, 51, 53
헌팅턴병 167, 194
헬륨 알파 입자 41, 409, 458
현생누대 78, 79
혈뇌장벽 134
확장된 항상성 시스템 309, 318, 392, 393, 397
활성전위 93~95, 136, 257

회색교통가지 210, 212

후각로 178, 179, 189, 196, 197

후각망울 166, 168, 178, 189, 196~199

후구동물 81

후섬유단 206, 207, 211~213, 216, 219,
　　221, 227, 229, 294, 295, 298

후섬유단-내측섬유띠 201, 206, 207,
　　227, 229, 294~296

힉스 보존 442

뇌, 생각의 출현
대칭, 대칭의 붕괴에서 의식까지

1판 1쇄 발행일 2008년 10월 27일
1판 13쇄 발행일 2023년 6월 26일
개정판 1쇄 발행일 2025년 9월 15일

지은이 박문호

발행인 김학원
발행처 (주)휴머니스트출판그룹
출판등록 제313-2007-000007호(2007년 1월 5일)
주소 (03991) 서울시 마포구 동교로23길 76(연남동)
전화 02-335-4422　**팩스** 02-334-3427
저자·독자 서비스 humanist@humanistbooks.com
홈페이지 www.humanistbooks.com
유튜브 youtube.com/user/humanistma
페이스북 facebook.com/hmcv2001
인스타그램 @humanist_insta

편집주간 황서현　**편집** 김주원 김선경　**디자인** 김태형　**녹취** 김계영　**일러스트** 박도진
도표·조판 홍영사　**용지** 화인페이퍼　**인쇄·제본** 정민문화사

ⓒ 박문호, 2025

ISBN 979-11-7087-323-5 03400

- 이 책은 저작권법에 따라 보호받는 저작물이므로 무단 전재와 무단 복제를 금합니다.
- 이 책의 전부 또는 일부를 이용하려면 반드시 (주)휴머니스트출판그룹의 동의를 받아야 합니다.